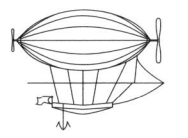

Atomfieber

Eine Geschichte
der Atomenergie
in der Schweiz

Michael Fischer

HIER UND JETZT

Einleitung...7

«Mit Atombomben bis nach Moskau fliegen!»
Das Atomwaffenprogramm der Schweizer Armee
1945–1988... 13

Der Traum vom eigenen Reaktor
Die Schweizer Atomindustrie 1955–1969................99

Widerstand gegen Atomkraft
Die Anti-AKW-Bewegung ab Anfang der 1970er-Jahre.... 137

Tschernobyl 1986
Die Katastrophe und ihre Folgen 187

Fukushima 2011
Der Ausstieg aus der Atomenergie.................... 225

Strahlendes Erbe
Die Entsorgung der radioaktiven Abfälle 275

Ausblick...327

Bilddokumente 1945–2017 333

Chronologie 1938–2018........................... 371

Anhang..379

Einleitung

Kaum ein Thema hat die Schweiz während der letzten Jahrzehnte so bewegt, so tief gespalten und so viele emotionale Debatten ausgelöst wie die Atomenergie. Dem unerschütterlichen Glauben an Technologie und wirtschaftlichen Fortschritt standen zuerst pazifistische, dann regionalpolitische und schliesslich ökologische Bewegungen entgegen. Die anfängliche Euphorie, mit der das Atomzeitalter nach 1945 in der Schweiz begonnen hatte, ist nach vielen politischen Kämpfen und den Katastrophen in Tschernobyl und Fukushima einem politischen Pragmatismus gewichen. Nach dem Super-GAU in Fukushima beschloss der Bundesrat 2011 den schrittweisen Ausstieg aus der Atomenergie und leitete damit einen historischen Wendepunkt in der Schweizer Energiepolitik ein.

Die Atompolitik der Schweiz war in den ersten Jahrzehnten geprägt vom Kalten Krieg. Die Angst vor einem atomaren Angriff der Sowjetunion war der Auslöser des Schweizer Atombombenprogramms, das unmittelbar nach dem Abwurf der Atombomben auf Hiroshima und Nagasaki 1945 seinen Anfang nahm und erst kurz vor dem Ende des Kalten Kriegs 1988 beendet wurde. In den 1950er-Jahren schossen die Atompilze nicht nur auf den atomaren Testgeländen in Ost und West in den Himmel, sondern auch in den Köpfen der Schweizer Armeeführung. Einige hochrangige Armeeangehörige waren davon überzeugt, dass sie ihr geliebtes Vaterland nur mit diesen verheerenden Waffen würden verteidigen können. Der Rüstungswettlauf in Ost und West und das durch den grassierenden Antikommunismus geschürte politische Klima der ständigen Angst vor einer sowjetischen Invasion begünstigten die massive staatliche Subventionierung der Atomindustrie.

Die Schweiz als eine «Insel der Seligen», wo die Demokratie und der Wohlstand blühen wie an keinem anderen Ort der Welt, diese idealisierte Vorstellung verdeckt den Blick darauf, dass die Schweiz ebenfalls einige dunkle Kapitel in ihrer Vergangenheit hat, die bis heute weitgehend im Verborgenen liegen. Die Atompolitik ist ein Beispiel dafür. Politische Interessen, militärisches Machtgebaren und die Nutzbarmachung technologischer Entwicklungen brachten während des Kalten Kriegs auch in der Schweiz die Atomindustrie hervor. Sie löste sich erst allmählich aus ihrer ursprünglichen Abhängigkeit von militärischen Interessen. Die enge Verflechtung von Staat, Wissenschaft und Industrie blieb jedoch weiter bestehen und entfaltete ihre Wirkung oft unbemerkt von der Öffentlichkeit.

Die Schweiz ist seit längerer Zeit von Kriegen und Katastrophen verschont geblieben. Auch in der Atomindustrie sind grössere «Zwischenfälle» bisher ausgeblieben, wenn auch die Schweiz bei der Kernschmelze in Lucens 1969 nur haarscharf an einer atomaren Katastrophe vorbeischrammte. Der Mythos, dass in der Schweiz alles viel sicherer und zuverlässiger abläuft als anderswo, ist bis heute intakt. Ab Mitte der 1970er-Jahre wurde die Atomenergie zu einem Spaltpilz, der einen tiefen Riss durch die Gesellschaft zog. Befürworter und Gegner bekämpften sich in den folgenden Jahrzehnten in zahlreichen politischen Schlachten. Die Besetzung von Kaiseraugst wurde 1975 für die Anti-AKW-Bewegung zum Symbol des Widerstands, für die Atomindustrie hingegen zum Stolperstein, der den weiteren Ausbau ihres AKW-Parks verhinderte.

Die Kühltürme der AKWs, die mit ihrer massiven Architektur wie monumentale Kathedralen des technischen Fortschritts in die Landschaft hineinragen, wurden nun zu Mahnmalen für das gefährliche und unberechenbare Zerstörungspotenzial der Atomtechnologie, das vom Menschen offenbar niemals vollständig kontrolliert werden kann. Der Super-GAU in Tschernobyl 1986 rüttelte die Bevölkerung in der Schweiz auf, denn die radioaktive Wolke verbreitete auch hier Angst und Schrecken. Die Katastrophe wurde jedoch bald wieder vergessen. Die Halbwertszeit eines Super-GAUs im kollektiven Gedächtnis der Menschheit dauert weit weniger lang als diejenige der radioaktiven Strahlung, die durch eine Reaktorkatastrophe freigesetzt wird.

Mit dem Super-GAU in Fukushima ereignete sich das Undenkbare 2011 zwar ein weiteres Mal, doch die Reaktionen der Empörung und des Vergessens, die offenbar zu einem Muster im Umgang mit Katastrophen geworden sind, begannen sich erneut zu wiederholen. So schnell, wie die Katastrophe da war, so schnell war sie auch wieder aus dem Bewusstsein verschwunden. Der «Fukushima-Effekt» verpuffte innerhalb weniger Jahre. Der Entscheid des Bundesrates, langfristig aus der Atomenergie auszusteigen, bedeutete allerdings eine historische Weichenstellung in der Energiepolitik. Nach den beiden Abstimmungen zur Atomausstiegsinitiative 2016 und zur neuen Energiestrategie 2017 ist es um das Thema wieder seltsam ruhig geworden. Es stellt sich daher unweigerlich die Frage, wie nachhaltig dieser politische Entscheid tatsächlich gewesen ist.

Die politische Sprengkraft der Atomenergie weckte mein Bedürfnis, historisch etwas tiefer zu bohren und gegen das allgemeine Vergessen anzuschreiben. Dieses Buch bietet erstmals einen umfassenden Überblick über die hoch spannende und wechselvolle Geschichte der Atomenergie in der Schweiz, von der ersten Atombombe bis zum Super-GAU in Fukushima und bis zur darauf folgenden politischen Debatte zum Atomausstieg. Bei meinen Recherchen konnte ich auf die

Forschungen und Publikationen zahlreicher Historikerinnen und Historiker, Journalistinnen und Journalisten zurückgreifen, von denen ich zumindest einige namentlich erwähnen möchte: Thomas Angeli, Martin Arnold, Jost Auf der Maur, Silvia Berger Ziauddin, Susan Boos, Peter Braun, Thomas Buomberger, Marcos Buser, Dölf Duttweiler, Urs Fitze, Stefan Füglister, Monika Gisler, Bernd Greiner, Fredy Gsteiger, Stefan Häne, David Häni, Edgar Hagen, Urs Hochstrasser, Peter Hug, Peter Jaeggi, Patrick Kupper, Benedikt Loderer, Otto Lüscher, Sibylle Marti, Alexander Mazzara, Dominique Benjamin Metzler, Felix Münger, Roland Naegelin, Bruno Pellaud, Jean-Michel Pictet, Paul Ribaux, Roman Schürmann, Damir Skenderovic, Helmut Stadler, Helen Stehli Pfister, Bernd Stöver, Jürg Stüssi-Lauterburg, Jakob Tanner, Simon Thönen, Marc Tribelhorn, Tobias Wildi, Reto Wollenmann und Hansjürg Zumstein.

«Mit Atombomben bis nach Moskau fliegen!»

Das Atomwaffenprogramm der Schweizer Armee 1945–1988

Nach dem Abwurf der Atombomben in Hiroshima und Nagasaki träumten führende Köpfe des Schweizer Militärs davon, die Armee mit Atomwaffen auszurüsten. Pazifisten protestierten gegen den atomaren Wahnsinn, doch das Schweizer Stimmvolk lehnte 1962 – mitten im Kalten Krieg – ein Verbot von Atomwaffen ab. Die sogenannte Mirage-Affäre von 1964 stutzte den hochfliegenden Plänen für eine Schweizer Atombombe erstmals die Flügel. Auf Druck der beiden Supermächte musste die Schweiz 1969 den Atomwaffensperrvertrag unterzeichnen. Das geheime Atomwaffenprogramm wurde dennoch weitergeführt und erst 1988 endgültig beendet.

Der englische Schriftsteller H. G. Wells hat in seinem Science-Fiction-Roman *The World Set Free* («Befreite Welt») bereits 1914 die Erfindung der Atombombe vorweggenommen. Drei Jahrzehnte bevor seine düstere Vision Realität wurde, prägte er den Begriff der «Atombombe». Im Roman lässt Wells den Physikprofessor Rufus das Bild von der durch die Atomenergie beglückten Menschheit zeichnen, das teilweise bis heute nachwirkt: «Ich habe nicht die Rednergabe, meine Damen und Herren, um der Vision des zukünftigen Wohlstandes der Menschheit Ausdruck zu verleihen. Ich sehe, wie die Wüsten fruchtbar werden, wie das Eis der Pole schwindet, wie sich die Macht des Menschen bis zu den Sternen erstreckt.»[1] Im Roman bricht im Jahr 1958 ein weltweiter Atomkrieg («The Last War») aus, der die Menschheit fast vollständig zerstört. Wells sah bereits 1914 die Bedrohung der Menschheit durch einen apokalyptischen Atomkrieg voraus, ohne jedoch das ganze Ausmass der nuklearen Zerstörung und die Folgen einer radioaktiven Verstrahlung zu erahnen. Die Hoffnung, dass die Atomkraft die Welt von Elend, Armut und Gewalt befreien könnte, erweist sich im Roman als eine trügerische Illusion. Aus der Einsicht, dass ein Krieg im Atomzeitalter zur Selbstvernichtung der Menschheit führen muss, leitet er die Notwendigkeit ab, den Krieg durch andere Formen der Konfliktlösung zu ersetzen. Nach dem Krieg tritt daher im schweizerischen Brissago am Lago Maggiore ein globaler Friedenskongress zusammen, an dem die neue Weltregierung als erstes Dekret ein internationales Verbot atomarer Waffen erlässt.[2]

Die Erfindung der Bombe

Seit den 1890er-Jahren erforschten Wissenschaftlerinnen und Wissenschaftler wie Wilhelm Röntgen, Henri Becquerel, Marie und Pierre Curie sowie Ernest Rutherford die Strahlenaktivität von Stoffen, die Radioaktivität. Am 17. Dezember 1938 entdeckte dann der deutsche Chemiker Otto Hahn – nach Vorarbeiten mit Lise Meitner – in Zusammenarbeit mit seinem Assistenten Fritz Strassmann am Kaiser-Wilhelm-Institut für Chemie in Berlin, dass sich Urankerne unter Neutronenbestrahlung spalten lassen. Am 11. Februar 1939 veröffentlichten Lise Meitner und Otto Frisch in der Zeitschrift *Nature* erstmals ihre kernphysikalische Deutung der Resultate. Die Kernspaltung wurde zu einer der folgenreichsten Entdeckungen der Physik des 20. Jahrhunderts, die eine neue Energiequelle bisher unbekannten Ausmasses erschloss.

Seit dem Frühjahr 1939 war den Physikern die Möglichkeit einer technischen Nutzung der Kernspaltung als Energiequelle oder auch als Waffe bekannt. Im September 1939, unmittelbar nach Beginn des Zweiten Weltkriegs, wurden Deutschlands führende Atomphysiker, so Werner Heisenberg und Carl Friedrich von Weizsäcker, nach Berlin in das Kaiser-Wilhelm-Institut für Physik zitiert, um für das nationalsozialistische Regime eine Atombombe zu bauen. Damit wurde die Gefahr real, dass die Nationalsozialisten in Deutschland während des Kriegs in den Besitz der zerstörerischen Waffe gelangen könnten.[3] In einem vom ungarisch-deutschen Physiker Leó Szilárd verfassten Brief warnte Albert Einstein den US-Präsidenten Franklin D. Roosevelt bereits am 2. August 1939 davor, dass eine «Bombe neuen Typs» in die Hände Adolf Hitlers gelangen könnte, und gab damit den Anstoss zum Bau der ersten amerikanischen Atombombe.

Nachdem Werner Heisenberg dem dänischen Physiker Niels Bohr im September 1941 in Kopenhagen in einem Gespräch sagte, er habe erkannt, wie eine Atombombe gebaut werden könne, gab US-Präsident Franklin D. Roosevelt am 6. Dezember 1941 den Befehl, alles zu tun, um eine solche zu entwickeln – der Wettlauf begann. 1942 startete unter der Leitung von General Leslie R. Groves und J. Robert Oppenheimer, dem amerikanischen Physiker deutsch-jüdischer Abstammung, das «Manhattan-Projekt» in Los Alamos, New Mexico. Angetrieben von der Angst vor einer deutschen Atombombe arbeiteten bis Ende 1945 mehr als 150 000 Menschen unter Hochdruck und unter grösster Geheimhaltung an diesem militärischen Grossprojekt der Konstruktion der ersten amerikanischen Atombombe. Am 2. Dezember 1942 gelang dem italienischen Physiker Enrico Fermi an der Universität Chicago erstmals eine nukleare Kettenreaktion. Die Alliierten versetzten dem deutschen «Uranprojekt» einen schweren Schlag, als sie am 27. Februar 1943 die norwegische Produktionsanlage Norsk Hydro für schweres Wasser durch Sabotage zerstörten.

Während des Zweiten Weltkriegs lieferte der Schweizer Physiker Paul Scherrer, der Leiter des Physikalischen Instituts der ETH Zürich, aufgrund seiner engen Kontakte zu Werner Heisenberg Informationen zum Stand der Entwicklung der Atombombe in Nazideutschland an den damals in Bern stationierten Allan W. Dulles vom US-Geheimdienst Office of Strategic Services (OSS). Am 18. Dezember 1944 hielt Werner Heisenberg, der seit 1942 das Kaiser-Wilhelm-Institut für Physik in Berlin-Dahlem leitete, auf Einladung Paul Scherrers eine Vorlesung an der ETH Zürich. Der US-Geheimdienst schickte daraufhin einen Spion, den früheren Baseballspieler Moe Berg, nach Zürich, um den Stand des deutschen Atomprogramms in Erfahrung zu bringen. Moe Berg hatte die klare Anweisung, Werner Heisenberg auf der Stelle zu erschiessen, sollte er zum Schluss kommen, die Deutschen stünden kurz vor dem Bau der Bombe.[4]

Adolf Hitler schwadronierte im letzten Kriegsjahr immer wieder von «Wunderwaffen», streng geheimen Waffen mit enormer Wirkung, mit denen er die sich abzeichnende Niederlage doch noch abwenden wollte. Nachdem die alliierten Truppen im März 1945 in Deutschland einmarschiert waren, wurden die am «Uranprojekt» beteiligten deutschen Atomphysiker Ende April, Anfang Mai 1945 im Rahmen der Alsos-Mission des US-Geheimdiensts verhaftet, zunächst nach Frankreich gebracht und dann auf dem englischen Landsitz Farm Hall nahe Cambridge verhört. Die abgehörten Gespräche der deutschen Atomphysiker machten deutlich, dass diese entgegen allen Befürchtungen bis zum Ende des Kriegs nicht in der Lage gewesen waren, eine einsatzfähige Atombombe zu bauen. Der Forschungsreaktor des «Uranprojekts» im schwäbischen Haigerloch wurde zwar Ende Februar 1945 in Betrieb genommen, eine nukleare Kettenreaktion konnte aber vor Ende des Kriegs nicht mehr herbeigeführt werden. Allerdings soll am 3. März 1945 unter der Leitung von SS-General und Geheimwaffenchef Hans Kammler im Konzentrationslager Ohrdruf in Thüringen ein letzter verzweifelter Test mit einer sogenannt schmutzigen Bombe stattgefunden haben, bei dem es grosse Zerstörungen und Hunderte von Toten unter den KZ-Häftlingen gab und durch die Explosion von konventionellem Sprengstoff Radioaktivität in der Umgebung freigesetzt wurde.[5]

Hiroshima und Nagasaki

Die erste amerikanische Atombombe wurde am 16. Juli 1945 im Rahmen des Trinity-Tests auf dem Testgelände White Sands im Süden des US-Bundesstaats New Mexico gezündet. Der Physiker Kenneth Bainbridge, der Leiter des Trinity-Tests, soll danach zu J. Robert Oppenheimer gesagt haben: «Jetzt sind wir alle Hundesöhne.»[6] Drei Wochen später, am 6. und 9. August 1945, folgte der Abwurf der Atombomben über Hiroshima und Nagasaki. Die beiden Atombomben zerstörten die japanischen Grossstädte beinahe vollständig und töteten um die 100 000 Menschen sofort. Bis Dezember 1945 starben in Hiroshima rund 140 000 und in Nagasaki 70 000 bis 80 000 Menschen. Die genaue Anzahl der Menschen, die an den Spätfolgen der radioaktiven Verstrahlung starben, wird sich nie genau ermitteln lassen.[7]

Der gleissende Blitz der Explosion brannte die Schattenrisse von Personen in die verbliebenen Hauswände. Die Menschen wurden mit der Druckwelle fortgerissen und zerfetzt oder durch die Hitze zu Asche verbrannt. Eine glühende Feuersbrunst zerstörte die beiden japanischen Städte in einem brennenden Inferno fast vollständig. In Hiroshima flohen viele Überlebende vor der unerträglichen Hitze an den Fluss, wo sie vom radioaktiv verseuchten Wasser tranken. Nach den Explosionen ging ein schwarzer, schmieriger Regen über den beiden Städten nieder. Die schwer verletzten Menschen, viele mit Brandwunden, waren auf sich allein gestellt. Viele von ihnen starben in den folgenden Stunden und Tagen einen qualvollen Tod. Den Überlebenden, welche eine tödliche Strahlendosis abbekommen hatten, fielen zuerst die Haare aus, dann bekamen sie purpurrote Flecken am ganzen Körper, die Haut begann sich in Fetzen von den Knochen zu lösen, und schliesslich verbluteten sie schmerzhaft an inneren Verletzungen. Zehntausende Überlebende, die sogenannten Hibakusha, starben in den darauffolgenden Monaten und Jahren an den Spätfolgen der radioaktiven Verstrahlung und erlitten Krebs, Leukämie, Tumore, Wachstums- und Entwicklungsstörungen, Tot- und Fehlgeburten, Erbkrankheiten, Blut- oder Hautkrankheiten, psychische Störungen, Angstzustände, Depressionen; sie wurden von Schuldgefühlen geplagt oder alterten frühzeitig.

Seit Hiroshima und Nagasaki ist die Atombombe zum Symbol für die Bedrohung der Menschheit durch sich selbst geworden. Der Einsatz der beiden Atombomben führte zwar zur sofortigen, bedingungslosen Kapitulation Japans und beendete den Zweiten Weltkrieg, militärisch gesehen war der Einsatz jedoch überflüssig, da die Japaner schon geschlagen waren. Der Abwurf der Atombomben auf Hiroshima und Nagasaki war vor allem eine Machtdemonstration der USA gegenüber der Sowjetunion vor dem Hintergrund der bevorstehenden Neuordnung der Welt nach dem Ende des Zweiten Weltkriegs. Die Angst vor einem apokalyptischen Atomkrieg prägte in der Folge das Zeitalter des Kalten Kriegs.

Unmittelbar nach dem Abwurf der Atombomben auf Hiroshima und Nagasaki übergab ein japanischer Gesandter am 10. August 1945 im Auftrag seiner Regierung dem Schweizerischen Bundesrat in Bern die Erklärung der bedingungslosen Kapitulation, damit diese von der Schweizer Regierung an die USA und an China übermittelt würde. Gleichzeitig wurde die Erklärung über Schweden an Grossbritannien und an die

Sowjetunion weitergeleitet. Am 15. August 1945 verkündete Kaiser Hirohito offiziell die bedingungslose Kapitulation Japans, womit der Zweite Weltkrieg endgültig beendet wurde.

Die Nachricht vom Abwurf der Atombomben über Hiroshima und Nagasaki wurde in der internationalen Presse sofort in dessen historischer Bedeutung erfasst, die Auswirkungen für die betroffene Bevölkerung allerdings weitgehend ausgeblendet. Ab dem 12. September 1945 verhinderte die Zensur der amerikanischen Besatzungsbehörden alle Berichte über die Zerstörung der beiden japanischen Städte und die Auswirkungen der Atombomben. Sämtliche Fotografien und Filmaufnahmen der zerstörten Städte mit ihren Ruinen, Trümmern und den verkohlten Leichenbergen sowie den verletzten und verstrahlten Menschen wurden konfisziert und durften nicht veröffentlicht werden. Gleichzeitig reisten Hunderte amerikanische Wissenschaftler, Ärzte und Soldaten nach Japan, um die Wirkung der neuen Waffen zu erforschen. Viele Überlebende wurden von den amerikanischen Militärärzten wie menschliche Versuchskaninchen akribisch genau untersucht, aber nicht behandelt.[8]

Der Schweizer Physiker Fritz Zwicky, der 1925 bei Paul Scherrer an der ETH Zürich promoviert hatte und seit 1942 als Professor für Astrophysik am California Institute of Technology (Caltech) tätig war, reiste 1945 im Auftrag der amerikanischen Luftwaffe zunächst nach Deutschland, wo er deutsche Wissenschaftler und Techniker – darunter etwa den Raketeningenieur Wernher von Braun – verhörte, und anschliessend nach Japan, wo er für den Oberbefehlshaber der amerikanischen Besatzungsbehörde, General Douglas MacArthur, einen geheimen Bericht über die durch die Atombombe verursachten Schäden und über mögliche militärische Abwehrmittel verfasste.[9]

Unmittelbar nach Abwurf der Atombomben entfaltete sich auch in der Schweizer Presse eine intensiv geführte Debatte über die Atomenergie. Fast alle Zeitungsartikel waren sich darin einig, dass mit dem Abwurf der beiden amerikanischen Atombomben der Anbruch eines neuen Zeitalters – des Atomzeitalters – begonnen hatte. Nebst dem Schrecken über die atomare Zerstörung stand die Faszination über die Möglichkeit einer technischen Nutzung der neuen Energieform.[10] Am 11. August 1945 schrieb die Basler *National-Zeitung* unter dem Titel «Wunder und Wahnsinn»: «Amerikaner träumen von benzintankfreiem Autofahren und Fliegen, die Börse wittert ein goldenes Zeitalter und lässt die Uranaktien steigen, doch vom Leichenfeld der getöteten 300 000 Einwohner von Hiroshima aus verbreitet sich böse Ahnung über die weite Welt.»[11]

«[…] die Börse wittert ein goldenes Zeitalter und lässt die Uranaktien steigen, doch vom Leichenfeld der getöteten 300 000 Einwohner von Hiroshima aus verbreitet sich böse Ahnung über die weite Welt.»
National-Zeitung, 11./12.8.1945

Die Berichterstattung der Schweizer Presse basierte weitgehend auf den offiziellen Stellungnahmen der USA und war geprägt von Vermutungen, Gerüchten und Halbwissen. Der Schweizer Physiker Ernst Carl Gerlach Stückelberg von der Universität Genf gestand am 15. August 1945 in der *Neuen Zürcher Zeitung,* dass die Schweizer Physiker von der Nachricht der Atombombe überrascht worden seien.[12] Otto Huber und Peter Preiswerk von der ETH Zürich erklärten daraufhin in einem weiteren Zeitungsartikel vom 19. August 1945 in der *Neuen Zürcher Zeitung,* die nukleare Kettenreaktion der Atombomben sei nur durch eine Isotopentrennung des Urans im industriellen Massstab möglich geworden.[13]

Die Nachricht vom Abwurf der Atombomben in Hiroshima und Nagasaki führte dazu, dass sich die Schweizer Armee umgehend mit der Frage einer Atombewaffnung zu beschäftigen begann. «In den führenden Kreisen unserer Armee hat man mit sehr lebhaftem Interesse von der Verwendung von Atombomben durch die Amerikaner […] Kenntnis genommen», hiess es in der Basler *Arbeiter-Zeitung* vom 9. August 1945.[14] Für die Armeeführung war klar, dass die Schweiz ebenfalls nach der Bombe streben musste. In einem Brief vom 15. August 1945 wandte sich Oberstkorpskommandant Hans Frick, der Chef der Ausbildung der Schweizer Armee, an FDP-Bundesrat Karl Kobelt, den Chef des Eidgenössischen Militärdepartements (EMD), und empfahl ihm, zu diesem Zweck eine «Studienkommission» zu gründen, der nebst dem Generalstabschef und dem Chef der Kriegstechnischen Abteilung (KTA) einige prominente Schweizer Atomphysiker angehören sollten. Diese «Studienkommission» sollte die theoretischen Grundlagen für eine Bewaffnung der Schweizer Armee mit Atombomben erarbeiten. Am 20. August 1945 wandte sich auch Otto Zipfel, der Delegierte für Arbeitsbeschaffung, an Bundesrat Karl Kobelt, um diesen über den Stand der Forschungen im Bereich der Atomphysik in der Schweiz zu informieren. Gleichzeitig schlug er Kobelt eine Besprechung mit dem Generalstabschef Louis de Montmollin und dem Chef der KTA, René von Wattenwyl, vor.

Am 3. September 1945 befasste sich die Landesverteidigungskommission (LVK) erstmals mit der Atombewaffnung. Am darauffolgenden Tag schrieb René von Wattenwyl in einem geheimen Schreiben an Bundesrat Kobelt: «Unsere Informationen über die Eigenschaften, Wirkungen und Produktionsmöglichkeiten der Atombomben müssen erweitert werden. Dafür empfiehlt es sich, eine leitende wissenschaftliche Kommission einzusetzen, welche alle Aspekte des Problems bearbeitet, also nicht nur die Uranbombe als Kriegsmaterial, sondern auch die Möglichkeit der Verwendung von Atomenergie für andere Zwecke.»[15] Nebst dem Bau einer eigenen Atombombe sollte insbesondere der Schutz vor atomaren Angriffen, aber auch die zivile Nutzung der Atomenergie erforscht werden.

Im September und Oktober 1945 schrieb Bundesrat Kobelt allen Vorstehern der physikalischen und chemischen Forschungsinstitute, die sich in der Schweiz mit der Atomphysik beschäftigten. In seinem Schreiben bat er die Schweizer Physik- und Chemieprofessoren, sich an einer «Studienkommission» des Militärdepartements zu beteiligen, die sich mit der Atomenergie beschäftigen sollte. Am 5. November 1945 berief Kobelt im Bundeshaus eine Konferenz ein, an der die Studienkommission für Atomenergie (SKA) gegründet werden sollte. Professor Paul Scherrer informierte in einem Vortrag die anwesenden Wissenschaftler und Vertreter der Armee über den aktuellen Stand der Atomphysik, die vermutete Funktionsweise der amerikanischen Atombomben und weitere Anwendungen der Atomenergie. In seinem Vortrag machte Paul Scherrer darauf aufmerksam, dass die Entwicklung eines Atomreaktors oder einer Atombombe in der Schweiz grosse finanzielle Mittel und die Koordination aller Forschungen auf diesem Gebiet erfordern würde.

Paul Scherrer und die Schweizer Bombe

Paul Scherrer hatte während des Ersten Weltkriegs in Göttingen Physik studiert und war 1920 mit 30 Jahren Professor für Physik an der ETH Zürich geworden. Ab 1927 leitete er dort das Physikalische Institut, das er in der Folge zusammen mit Wolfgang Pauli zu einem internationalen Forschungszentrum für Atomphysik machte. Ab 1937 beschäftigte er sich mit dem Bau von Teilchenbeschleunigern. In Zusammenarbeit mit der Brown, Boveri & Cie. (BBC) und der Maschinenfabrik Oerlikon entstanden ab 1939 an der ETH Zürich unter seiner Leitung mit dem «Zyklotron» und dem «Tensator» zwei der ersten Teilchenbeschleuniger Europas.

Als eine Koryphäe im Bereich der Atomphysik wurde Paul Scherrer nach dem Ende des Zweiten Weltkriegs zur zentralen Schlüsselfigur des Schweizer Atombombenprogramms. Er schien wie kein anderer dafür prädestiniert zu sein, die Schweiz ins Atomzeitalter zu katapultieren.[16] Aufgrund seiner engen Kontakte zu Werner Heisenberg war er während des Kriegs aus erster Hand über das deutsche «Uranprojekt» informiert gewesen. Als Agent des US-Geheimdiensts OSS verfügte er zudem über einen direkten Draht zu Allan W. Dulles, dem späteren CIA-Direktor. Acht seiner ehemaligen Studenten waren während des Kriegs direkt am «Manhattan-Projekt» beteiligt gewesen und hatten im Oak Ridge National Laboratory im US-Bundesstaat Tennessee gearbeitet, wo für den Bau der amerikanischen Atombombe «Little Boy» Uran angereichert worden war.

Nach Angaben seiner beiden Assistenten Werner Zünti und Otto Huber an der ETH Zürich machte Paul Scherrer im Spätsommer 1945 eine dreimonatige Studienreise in die USA, wo er sich unter anderem mit seinem ehemaligen Schüler Chauncey Guy Suits traf, dem damaligen Forschungsleiter bei General Electric, der ebenfalls am «Manhattan-Projekt» beteiligt gewesen war. Anschliessend traf er sich persönlich mit General Leslie R. Groves, dem Leiter des «Manhattan-Projekts», und besuchte das Laboratorium Hanford Site im US-Bundesstaat Washington, das während des Kriegs für die Produktion von Plutonium zuständig gewesen war.[17]

Nach dem Abwurf der Atombomben über Hiroshima und Nagasaki beschäftigten sich die amerikanischen Wissenschaftler und Militärs des «Manhattan-Projekts» mit der Frage, wie lange wohl die Sowjetunion noch brauchen würde, um ebenfalls Atombomben zu bauen. Der Schweizer Physiker Fritz Zwicky war im Frühling und Herbst 1945 als Militärberater für die US-Army in Deutschland und Japan. Auf Anfrage des Geheimdiensts der US-Marine (US Navy Intelligence) empfahl er Paul Scherrer als unabhängigen Experten zur Beurteilung dieser Frage: «Ich schlug Prof. Paul Scherrer vor, der dann auch prompt eingeladen und zu seinem Unbehagen als amerikanischer Bürger, namens ‹Shearer›, durch die Installationen des Manhattan-Projektes in Los Alamos, Oak Ridge usw. geführt wurde. Am Schluss seiner Rundreise gab er das gleiche Urteil ab wie Langmuir und ich – die Russen würden es sicher in drei Jahren schmeissen.»[18] Mit seiner Einschätzung lag Paul Scherrer nicht weit daneben: Die erste sowjetische Atombombe wurde am 29. August 1949 auf dem Testgelände Semipalatinsk in Kasachstan gezündet.

Von seiner Reise in die USA brachte Paul Scherrer den *Smyth-Report* in die Schweiz mit. Der Bericht des US-amerikanischen Physikers Henry De Wolf Smyth von der Universität Princeton, der nach dem Abwurf der Atombomben über Hiroshima und Nagasaki am 12. August 1945 als offizieller Bericht der US-amerikanischen Regierung veröffentlicht wurde, fasste erstmals das frei verfügbare Wissen über die technischen Grundlagen der Atombombe und der Atomenergie zusammen. Nach seiner Rückkehr in die Schweiz hielt Paul Scherrer im Herbst 1945 am Physikalischen Institut der ETH Zürich mehrere Vorträge über den *Smyth-Report*.

Am 28. November 1945 veröffentlichte Paul Scherrer in der *Neuen Zürcher Zeitung* einen Artikel mit dem Titel *Atomenergie – Die physikalischen und technischen Grundlagen*, der das physikalische Wissen über die Atombombe erstmals in allgemeinverständlicher Form für die Schweizer Öffentlichkeit zugänglich machte.[19] Er beschrieb den Aufbau der Atome und der Atomkerne, die Kernspaltung, die nukleare Kettenreaktion, die Entstehung von Plutonium und anderer radioaktiver Spaltprodukte sowie den Aufbau und die Funktionsweise einer Atombombe und eines Atomreaktors.

An der von Bundesrat Karl Kobelt einberufenen Atomkonferenz vom 5. November 1945 wurde die Gründung der SKA beschlossen, die dem EMD unterstellt wurde und deren Präsident Paul Scherrer werden sollte. Zu den Mitgliedern der Kommission zählten Physiker und Chemiker der Universitäten Zürich, Basel, Bern, Neuenburg und Genf,[20] Oberstbrigadier René von Wattenwyl, Chef der KTA, und der Delegierte für Arbeitsbeschaffung, Otto Zipfel. Als Sekretär fungierte Alexander Krethlow, der Chef der Sektion für technische Physik der KTA.

Mit der Zusammensetzung der SKA versuchte Bundesrat Karl Kobelt, das physikalische und technische Wissen über die Atomenergie beim Militärdepartement zu monopolisieren. Nur widerwillig räumte er auch seinem Amtskollegen, FDP-Bundesrat Walther Stampfli, dem Vorsteher des Volkswirtschaftsdepartements, einen Sitz ein. Weder die Schweizer Elektrizitätsgesellschaften noch die Maschinen- und die Chemieindustrie waren in der SKA vertreten. Die atomphysikalischen Forschungen und die technischen Entwicklungen der SKA verfolgten entsprechend einen militärischen und nicht einen wirtschaftlichen Zweck.[21] Als Aufgaben der SKA wurden offiziell die Förderung und Koordination von Forschungen im Bereich der Atomphysik, die Erteilung von Forschungsaufträgen, die Beratung von Behörden und die Schulung von Wissenschaftlern genannt. Die Forschungen wurden zivil getarnt, verfolgten aber hauptsächlich militärische Absichten. In den geheim gehaltenen Richtlinien für die Arbeiten der SKA auf militärischem Gebiet beauftragte Bundesrat Kobelt die SKA am 5. Februar 1946 ausdrücklich mit der Entwicklung einer Schweizer Atombombe: «Die SKA soll überdies die Schaffung einer schweizerischen Bombe oder anderer geeigneter Kriegsmittel, die auf dem Prinzip der Atomenergie beruhen, anstreben. Es ist zu versuchen, ein Kriegsmittel zu entwickeln, das

---

«Die SKA soll überdies die Schaffung einer schweizerischen Bombe oder anderer geeigneter Kriegsmittel, die auf dem Prinzip der Atomenergie beruhen, anstreben.»
Bundesrat Karl Kobelt, 5.2.1946

aus einheimischen Rohstoffquellen erzeugt werden kann. Der Einsatz dieser Kriegsmittel auf verschiedene Art zu prüfen, namentlich: a) Uranbomben als Zerstörungsmittel ähnlicher Art wie Minen für Zwecke der Defensive und aktiver Sabotage. b) Uranbomben als Artilleriegeschosse. c) Uranbomben als Flugzeugbomben.»[22]

Die Mitglieder der SKA wurden vertraglich zur Geheimhaltung verpflichtet. Die Wissenschaftler erhofften sich durch ihre Beteiligung an der SKA den Zugang zu umfangreichen, durch das Militärdepartement subventionierten Forschungsgeldern. Dafür stellten sie ihre wissenschaftliche Arbeit, die in erster Linie dem Bau einer Atombombe dienen sollte, in den Dienst der Schweizer Armee. Die Wissenschaftler forderten hohe Forschungskredite. Rasch ging es dabei um so gewaltige Summen, dass das Finanzdepartement gegen den Willen des Militärdepartements auf einer Parlamentsvorlage beharrte. Paul Scherrer musste für die SKA einen Bundesbeschluss über die Förderung der Forschung auf dem Gebiet der Atomenergie ausarbeiten. Am 17. Juli 1946 beantragte Bundesrat Kobelt beim National- und Ständerat für die Atomforschung einen Kredit von 18 Millionen Franken für die Jahre 1947 bis 1951. Weitere zehn Millionen Franken wurden reserviert für den Fall, dass mit dem Bau eines Atomreaktors begonnen würde. Der Bundesrat begründete die für die damaligen Verhältnisse enorm hohe Summe mit der «ausserordentlich grossen Bedeutung, die der Atomenergie für unsere Landesverteidigung und unserer Wirtschaft zukommen kann».[23] Das Budget der ETH Zürich betrug damals zum Vergleich gerade einmal vier Millionen Franken pro Jahr.[24]

Eine dreiste Lüge

Der Ständerat befasste sich am 8. Oktober 1946 mit der Vorlage und lehnte diese mit 17 zu 14 Stimmen ab. Die undurchsichtige Verknüpfung von wirtschaftlichen und militärischen Interessen hatte insbesondere Friedrich Traugott Wahlen von der Bauern-, Gewerbe- und Bürgerpartei (BGB) zu heftiger Kritik bewogen: «Ich bin nun der festen Überzeugung, dass sich die in der Schweiz durchgeführten wissenschaftlichen Arbeiten strikte auf die Grundlagenforschung und die Auswertungen auf wirtschaftlichem Gebiet beschränken sollten, selbstverständlich unter Einbezug rein militärischer Defensivvorkehrungen, aber unter bewusstem und ausgesprochenem Verzicht auf die Entwicklung und Herstellung von Atombomben.»²⁵ Er forderte mit einem Hinweis auf das humanitäre Völkerrecht eine Ächtung der Atomwaffen. Ein Schweizer Atombombenprogramm würde zudem den angestrebten Beitritt zur UNO erschweren. Er forderte eine Ergänzung der Vorlage «durch eine eindeutige Willenserklärung von Parlament und Bundesrat, grundsätzlich und ohne Rücksicht auf die von den Grossmächten zu treffenden Entschlüsse auf die Verwendung der Atombombe zu verzichten».²⁶ Bundesrat Karl Kobelt versuchte zu beschwichtigen, indem er betonte, die Nutzung der Atomenergie komme vor allem der Wirtschaft und nicht der Armee zugute.²⁷ Am 18. Dezember 1946 kam die Vorlage in fast unveränderter Form erneut vor den Ständerat. Bundesrat Kobelt beteuerte wiederum, «dass kein Mensch daran denke, dass in der Schweiz das grauenhafte Kriegsinstrument der Atombombe gebaut werden soll».²⁸ Und er versicherte: «Wir haben weder die Absicht noch wären wir in der Lage, Atombomben herzustellen.»²⁹ Gestützt auf diese dreiste Lüge nahm der Ständerat die Vorlage mit 35 Ja-Stimmen und einer Enthaltung an. Mit dem gleichen Täuschungsmanöver gelang es Karl Kobelt am 18. Dezember 1946, auch den Nationalrat zu überzeugen.³⁰

Im September 1946 fand ein Treffen von Bundesrat Kobelt, Paul Scherrer, René von Wattenwyl und Fritz Zwicky statt; Zwicky entwickelte ab Juni 1947 als Militärberater der Schweizer Armee aus der Doktrin des totalen Kriegs das Konzept einer totalen Landesverteidigung. Der Schweizer Physiker, Astronom und Raketeningenieur wirkte von 1943 bis 1949 auch als Berater der Aerojet Engineering Corporation an der Entwicklung von Interkontinentalraketen mit. Nach eigenen Aussagen erkannte er bereits 1939 die Möglichkeit von Atombomben und entdeckte bei seinen Beobachtungen von Supernovae die Existenz nuklearer Kettenreaktionen. Daraus leitete er seine Strategie des totalen Kriegs ab.³¹ Für die Schweizer Armee sollte er nun Vorschläge für deren technische Aufrüstung erarbeiten. Am 30. September 1947 legte er der KTA seinen Bericht *Vorschläge zur Gesamtbereitschaft der Schweiz gegen kriegerische Angriffe* vor. In einem Brief an Paul Scherrer vom August 1949 fasste er seine damaligen Empfehlungen folgendermassen zusammen: «Hochwertige Treibstoffe für Raketenantriebe; Konstruktion von Düsen- und Staustrahltriebwerken; Beschäftigung mit Kernfusion; Ultraschnelle Geschosse für die Panzerabwehr; Neue Artillerie mit flüssigem Triebstoff (lagerbar in zwei nicht entzündbaren Komponenten); Vorbereitung auf den Bakterien- und Virenkrieg; Auffindungsgeräte für schnell fliegende Projektile und Flugzeuge.»³²

Der Begriff des «totalen Kriegs» war durch die berüchtigte Rede von Joseph Goebbels am 18. Februar 1943 im Berliner Sportpalast («Wollt ihr den totalen Krieg?») verbreitet worden. Der nationalsozialistische Vernichtungskrieg sollte alle verfügbaren Ressourcen mobilisieren und zur vollständigen Vernichtung des Feindes und zur massenhaften Ermordung von dessen Bevölkerung führen.[33] Gemäss der Formel «Totaler Krieg macht totale Abwehr nötig» ging das Konzept einer totalen Landesverteidigung davon aus, dass der moderne Krieg sämtliche Gesellschaftsbereiche tangieren würde und deshalb die ganze Gesellschaft in die Planung der nationalen Verteidigung einbezogen werden müsste. Die Schweizer Armee befand sich im Kalten Krieg und befürchtete eine kommunistische Invasion beziehungsweise einen atomaren Angriff der Sowjetunion. Bundesrat Karl Kobelt und Generalstabschef Louis de Montmollin liessen deshalb nach dem Ende des Zweiten Weltkriegs mit der «Truppenordnung 51» eine neue Verteidigungsstrategie ausarbeiten, die eine umfassende Verteidigung im Falle eines totalen Kriegs ermöglichen sollte. In Abkehr von der Réduit-Strategie sollte eine mobile Defensivarmee entwickelt werden, die mit möglichst wenigen Panzern das gesamte Staatsgebiet verteidigen könnte. Dieses Konzept einer totalen Landesverteidigung wurde in der zweiten Hälfte der 1950er-Jahre durch den geplanten Einsatz taktischer Atomwaffen und den Aufbau eines Zivilschutzes ergänzt.[34] Der totale Verteidigungskrieg bildete das militärische Pendant zum nationalen Mythos des Schweizer Sonderfalls. Die Schweiz sollte auch dann noch mit allen Mitteln verteidigt werden, wenn sie bereits von Feinden umzingelt und Europa von den Kommunisten überrannt worden wäre.[35]

Die fieberhafte Suche nach Uran

Nebst dem physikalisch-technischen Wissen war Anfang 1947 das nötige Geld vorhanden, um mit der Entwicklung eines Atomreaktors und dem Bau einer Atombombe zu beginnen. Was fehlte, war das spaltbare Material, das Uran. Die USA versuchten nach dem Ende des Zweiten Weltkriegs jedoch, mit allen Mitteln zu verhindern, dass andere Länder eine eigene Atomindustrie aufbauen und damit in den Besitz einer Atombombe gelangen konnten. Bereits an der Quadrant-Konferenz in Québec 1943 hatten die USA mit ihren Bündnispartnern Grossbritannien und Kanada vereinbart, sämtliches Uran in der westlichen Hemisphäre für sich zu behalten.[36] Um ihr Monopol zu sichern, verhängten sie ein Ausfuhrverbot für Uran, was zur Folge hatte, dass der radioaktive Rohstoff auf dem freien Markt nicht mehr gekauft werden konnte.

In den geheimen Richtlinien für die Arbeiten der SKA auf militärischem Gebiet vom 5. Februar 1946 hiess es, dass eine schweizerische Uranbombe «aus einheimischen Rohstoffquellen» produziert werden sollte.[37] Die SKA begann daher ab 1946 umgehend mit der Suche nach Uran, da die Entwicklung eines Atomreaktors und einer Atombombe ohne den radioaktiven Rohstoff nicht möglich war. Man war damals wie besessen davon, möglichst bald in den Besitz von Uran zu gelangen, um mit den geplanten Entwicklungen beginnen zu können. Solange die Beschaffung des Urans nicht gesichert war, schwebten sämtliche Projekte zur militärischen oder friedlichen Nutzung der Atomenergie in der Luft. Die ersten Jahre der SKA waren daher hauptsächlich von dieser fieberhaften Suche nach Uran geprägt.[38]

Einerseits begann man in der Schweiz nach Uranvorkommen zu suchen, andererseits versuchte man, das Uran legal im Ausland zu kaufen oder illegal über den Schwarzmarkt zu besorgen. Man war in dieser aussichtslosen Situation sogar bereit, mit der Sowjetunion zu verhandeln. Anfang August 1946 berichtete Paul Scherrer an Bundesrat Karl Kobelt: «Die Amerikaner kaufen alle Uran-Vorkommen auf. [...] Es ist völlig ausgeschlossen, auch nur die geringsten Quantitäten von Uran aus dem amerikanischen Einflussgebiet zu erhalten, eventuell aber aus dem russischen.»[39] Im November 1946 berichtete der schweizerische Gesandte in Prag, Alexandre Girardet, dass die Tschechoslowakei der Schweiz gegen Informationen neun Tonnen Uran anbiete.[40] Paul Scherrer reagierte allerdings skeptisch auf das tschechische Angebot. Das Uranerz in der Tschechoslowakei würde bereits von der Sowjetunion ausgebeutet, die kein Interesse daran haben könnten, grössere Mengen der beinahe erschöpften Erzlager an die Schweiz abzugeben. «Ausserdem würden die Russen als Gegenleistung sicher einen Austausch von Erfahrungen verlangen, welchem ich nicht gerne zustimmen würde.»[41]

1947 vereinbarte Bundesrat Kobelt mit Chiang Kaischek, dem chinesischen Führer der Kuomintang, die Entsendung von Schweizer Geologen nach China, um dort den Abbau von Uran zu fördern und als Gegenleistung eine Lieferung Uranerz zu erhalten.[42] Die USA verhinderten die Zusammenarbeit jedoch im entscheidenden Moment, indem sie China selbst ihre Hilfe bei der Uranprospektion anboten, woraufhin die Chinesen ihr Interesse an einer Zusammenarbeit mit der Schweiz verloren.[43] 1949 erhielt die Schweiz zudem 125 Kilogramm Uran angeboten, die nach dem Krieg aus den unterirdischen Gewölben unterhalb des Hauses von Adolf Hitlers engem Vertrauten Martin Bormann in Berchtesgaden entwendet worden waren.[44]

Im Sommer 1950 handelte René von Wattenwyl mit der portugiesischen Firma Calmor einen Vertrag über Rechte an Uranminen aus. 1951 verhandelte die Schweiz zudem mit Indien über eine Lieferung von Uran und knüpfte gleichzeitig Kontakte zu Südafrika. Im August 1951 bot Francis Perrin, der Präsident des französischen Kommissariats für Atomenergie (Commissariat à l'énergie atomique, CEA), Paul Scherrer an, der Schweiz genügend Uran für den Bau eines Forschungsreaktors zu liefern, sofern die Schweiz den Atomreaktor selbst entwickeln und die französischen Behörden über ihre Erfahrungen informieren würde. Die Schweiz müsste zudem das beim Betrieb des Atomreaktors entstandene Plutonium an Frankreich abgeben.[45]

Grossbritannien durchbrach schliesslich 1953 das Ausfuhrverbot und stellte der Schweiz mittels eines Dreiecksgeschäfts mit Belgien zehn Tonnen metallisches Natururan aus Katanga in Belgisch-Kongo zur Verfügung. Die Schweizer Delegation unter der Leitung Paul Scherrers handelte das Dreiecksgeschäft aus. Der Bundesrat bewilligte dafür 3,3 Millionen Franken. Die zehn Tonnen Uranmetall trafen 1954 und 1955 in der Schweiz ein, circa fünf Tonnen Uranmetall in Aluminiumumhüllung und fünf Tonnen in Form von Uranoxid. Rund fünf Tonnen wurden der 1955 in Würenlingen gegründeten Reaktor AG zur Verfügung gestellt, die damit den geplanten Natururan-Forschungsreaktor Diorit betreiben wollte. Die restlichen fünf Tonnen Uran wurden als Kriegsreserve in einem Réduit-Stollen der KTA in der Pulverfabrik Wimmis bei Spiez eingelagert. Nachdem sich die britischen Uranbrennstäbe für den Betrieb des Forschungsreaktors Diorit als unbrauchbar erwiesen hatten, wurden die fünf Tonnen der Reaktor AG ebenfalls in der Pulverfabrik in Wimmis eingelagert.[46]

Am 14. Januar 1960 fand ein Treffen des Generalstabs und der KTA mit Jakob Karl Burckhardt, dem Delegierten des Bundesrates für Fragen der Atomenergie, sowie dem Vizedirektor der Reaktor AG statt, um über die weitere Verwendung der Uranreserve zu beraten. Oberdivisionär Peter Burkhardt stellte dabei die Frage, «ob das dem Bunde ohne spezielle Auflage gehörende U[ran] verwendet werden kann, Vorstudien für die Herstellung von A-Waffen durchzuführen oder ob es sogar für die Herstellung einiger A-Bomben genügen würde».[47] «Rein theoretisch» sei es möglich, aus den zehn Tonnen Uran eine einzige Uranbombe oder eineinhalb Plutoniumbomben herzustellen, allerdings sei dies aufgrund der «unvernünftig hohen Kosten» praktisch unmöglich, lautete die Antwort.[48] In den 1960er- und 1970er-Jahren geriet die Uranreserve in Wimmis zunehmend in Vergessenheit. In einem Brief vom 20. Juni 1978 erkundigte sich Peter Grossenbacher, der Direktor der Pulverfabrik Wimmis, bei Eduard Kiener, dem Direktor des Bundesamts für Energiewirtschaft (BFE), nach der zuständigen Amtsstelle. Man hatte in der Zwischenzeit also bereits vergessen, welche Bundesstelle für die Uranreserve verantwortlich war. Darauf beschloss der Bundesrat am 12. August 1981, das Uran dem BFE zu übertragen.[49] Schliesslich wurde das Uran 1991 nach Frankreich in die Wiederaufbereitungsanlage La Hague geschickt, wo es angereichert wurde, damit es anschliessend als gewöhnliches Brennmaterial im AKW Beznau eingesetzt werden konnte.[50]

Die Suche nach Uran in den Schweizer Bergen begann bereits 1943. Die ersten Geländeuntersuchungen in den Alpen waren jedoch amateurhafte Exkursionen einzelner Geologieprofessoren mit deren Studenten.[51] Nach dem Ende des Zweiten Weltkriegs wurden die geologischen Exkursionen intensiviert. Die Bemühungen wurden insbesondere nach der Gründung der Reaktor AG 1955 zusätzlich verstärkt, um den dringend benötigten Brennstoff für den Forschungsreaktor Diorit zu beschaffen, der 1957 gebaut wurde. Nebst den Industriefirmen Aluminium Industrie AG, Grande Dixence SA, Lonza AG und den Eisenbergwerken Gonzen AG suchte vor allem der von der SKA 1956 gegründete «Arbeitsausschuss zur Untersuchung schweizerischer Mineralien und Gesteine auf Atombrennstoff und seltene Elemente» vorwiegend im Wallis nach Uran. Man fand zwar auf der Mürtschenalp im Kanton Glarus, im Gestein aus dem Gotthard- und dem Lötschbergtunnel und im Aare- und im Bergeller Granitmassiv Uranerz, doch waren die Vorkommen zu gering, als dass sich ein Abbau gelohnt hätte.[52]

Im März 1960 legte Jakob Karl Burckhardt als Delegierter des Bundesrates für Fragen der Atomenergie dem Generalstabschef Jakob Annasohn einen Tätigkeitsbericht über die Uranprospektion vor. Der Bericht hielt fest, dass im Wallis bei Le Fou, Alou und Naters Uranerz gefunden worden sei und ein Abbau der Uranvorkommen für militärische Zwecke möglich sei, dieser aber mit einem enorm hohen finanziellen Aufwand verbunden wäre.[53] Das EMD kam daher zum Schluss, dass «eine summarische Untersuchung der Erzgewinnungs- und Fabrikationskosten zur Herstellung des Atomsprengkopfes Uran 235 durch Isotopentrennung aus dem natürlichen Uran zeigt, dass die Kosten unsere Volkswirtschaft gegenwärtig noch überlasten würden. [...] Beim heutigen Stand der Ausbeutung von Uran-Vorkommen im Inland, der Lage unserer Reaktorindustrie, dem verfügbaren wissenschaftlichen Personal und dessen Kenntnissen sowie den finanziellen Anforderungen kommt voraussichtlich eine Eigenfabrikation von Atomwaffen für das nächste Jahrzehnt nicht in Frage.»[54]

Das Fehlen des radioaktiven Rohstoffs Uran wurde entscheidend für das Schweizer Atombombenprogramm: Als rohstoffarmes Binnenland musste die Schweiz ihren Traum, eine eigene Atombombe aus einheimischem Uran zu bauen, bald aufgeben. Zum Mangel an Rohstoffen kamen die Rückständigkeit in der Reaktortechnologie, das Fehlen geeigneter wissenschaftlicher Fachleute und die begrenzten finanziellen Ressourcen, was die Schweiz schliesslich zur Zusammenarbeit mit verschiedenen europäischen Ländern und den USA zwang und zu einem Verlust der Unabhängigkeit führte.[55] Der Aufbau eines eigenen Atomwaffenarsenals hätte immense Kosten verursacht, was damals nicht nur Abstriche bei der konventionellen Verteidigung zur Folge gehabt, sondern vermutlich auch andere wichtige Anliegen wie beispielsweise die Finanzierung der Alters- und Hinterlassenenversicherung (AHV) gefährdet hätte. Die Beschaffung von Uran im Ausland war ebenfalls mit erheblichen Schwierigkeiten verbunden, da auf dem internationalen Markt kein Uran gekauft werden konnte, das nicht der Kontrolle der Internationalen Atomenergie-Organisation (IAEO) unterlag und damit ausschliesslich für zivile Zwecke verwendet werden durfte.

Der Forschungsreaktor Diorit produzierte während seines Betriebs von 1960 bis 1977 rund 20 Kilogramm Plutonium, das für den Bau einer Atombombe hätte genutzt werden können. Plutonium kann, wenn es nach einem aufwendigen chemischen Verfahren von anderen radioaktiven Isotopen getrennt wird, als Spaltstoff für Atomwaffen verwendet werden.[56] Der Direktor der Reaktor AG, Rudolf Sontheim, hielt deshalb auch die Herstellung von Atomwaffen mit Plutonium für möglich: «Die Produktionsmethoden für Pu 239 sind am besten bekannt. Deren autarke technische Realisation dürfte mit dem relativ geringsten Forschungsaufwand möglich sein.»[57] Die Herstellung eigener Atomwaffen hätte allerdings das bilaterale Abkommen der Schweiz mit den USA über die friedliche Verwendung der Atomenergie verletzt. Seit den 1950er-Jahren wurde zudem in den USA und in Grossbritannien mit dem sogenannten Schnellen Brüter ein neuer Reaktortyp entwickelt, der grosse Mengen von Plutonium produzierte. Im Oktober 1965 beauftragte der Bundesrat Urs Hochstrasser, den Delegierten für Fragen der Atomenergie, folgende Abklärungen zu treffen: «Suche nach Uranvorkommen, Urananreicherung, Physik des schnellen Brüters. Gleichzeitig sollen Fachleute für die Probleme der A-Waffentechnik ausgebildet werden.»[58] Solche Fachleute wurden auch für die Realisierung eines Schutzes gegen die Auswirkung einer Bombardierung der Schweiz mit Atomwaffen benötigt. Aus den abgebrannten Brennstäben des Reaktors Diorit wurde zwischen 1966 und 1973 in der Wiederaufbereitungsanlage der Eurochemic im belgischen Mol Plutonium gewonnen und anschliessend wieder in die Schweiz zurückgeschickt. Das Plutonium des Diorit lagerte bis 2014 im Paul Scherrer Institut (PSI) in Würenlingen. Die 20 Kilogramm Plutonium hätten für den Bau von rund vier Atombomben ausgereicht. 2014 beschloss der Bundesrat schliesslich, das Plutonium an die USA zu übergeben.[59]

Nach dem Ende des Zweiten Weltkriegs verfügte nur die USA über die Technologie zur Anreicherung von Uran. Alle Staaten, die mit angereichertem Uran arbeiten wollten, waren daher von den USA abhängig. Die Schweiz wollte aber in ihrem Atomprogramm von den USA unabhängig sein. Deshalb entschied man sich, einen Atomreaktor zu entwickeln, der mit Natururan betrieben werden konnte. Dieses Uran verlangt einen speziellen Reaktortyp, der mit schwerem Wasser oder Graphit betrieben wird. Der Betrieb eines solchen Schwerwasserreaktors brauchte also nebst dem Uranerz als Brennstoff auch schweres Wasser oder Graphit als Moderator. Der Moderator bremst die Neutronen ab, die bei der Spaltung des Urans entstehen. Schweres Wasser (D_2O) kommt als Isotop im herkömmlichen Wasser (H_2O) in einer Konzentration von etwa 0,15 Promille vor. Genauso wie das Uran waren jedoch auch das schwere Wasser und hochreines Graphit nach dem Ende des Zweiten Weltkriegs aufgrund der US-amerikanischen Handelsbeschränkungen auf dem internationalen Markt nicht erhältlich. Aus diesem Grund versuchte man nach dem Zweiten Weltkrieg, das schwere Wasser ebenfalls in der Schweiz herzustellen.

Professor Werner Kuhn vom Physikalisch-Chemischen Institut der Universität Basel forschte bereits seit den 1940er-Jahren an der Herstellung von schwerem Wasser. Sie ist ein Spezialfall einer Isotopentrennung, bei dem das schwere Wasser aus gewöhnlichem Wasser in einem aufwendigen Destillationsverfahren angereichert wird. In Zusammenarbeit mit der Firma Hovag in Domat-Ems (heute: Ems-Chemie) und der Lonza AG in Visp entwickelte Werner Kuhn während des Kriegs ein Verfahren zur Destillation von schwerem Wasser, zu einer Zeit, als das deutsche «Uranprojekt» aufgrund des fehlenden schweren Wassers lahmgelegt war.[60] Die beiden Firmen Hovag und Lonza AG erhielten von der 1955 gegründeten Reaktor AG den Auftrag, zwölf Tonnen schweres Wasser herzustellen. Die USA wollten jedoch die Herstellung von schwerem Wasser in der Schweiz verhindern und boten der Reaktor AG deshalb über ihre Atomic Energy Commission schweres Wasser zu einem Dumpingpreis an, mit dem die beiden Schweizer Firmen nicht konkurrieren konnten. Walter Boveri jun., der Direktor der BBC, und Rudolf Sontheim, der damalige Direktor der Reaktor AG, entschieden sich aufgrund der tiefen Preise dafür, das schwere Wasser aus den USA zu importieren.[61]

Schutz vor Strahlenschäden

Die Strahlenforschung wurde nach dem Krieg als eine Schlüsseltechnologie betrachtet und dementsprechend mit Bundesgeldern in bis dahin unerreichtem Ausmass gefördert. Die SKA förderte Forschungen im Bereich der Atomphysik, die für den Bau von Atomwaffen und Atomreaktoren wichtig waren, und im Bereich der Strahlenmedizin und -biologie, die dem Schutz vor Strahlenschäden in einem künftigen Atomkrieg dienen sollten.[62] Dabei kam es zu einer engen Verschränkung von Militär, Wissenschaft, Medizin und Industrie. Bereits während der konstituierenden Sitzung der SKA wollte Generalstabschef Louis de Montmollin von Paul Scherrer wissen, welche Schutzvorkehrungen die Armee «im Hinblick auf einen Angriffskrieg mit Atombomben» treffen müsse. Hans Frick, der Chef der Ausbildung der Schweizer Armee, beschäftigte demgegenüber die Frage, ob ein Gelände nach einer Atombombenexplosion «wegen einer allfälligen radioaktiven Strahlung» noch betretbar sei.[63] Der Strahlenschutz war für die Schweizer Armee von zentraler Bedeutung, um einen künftigen Atomkrieg führen zu können. Auf Initiative von Alexander von Muralt, Professor für Physiologie an der Universität Bern und späterer Initiant und erster Präsident des Schweizerischen Nationalfonds, begann die SKA 1947 mit der Erforschung der biologischen Wirkungen von Strahlen. So schlug er vor, «dass nun auch die Probleme der durch die Uranmaschine und Atombombe hervorgerufenen Strahlenschädigungen vom medizinischen und biologischen Standpunkt aus in Angriff genommen werden sollten».[64] Der Zweck der Strahlenforschung liege darin, «therapeutische Massnahmen gegen die durch die Bestrahlung durch eine A-Bombe auftretenden Körperschäden treffen zu können und wenn möglich, Vorräte von Heilmitteln zu schaffen».[65] Der Bericht *Wirkung der Atombombe auf den Menschen* vom 2. Juni 1948 fasste das damals vorhandene Wissen zur Strahlenbiologie erstmals zusammen.

An den Forschungen im Bereich der Strahlenmedizin und -biologie waren damals insbesondere die beiden Röntgeninstitute von Hans Rudolf Schinz am Kantonsspital Zürich und von Adolf Zuppinger am Inselspital Bern beteiligt. Letzteres konnte Ende Juli 1953 mit Geldern der SKA für ihre experimentelle Forschung einen Teilchenbeschleuniger kaufen, den von der BBC in Baden konstruierten «Betatron». Bis Ende der 1960er-Jahre verkaufte die BBC über 50 Betatron-Anlagen in zahlreiche Länder Europas, Amerikas und Asiens. Adolf Zuppinger schlug vor, Tierversuche durchzuführen, um die durch die radioaktive Strahlung verursachten biologischen Schäden genauer zu erforschen. Das US-Verteidigungsministerium unterstützte während des Kalten Kriegs bis in die 1960er-Jahre auch Menschenversuche. «Für die Schweiz finden sich bislang keinerlei Hinweise darauf, dass während des Kalten Kriegs wie in den USA aus militärischen Interessen gezielte Versuchsreihen mit Strahlen oder radioaktiven Substanzen stattfanden», schrieb die Historikerin Sibylle Marti, die sich eingehend mit der militärischen und zivilen Strahlenforschung in der Schweiz während des Kalten Kriegs beschäftigt hat.[66]

Ein weiteres wichtiges Forschungsinstitut war das 1949 gegründete Strahlenbiologische Laboratorium der Universität Zürich, das von 1950 bis 1989 von Hedi Fritz-Niggli geleitet wurde.[67] Das Labor erforschte ebenfalls die Strahlengefährdung des Menschen. Anhand von Bestrahlungsversuchen mit Drosophila-Fliegen wurde die Entstehung von Mutationen bei Keimzellen untersucht. Wie Hedi Fritz-Niggli schrieb, war «es von grossem theoretischem und praktischem Interesse, die Wirkungen der kurzwelligen Strahlung auf die Zelle und das Erbmaterial abzuklären. Dies, um Richtlinien für eine Toleranzdosis zu geben, resp. die genetische Strahlengefährdung zu erkennen, damit prophylaktische Massnahmen getroffen werden können.»[68] Die ursprünglichen militärischen Forschungsziele führten auch zu neuen diagnostischen und therapeutischen Anwendungen etwa im Bereich der Strahlenbehandlung von Krebskrankheiten. Die Radioisotope, die in der Krebsforschung zur Anwendung kamen, dienten in den 1950er-Jahren wiederum der Propaganda vom «friedlichen Atom» und förderten die gesellschaftliche Akzeptanz der zivilen Nutzung der Atomenergie.[69]

1956 wurde die Eidgenössische Kommission zur Überwachung der Radioaktivität (KUeR) geschaffen, um den durch die Atombombentests verursachten radioaktiven Fallout zu überwachen. Fortan war die KUeR für die Überwachung der Radioaktivität in der Luft, im Boden, in Lebensmitteln und im menschlichen Körper zuständig. Seit den späten 1950er-Jahren wurden dazu landesweit Messstationen aufgebaut. Ausgehend von den Empfehlungen der International Commission on Radiological Protection (ICRP) legte die KUeR zudem die Grenzwerte für die Abgabe radioaktiver Stoffe für AKWs und Spitäler in der Schweiz fest. 1963 trat die *Strahlenschutzverordnung* in Kraft. Zum Schutz der Bevölkerung schuf der Bundesrat mit einer Verordnung vom 9. September 1966 einen Alarmausschuss, der sich mit dem AC-Schutzdienst der Armee und dem Zivilschutz koordinierte. Mitte der 1960er-Jahre bewilligte das Parlament zudem die Errichtung einer neuen physikalischen Versuchsanstalt, des Schweizerischen Instituts für Nuklearforschung in Villigen an der Aare, das 1988 mit dem Eidgenössischen Institut für Reaktorforschung (EIR) zum PSI fusionierte.

Kalter Krieg und Rüstungswettlauf

Der Abwurf der Atombomben in Hiroshima und Nagasaki markierte 1945 zugleich das Ende des Zweiten Weltkriegs und den Beginn des Kalten Kriegs. Ganze Generationen haben seither mit der Angst vor einem apokalyptischen Atomkrieg gelebt, der jederzeit ausbrechen könnte und innerhalb weniger Stunden einen Grossteil der Menschheit vernichten würde. Der ausser Kontrolle geratene Rüstungswettlauf zwischen den USA und der Sowjetunion schuf schliesslich die Möglichkeit, die gesamte Menschheit zu vernichten und den Planeten Erde für den Menschen für Zehntausende von Jahren unbewohnbar zu machen.

Ab Mitte des Zweiten Weltkriegs befürchtete Stalin, der Westen werde ihn mit «der Bombe» erpressen. 1942 ernannte er deshalb den russischen Atomphysiker Igor Kurtschatow zum wissenschaftlichen Leiter des sowjetischen Atombombenprogramms. Ab 1943 war Stalin durch sowjetische Spione, zu denen unter anderen der deutsche Atomphysiker Klaus Fuchs gehörte, über den Stand des «Manhattan-Projekts» informiert. Am 20. August 1945 ernannte Stalin zudem den gefürchteten Geheimdienstchef Lawrenti Beria zum Leiter des Atomprogramms. Unter seinem Kommando wurden ab 1946 durch Gulag-Häftlinge riesige «geheime Städte» und Atomlaboratorien wie Arsamas-16 (Sarow) und Tscheljabinsk-40 (später -65) bei Kyschtym aus dem Boden gestampft.

Ab dem Frühjahr 1945 fahndeten die Sowjets zudem im von ihnen besetzten Deutschland verstärkt nach Atomtechnik. Nach 1945 wurden Tausende deutsche Techniker und Wissenschaftler aus dem Bereich der Atomphysik, aber auch der Flugzeug- und Raketentechnik in die USA und in die Sowjetunion gebracht. Nachdem Igor Kurtschatow 1947 in einem Gutachten festgestellt hatte, dass es möglich sei, in zwei Jahren eine eigene Atombombe herzustellen, begann die Rote Armee im September 1947, in Kasachstan das neue Testgelände Semipalatinsk einzurichten, wo schliesslich am 29. August 1949 die erste sowjetische Atombombe gezündet wurde.

Der Koreakrieg von 1950 bis 1953 war der erste heisse Konflikt des Kalten Kriegs, bei dem es beinahe zu einem atomaren Schlagabtausch zwischen den USA und der Sowjetunion gekommen wäre. General Douglas MacArthur, der Oberbefehlshaber der UN-Truppen, setzte sich wiederholt vehement für eine atomare Bombardierung chinesischer Städte ein, bis schliesslich Präsident Harry S. Truman eine weitere militärische Eskalation des Konflikts stoppte. 1954 planten die USA während des Indochinakriegs erneut den Einsatz von Atomwaffen, um die Franzosen gegen die vietnamesische Unabhängigkeitsbewegung zu verteidigen.

Mit der Gründung der Nato 1949 und dem Warschauer Pakt 1955 formierten sich die Blöcke in Ost und West. Gleichzeitig begann auf beiden Seiten des Eisernen Vorhangs ein massiver Rüstungswettlauf, der eine gefährliche Eigendynamik entwickelte. Die finstere Absurdität des atomaren Wettrüstens führte dazu, dass vorerst nur die gegenseitige Abschreckung – das «Gleichgewicht des Schreckens» – den Ausbruch eines Dritten Weltkriegs, der zu einem globalen Atomkrieg geworden wäre, verhindern konnte. Die militärische Strategie der beiden Supermächte sah jeweils den massiven Einsatz von Atomwaffen vor.

Vor 1949 – noch bevor die Sowjetunion über Atombomben verfügte – gab es in den USA sogar Überlegungen, einen atomaren Präventivkrieg gegen sie zu führen. Ab 1951 liess auch Stalin die Strategie eines Atomkriegs entwickeln, bei der ein Präventivkrieg eine Option war. 1954 verkündeten die USA ihre ominöse Nuklearstrategie der «massiven Vergeltung» («massive retaliation»), die besagte, dass sogar ein begrenzter Angriff eines potenziellen Angreifers mit konventionellen Waffen mit Atombomben vergolten werden sollte. Umgekehrt war während des Kalten Kriegs auch für die Sowjetunion ein globaler Atomkrieg stets eine strategische Option.

Im atomaren Rüstungswettlauf erhöhte sich nicht nur die Anzahl der Bomben, sondern auch die Zerstörungskraft der

Sprengköpfe. In den USA gelang unter der Leitung von Edward Teller am 1. November 1952 die Zündung der ersten amerikanischen Wasserstoffbombe, deren Sprengkraft tausendmal stärker war als die der Hiroshima-Bombe. Am 12. August 1953 folgte die Sowjetunion unter der Leitung von Igor Kurtschatow und Andrei Sacharow mit der Zündung ihrer ersten Wasserstoffbombe. Grossbritannien hatte am 3. Oktober 1952 ebenfalls seine erste Atombombe gezündet, und am 8. November 1957 folgte die erste Wasserstoffbombe.

Ab den 1950er-Jahren fanden in den USA und in der Sowjetunion Tausende Atombombentests statt. Die Tests waren vor allem eine Machtdemonstration der beiden Supermächte, die der gegenseitigen Abschreckung dienen sollte; gleichzeitig wurden die Tests aber auch zur Messung der Wirkung und damit zur Weiterentwicklung und Perfektionierung der Atomwaffen genutzt. Die USA testeten ihre Atombomben hauptsächlich in der Wüste von Nevada sowie im Pazifischen Ozean. Der grösste amerikanische Atombombentest, «Bravo», fand am 1. März 1954 auf dem Bikini-Atoll statt. Die radioaktive Verstrahlung eines japanischen Fischkutters sorgte weltweit, vor allem aber in Japan, für Empörung. Der grösste jemals durchgeführte Atombombentest war die Zündung der durch ein Team um Andrei Sacharow entwickelten sowjetischen Wasserstoffbombe «Zar», die am 30. Oktober 1961 auf dem Testgelände Nowaja Semlja im Arktischen Ozean explodierte. Deren Sprengkraft war mit rund 50 bis 60 Millionen Tonnen TNT rund 4000-mal so stark wie jene von «Little Boy», der Bombe, die über Hiroshima abgeworfen wurde.

Die Atombombentests hatten schwerwiegende Folgen für Mensch und Umwelt. Der radioaktive Fallout fiel direkt auf die bewohnten Gebiete rund um die Testgelände und verteilte sich über die Atmosphäre auf dem ganzen Globus, sodass die Strahlenbelastung in den 1950er-Jahren weltweit stark zunahm. Die Bedürfnisse der Bevölkerung in den meist spärlich besiedelten Regionen am Rande der Testorte wurden bewusst ignoriert. Gleichzeitig wurden die beteiligten Wissenschaftler und Soldaten oft fahrlässig und teilweise sogar vorsätzlich der radioaktiven Strahlung ausgesetzt. Ganze Bevölkerungsgruppen wurden umgesiedelt, vertrieben und als medizinische Versuchsobjekte missbraucht.[70] Man geht heute davon aus, dass an den Spätfolgen der weltweit über 2100 Atombombentests über 200 000 Menschen gestorben sind.[71] Die Strahlenopfer starben an Leukämie, Gehirntumoren und Schilddrüsenkrebs, die Fehlgeburten häuften sich, und die zur Welt gekommenen Kinder und Enkel wiesen vermehrt Missbildungen auf.

In der sowjetischen Atombombenfabrik Tscheljabinsk bei Kyschtym im Ural explodierte am 29. September 1957 in der kerntechnischen Anlage Majak ein Lager für hochaktive Abfälle aus der Plutoniumproduktion. Majak war die erste Anlage zur industriellen Herstellung von spaltbarem Material in der Sowjetunion. Bei dem bisher grössten jemals bekannt gewordenen militärischen Atomunfall wurden rund 250 000 Menschen radioaktiv verstrahlt. Der Wind verteilte die Strahlung bis 400 Kilometer nördlich von Majak. Aufgrund der Wetterverhältnisse konzentrierte sich die Verseuchung hauptsächlich auf den Südural, Europa blieb verschont. Die Sowjetunion konnte den Vorfall während 30 Jahren geheim halten. Majak ist heute der radioaktiv am stärksten verstrahlte Ort der Erde. Die dortige marode gewordene kerntechnische Anlage ist immer noch in Betrieb und wird weiterhin streng militärisch abgeschottet. Es werden dort weiterhin Radioisotope für die russische Atomwaffenproduktion produziert und abgebrannte Brennelemente, die teilweise auch aus dem Westen kommen, wieder aufbereitet.[72]

Die gigantische nukleare Aufrüstung erzeugte auf beiden Seiten des Eisernen Vorhangs eine permanente atomare Bedrohung. Der ständige Ausbau von immer stärkeren Atomwaffen schuf kein Gefühl der Sicherheit, sondern steigerte die Gefahr eines Atomkriegs und potenzierte damit die Angst vor der atomaren Katastrophe. Mit der ideologischen Teilung der Welt in Ost und West wurden die Fronten klar abgesteckt und die gegenseitigen Feindbilder zementiert. Sie wurden im Westen wie im Osten durch intensive Propaganda gepflegt und weiter verstärkt. Die angenommene Bedrohung durch die Gegenseite prägte dabei die rasante Dynamik der ideologischen, politischen, wirtschaftlichen und militärischen Auseinandersetzung.

Der Kalte Krieg war eine ideologische und machtpolitische Konfrontation der Weltanschauungen, die auf beiden Seiten des Eisernen Vorhangs als ein Kampf zwischen Gut und Böse angesehen wurde. In den USA machte sich insbesondere in der McCarthy-Ära von 1947 bis 1956 ein rabiater Antikommunismus breit. Der republikanische Senator Joseph McCarthy stand stellvertretend für die weitverbreitete antikommunistische Hysterie in der amerikanischen Gesellschaft, die überall und jederzeit eine kommunistische Unterwanderung befürchtete. McCarthy heizte die Stimmung kontinuierlich mit Beschuldigungen und Verschwörungstheorien weiter an. Die «Hexenjagd» gegen tatsächliche oder vermeintliche Kommunisten betraf zunehmend auch Bibliothekare, Lehrer, Wissenschaftler, Schriftsteller und Künstler. Einer der bekanntesten Wissenschaftler, der Ende 1953 in die Mühlen des von McCarthy geleiteten House Committee on Un-American Activities geriet, war der Atomphysiker J. Robert Oppenheimer, der nach dem Ende des Zweiten Weltkriegs die Entwicklung einer amerikanischen Wasserstoffbombe kritisiert hatte und deshalb nun als ein Sicherheitsrisiko angesehen wurde.

Im ideologischen Kampf zwischen Ost und West stand die Schweiz während des Kalten Kriegs trotz der ständigen Beteuerung ihrer «Neutralität» ideologisch, politisch, wirtschaftlich und militärisch klar auf der Seite des Westens. Mit dem Hotz-Linder-Agreement vom Juli 1951 beugte sie sich dem Diktat der USA, das auf ein Verbot des Osthandels hinauslief.[73] Der Antikommunismus wurde in der Schweiz während des Kalten Kriegs zur bürgerlichen Staatsideologie und damit zum festen Bestandteil der nationalen Kultur. Die USA wussten, dass der kommunistische Einfluss in der Schweiz vernachlässigbar war; die Sowjetunion ihrerseits wertete den Schweizer Antikommunismus als ein deutliches Zeichen der Zugehörigkeit zum Westen und zählte die Schweiz ab 1963 daher zum Kampfgebiet der Nato.[74]

Nach dem Ungarn-Aufstand 1956 erreichte der Antikommunismus in der Schweiz seinen Höhepunkt. Die sowjetische Niederschlagung des Freiheitskampfs löste damals in der Schweizer Bevölkerung eine Welle der Solidarität für Ungarn aus. Wie der Historiker Thomas Buomberger in seinem Buch *Die Schweiz im Kalten Krieg 1945–1990* zeigte, war der Antikommunismus geprägt von der Vorstellung einer akuten oder schleichenden Gefahr aus dem Osten.[75] Er schürte die Angst vor der «roten Gefahr» und vermittelte den Eindruck, dass sich die Schweiz zusammen mit dem Westen und den «unterdrückten» Völkern des Ostens in einem permanenten Abwehrkampf gegenüber dem aggressiven, expansiven und gottlosen Sowjetkommunismus befinden würde, der danach strebe, die Weltherrschaft zu erobern und alle freien Völker dieser Erde zu versklaven. In diesem in Schwarz-Weiss gemalten Weltbild des Kalten Kriegs war das eigene System gut, das der anderen Seite böse. Im Westen konnte das Gute im Menschen zu seiner vollen Entfaltung kommen. Der Kommunismus dagegen war die Inkarnation des Bösen. Das Feindbild des Kommunismus wurde auch gezielt zur Diskreditierung der politischen Gegner eingesetzt.[76] Die Bedrohung aus dem Osten wurde zum Lebenselixier der Schweizer Innenpolitik. Mit dem Vorwurf des Kommunismus konnte jede Kritik im Keim erstickt werden. Die massive militärische Aufrüstung der Schweizer Armee wurde ebenso wie die Ausweitung des Staatsschutzes mit der kommunistischen Gefahr legitimiert.[77]

Die Doppelkrise Ungarn/Suez löste im Herbst 1956 in der Schweiz Hamsterkäufe von Nahrungsmitteln aus, die den vom Bundesrat ernannten Delegierten für wirtschaftliche Kriegsvorsorge dazu veranlassten, eine Propagandakampagne zur Anschaffung eines Notvorrats zu lancieren.[78] Der Notvorrat wurde damit zu einem Teil der totalen Landesverteidigung. Wer keinen Notvorrat hatte, galt als suspekt und als unschweizerisch.[79] Die Behörden schufen ein Klima ständiger Angst und Unsicherheit, indem sie unablässig auf die potenzielle Versorgungsknappheit hinwiesen. Die Ideologie der geistigen Landesverteidigung, die dieser Notvorratskampagne zugrunde lag, propagierte die Armee im Kalten Krieg als den «Kristallisationskern der ‹nationalen Identität› der Schweiz».[80] Die Freiheit und Unabhängigkeit durch ständige Wehrbereitschaft und eigenständige Vorsorge prägten diese idealisierte Vorstellung der schweizerischen Identität.[81]

Nach der Suezkrise und dem Ungarn-Aufstand 1956 folgte ein Jahr später, 1957, der sogenannte Sputnikschock. In den 1950er-Jahren fand zwischen den USA und der Sowjetunion nicht nur ein nuklearer Rüstungswettlauf, sondern parallel dazu auch ein Wettlauf ins All statt. Beide Supermächte wollten dabei ihre technologische Überlegenheit beweisen. Als am 4. Oktober 1957 der sowjetische Satellit Sputnik erstmals eine Erdumlaufbahn erreichte, löste das im Westen einen Schock aus, da die Sowjetunion nun offenbar in der Lage war, die USA mit nuklearen Interkontinentalraketen zu erreichen. Der Weltraum wurde zum neuen Schlachtfeld des Kalten Kriegs. Am 3. November 1957 wurde die Hündin Laika als erstes Lebewesen und am 12. April 1961 Juri Gagarin als erster Mensch mit einer sowjetischen Rakete in den Weltraum geschickt. Die USA mussten erkennen, dass sie der Sowjetunion im Bereich der Raumfahrt unterlegen waren. Am 25. Mai 1961, nur eineinhalb Monate nach dem Start von Juri Gagarin, hielt der US-Präsident John F. Kennedy eine Rede, in der er das Ziel vorgab, noch im selben Jahrzehnt einen Menschen zum Mond und wieder zurück zu bringen. Im Zuge der NASA-Mission Apollo 11 fand dann am 21. Juli 1969 die erste Landung von Menschen auf dem Mond statt.

Die wissenschaftlich-technologische Konkurrenz wurde zur Überlebensfrage im Kalten Krieg. Für beide Supermächte gab es nur zwei Möglichkeiten: entweder die Hegemonie oder den Untergang. Die technische Überlegenheit bedeutete mehr militärische Macht und entschied damit über Leben oder Tod. Nebst dem Bau von Atom- und Wasserstoffbomben gehörten Flugzeuge und Raketen sowie die Raumfahrt zu den militärischen Technologien, bei denen die beiden Supermächte miteinander konkurrierten. Daneben wurden auch Teile der konventionellen Waffensysteme atomar aufgerüstet: Bomberflotten, U-Boote, Minen, Artillerie, tragbare Raketenwerfer, Kurz- und Mittelstreckenraketen. Der Entwicklung der Interkontinentalraketen kam eine besondere Bedeutung zu, da ein zukünftiger Atomkrieg mit grosser Wahrscheinlichkeit ein Raketenkrieg sein würde.

Die geheimen Pläne der Militärführung

1954 gaben die USA erstmals ihre Strategie der «massiven Vergeltung» bekannt. Jeder sowjetische Angriff auf Nato-Staaten in Europa, ob mit Atomwaffen oder ohne, sollte mit einem vernichtenden atomaren Gegenschlag beantwortet werden. Durch die Androhung massiver Vergeltung versuchten die USA eine weitere Expansion der Sowjetunion zu verhindern. Diese nukleare Strategie der Nato nahm enorm hohe Verluste der Zivilbevölkerung in Kauf. Europa hätte sich in einem Krieg zwischen den USA und der Sowjetunion in ein atomares Schlachtfeld verwandelt und wäre infolge der radioaktiven Verstrahlung zu einer nuklearen Wüste geworden.

Nebst den Atom- und Wasserstoffbomben, mit denen im Kriegsfall die amerikanischen und sowjetischen Städte bombardiert worden wären, wurden in den frühen 1950er-Jahren auch kleinere Atomwaffen (sogenannte baby bombs) für Artilleriegeschosse, Raketen und Lenkwaffen entwickelt. Der Einbezug dieser taktischen Atomwaffen in die Verteidigungspläne der Nato liess Mitte der 1950er-Jahre auch bei den Schweizer Offizieren den Ruf nach eigenen Atomwaffen lauter werden. Man ging davon aus, dass taktische Atomwaffen bald weltweit zum Standardrepertoire der Armeen gehören würden und die Verbreitung der Atombombe unaufhaltsam geworden war. Oberstdivisionär Ernst Uhlmann beispielsweise vertrat die Ansicht, dass sich «das Atomgeschoss […] zu einer normalen Waffe auf dem künftigen Schlachtfeld» entwickle.[82] Ausserdem hatte man damals die illusionäre Vorstellung, dass ein begrenzter Atomkrieg mit taktischen Atomwaffen möglich sei. Durch diesen Glauben an die Kontrollierbarkeit verlor die Atombombe ihren schlechten Ruf als schreckliche Waffe von unfassbarer Zerstörungskraft.[83]

In den USA setzte ab 1946 eine Verherrlichung und Trivialisierung der Atombombe ein, in einer Mischung aus Banalität und Glorifizierung, wie sie dem American Way of Life inhärent zu sein scheint.[84] Die Atombombe wurde zu einer

Ikone der Popkultur und zu einem Symbol für die Grenzenlosigkeit der eigenen Macht. Friseure boten «Atom-Haarschnitte» an, Fast-Food-Ketten den «Uran-Burger», es fanden «Miss Atomic Bomb»-Wettbewerbe statt, und es entstand eine ganze Reihe bizarrer Atombombensongs.[85] Ob in Werbesongs, Comics oder auf Kaugummipackungen, der Atompilz wurde zum Synonym für eine explosive Erotik und symbolisierte die eigene Potenz. Der Atombombentest des amerikanischen Militärs im Bikini-Atoll im Pazifischen Ozean wurde als exotisches Medienspektakel inszeniert. Der französische Modeschöpfer Louis Réard wurde von den atomaren Explosionen derart angeregt, dass er seinen Entwurf für einen neuartigen Badeanzug «Bikini» nannte. Die Bombe, die kurz zuvor in Hiroshima und Nagasaki Hunderttausende Menschen getötet hatte, wurde nun zum Inbegriff des Sex-Appeal und damit zum neuesten Schrei am Badestrand.[86] Die Schweiz stand nach dem Ende des Kriegs ebenfalls im Bann des American Way of Life, und die US-Propaganda begünstigte damals auch hier die Verharmlosung der Atombombe.

Die neue bipolare Weltordnung des Kalten Kriegs mit den beiden sich feindlich gegenüberstehenden Militärbündnissen erforderte von der Schweizer Armee eine neue Verteidigungsstrategie. Innerhalb des Schweizer Offizierskorps gab es damals zwei rivalisierende Gruppierungen. Auf der einen Seite standen die Anhänger der US-Doktrin der «Mobile Defence», die eine bewegliche, offensive und technologisch hochgerüstete Armee mit möglichst vielen Panzern, Flugzeugen und Atomwaffen wollten, und auf der anderen Seite die Anhänger einer defensiven, statischen Verteidigungsstrategie, der Doktrin der «Area Defence», die sich aufgrund der beschränkten militärischen und finanziellen Möglichkeiten der Schweiz als Kleinstaat für einen defensiven Abwehrkampf und für die statische Verteidigung von strategischen Stützpunkten und Stellungen aussprachen.

Die Anhänger der «Mobile Defence» standen in der Tradition von General Ulrich Wille, der im Ersten Weltkrieg den Feind nach preussischem Vorbild in einigen grossen Entscheidungsschlachten vernichtend schlagen wollte. Seine Schüler der zweiten und dritten Generation orientierten sich nun nach dem Ende des Zweiten Weltkriegs am Vorbild der USA. Ihre Militärstrategie zielte ebenfalls auf eine möglichst vollständige Vernichtung des Gegners. Die Unabhängigkeit der Schweiz konnte ihrer Ansicht nach nur durch eine technisch hochgerüstete, bewegliche Armee garantiert werden. Die Verwendung von Atomwaffen betrachteten sie dabei als eine notwendige Voraussetzung für die Verteidigung der Schweizer

Neutralität. Die bewaffnete Neutralität wurde zum nationalen Mythos erklärt. Im *Bericht des Eidgenössischen Militärdepartementes an den Bundesrat betreffend die Beschaffung von Atomwaffen für unsere Armee* vom 31. Mai 1958 steht: «Die Neutralität kann sogar verlangen, dass unser Land sich Nuklearwaffen zulegt, wenn dies die einzige Möglichkeit darstellt, die Unversehrtheit unseres Gebietes wirkungsvoll zu verteidigen.»[87]

Zu den Verfechtern dieser Militärstrategie gehörten unter anderen Oberstkorpskommandant Hans Frick, der Chef der Ausbildung, Oberstdivisionär Ernst Uhlmann, der Chefredaktor der *Allgemeinen Schweizerischen Militärzeitschrift*, Oberstdivisionär Georg Züblin, der Kommandant der 9. Gebirgsdivision, und Oberstdivisionär Etienne Primault, der Kommandant der Flieger- und Fliegerabwehrtruppen. Die Anhänger der «Mobile Defence» träumten von einer «Grossmachtsarmee im Taschenformat», um sich im Kriegsfall auf Augenhöhe mit der Sowjetunion duellieren zu können. Bei einem Angriff der Sowjetunion wollte man es dem ideologischen Erzfeind «mit gleicher Münze» heimzahlen. Der Eintrittspreis sollte für die Sowjets so hoch sein, dass sie es gar nicht erst versuchten.[88] In der zweiten Hälfte der 1950er-Jahre gehörte dieses kleine, aber einflussreiche Grüppchen zu den Hardlinern innerhalb des Generalstabs der Schweizer Armee.

Mit der Gründung des Vereins zur Förderung des Wehrwillens und der Wehrwissenschaften Ende Februar 1956 wurde die Propagierung dieser Ideen dem Zürcher Pressebüro Dr. Rudolf Farner, das einen eigenen Mitarbeiter, Gustav Däniker jun., dafür engagierte, übertragen.[89] Rudolf Farner führte ab 1950 eine eigene Werbe- und Public-Relations-Agentur in Zürich. In der Schweiz popularisierte er in den 1950er-Jahren mit neuen Marketing- und Werbemethoden den American Way of Life. Er machte Werbung für Coca-Cola, Philipp Morris, Nestlé, Maggi, Marlboro oder die Barbie-Puppen. Er war aber nicht nur ein gradliniger Verfechter der freien Marktwirtschaft, sondern auch ein senkrechter Schweizer Patriot und Antikommunist. Der Journalist und Historiker Marc Tribelhorn schrieb über ihn: «Rudolf Farners Weltbild ist wie das seiner Gegner: schwarz-weiss. Grautöne mag er nicht, schliesslich droht der Kalte Krieg beständig zu einem heissen zu werden. Die Angst, von der Freiheit in die Knechtschaft zu geraten, treibt ihn an.»[90] Und weiter: «Dennoch gleicht der mächtige Meinungsmacher einem Chamäleon: Er ist zugleich Pionier und Konservativer, Betonkopf und Visionär, weltgewandter Turbokapitalist und Heimatschützer, Feingeist und Haudrauf.»[91] Ab Mitte der 1950er-Jahre stellte Farner sein innovatives Propagandainstrumentarium in den Dienst der Rüstungsindustrie und betrieb politische Lobbyarbeit für die Anhänger der «Mobile Defence» in der Schweizer Armee.

Der prominenteste Wortführer der defensiven Verteidigungsstrategie war Oberstkorpskommandant Alfred Ernst. Nachdem sein publizistisches Sprachrohr, die Monatszeitung *Volk und Armee*, Anfang der 1950er-Jahre eingegangen war, stand ihm und seinen Anhängern für die Propagierung ihrer Ideen nur noch die politische Tagespresse zur Verfügung. Die Verfechter einer defensiven Verteidigungsstrategie gingen von der technologischen und zahlenmässigen Überlegenheit eines potenziellen Gegners aus und beschränkten sich in ihrem defensiven Abwehrkampf auf einen lang andauernden, hartnäckigen und zähen Widerstand. Im Rüstungswettlauf mit den Grossmächten mitzuhalten, erwies sich für die Schweiz als Kleinstaat aufgrund ihrer begrenzten finanziellen Ressourcen schon früh als ein realitätsferner Wunsch.

Mitte der 1950er-Jahre setzten sich die Anhänger der «Mobile Defence» in diesem militärstrategischen Richtungsstreit vorerst durch. Unterstützung bekamen sie vom Waadtländer FDP-Bundesrat Paul Chaudet, der seit 1955 Chef des EMD war. Nach der Suezkrise und dem Ungarn-Aufstand 1956 wurde Bundesrat Paul Chaudet zum energischen Fürsprecher der atomaren Bewaffnung. Bereits 1956 machte das EMD eine erste Schätzung, was Atombomben kosten würden. Für zwölf Bomben des Typs «Hiroshima», die innerhalb von sechs Jahren erhältlich wären, wurde mit 600 Millionen Franken gerechnet.

1956 fand in der Schweiz eine Übung zur Landesverteidigung statt, an der neben Armeeangehörigen erstmals auch Zivilisten, Verwaltungsbeamte, Wirtschaftsvertreter und Wissenschaftler teilnahmen. Sie war ein taktisches «Kriegsspiel», das von einem «realen» Bedrohungsszenario ausging. 1956 wurde ein globaler Atomkrieg zwischen Ost und West als hauptsächliche Bedrohung wahrgenommen, wobei die kriegerische Aggression gegenüber der Schweiz selbstverständlich vom Ostblock ausging. In der Übung wurde der ideologische Kampf zwischen den Anhängern der «Area Defence» und der «Mobile Defence» ausgetragen, indem das Bedrohungsszenario darauf abzielte, die Anhänger der Doktrin der «Mobile Defence» zu stärken. In einem Szenario verfolgte die Armee eine defensive Strategie der statischen Verteidigung mit Panzern und Flugzeugen, im anderen konnte sie auf eine voll motorisierte Feldarmee, eine beweglichere, stärkere Panzerabwehr und eine grössere Anzahl von Flugzeugen zurückgreifen und war damit insgesamt viel schlagkräftiger. Die Übung diente offiziell der Landesverteidigung, war aber auch politische Propaganda, um die Kosten der militärischen Aufrüstung mit Panzern, Flugzeugen und Atomwaffen zu legitimieren.[92]

Generalstabschef Louis de Montmollin schuf im März 1957 eine Studienkommission für die allfällige Beschaffung eigener Atomwaffen, die bis im Spätsommer 1957 die geheime Studie *Möglichkeiten der Fabrikation von Atomwaffen in der Schweiz* erarbeitete. In der Sitzung der LVK vom 29. November 1957 kamen die geheimen Pläne des Militärs über den Einsatz von Atomwaffen dann offen zur Sprache. Oberstdivisionär Etienne Primault, der Kommandant der Flieger- und Fliegerabwehrtruppen, sagte an der Sitzung: «Wenn man ein Flz. [Flugzeug] hätte wie beispielsweise den Mirage, der fähig sei, mit Atombomben bis nach Moskau zu fliegen, so könnte man sich einen Einsatz auch im Feindesland vorstellen. Der Gegner würde dann genau wissen, dass er nicht erst bombardiert werde, wenn er den Rhein überschreite, sondern dass auch Bomben in seinem eigenen Land abgeworfen würden.»[93] Diese hochfliegenden «Atombombenträume» einiger führender Köpfe im Generalstab der Schweizer Armee waren ein Ausdruck der antikommunistischen Hysterie, die in der Schweiz nach der Suezkrise und dem Ungarn-Aufstand 1956 ihren Höhepunkt erreichte.

Einer der heikelsten Punkte in diesen militärstrategischen Planspielen war das Problem eines Einsatzes von Atomwaffen auf dem eigenen Territorium. In der Diskussion vom 29. November 1957 sagte Generalstabschef Louis de Montmollin dazu: «Es gebe aber Fälle, in denen wir unbedingt Atomwaffen einsetzen müssten, selbst auf die Gefahr hin, dass die Zivilbevölkerung einen grossen Schaden erleiden würde. […] Man könnte unmöglich darauf verzichten, nur aus Rücksichtnahme auf die Bevölkerung.»[94] Sein Nachfolger, Oberstdivisionär Jakob Annasohn, der 1958 Generalstabschef wurde, pflichtete den haarsträubenden Ansichten seines damaligen Vorgesetzten bei. Er meinte sogar, es werde «Sache des Führers sein zu entscheiden, ob er in eigene bewohnte Gebiete schiessen lassen wolle oder nicht».[95] In diesen militärischen Allmachtsfantasien der Schweizer Offiziere paarten sich Zynismus und Wahnsinn.[96]

Die Atombombe wurde damals zum Nonplusultra der modernen Landesverteidigung emporstilisiert. Ein Militärpublizist namens P. Brunner forderte daher am 5. März 1958 in der *Gazette de Lausanne* auch Bergsilos für Interkontinentalraketen: «Das einzige Mittel, um unserem Land einen Krieg zu ersparen, besteht darin, selbst Atombomben, ja sogar Interkontinentalraketen zu besitzen. […] Ziehen wir also Vorteile aus unserer geographischen Lage: bewaffnen wir unsere Berge mit den modernsten und mörderischsten Kriegsgeräten, um unse-

> «Es gebe aber Fälle, in denen wir unbedingt Atomwaffen einsetzen müssten, selbst auf die Gefahr hin, dass die Zivilbevölkerung einen grossen Schaden erleiden würde. […] Man könnte unmöglich darauf verzichten, nur aus Rücksichtnahme auf die Bevölkerung.»
> Generalstabschef Louis de Montmollin, 1957

re Gegner zu entmutigen; das ist im übrigen nichts anderes als die modernisierte Formel von Morgarten.»[97] In diesem völlig anachronistischen Vergleich, mit dem auf den Heldenmythos der nationalen Befreiungstradition zurückgegriffen wurde, war die Atombombe quasi die Steigerung der Hellebarde.[98]

Der rabiate Antikommunismus, der die Schweiz nach dem Ungarn-Aufstand 1956 ergriffen hatte, löste bei einigen Mitgliedern der Schweizer Armeeführung einen gefährlichen Grössenwahn aus. Nach dem antikommunistischen Schlagwort «Lieber tot als rot» hätten sie einen irrationalen, kollektiven Suizid in Kauf genommen, um im Kriegsfall einen atomaren Gegenschlag gegen die Sowjetunion führen zu können. Der Einsatz von Atomwaffen auf eigenem Territorium hätte in der kleinräumigen und dicht besiedelten Schweiz für die eigene Bevölkerung verheerende Folgen gehabt. Einige ranghohe Angehörige der Schweizer Armee waren bereit, im Kriegsfall die eigene Bevölkerung zu opfern, um die Sowjetunion mit Atomwaffen zu vernichten. Sie hatten ihre atomaren Hirngespinste aber nicht alleine im stillen Kämmerlein in einem fieberhaften, dunklen Wahn zusammenfantasiert, sondern vertraten ihre abstrusen, grössenwahnsinnigen Pläne ganz unverblümt in der Öffentlichkeit und bekamen in der zweiten Hälfte der 1950er-Jahre dafür auch noch Rückendeckung vom Bundesrat.

Am 11. Juli 1958 veröffentlichte der Bundesrat eine Erklärung, in der er erstmals eine eigene Bewaffnung mit Atombomben in aller Deutlichkeit befürwortete. Die Erklärung war eine Reaktion auf die Anti-Atom-Bewegung, die sich im Frühjahr 1958 in der Schweiz in Opposition zu den immer lauter werdenden Forderungen der Offiziere nach eigenen Atomwaffen zu formieren begann. Bundesrat Philipp Etter, Chef des Eidgenössischen Departements des Innern (EDI), wollte dieser «defätistischen Propaganda» nicht mehr länger tatenlos zusehen. Daraufhin verfasste Bundesrat Paul Chaudet die besagte Pressemitteilung, die am 11. Juli 1958 in allen Schweizer Zeitungen veröffentlicht wurde. Darin heisst es: «In Übereinstimmung mit unserer jahrhundertealten Tradition der Wehrhaftigkeit ist der Bundesrat deshalb der Ansicht, dass der Armee zur Bewahrung unserer Unabhängigkeit und zum Schutze unserer Neutralität die wirksamsten Waffen gegeben werden müssen. Dazu gehören die Atomwaffen.»[99]

Die Erklärung löste heftige internationale Reaktionen aus. Die USA machten darauf aufmerksam, dass es der Schweiz kaum gelingen werde, Atomwaffen im Ausland zu kaufen. Der britische Botschafter William H. Montagu-Pollock hingegen wertete die Erklärung als ein offenes Bekenntnis zum Westen. Der Schweizer Botschafter in Moskau, Alfred Zehnder, berichtete von einem Zusammentreffen mit dem stellvertretenden sowjetischen Ministerpräsidenten Anastas Mikojan, der zornig die Ansicht vertreten habe, die vom Bundesrat beschlossene Ausrüstung der Schweizer Armee mit Atomwaffen richte sich allein gegen die Sowjetunion. Ungefähr zwei Wochen später verbreitete die sowjetische Nachrichtenagentur TASS über Radio Moskau einen Kommentar, der die Schweizer Neutralitätspolitik infrage stellte und die nukleare Aufrüstung als eine Gefahr für das friedliebende Schweizer Volk wertete. Am 24. September kam es in New York zu einem Treffen des Schweizer Diplomaten Felix Schnyder mit dem sowjetischen Aussenminister Andrej Gromyko, der dabei die Auffassung vertrat, die Schweiz verdanke die Anerkennung ihrer Sicherheit und Neutralität nur ihrer Politik und nicht ihrer schwachen Armee. Mit einer atomaren Aufrüstung würde sie sich hingegen selbst in Gefahr bringen. Die Sowjetunion betrachtete die Neutralität seither als ein Deckmantel für die geheime militärische Zusammenarbeit der Schweiz mit der Nato. Dass die Schweiz nach dem diplomatischen Eklat stärker in den Fokus sowjetischer Angriffspläne geriet, ist durch keine historischen Quellen belegt, scheint aber durchaus plausibel zu sein. Ab 1963 rechnete die Sowjetunion die Schweiz jedenfalls zum Kampfgebiet der Nato. Der grassierende Antikommunismus in der Schweiz in den 1950er-Jahren machte deutlich, dass die Neutralität nur eine politische Taktik war. In sämtlichen militärischen Plänen, Übungen und Manövern der Schweizer Armee wurde der Feind während des Kalten Kriegs stets mit der Sowjetunion identifiziert.[100]

Die Erklärung vom 11. Juli 1958 war durchaus ernst gemeint. Ohne jegliche Diskussion erteilte der Bundesrat am 23. Dezember 1958 in einem geheimen Beschluss dem EMD den Auftrag, die Abklärungen zur Beschaffung von Atomwaffen einzuleiten. Obwohl die Armeeführung nun freie Hand hatte, ihre Atombombenpläne weiterzuverfolgen, kam die konkrete Umsetzung in den folgenden Jahren nur sehr schleppend voran. Nachdem Frankreich am 13. Februar 1960 seine erste Atombombe erfolgreich getestet hatte, wandte sich Generalstabschef Jakob Annasohn an Bundesrat Paul Chaudet, um die Beschaffung von Atomwaffen im Ausland abzuklären. Am 14. März 1960 schlug er vor, den Kauf von Atomwaffen aus den USA, der Sowjetunion, Grossbritannien und Frankreich zu prüfen und eine mögliche Teilnahme am schwedischen Atomwaffenprogramm abzuklären.[101] Bundesrat Paul Chaudet wandte sich in einem geheimen Schreiben am 21. März 1960 an Bundesrat Max Petitpierre, den Vorsteher des Eidgenössischen Politischen Departements (EPD). In seinem Schreiben meinte er, nachdem nun auch Frankreich zur Atommacht geworden sei und das kommunistische China voraussichtlich in zwei bis drei Jahren ebenfalls eigene Atombomben besitzen würde, sei es an der Zeit, nun endlich mit den Abklärungen im Ausland zu beginnen. Bundesrat Petitpierre hielt den Zeitpunkt allerdings für denkbar ungeeignet, da die Schweiz damit die geplanten Abrüstungskonferenzen in Genf sabotieren würde.

Der Gesamtbundesrat beschloss am 5. April 1960, dass die vorgesehenen Abklärungen im Ausland auf einen späteren Zeitpunkt verschoben werden sollten. Die «zur Beschaffung von Atomwaffen vorgesehenen Abklärungen bei ausländischen Stellen dürfen erst auf Grund eines späteren Bundesbeschlusses vorgenommen werden».[102] Mit diesem Verbot von Auslandskontakten zur Beschaffung von Atomwaffen hatte der Bundesrat die atomaren Ambitionen gewisser Offiziere des Generalstabs erstmals gebremst. Nachdem die Absichtserklärung vom 11. Juli 1958 vonseiten der Sowjetunion dermassen heftige Reaktionen ausgelöst hatte, nahm der Bundesrat im Verlauf der 1960er-Jahre immer mehr eine zögerliche Haltung ein. Die Armeeführung führte derweil ihre Studien weiter und hielt unbeirrt an ihren Atombombenplänen fest.

Im April 1963 wurde eine Studiengruppe damit beauftragt, die Möglichkeit einer eigenen Atomwaffenproduktion zu untersuchen. Die Physiker Paul Schmid, Walter Winkler und Urs Hochstrasser, der Delegierte des Bundesrates für Atomenergie, legten der LVK am 15. November 1963 den Bericht *Möglichkeiten einer eigenen Atomwaffen-Produktion* vor. Sie hielten eine Produktion von Atomwaffen durch hoch angereichertes Uran oder Plutonium für möglich, wobei die Herstellung auf der Basis von hoch angereichertem Uran als günstiger angesehen wurde. Dafür rechneten sie mit 750 Millionen Franken für 50 Fliegerbomben zu 60 bis 100 Kilotonnen und 50 Artilleriegeschosse zu 5 Kilotonnen innerhalb von 13 Jahren. Der Bericht schlug eine intensivere Suche nach Uran, die Entwicklung von Uranzentrifugen, Extraktionsverfahren für Plutonium, eine verstärkte Zusammenarbeit mit dem Ausland und weitere waffentechnische Grundlagenforschungen vor. Am 26. Februar 1964 forderte der Bundesrat vom EMD eine Studie an, die klären sollte, ob in der Schweiz Atombombentests ohne «eine Gefährdung des menschlichen, tierischen oder pflanzlichen Lebens» möglich wären. Unterirdische Atombombentests, die unbemerkt vom Ausland im Innern der Schweizer Alpen durchgeführt werden sollten, hielt die Armeeführung damals für möglich.

Seit Mitte der 1950er-Jahre bemühte sich die Schweizer Armee zudem um eine Zusammenarbeit mit Schweden bei der Produktion von Atombomben. Gegenüber der Schweiz hatte Schweden jedoch den Vorteil, dass es eigenes Uranerz besass. In der zweiten Hälfte der 1950er-Jahre verliefen die Bemühungen für eine Zusammenarbeit deshalb im Sand. Schweden verlor an einer Zusammenarbeit mit der Schweiz schnell das Interesse, da die Schweiz sowohl in der Reaktortechnologie als auch bei der Entwicklung von Atomwaffen hinterherhinkte. Die Kooperation fiel endgültig dahin, als Schweden 1966 sein eigenes Atombombenprogramm aufgab und 1968 den Atomwaffensperrvertrag unterzeichnete.[103]

Proteste gegen den atomaren Wahnsinn

Nach dem Abwurf der Atombomben auf Hiroshima und Nagasaki entstanden weltweit Friedensbewegungen, die eine atomare Abrüstung und die Ächtung von Atomwaffen verlangten. Am 2. Dezember 1945 wurde der Schweizerische Friedensrat gegründet. Als Koordinationsorgan der verschiedenen Friedensgruppen setzte er sich für den Beitritt der Schweiz zur UNO, für die Einführung des Zivildiensts, ein Waffenausfuhrverbot sowie den Kampf gegen die atomare Aufrüstung ein. Nachdem der Bundesrat für die Jahre 1951 bis 1956 ein massives Rüstungsprogramm für die Armee durchgesetzt hatte, lancierte der ehemalige Stadtschreiber von Lausanne, der Journalist und Satiriker Samuel Chevallier, der ein Mitglied der Freisinnigen Partei war, 1954 eine Volksinitiative, die eine Reduktion der Armeeausgaben um 50 Prozent auf 500 Millionen Franken forderte. Die Initiative wurde von rund 85 000 Personen unterstützt.[104] Der Bundesrat erklärte die Initiative jedoch für ungültig, da die Beratungen des Budgets für die Militärausgaben bereits abgeschlossen gewesen seien, als der Vorstoss eingereicht wurde. Das Parlament stimmte diesem Entscheid im Dezember 1955 zu: der Ständerat mit 29 zu 5 Stimmen und der Nationalrat äusserst knapp mit 83 zu 82 Stimmen.

Bereits vor der Parlamentsdebatte wurde mit der Sammlung von Unterschriften für eine zweite Initiative begonnen. Die zweite Initiative forderte, dass ein Betrag in der Höhe von rund zehn Prozent der Militärausgaben für soziale und kulturelle Vorhaben im In- und Ausland aufgewendet werden sollte. Die zweite Initiative unterzeichneten 84 000 Personen, wobei der Hauptteil der Unterschriften aus der Romandie kam. Doch auch die zweite Chevallier-Initiative kam nicht zur Abstimmung. Ein prominent besetztes Gegenkomitee mit General Henri Guisan an der Spitze hatte sich formiert und unterstellte den Initianten, sie seien im Abstimmungskampf von

Moskau gesteuert gewesen. Samuel Chevallier und seine Mitinitianten, der Zürcher Pfarrer Willi Kobe und der Neuenburger SP-Politiker Jules Humbert-Droz, wurden als «nützliche Idioten» der Sowjetunion diffamiert. Nach dem Ungarn-Aufstand 1956 erreichte die antikommunistische Hysterie in der Schweiz ihren Höhepunkt. Das Initiativkomitee sah in dieser emotional aufgeladenen Atmosphäre keine Möglichkeit mehr, einen fairen Abstimmungskampf zu führen, und zog deshalb auch die zweite Initiative wieder zurück.

1954 hatte die Sowjetunion ein atomares Patt bei den gegen die USA einsetzbaren Atom- und Wasserstoffbomben erreicht. Die nukleare Erpressung beruhte damit auf Gegenseitigkeit. Daraufhin begannen die USA, taktische Atomwaffen, Atombomber und atomar bestückte Kurz- und Mittelstreckenraketen in verschiedenen Staaten Westeuropas aufzustellen. Seit 1953 drängten zudem auch Frankreich und Grossbritannien darauf, ihre Armeen mit taktischen Atomwaffen aufzurüsten. In Grossbritannien und in Westdeutschland entstand Mitte der 1950er-Jahre eine Anti-Atom-Bewegung, die das atomare Wettrüsten zu stoppen versuchte.

Kurz vor seinem Tod rief Albert Einstein zusammen mit dem englischen Philosophen und Mathematiker Bertrand Russell am 9. Juli 1955 zur Ächtung von Atomwaffen auf. Albert Einstein hatte sich nach dem Ende des Zweiten Weltkriegs als überzeugter Pazifist für eine atomare Abrüstung eingesetzt. Bereits 1947 hatte er in einem Zeitungsinterview seinen Brief an Präsident Franklin D. Roosevelt bereut: «Wenn ich gewusst hätte, dass es den Deutschen nicht gelingen würde, die Atombombe zu konstruieren, hätte ich mich von allem ferngehalten.»[105] Auf die Frage, wie er sich den Dritten Weltkrieg vorstelle, soll er geantwortet haben, er wisse zwar nicht, wie der Dritte Weltkrieg geführt, wohl aber, wie der Vierte ausgetragen werde: mit Stöcken und Steinen.[106] Das *Russell-Einstein-Manifest* war eine Reaktion auf den Atombombentest «Bravo» der USA auf dem Bikini-Atoll vom Frühjahr 1954, der zur Verseuchung der Inselbewohner auf den Marshallinseln und eines japanischen Fischerboots geführt hatte.

In Deutschland wurde Mitte der 1950er-Jahre der Philosoph und Schriftsteller Günther Anders zu einem wichtigen Vordenker der Anti-Atom-Bewegung. 1956 erschien der erste Band seines philosophischen Hauptwerks *Die Antiquiertheit des Menschen*, in dem er den Abwurf der Atombomben auf Hiroshima und Nagasaki als eine historische Zäsur und als den Beginn einer neuen Zeitrechnung deutete.[107] Die Menschheit habe damit den Beweis erbracht, dass sie in der Lage sei, sich selbst zu zerstören. Der Mensch sei seinen technischen Erfindungen nicht mehr gewachsen, da sein Herstellungsvermögen sein Vorstellungsvermögen übersteige. Der Mensch könne zwar die Vernichtung einer Grossstadt planen und durchführen, er sei aber unfähig, sich deren Folgen für die betroffenen Menschen vorzustellen. Auschwitz und Hiroshima waren für Anders «Zwillingsereignisse»: Die «fabrikmässige Liquidierung von Menschenmassen» in den Konzentrationslagern sei vergleichbar mit dem nicht minder sadistischen Verdampfen, Verstrahlen, Verstümmeln Hunderttausender japanischer Zivilisten durch die Atombombe. Beides seien Beispiele für eine «Leichenherstellung» im Grossmassstab. Die Massenvernichtung gleiche sich immer mehr der arbeitsteiligen industriellen Produktion an: Keiner tut etwas Böses, jeder nur seine überschaubare Arbeit. 1958 reiste er in die zerstörten Städte Hiroshima und Nagasaki und führte anschliessend einen viel beachteten Briefwechsel mit dem Hiroshima-Piloten Claude Eatherly.[108] Als engagierter Aktivist der Anti-Atom-Bewegung hielt Günther Anders auch die friedliche Nutzung der Atomenergie für eine Illusion, denn bei den AKWs handle es sich lediglich um «Zeitbomben mit unfestgelegtem Explosionstermin».[109]

Nachdem die Bundesrepublik Deutschland am 9. Mai 1955 in die Nato aufgenommen worden war, verlangten Bundeskanzler Konrad Adenauer und sein Atom- und späterer Verteidigungsminister Franz-Josef Strauss ebenfalls eigene Atomwaffen. Am 15. Juli 1955 forderten daraufhin auch die beiden deutschen Physiker Otto Hahn und Max Born in ihrer *Mainauer Kundgebung* ein Verbot von Atomwaffen. Im März 1957 gab die USA bekannt, dass ihre in Westdeutschland stationierten Truppen mit Atomwaffen ausgerüstet worden seien. Dabei wurden auch Teile der Bundeswehr mit nuklearen Sprengköpfen ausgestattet, wobei die Kontrolle der Atomwaffen jedoch immer in den Händen der US-Militärs blieb. Konrad Adenauer erklärte am 5. April 1957 an einer Pressekonferenz: «Die taktischen Atomwaffen sind im Grunde nichts als eine Weiterentwicklung der Artillerie.»[110] Die Bundeswehr könne nicht auf die taktischen Atomwaffen verzichten. Ende 1957 fanden geheime Verhandlungen der Bundesrepublik Deutschland mit Frankreich und Italien über eine gemeinsame Entwicklung von Atomwaffen statt. Der Plan zerschlug sich, als Mitte 1958 Charles de Gaulle in Paris die Regierung übernahm und fortan eine eigene Atombombe ohne deutsche Hilfe bauen liess. Schliesslich akzeptierte die Regierung Konrad Adenauers die Bedingungen der USA, wonach die Bundeswehr Atomwaffen benutzen, aber nicht selbstständig kontrollieren durfte.

Bereits am 12. April 1957 hatten 18 renommierte deutsche Atomphysiker, darunter Otto Hahn, Werner Heisenberg und Carl Friedrich von Weizsäcker, einen Aufruf veröffentlicht, in dem sie sich gegen die Aufrüstung der Bundeswehr mit Atomwaffen wandten. Jede taktische Atomwaffe habe «eine ähnliche Wirkung wie die Atombombe, die Hiroshima zerstört hat». Die Gruppe Göttinger Achtzehn, hoch angesehene Wissenschaftler und Atomforscher, kündigte zudem an, dass keiner von ihnen bereit sei, «sich an der Herstellung, der Erprobung oder dem Einsatz von Atomwaffen in irgendeiner Weise zu beteiligen».[111] Verteidigungsminister Franz-Josef Strauss bezeichnete daraufhin Otto Hahn während einer Pressekonferenz als «alten Trottel, der die Tränen nicht halten und nachts nicht schlafen kann, wenn er an Hiroshima denkt».[112] Am 23. April 1957 richtete auch der evangelische Theologe und Friedensnobelpreisträger Albert Schweitzer über den Sender Radio Oslo einen Appell an die Menschheit. Aus der Erklärung der «Göttinger Achtzehn» entstand in Westdeutschland die pazifistische Bewegung «Kampf dem Atomtod!», woraus sich im Frühjahr 1958 in mehreren deutschen Städten Massendemonstrationen mit insgesamt 1,5 Millionen Teilnehmenden entwickelten. Am 7. April 1958 fand in London gleichzeitig der erste Ostermarsch statt, bei dem rund 10 000 Menschen aus Protest gegen die atomare Aufrüstung vom Trafalgar Square über 80 Kilometer zum Atomforschungszentrum Aldermaston marschierten. In den folgenden Jahren fanden in mehreren westeuropäischen Ländern jährlich Ostermärsche statt.

Inspiriert von diesen Friedensbewegungen in Westdeutschland und in Grossbritannien war im Frühjahr 1958 auch in der Schweiz eine Anti-Atom-Bewegung entstanden. Am 18. Mai 1958 trafen sich rund 140 Personen in Bern und gründeten die Schweizerische Bewegung gegen atomare Aufrüstung (SBgaA). Dabei wurde eine Volksinitiative zum Verbot der Atomwaffen angekündigt. Diese verlangte ein Verbot der Herstellung, Einfuhr, Durchfuhr, Lagerung und Anwendung von Atomwaffen. Zum Präsidenten der SBgaA wurde der Berner SP-Nationalrat Fritz Giovanoli gewählt. Daneben gehörten der Zürcher Pfarrer Willi Kobe und der SP-Politiker Heinrich Buchbinder zu den führenden Köpfen. Ab 1959 gab die SBgaA das *Atombulletin* heraus. Auf ihrem Höhepunkt zählte sie etwa 15 000 Mitglieder. In der Bewegung waren nebst kirchlich-pazifistischen Kreisen und den Anhängern der «Chevallier-Initiativen» vor allem Mitglieder des linken Flügels der Sozialdemokratischen Partei (SP) vertreten.

Die Anti-Atom-Initiative spaltete jedoch die Schweizer Sozialdemokratie. Der Parteivorstand der SP diskutierte die Initiative am 21. Juni 1958. Der Parteipräsident, Walther Bringolf, war gegen eine Beteiligung der SP, und der Parteivorstand lehnte die Initiative mit 44 zu 5 Stimmen ab. Am 11. Juni 1958 veröffentlichten 35 prominente Sozialdemokraten und Gewerkschafter, darunter auch die späteren Bundesräte Hans-Peter Tschudi und Willi Ritschard, eine Erklärung in der *Schweizerischen Metall- und Uhrenarbeiter-Zeitung,* die sich gegen die Bewegung gegen Atomwaffen wandte. In ihrem Wortlaut kann die Erklärung durchaus mit den öffentlichen Stellungnahmen hoher Schweizer Offiziere und ihren entsprechenden Äusserungen in der *Allgemeinen Schweizerischen Militärzeitschrift* verglichen werden: «Mit grosser Sorge nehmen wir zur Kenntnis, dass sich in unserem Land eine Richtung abzeichnet, welche in Verkennung der Realitäten und in leider nur allzu deutlicher Imitation der innenpolitisch bedingten Kampagne in der Deutschen Bundesrepublik eine ‹Bewegung gegen den Atomtod› einleitet, die, wenn sicher ungewollt, in ihrem Wirklichkeitsgehalt nichts anderes ist und sein kann als ein Versuch der Wehrlosmachung der freien Völker.»[113] An einem ausserordentlichen Parteitag der SP vom 4. Oktober 1958 in Luzern stimmten die Delegierten mit 381 zu 294 Stimmen gegen ein Atomwaffenverbot und für die Lancierung einer eigenen Initiative, die wie folgt lautete: «Der Beschluss über die Ausrüstung der schweizerischen Armee mit Atomwaffen irgendwelcher Art ist obligatorisch dem Volk zur Entscheidung vorzulegen.» Gegenüber der «Atominitiative 1» der SBgaA lehnte die «Atominitiative 2» der SP eine Bewaffnung der Schweizer Armee nicht grundsätzlich ab, sondern unterstellte sie lediglich einem obligatorischen Referendum.

Für Juli 1958 luden Fritz Giovanoli und die SBgaA zu einem «Europäischen Kongress gegen die atomare Bewaffnung» nach Basel ein. Als Referenten waren unter anderem vorgesehen: der englische Philosoph und Mathematiker Bertrand Russell, der evangelische Theologe Karl Barth, der deutsche Physiker Max Born, der Wissenschaftsjournalist Robert Jungk, die Schriftsteller Julian Huxley und Erich Kästner sowie der Komponist Benjamin Britten. Da der Bundesrat befürchtete, der Kongress könnte die öffentliche Meinung in der Schweiz in unerwünschter Weise beeinflussen, wurde er kurzerhand verboten. Bertrand Russell schrieb daraufhin am 7. Juli 1958 einen offenen Brief an den Bundesrat und protestierte im Namen «der liberal Denkenden der ganzen Welt».[114] Robert Jungk, der deutsche Wissenschaftsjournalist jüdischer Abstammung, der während des Zweiten Weltkriegs für verschiedene Schweizer Zeitungen geschrieben hatte, veröffentlichte 1956 sein Buch *Heller als tausend Sonnen* über das Verhalten der Physiker beim Bau der Atom- und Wasserstoffbombe. Es wurde zum Standardwerk und Klassiker der Anti-Atom-Bewegung.[115] Für den

Basler Kongress vom 5. und 6. Juli 1958 hatte er eine «Charta der Atomgegner» geplant. Wegen seines Engagements für die Bewegung «Kampf dem Atomtod!» wurde er daraufhin bei der Zeitung *Weltwoche* entlassen.

Trotz der Einschüchterungen, Drohungen, Diffamierungen und Bespitzelungen kamen die beiden Atominitiativen 1959 zustande. Die «Atominitiative 1» der SBgaA wurde am 29. April 1959 mit 72 795 gültigen Unterschriften eingereicht. Knapp zwei Monate später, am 24. Juli 1959, reichte auch die SP ihre «Atominitiative 2» mit 63 565 gültigen Unterschriften ein. Die Befürworter der Initiativen hatten namhafte Experten auf ihrer Seite, zum Beispiel Gerhart Wagner, den Experten für Strahlenschutz des Eidgenössischen Gesundheitsamts, den Physikprofessor Jean Rossel von der Universität Neuenburg, ehemaliges Mitglied der SKA und gleichzeitig ein Atomwaffengegner der ersten Stunde, sowie den kroatisch-schweizerischen Chemiker und Nobelpreisträger Leopold Ružička, der an der ETH Zürich lehrte. Zu den Befürwortern der beiden Anti-Atom-Initiativen zählten aber auch bekannte Schweizer Kulturschaffende und Intellektuelle wie der evangelische Theologe Karl Barth, der Schriftsteller Friedrich Dürrenmatt, der Künstler Max Bill oder der Philosoph Arnold Künzli. Auch Max Frisch war gegen die atomare Bewaffnung der Schweizer Armee, unterschrieb aber keine Aufrufe. In seiner Fiche fand sich am 13. Mai 1958 der Eintrag: «Die von Buchbinder Heinrich 19 lancierte Bewegung gegen die Anwendung der Atomwaffe findet u. a. auch die Unterstützung des F.» Max Frisch kommentierte den Eintrag später mit der lakonischen Bemerkung: «Das ist korrekt.»[116]

Ein besonderes Merkmal des Abstimmungskampfes war das starke, wenn auch gespaltene Engagement kirchlicher Kreise. Einer der prominentesten Befürworter der «Atominitiative 1» war Willi Kobe, der langjährige Pfarrer von Oerlikon. Er war Präsident des Kirchlichen Friedensbundes, der Zentralstelle für Friedensarbeit und Herausgeber des *Atombulletins* der SBgaA. Als Friedensaktivist geriet er daher ins Visier des Staatsschutzes. In seiner Fiche wurde vermerkt: «Fanatischer Pazifist und unbelehrbarer Antimilitarist, politisch eine fertige Null.»[117] Demgegenüber war der Zürcher Grossmünster-Pfarrer Peter Vogelsanger einer der erbittertsten Gegner der Atominitiativen. Der evangelische Theologe und Feldprediger war ein eifriger Befürworter von Atomwaffen. Als vehementer Antikommunist schrieb er: «Ich will lieber zusammen mit meinen Kindern in der Atomexplosion untergehen, als unter stalinistischem Druck leben. Ich will lieber, meine Kinder erleiden dieses Schicksal, als dass sie in einer kommunistischen

Tyrannei physisch langsam zu Tode gequält, moralisch in ihrer Menschenwürde versklavt und in ihren Seelen atheistisch vergiftet werden.»[118]

Von der bürgerlichen Presse wurden die beiden Anti-Atom-Initiativen als eine kommunistische Unterwanderung der Schweiz dargestellt. Die Initianten wurden als Fanatiker, Sektierer, Unruhestifter und Landesverräter diffamiert. Die Kommunisten seien die «Drahtzieher der Atomkampagne». Diese sei aus dem Ausland in die Schweiz importiert worden, um die Schweizer Armee zu schwächen und im Volk Panik zu verbreiten. Die Anti-Atom-Initiative sei der perfide Versuch der Wehrlosmachung des freien Schweizervolkes. Damit wurde die Abstimmung über die Atombombe zu einer Stellungnahme für oder gegen den Kommunismus.[119] Die *Neue Zürcher Zeitung* (NZZ) war eine der vehementesten Stimmen gegen die Initiative und schreckte auch vor drastischen Vergleichen nicht zurück: «Bei der beträchtlichen Mehrheit des Schweizervolkes sträuben sich Stolz und Gewissen, von Staatsfeinden zu einem Akt der Selbstentmannung getrieben zu werden.»[120]

Die Schweizer Offiziere versuchten in ihren verbalen Attacken die Befürworter der Atominitiativen sogar als Kriegstreiber zu verunglimpfen. Stellvertretend dafür steht Oberstkorpskommandant Hans Frick, der am 26. März 1962 in der NZZ schrieb: «Die Anhänger eines dauernden Verbotes von Atomwaffen für die Schweiz, soweit sie ehrlich sind und nicht im Interesse östlicher Aufweichungsversuche arbeiten, gehören zu jener Art der Illusionisten, die in Wirklichkeit eine Kriegsgefahr bedeuten.»[121] Die beiden Mitglieder der LVK, Ernst Uhlmann und Georg Züblin, versuchten über die *Allgemeine Schweizerische Militärzeitschrift* und über den Verein zur Förderung des Wehrwillens und der Wehrwissenschaften in die öffentliche Diskussion einzugreifen. Das Pressebüro Dr. Rudolf Farner startete Ende Dezember 1957 eine Propagandakampagne gegen die beiden Atominitiativen. Selbst General Henri Guisan, die Ikone des Aktivdienstes, schrieb 1959, ein Jahr vor seinem Tod, in einer Broschüre einer Konferenz zur «Moralischen Aufrüstung» in Caux: «Wer heute unter dem Deckmantel der Religion oder höherer Ideale unserem Lande den Gebrauch der Verteidigungswaffen des Atomzeitalters verwehren will, treibt das Spiel des Kommunismus.»[122]

Am 7. Juli 1961 erschien der Bericht des Bundesrates zur «Atominitiative 1». Wie nicht anders zu erwarten, empfahl er der Stimmbevölkerung eine Ablehnung der Initiative. Am 1. April 1962 wurde die «Atominitiative 1» schliesslich mit 65,5 Prozent Nein-Stimmen abgelehnt. 18 Kantone lehnten die Ini-

> «Wer heute unter dem Deckmantel der Religion oder höherer Ideale unserem Lande den Gebrauch der Verteidigungswaffen des Atomzeitalters verwehren will, treibt das Spiel des Kommunismus.» General Henri Guisan, 1959

tiative ab, 4 nahmen sie an, darunter die Kantone Tessin, Genf, Waadt und Neuenburg. Die «Atominitiative 2» der SP wurde am 26. Mai 1963 mit 62,2 Prozent Nein-Stimmen abgelehnt. Wiederum befürworteten die Kantone Tessin, Genf, Waadt, Neuenburg und diesmal auch Basel-Stadt die Initiative. Die Befürworter einer atomaren Aufrüstung sahen im Volksentscheid eine Bestätigung ihrer Position. Der NZZ-Redaktor, Theologe und Generalstabsoberst Ernst Bieri forderte bereits einen Tag nach der Abstimmung: «Die politische Seite, die sich energisch und auch erfolgreich gegen eine freiwillige Fesselung der Landesverteidigung auf dem Gebiete der atomaren Bewaffnung gewehrt hat, erhebt nun den legitimen Anspruch, dass wenigstens die Prüfung des Problems ernsthaft an die Hand genommen wird.»[123] Bei einem jährlichen Aufwand von 140 Millionen Franken, rechnete Ernst Bieri vor, sei es möglich, innerhalb von zehn Jahren 30 bis 40 kleine «Atomgeschosse» herzustellen.

Trotz der beiden verlorenen Atominitiativen organisierte die Anti-Atom-Bewegung unter dem Motto «Nein zur Bombe – Ja zur Demokratie» ab 1963 alljährlich einen Ostermarsch. Die ersten beiden Märsche fanden 1963 und 1964 auf der Strecke zwischen Lausanne und Genf, ein dritter 1965 im Raum Basel und ein vierter 1966 im Zürcher Weinland statt. Der friedliche Protest der Atomgegner wurde seit einiger Zeit vom 1947 gegründeten und streng antikommunistisch eingestellten Schweizerischen Aufklärungsdienst (SAD) überwacht. Im Vorfeld des vierten Ostermarsches bereitete der SAD 1966 in Zusammenarbeit mit dem Zürcher Pressebüro Dr. Rudolf Farner eine «Anti-Ostermarschkampagne» vor.[124] Oberst i. Gst. Rudolf Farner unterstütze die «Gegenpropaganda, will jedoch nicht namentlich erwähnt werden», stand in einem SAD-Protokoll.[125] Im März 1966 wurde vom Hauptmann Theodor Siegrist dann die Vereinigung für eine starke Landesverteidigung gegründet, die den Marsch der pazifistischen Wandertruppe auf dem Weg von Andelfingen nach Zürich unentwegt mit Scharmützeln, Provokationen und Gehässigkeiten störte. Die Teilnehmenden des Ostermarsches wurden als manipuliert, als Mitläufer verunglimpft. Ein «grosser Teil der Oster-Marschierer» setze sich zusammen aus «an und für sich wohlmeinenden Idealisten […], die nicht ahnen, wie sehr sie die Pläne des Ostens fördern helfen».[126] In Wirklichkeit seien sie «Gegner einer starken Landesverteidigung» und erhielten «massive Unterstützung» durch die «kommunistische Propaganda».[127]

Kubakrise: die Welt am Rande eines Atomkriegs

Mit der Kubakrise im Oktober 1962 wurde einer breiten Öffentlichkeit die Gefahr eines möglichen Atomkriegs erstmals bewusst. Nachdem die USA 1959 in Apulien in Südostitalien und bei Izmir in der Türkei atomar bestückte Jupiter-Mittelstreckenraketen aufgestellt hatten, begann die Sowjetunion am 10. Juli 1962 unter dem Decknamen «Operation Anadyr» ihrerseits mit der Stationierung eigener atomarer Mittelstreckenraketen auf Kuba. Die Sowjetunion wollte damit das «Gleichgewicht der Macht» wiederherstellen, umso mehr, als sie mit ihrem Arsenal an Atomwaffen, an Interkontinentalraketen, Atomsprengköpfen und Langstreckenbombern den USA unterlegen war. Die USA befürchteten ihrerseits, dass die Sowjetunion nach der kubanischen Revolution 1959 und der gescheiterten Invasion in der Schweinebucht vom April 1961 ihren kommunistischen Machtbereich in Lateinamerika ausweiten könnte. Der neue amerikanische Präsident, John F. Kennedy, hatte zudem Angst, nach dem Fiasko in der Schweinebucht in der amerikanischen Öffentlichkeit als Schwächling zu gelten, und war daher fest entschlossen, notfalls auch einen atomaren Erstschlag gegen die Sowjetunion zu führen.

Nachdem ein amerikanisches U-2-Spionageflugzeug im September 1962 die sowjetischen Raketen auf Kuba entdeckt hatte, eskalierte der Konflikt, und John F. Kennedy forderte den sowjetischen Staatschef, Nikita Chruschtschow, am 22. Oktober 1962 in einer Fernsehansprache ultimativ auf, die Raketen abzubauen. Er verhängte eine Seeblockade über Kuba und drohte mit einem Atomkrieg. «Wir werden nicht verfrüht oder unnötigerweise einen weltweiten Atomkrieg riskieren, [...] aber wir werden vor diesem Risiko auch nicht zurückschrecken, wenn wir ihm gegenüberstehen.»[128] Die Hardliner im Militär setzten John F. Kennedy unter Druck. Curtis LeMay, der Stabschef der Luftwaffe, und Thomas Power, der Chef der Strategischen Bomberflotte, befürworteten einen atomaren Erstschlag. Im Kriegsfall hätten die USA 3500 Atomwaffen gegen 1077 Ziele in der Sowjetunion und in der Volksrepublik China eingesetzt.[129]

Nikita Chruschtschow, der mit der Stationierung sowjetischer Raketen auf Kuba ebenfalls mit dem Feuer gespielt hatte, befürchtete einen weltweiten Atomkrieg und zog daher aus Angst vor einer unkontrollierbaren Eskalation des Konflikts die Notbremse. «Wir sehen uns unmittelbar der Gefahr eines Kriegs und einer nuklearen Katastrophe ausgesetzt. [...] Um die Welt zu retten, müssen wir den Rückzug antreten.»[130] Am 28. Oktober 1962 wurde der Abzug der sowjetischen Raketen auf Kuba gemeldet. Im Gegenzug erklärten sich die USA bereit, keine weitere militärische Invasion Kubas zu planen und ihrerseits die atomaren Mittelstreckenraketen aus der Türkei abzuziehen. Dieser Rückzug ging, von der internationalen Öffentlichkeit fast unbemerkt, im April 1963 über die Bühne. Gegenüber den amerikanischen Journalisten verkündete John F. Kennedy derweil seine persönliche Lesart der überstandenen atomaren Krise: «Ich habe ihm [Nikita Chruschtschow] die Eier abgeschnitten.»[131]

Der kubanische Revolutionsführer Fidel Castro war der Verlierer im Machtpoker zwischen den beiden Supermächten. Er wäre bereit gewesen, das kubanische Volk zu opfern, um seinen Erzfeind, die USA, zu zerstören. In einer Mischung aus Hybris, Verblendung und Fanatismus hatte er Nikita Chruschtschow in einem bizarren Brief zu einem atomaren Erstschlag gegen die USA aufgefordert. Dieser gab ihm die nüchterne Antwort, dass Kuba den Preis eines weltweiten Atomkriegs nicht wert sei. «Wir kämpfen nicht gegen den Imperialismus, um zu sterben.»[132] Nach dem Rückzug der Sowjets erlitt der kubanische Revolutionär einen Tobsuchtsanfall, da er die verhassten Yankees vernichten wollte und dafür auch bereit gewesen wäre, selbst als «Märtyrer» zu sterben.

Die Kubakrise ist als der heisseste Moment des Kalten Kriegs in die Geschichte eingegangen, bei dem die Welt an den Rand eines Atomkriegs geriet und nur um Haaresbreite ein neuer Weltkrieg vermieden werden konnte. In der angespannten Situation hätte auch ein läppischer Zufall, ein Versehen, ein Missverständnis oder schlicht ein Nervenzusammenbruch eines Einzelnen einen weltweiten Atomkrieg auslösen können. Chaos, Stress und Kommunikationsprobleme waren in dieser Situation unvermeidlich. Die Konfrontation zwischen den sowjetischen U-Booten, die mit atomaren Torpedos bestückt waren, und der US-Navy hätte auf hoher See sehr schnell eskalieren können. Dass die Situation damals glimpflich ausging, war das Verdienst der sowjetischen U-Boot-Kapitäne, die im entscheidenden Moment einen kühlen Kopf bewahrten.[133] Der sowjetische Marineoffizier Wassili Alexandrowitsch Archipow des U-Boots B-59 hat damals durch seine Weigerung, einen atomaren Torpedo abzuschiessen, den Ausbruch des Atomkriegs verhindert.

Während der Kubakrise kam auch der Nachrichtendienst der Schweizer Armee zum Schluss, dass die «Risiken eines ‹Kriegs durch Zufall› spürbar erhöht» worden seien,[134] so die Lagebeurteilung von Oberst Pierre Musy, früherer Bobfahrer und späterer Chef des Schweizer Nachrichtendiensts. Der US-Aussenminister Dean Rusk soll dem Schweizer Botschafter in Washington August R. Lindt mitgeteilt haben: «Die Lage ist so ernst, dass auch ihr Land in Mitleidenschaft gezogen werden könnte.»[135] Seit 1961 vertrat die Schweizer Botschaft in Havanna die Interessen der USA gegenüber Kuba. Die Schweizer Diplomatie spielte also während der Kubakrise ebenfalls eine Rolle. Der Schweizer Botschafter in Havanna, Emil Stadelhofer, wurde von US-Aussenminister Dean Rusk auch direkt um diplomatische Vermittlung beim kubanischen Staatschef Fidel Castro gebeten. Nach dem Rückzug der sowjetischen Raketen von Kuba am 28. Oktober 1962 organisierte der Schweizer Botschafter Emil Stadelhofer am 5. November 1962 die Rückführung der Leiche Rudolf Andersons, des Piloten eines amerikanischen Aufklärungsflugzeugs, das über Kuba abgeschossen worden war.[136]

Die Überwindung der Kubakrise führte ab 1963 zu einer Entspannungspolitik zwischen den beiden Supermächten. Am 20. Juni 1963 wurde ein «heisser Draht», eine direkte Telefonverbindung zwischen dem Weissen Haus und dem Kreml, eingerichtet, der einer Lösung zukünftiger Konflikte zwischen den Supermächten dienen sollte. Am 5. August 1963 wurde in Moskau ein Vertrag über das Verbot von Atomwaffentests in der Atmosphäre, im Weltraum und unter Wasser unterzeichnet. Die USA gaben unter John F. Kennedy die Strategie der «massiven Vergeltung» auf und gingen zu einer Strategie der «flexible response» über, bei der ein militärischer Konflikt mit der Sowjetunion nicht mehr zwangsläufig zu einem weltweiten Atomkrieg führen musste. Auf der Gegenseite proklamierte Nikita Chruschtschow seine Doktrin einer «friedlichen Koexistenz», die den Krieg als Mittel zur Lösung eines Konflikts ebenfalls ablehnte. Gleichzeitig trafen beide Seiten technische Vorkehrungen, die einen unautorisierten Einsatz von Atomwaffen in Zukunft verhindern sollten. Die militärischen Auseinandersetzungen zwischen den USA und der Sowjetunion wurden in der Folge als Stellvertreterkriege in der Dritten Welt ausgetragen, beispielsweise in Vietnam oder in Afghanistan.[137]

Für den Rüstungswettlauf erwies sich die Entspannungspolitik aber als erstaunlich folgenlos. Die Rüstungsspirale zwischen den beiden Supermächten drehte sich weiter. Ende der 1960er-Jahre wurde das mehrfache gegenseitige Zerstörungspotenzial erreicht. Die Atomwaffenarsenale waren nun gross genug, um die Erde innerhalb weniger Stunden in eine unbewohnbare Hölle zu verwandeln. Mit dem atomaren Overkill war die Möglichkeit entstanden, dass die beiden Seiten sich gegenseitig und die ganze Welt mehrfach vernichten konnten. Die immensen Atomwaffenlager schufen die Fähigkeit, einen atomaren Erstschlag zu überstehen und anschliessend noch über genügend Atomwaffen zu verfügen, um einen vernichtenden Gegenschlag ausführen zu können. «Wer zuerst schiesst, stirbt als Zweiter», so lautete die Devise. Der atomare Overkill wäre dabei für beide Seiten tödlich gewesen.

Die Abschreckungstheorie ging von der Annahme aus, dass die Atombombe der Garant für den Frieden sei. Das «Gleichgewicht des Schreckens» sollte verhindern, dass es zu einem direkten Zusammenstoss zwischen den beiden Supermächten käme. Mit der Anhäufung riesiger Arsenale von Atomwaffen auf beiden Seiten stieg aber das Risiko, dass versehentlich oder aus Wahnsinn ein Atomkrieg ausgelöst würde. Der amerikanische Ingenieur Edward A. Murphy jr. hatte im Jahr 1947 bei einer Untersuchung zu militärischen Unfällen mit Raketen das nach ihm benannte Gesetz «Murphy's law» abgeleitet: «Alles, was schiefgehen kann, wird auch schiefgehen.» Während des Kalten Kriegs ereigneten sich etwa 1200 schwere Atomunfälle, darunter Havarien jeglicher Art, Atomsprengköpfe gingen verloren, katastrophale Unfälle ereigneten sich in Atomanlagen, mit Flugzeugen, Raketen, Satelliten, Schiffen und U-Booten. Bei der grossen Anzahl von Atomwaffen weltweit waren Unfälle unvermeidlich. Haarsträubende Schlamperei und krasses menschliches Versagen, verursacht durch Stress, private Probleme oder schlicht Langeweile, lösten in zahlreichen Fällen beinahe einen Atomkrieg aus. Die Kombination von menschlicher Fehlbarkeit und Atomwaffen erzeugte eine explosive Mischung.

Die USA verloren während des Kalten Kriegs rund 30 Atomsprengköpfe. Zerbrochene Pfeile («broken arrows») wurden die verlorenen Atombomben genannt. Besonders anfällig für Unfälle war die amerikanische B-52-Bomberflotte, die bis 1968 mit ihren Wasserstoffbomben im 24-Stunden-Dauereinsatz kontinuierlich in der Luft war und beim entsprechenden Einsatzbefehl mit ihrer tödlichen Fracht strategische Ziele in der Sowjetunion angegriffen hätte. In den 1980er-Jahren bereiteten nebst fehlerhaften Computersystemen auch Hackerangriffe ernsthafte Probleme. Am 26. September 1983 verhinderte beispielsweise der Oberstleutnant der sowjetischen Luftverteidigungsstreitkräfte, Stanislaw Petrow, einen Atomkrieg, indem er im entscheidenden Moment einen kühlen Kopf bewahrte. In der geheimen Kommandozentrale der sowjetischen Satellitenüberwachung im Serpuchow-15-Bunker rund 50 Kilometer südlich von Moskau kam es aufgrund einer fehlerhaften Software bei einem sowjetischen Spionagesatelliten zu einem Fehlalarm, der einen amerikanischen Atomangriff auf die Sowjetunion meldete. Im Fall eines Angriffs auf die

Sowjetunion sah die Strategie dabei einen sofortigen atomaren Gegenschlag vor. Stanislaw Petrow verschwieg jedoch den Alarm und verhinderte damit, dass die zuständigen Stellen den atomaren Gegenschlag auslösten.

Die Mirage-Affäre

Wenige Wochen nach der Erklärung des Bundesrates vom 11. Juli 1958, die Schweizer Armee gegebenenfalls mit Atomwaffen auszurüsten, erteilte Bundesrat Paul Chaudet dem Generalstabschef Jakob Annasohn im August 1958 den Auftrag, sich nach einem neuen Kampfflugzeug umzusehen. Dieser übergab die Aufgabe, den neuen Kampfjet zu evaluieren, der neu gebildeten Arbeitsgruppe für militärische Flugzeugbeschaffung (AGF). Die AGF bestand aus zwei hohen Offizieren und einem Flugzeugingenieur. 1958/59 begutachtete die AGF insgesamt fünf ausländische Flugzeuge, den italienischen Fiat G-91, den französischen Mirage III, den schwedischen Saab Draken sowie die amerikanischen Grumman Supertiger und Lockheed Starfighter.[138]

Im Oktober 1959 empfahl die AGF, 100 Jagdflugzeuge vom Typ Mirage III C der französischen Firma Avions Marcel Dassault zu kaufen. Das neue Kampfflugzeug sollte insbesondere als Transportmittel für Atomwaffen einsetzbar sein. Wie der Kommandant der Flieger- und Flugabwehrtruppen, Etienne Primault, bereits in der Sitzung der LVK vom 29. November 1957 sagte, sollte der Mirage fähig sein, mit Atombomben bis nach Moskau zu fliegen. Die Luftwaffe sollte mit atomar bewaffneten Überschall-Jagdbombern ausgestattet werden, um offensive Angriffe im Feindesland zu fliegen und dort die feindlichen Abschussrampen für Atomwaffen und andere strategische Ziele zu bombardieren. Zusammen mit dem Mirage sollten in Frankreich auch gleich Atomwaffen gekauft werden. Der Fliegerkommandant Etienne Primault forderte in einer Studie vom 25. Mai 1959, dass bei einer «allfälligen Bestellung von Flugzeugen Typ Mirage [sondiert werden sollte], ob Frankreich bereit wäre, uns Spaltmaterial zu Zwecken der Ausrüstung unserer Armee mit Atomwaffen zu liefern».[139]

Der Bundesrat beantragte am 28. Dezember 1960, 100 Flugzeuge des Typs Mirage III C zu kaufen, die in Lizenz in der Schweiz herzustellen seien. Dabei argumentierte der Bundesrat folgendermassen: «Die bedeutsamste Erhöhung der Schlagkraft der Flugwaffe würde mit der Verwendung von Atomgeschossen erreicht.»[140] Mit dem Mirage wollte die Schweizer

Armee im Kriegsfall der Sowjetunion den Garaus machen. Der Fliegeroffizier Othmar Bloetzer, ebenfalls ein Mitglied der AGF, meinte 1964, es sei notwendig, «die Gefahr primär an der Wurzel zu fassen. Ein oft angeführtes Beispiel ist jenes der ‹lästigen Wespen›. Wenn man eine Wespenplage meistern will, so nützt es relativ wenig, die am Objekt tätigen Insekten totzuschlagen oder das angegriffene Objekt unter einem Deckel zu verstecken. Ruhe hat man erst, wenn man das Nest ausräuchert.»[141]

Am 25. April 1961 erschien die Botschaft des Bundesrates zur Mirage-Beschaffung. Der Kredit für die 100 Flugzeuge betrug 871 Millionen Franken. Das Parlament stimmte dem Kauf am 21. Juni 1961 zu. Im Juli 1961 unterzeichnete Bundesrat Paul Chaudet die Verträge mit der Firma Avions Marcel Dessault. Die Schweizer Armee bestellte jedoch nicht die Standardausführung des Mirage vom Typ III C, sondern eine helvetische Sonderanfertigung. Der Schweizer Mirage musste in enge Kavernen passen und auf kurzen Pisten starten und landen können. Zudem sollte er mit der Bordelektronik «Taran» der US-amerikanischen Hughes Aircraft Company ausgerüstet werden, einem Hightech-Navigations- und Feuerleitsystem.[142]

Die Schweizer Armee wollte das beste Kampfflugzeug beschaffen, koste es, was es wolle. Im Militärdepartement war schnell klar, dass der bewilligte Kredit dafür niemals ausreichen würde. Schliesslich liess sich die gewaltige Kostenexplosion nicht mehr verheimlichen. Es handle sich «um eine sehr peinliche Angelegenheit, die ihm schon lange viele Sorgen mache», berichtete Paul Chaudet seinen Bundesratskollegen in der Sitzung vom 28. Februar 1964.[143] Bei der Beschaffung der neuen Mirage-Kampfflugzeuge sei es zu einer massiven Überschreitung des vom Parlament genehmigten Budgets gekommen. Auch der Generalstabschef Jakob Annasohn sei über die Angelegenheit «äusserst deprimiert».[144]

Der Bundesrat forderte am 24. April 1964 einen ersten Zusatzkredit von 576 Millionen Franken (356 Millionen für technische Mehrkosten, 220 Millionen für die Teuerung bis 1968). Die Empörung in der Bevölkerung war gross. Ein Sturm der Entrüstung fegte durchs Land. In den Zeitungen hagelte es Leserbriefe, im ganzen Land wurde über die Kostenüberschreitung diskutiert. Bundesrat Paul Chaudet liess sich nicht beirren. In der NZZ vom 27. Mai 1964 träumte er in völliger Verkennung der brenzligen Situation bereits davon, dereinst über «300 Maschinen eines so modernen Typs wie den Mirage» zu verfügen.[145] Der Skandal war perfekt. Die Mirage-Affäre erschütterte das Vertrauen der Öffentlichkeit und des Parlaments in die Armeespitze.[146]

Das Parlament fühlte sich hintergangen und weigerte sich prompt, den Zusatzkredit zu bewilligen. Unter der Leitung des St. Galler CVP-Nationalrats Kurt Furgler bildete es am 10. Juni 1964 die erste Parlamentarische Untersuchungskommission (PUK) seiner Geschichte. Die PUK sollte untersuchen, wie es zur Kostenexplosion kommen konnte. Zwanzig National- und zwölf Ständeräte wühlten sich durch Tausende Seiten von Verwaltungsakten und befragten insgesamt 51 involvierte Personen. Das PR-Büro Rudolf Farners, das für die «Hardliner» im Generalstab lobbyierte, versuchte gleichzeitig, die PUK mit einer Kampagne zu diskreditieren. Am 2. September 1964 präsentierte die PUK ihren Schlussbericht.[147]

Der Bericht der PUK fiel vernichtend aus. Das Militärdepartement wurde beschuldigt, die Regierung, das Parlament und die Öffentlichkeit absichtlich getäuscht zu haben. Die Botschaft zur Mirage-Bestellung von 1961 sei tendenziös, unsorgfältig und stellenweise geradezu irreführend gewesen. Eine undurchsichtige Projektplanung sowie diverse Sonderwünsche, insbesondere der Einbau einer amerikanischen Bordelektronik, habe zur «erschreckenden Höhe des verlangten Zusatzkredits» geführt, die «alles bisher Gewohnte mehrfach übertrifft», schrieb das Finanzdepartement.[148] Das Parlament beschloss am 23. September 1964 eine Reduktion von 100 auf 57 Flugzeuge. Der Kauf der Mirage-Flugzeuge kostete am Ende insgesamt 1,18 Milliarden Franken.

Man verlangte, dass Köpfe rollen. Die Verantwortlichen wurden hart bestraft: Fliegerchef Etienne Primault wurde am 5. Oktober 1964 per sofort entlassen, Generalstabschef Jakob Annasohn trat im November 1964 zurück, und Bundesrat Paul Chaudet, der Chef des Militärdepartements, verzichtete am 28. November 1966 erzürnt auf eine weitere Amtszeit, nachdem er von mehreren Parlamentariern wiederholt zum Rücktritt aufgefordert und schliesslich auch von der eigenen Partei fallen gelassen worden war. CVP-Nationalrat Kurt Furgler ging hingegen aus der Mirage-Affäre als siegreicher Held hervor. Für ihn wurde der Skandal zum Karriere-Sprungbrett. 1971 wurde er in den Bundesrat gewählt.[149]

Der Mirage-Skandal hatte schwerwiegende Folgen für die Konzeption der Landesverteidigung. Auf Antrag des Schaffhauser SP-Nationalrats Walther Bringolf verlangte das Parlament im Sommer 1964 eine Überprüfung der Konzeption der Landesverteidigung. Hinter den Kulissen lobbyierte die SP zudem erfolgreich für eine Wahl von Alfred Ernst zum Korpskommandanten und damit für eine Einsitznahme des prominenten Wortführers einer statischen Verteidigungsstrategie in die LVK. Seine Wahl zum Generalstabschef konnten seine Gegner gerade noch verhindern, doch setzten sich Alfred Ernst und seine Anhänger in den folgenden Jahren in nahezu allen wichtigen militärstrategischen Fragen durch.[150]

Die Anhänger der Doktrin einer «Mobile Defence» erlitten durch den Mirage-Skandal einen herben Rückschlag. Mit Bundesrat Paul Chaudet, Generalstabschef Jakob Annasohn und Fliegerchef Etienne Primault traten gleich drei vehemente Befürworter der «Mobile Defence» und damit auch die Speerspitze der Befürworter der Atombomben zurück.[151] Das Konzept der «Mobile Defence» liess sich mit nur 57 Mirage-Flugzeugen nicht mehr verwirklichen. Zudem verzichtete der Bundesrat nun auch auf den Kauf von Panzern. Der Mirage-Skandal hatte die Militärpolitik insgesamt gelähmt und die Frage nach Atomwaffen zum Tabu gemacht.[152] Die neu erarbeitete Konzeption zur Landesverteidigung vom 6. Juni 1966 setzte nun wieder auf einen defensiven Abwehrkampf. Eine hauptsächlich auf Infanterie basierende Schweizer Armee sollte den feindlichen Invasoren flächendeckend einen zermürbenden Abnützungskampf liefern, während mechanisierte Verbände vereinzelt offensive Gegenschläge ausüben konnten. Die «Konzeption 66» blieb danach über 20 Jahre bis zum Ende des Kalten Kriegs gültig.[153]

Für die «Atombombenträume» der Schweizer Armeeführung bedeutete der Mirage-Skandal einen schweren Rückschlag. Generalstabschef Jakob Annasohn hatte 20 Millionen Franken beantragt, um die Suche nach Uran wieder aufzunehmen, um Uranzentrifugen zu entwickeln und um abzuklären, wo in der Schweiz die geplanten unterirdischen Atombombentests gemacht werden könnten. Unglücklicherweise kam der Antrag im Bundesrat just am Tag zur Sprache, als dieser über den Zusatzkredit von 576 Millionen Franken für den Mirage beraten musste. Als sich der Skandal öffentlich immer mehr zuspitzte, bewirkte das eine Kehrtwende des Bundesrates im Hinblick auf die atomare Bewaffnung der Armee. Der Mirage-Skandal hatte den hochfliegenden «Träumen von Atomwaffen» der Armee endgültig die Flügel gestutzt.[154]

Der Bundesrat genehmigte am 5. Juni 1964 zwar den Antrag von Generalstabschef Jakob Annasohn, verlangte aber, dass für die waffentechnischen Forschungsarbeiten nicht wie vorgeschlagen ein der ETH Zürich anzugliederndes Institut mit etwa 20 Fachleuten geschaffen werde, sondern dass sich fortan nur ein einziger Experte in der Generalstabsabteilung weiter mit den Atombombenplänen beschäftigen dürfe. Damit waren diese Pläne vorläufig auf Eis gelegt. In der Folge verweigerte der Bundesrat immer wieder Kredite und Personaletats, welche die Durchführung notwendiger Vorarbeiten und Studien für eine atomare Bewaffnung der Schweizer Armee vorgesehen hätten. Trotzdem wollte man sich die nukleare Option weiterhin offenhalten.[155]

Die Schweiz bunkert sich ein

Nach dem Einmarsch der deutschen Truppen in Frankreich im Juni 1940 verkündete General Henri Guisan am 25. Juli 1940 bei seinem legendären Rütli-Rapport den Rückzug in die Alpen. Die Réduit-Strategie führte zu einer igelartigen Konzentration der Schweizer Armee rund um das Gotthardmassiv und sah einen langwierigen Gebirgskampf sowie die Zerstörung der Alpentransversale vor. Die abschreckende Wirkung des Réduits bestand darin, dass den Achsenmächten eine unabhängige Schweiz mit einem funktionierenden Gütertransport durch die Alpen mehr dienen würde als ein erobertes Land mit einer zerstörten Industrie. Die Sprengung der Tunnels und Fabriken hätte die Schweiz für die Besatzungsmächte unrentabel gemacht.[156] Da General Henri Guisan kaum Panzer und Flugzeuge hatte, musste er die Landesverteidigung auf die Verteidigung der Armee beschränken.[157] Die Schweiz blieb vom Krieg verschont, und damit wurde auch der Schweizer Armee die Feuerprobe erspart. Nach dem Krieg wurde das Réduit zum nationalen Symbol des Widerstands und des patriotischen Heldentums. Die Schweizer Armee berief sich auf einen Heldenkampf, der gar nie stattgefunden hatte. Das Réduit wurde in der Erinnerungskultur der Aktivdienstgeneration als Vermächtnis von General Henri Guisan zum Inbegriff des Wehrwillens. Es verfestigte sich im Kalten Krieg zum Mythos von der uneinnehmbaren Alpenfestung Schweiz und verstärkte den Glauben an die angebliche Unbesiegbarkeit der Schweizer Armee. Der Réduit-Mythos zeigte sich etwa in der grossflächigen Verbunkerung der Schweiz aus Angst vor einem drohenden Atomkrieg und einer möglichen kommunistischen Invasion. Die Bunker des Kalten Kriegs stellten dabei alles in den Schatten, was der Zweite Weltkrieg bisher an Befestigungsanlagen hervorgebracht hatte.

Der Aufbau eines Zivilschutzes in den 1950er- und 1960er-Jahren war in der Schweiz eine Reaktion auf die atomare Bedrohung durch die Sowjetunion. Die Debatte über das Überleben im Atomkrieg bestimmte die Mentalität des Kalten Kriegs. Die Angst vor der Atombombe wurde in den unterirdischen Bunkern in Beton gegossen. Ab Beginn der 1950er-Jahre baute man in den USA und in der Sowjetunion, aber auch in zahlreichen anderen west- und osteuropäischen Ländern Atombunker. In den USA legte man einen atomsicheren Bunker unter dem Weissen Haus und auf dem Gelände des US-Präsidenten in Camp David nördlich der Hauptstadt Washington an. In der Sowjetunion wurden in den 1950er-Jahren unter der Moskauer Metro und später unter der Lomonossow-Universität ebenfalls riesige Atombunker gebaut.

In der Diskussion um den Zivilschutz und das Überleben eines Atomkriegs spielte im Westen insbesondere der US-Militärstratege Herman Kahn eine einflussreiche Rolle. In seinen Büchern *On Thermonuclear War* (1960) und *Thinking About the Unthinkable* (1962) meinte er, es sei sehr wahrscheinlich, dass es zu einem Atomkrieg mit der Sowjetunion kommen werde, ein solcher Atomkrieg werde aber nicht das Ende der USA oder gar der Menschheit bedeuten. Ein Angriff mit Atom- und Wasserstoffbomben auf 157 grosse Städte der USA koste nach seinen Berechnungen zwischen 85 und 160 Millionen Tote, durch den Aufbau eines Zivilschutzes könne diese Zahl aber womöglich noch etwas verringert werden. Trotz der radioaktiven Verseuchung glaubte er, dass sowohl der Westen als auch die Sowjetunion nach einem weltweiten Atomkrieg in «relativ kurzer Zeit» wieder zu einem normalen Lebensstandard zurückkehren würden. Auch wenn Hunderte Millionen Menschen stürben, ginge das Leben weiter – so lautete sein Kalkül.

In der Schweiz war der Einbau von Schutzräumen in bestehende Häuser 1952 von der Stimmbevölkerung zunächst abgelehnt worden. 1959 wurde der Zivilschutz jedoch in die Verfassung aufgenommen, 1962 folgte ein Gesetz über den Zivilschutz, 1963 ein Gesetz über den baulichen Zivilschutz und 1966 ein Reglement für den Atomschutzbau. Der Zivilschutz wurde zur «Überlebensversicherung» eines «freien Volkes» erklärt. Vom 5. Mai bis am 2. Juni 1968 fand in Interlaken ein internationales Symposium über den «Strahlenschutz der Bevölkerung» statt, an dem die Auswirkungen eines Atomkriegs erstmals breit diskutiert wurden. Bisher hätten sich die Bestrebungen auf «kleine Katastrophen oder Unfälle» konzentriert, das Problem sei jedoch «vom andern Ende her anzupacken: von der Grosskatastrophe, die einige hunderttausend Menschenleben gefährden kann».[158] Eine Studie aus dem Jahr 1970 sprach von einem «dichtbesiedelten Land ohne Ausweichmöglichkeiten für die Zivilbevölkerung», sodass das Überleben der Bevölkerung nur noch im Untergrund vorstellbar war.[159]

Im *Zivilverteidigungsbüchlein,* das 1969 vom Bundesrat in einer Auflage von über zwei Millionen Exemplaren als amtliche Publikation an alle Haushalte in der Schweiz verschickt

«Unter der Erde im Schutzraum muss die Bevölkerung überleben, wenn an der Erdoberfläche gekämpft wird oder wenn das Gelände verstrahlt oder vergiftet ist.»
Zivilverteidigungsbüchlein, 1969

und später an alle Brautpaare nach der Heiratszeremonie auf dem Zivilstandsamt abgegeben wurde, hiess es: «Unter der Erde im Schutzraum muss die Bevölkerung überleben, wenn an der Erdoberfläche gekämpft wird oder wenn das Gelände verstrahlt oder vergiftet ist.»[160] Der erste Teil des *Zivilverteidigungsbüchleins* war ein Plädoyer für einen gut ausgebauten Zivilschutz, der sich auch bei einem Atombombenabwurf bewähre. Nebst der gefährlichen Verharmlosung eines Atomkriegs beinhaltete das Büchlein zudem eine tölpelhafte Anleitung für den Guerillakrieg und eine systematische Verdächtigung und Diffamierung von Andersdenkenden, kritischen Intellektuellen, linken Politikern, Gewerkschaftern, Atomgegnern und Pazifisten.[161] Wer irgendwie daran zweifelte, dass das Schweizervolk nicht dazu in der Lage sei, einen Atomkrieg zu überleben, wurde des Defätismus, der Subversion und der Feindpropaganda bezichtigt.[162]

Das Zivilschutzkonzept von 1971 sah erstmals ein flächendeckendes Netz von Schutzräumen vor. Damit begann die Betonierung des Schweizer Untergrunds. Die Verordnung verlangte, dass jedes neue Wohn- oder Ferienhaus pro Zimmer einen solchen Schutzplatz besitzen sollte. Unter der Maxime «Jedem Bewohner ein Schutzraum» setzte in den 1970er-Jahren ein gewaltiger Bauboom ein. Zwischen 1974 und 1976 wurde eine Zuwachsrate von jährlich über 400 000 Schutzplätzen erzielt. Alle «überlebenswichtigen» Systeme wie Spitäler, Kommunikationssysteme oder Wohnräume wurden für den «Ernstfall» unter der Erde nachgebaut und erfuhren dadurch in der unterirdischen Schattenwelt der Schutzbauten eine seltsame Verdoppelung.[163] Die Schweiz schuf ein weltweit einzigartiges System unterirdischer Betonzellen. Im Falle eines Atomkriegs hätten die Bunker die gesamte Bevölkerung aufnehmen können. Ein enormes Bauprojekt, das zu einem immensen Verschleiss von Beton und Geld führte und zu einer Goldgrube für die Schweizer Bauwirtschaft wurde. Im Jahr 2006 gab es in der Schweiz rund 300 000 Schutzräume in privaten Häusern, Instituten und Spitälern sowie 5100 öffentliche Schutzanlagen. Insgesamt hatten etwa 8,6 Millionen Personen einen Schutzraum. In Bezug auf die gesamte Bevölkerung betrug der Deckungsgrad zu diesem Zeitpunkt 114 Prozent.

Der grösste zivile Bunker der Schweiz wurde 1976 im Autobahntunnel Sonnenberg in Luzern eingeweiht. Die Zivilschutzanlage war eine unterirdische «Bunkerstadt», die im Falle eines Atomkriegs 20 000 Menschen Schutz bieten sollte. Die Baukosten für die einst grösste Zivilschutzanlage der Welt beliefen sich auf 38,6 Millionen Franken. Das siebengeschossige Gebäude aus Stahlbeton war mit allem Nötigen ausgestattet, mit einem Operationssaal, einem Radiostudio, zahlreichen Verwaltungsbüros, einem Postschalter, einem Büro für den Seelsorger, einem Geburtssaal und einer Leichenkammer. Der Schutzraum wies jedoch einige gravierende Mängel auf und entpuppte sich als Fehlkonstruktion. Die Hauptprobe im Jahr 1987, die den kuriosen Namen «Ameise» trug, endete im Fiasko, da eine der 1,5 Meter dicken Panzertüren mit einem Gewicht von 350 000 Kilogramm nicht geschlossen werden konnte. Die «Bunkerstadt» im Sonnenberg erwies sich als ein hohles Versprechen, da die verheissene Sicherheit nicht einmal ansatzweise garantiert werden konnte. In seinem Buch *Die Schweizer unter Tag* schrieb der Journalist Jost Auf der Maur: «Wie konnte diese gigantische Fehlkonstruktion entstehen? Dazu brauchte es die Ingredienzen des Kalten Kriegs: Unter dem Damoklesschwert der Atombombe konnten Menschen zu irrwitzigen Anstrengungen und Verhaltensweisen angehalten werden. Ganz besonders in der Schweiz. Paten standen der jederzeit beschworene Selbstbehauptungswille, der Glaube an die Machbarkeit grosser Ingenieurlösungen, die Abwesenheit politisch handelnder Frauen (sie waren immer noch ohne Stimm- und Wahlrecht), die Furcht vor dem 3. Weltkrieg durch eine verteufelte Sowjetunion und schliesslich die Annahme, der paternalistische Staat könne 20 000 Menschen unter die Erde befehlen.»[164] Der zurzeit grösste noch funktionierende zivile Atombunker der Schweiz befindet sich mitten in der Stadt Zürich. Die riesige Zivilschutzanlage im 1974 gebauten Parkhaus Urania bietet während zweier Wochen für rund 10 000 Personen Schutz. Sie verfügt über Panzertüren aus Stahlbeton, die 30 Tonnen Druck pro Quadratmeter standhalten, über zwei Trinkwasserspeicher, zwei Notstromgeneratoren, 45 Gasfilter für die Luftzufuhr und eine Schaltzentrale, die in einen faradayschen Käfig gebaut wurde, um immun gegen elektromagnetische Störungen zu sein, die bei der Explosion einer Atombombe eintreten könnten.[165]

Während des Kalten Kriegs wäre die Schweizer Regierung im Falle eines Atomkriegs in einen geheimen Bunker namens «K10» bei Brienz geflüchtet, der im Volksmund «Alpenrösli» genannt wurde und bis 1990 in Betrieb war. 1986 entschied der Bundesrat, einen neuen geheimen Bunker namens «K20» bei Kandersteg zu bauen, der bis zu 1000 Personen ein halbes Jahr vor der atomaren Verseuchung geschützt hätte. In den Berner Alpen, im Felsmassiv unterhalb der majestätischen Blüemlisalp, kilometerweit tief drinnen im Berg hätten sich die Bundesräte im Kriegsfall zusammen mit ihren Frauen und Kindern sowie einigen hochrangigen Beamten, militärischen Beratern und rund 40 National- und Ständeräten verkriechen können. Das Parlament stimmte in den 1990er-Jahren dem

Ausbau des Bunkers zu, obwohl nicht klar war, für welche 40 Parlamentarier ein Platz im Regierungsbunker reserviert worden war. Die Sitzung im Nationalrat wurde als geheim erklärt, alle Journalisten mussten den Saal verlassen, und die Vorhänge wurden gezogen. 1992 gab der Bundesrat die Kosten bekannt: 230 Millionen Franken für den Rohbau und 38 Millionen für Mobiliar und Technik. Damit die Schweizer Regierung weiterhin mit der Bevölkerung kommunizieren könnte, wurde der Bunker mit einem kompletten Radio- und Fernsehstudio ausgestattet. Der genaue Standort galt lange Zeit als so geheim, dass Journalisten in der Schweiz nicht darüber schreiben durften. Wenn sie es trotzdem taten, wurden sie vom Militärgericht ermahnt oder mit symbolischen Strafen gebüsst. Nebst dem geheimnisumwitterten Bundesratsbunker «K20» gab es in der Schweiz auf kantonaler Ebene noch weitere 18 Regierungsbunker. Der Unterhalt der 19 Bunker kostete jährlich insgesamt rund eine Million Franken.

Heile Welt im Untergrund

Der Bunker wurde zum Symbol einer Schweiz, die als Nation den Atomkrieg überleben wollte. Er versprach der Bevölkerung Schutz vor der Gefahr einer alles zerstörenden atomaren Katastrophe. Der Bunker wurde damit zur «Überlebensinsel» der Schweiz im Kalten Krieg. «Das kleine saubere Schweizerhaus auf der umbrandeten Insel im Weltmeer, von einer liebenswürdigen Familie bewohnt, die konfliktfrei zusammenlebt [...], solcherart waren die Vorstellungen, die man als die farbenfrohe Wahrheit über sich selbst freudig verinnerlichte», schrieb der Germanist Peter von Matt über die helvetische Imagination von der Schweiz als einer «Insel» im Zweiten Weltkrieg.[166] Die Historikerin Silvia Berger Ziauddin hat die symbolische Bedeutung des Bunkers in der Schweiz während des Kalten Kriegs erforscht und dabei herausgearbeitet, welche Träume und Fantasien mit den Atombunkern verbunden waren. Der Vergleich des Bunkers mit einer «Überlebensinsel», wie ihn der Bauingenieur Werner Heierli gezogen hatte, machte aus dem Schutzraum eine kleinbürgerliche Idylle, in welcher die bürgerlichen Werte der Schweiz gerettet werden sollten.[167] In den Broschüren des Zivilschutzes der 1960er- und 1970er-Jahre wurde das Leben im Bunker oft mit einer traditionellen Kleinfamilie dargestellt, mit Vater und Mutter sowie ein oder zwei Kindern. Der Vater übernahm als patriarchales Familienoberhaupt das Kommando im Schutzraum und gab im Notfall die Befehle, während sich die Hausfrau als Mutter fürsorglich um die Kinder kümmerte und sich um den Notvorrat sorgte. Die Familie stilisierte man zur zivilen Zelle des nationalen Widerstands hoch. Der Atombunker wurde mit dem Bild eines Igels dargestellt, der sich zusammenrollt und mit seinen spitzigen Stacheln die Bedrohung von aussen abwehrt, oder er wurde mit der Höhle eines Murmeltiers verglichen: Das putzige Alpentier verschwindet bei drohender Gefahr aus der Luft blitzschnell in seinem unterirdischen Bau.[168] Wie Murmeltiere hatten sich die Eidgenossen während des Kalten Kriegs durch ihr Erdreich gewühlt, um in der Geborgenheit des Erdinnern das drohende nukleare Inferno zu überleben.

Der grosse Architekt des Schweizer Bunkerbaus war der Bauingenieur Werner Heierli, der während 40 Jahren als Experte des Bundes für Schutzbauten tätig war. Er war der Dädalus der unterirdischen Bunkerarchitektur der Schweiz während des Kalten Kriegs. Von 1966 bis 2003 war er Mitglied der Studienkommission für Zivilschutz des Eidgenössischen Justiz- und Polizeidepartements. 1966 war er massgeblich an der Ausarbeitung der technischen Richtlinien für Schutzbauten beteiligt. 1967 wurde ihm von der Studienkommission der Auftrag erteilt, die physiologischen Grenzwerte auszuloten, die für ein Überleben im Bunker gegeben sein müssen. Er war der Architekt der «Bunkerstadt» im Autobahntunnel Sonnenberg in Luzern. Ausserdem beteiligte er sich an der Ausarbeitung des *Schutzraumhandbuchs,* das 1978 vom Bundesamt für Zivilschutz herausgegeben wurde, und veröffentlichte 1982 die Studie *Überleben im Ernstfall.* Schliesslich plante er auch den geheimen Bundesratsbunker «K20» und den Generalstabsbunker im Gotthardmassiv.

Werner Heierli studierte die Bombardements des Zweiten Weltkriegs, aber auch Berichte über räumliche Beengtheit in Konzentrationslagern und auf Sklavenschiffen. Die Folgen eines Atomkriegs waren für ihn vergleichbar mit der Katastrophe eines konventionellen Kriegs. Ein Überleben im Bunker während Wochen und Monaten hielt er für möglich, weil er davon ausging, dass der Mensch in Extremsituationen zu Aussergewöhnlichem fähig ist. Die Temperatur im Schutzraum sollte maximal 29 Grad Celsius betragen, pro Person rechnete er mit drei Litern Trinkwasser und einem Kalorienverbrauch von 2100 Kilokalorien pro Tag. Der Schlafplatz mass 70 auf 190 Zentimeter, und 30 Personen mussten sich eine Toilette teilen. Die Fäkalien sollten ausserhalb des Bunkers in nahe gelegenen Gruben vergraben werden, was ohne eine radioaktive Verstrahlung kaum möglich gewesen wäre. Die Hygiene könne extrem stark eingeschränkt werden, meinte Heierli, und die sexuellen Bedürfnisse würden bei knapper Ernährung ohnehin zurückgehen, ansonsten müssten die Lebensmittelrationen weiter gekürzt werden.

Ein besonderes Augenmerk sei auf die Wahl des Bunkerchefs zu legen. Nach Werner Heierli kamen dafür keine «leicht debilen oder psychopathischen Personen» infrage. Der Bunkerchef sollte eine «autoritäre» Führungsperson sein, strenge Befehlshierarchien installieren und eine «scharfe» Disziplin einfordern. Bei der Erregtheit oder Panik einzelner Individuen sollte der Schlaf «erzwungen» werden, indem der Bunkerchef «gezielt» Schlaftabletten einsetzte. Angst, Apathie, Panik, Pessimismus oder gar der Verlust des Selbsterhaltungstriebs müssten unter allen Umständen vermieden werden. Unkontrollierbare Aggressionen würden den Bunker für die zusammengepferchten Menschen definitiv zur Hölle machen. Ansonsten sollte der Bunkerchef die Bewohner mit praktischen Arbeiten beschäftigen und immer wieder an das kollektive Ziel appellieren: die Verteidigung der Unabhängigkeit der Schweiz. Die Angst vor dem Irrationalen und Chaotischen, die in den Verhaltensregeln für den Bunkerchef subtil zum Ausdruck kam, stand dem rationalen Menschenbild diametral entgegen, das Werner Heierli ansonsten in seinen Anweisungen und Ratschlägen für das Leben im Untergrund zu vermitteln versuchte.

Seit dem Ende der 1960er-Jahre suchten die Behörden in der Schweiz auch nach einem geeigneten Notvorrat, der in den Schutzräumen als eiserne Reserve für die Überlebenswilligen angelegt werden könnte. Die «Überlebensnahrung» sollte schmackhaft, nahrhaft und vor allem lange konservierbar sein. Der Lebensmittelkonzern Nestlé produzierte Anfang der 1980er-Jahre 7000 Tonnen eines leicht löslichen, granularen Pulvers, das von den Behörden das technokratische Kürzel «ULN» erhielt. Man könne das Pulver, das sowohl gezuckert und gesalzen verzehrt werden konnte, «mit warmem oder kaltem Wasser geniessen, als Suppe oder Brei, es könne mit Gemüse und Gewürzen angereichert oder auch ‹roh› gegessen werden», schrieb das Bundesamt für Zivilschutz.[169] Die «Überlebensnahrung» kostete rund 40 Millionen Franken und wurde von 1981 bis 1984 in der ganzen Schweiz in den Atombunkern der Gemeinden eingelagert. Der Schweizerische Friedensrat hielt die Beschaffung der Überlebensnahrung für «völligen Mumpitz» und meinte, die Schweiz hätte das dafür ausgegebene Geld besser in die Friedenspolitik anstatt in dieses «krampfhafte Aufmöbeln eines überkommenen Sicherheitswahnes» investiert.[170] Als das Ablaufdatum der Überlebensnahrung nach zehn Jahren 1991 erreicht war, landete das ULN in den Futtertrögen des Mastviehs und in Ex-Jugoslawien, wohin in einer humanitären Hilfsaktion Hunderte von Tonnen der abgelaufenen Dosen gekarrt wurden, die dann unentgeltlich an die dortigen Spitäler, Kinder- und Altersheime sowie Notküchen abgegeben wurden.

Während des Kalten Kriegs gab es sowohl im Osten wie im Westen eine unglaubliche Verharmlosung der tatsächlichen Gefahr eines Atomkriegs. Legendär ist der US-Propagandafilm *Duck and Cover* von 1951, in dem Bert, die Schildkröte, den ahnungslosen Kindern erklärt, dass die Schulbank einen hinreichenden Schutz bei einem atomaren Angriff biete. In der Schweiz hat der Zivilschutz im Kalten Krieg zahlreiche Broschüren, Merkblätter und Propagandafilme veröffentlicht, die mit ihren gut gemeinten Ratschlägen der Bevölkerung ein Gefühl von Sicherheit zu vermitteln versuchten. Die beschwichtigenden und beschönigenden Anweisungen erzeugten die Illusion, dass ein Weiterleben nach dem Atomkrieg möglich sei. In den Broschüren ging man davon aus, dass der atomare Angriff nicht aus heiterem Himmel erfolgen würde und die Bevölkerung genug Zeit hätte, um sich in Sicherheit zu bringen. Die 14 Tage, die man im Atombunker verbringen müsste, schienen einer magischen Zahl entsprochen zu haben; sie wurden in beinahe allen Broschüren als fixe Zeitdauer für den notwendigen Aufenthalt im Bunker genannt.[171] In der Zeitschrift *Zivilschutz* schrieb 1966 beispielsweise Dr. med. A. Steiner: «Im Laufe von 1 bis 2 Wochen klingt jede Strahlung so weit ab, dass der Schutzraum verlassen werden kann. Gelingt bis dahin das Überleben eines grösseren Bevölkerungsteils, so wird keine Stadt und so wird kein Volk untergehen.»[172] Da sich niemand vorstellen konnte, dass Menschen länger als zwei Wochen unter der Erde ausharren könnten, durfte der radioaktive Fallout nicht länger strahlen.[173] Die Katastrophe wurde so konzipiert, dass sie bewältigt werden konnte, ansonsten wäre der Zivilschutz nutzlos gewesen.[174] Alle Broschüren verbreiteten einen grossen Optimismus im Hinblick auf die Zukunftsaussichten der Bevölkerung nach dem Atomkrieg. Wie das Weiterleben danach aussehen sollte, wenn weite Teile des Landes vollständig zerstört und radioaktiv verstrahlt, die Produktion in der Landwirtschaft und in der Industrie ebenso wie die medizinische Versorgung weitgehend zusammengebrochen wären, darüber wurde die Bevölkerung nicht informiert.[175] Die Tatsache, dass diese Vorstellungen von der Bevölkerung während des Kalten Kriegs als vertrauenswürdige Informationen aufgefasst wurden, erklärte der Historiker Thomas Buomberger mit einer Mischung aus blindem Vertrauen in die Behörden und einer naiven Technikgläubigkeit.[176]

Nach den Zürcher Globus-Krawallen vom 29. Juni 1968 erklärte sich der Zürcher Stadtrat nach langem Hin und Her schliesslich bereit, den «Lindenhof-Bunker» im Zentrum der Stadt Zürich vorübergehend in ein autonomes Jugendzentrum umzufunktionieren. Am 31. Oktober 1969 riefen die rebellischen Jugendlichen dort ihre «Autonome Republik Bunker» aus und nisteten sich im chaotischen Gewimmel der unterirdischen Betonzellen ein. Sie gründeten eine Diskothek und richteten sich Diskussions- und Schlafräume sowie Büros ein. Nach 68 Tagen Anarchie im Untergrund musste das «Experiment» allerdings wieder abgebrochen werden, da es zu Drogenexzessen, Randalen und antikapitalistischer Agitation gekommen war. Der Luftschutzraum wurde zu Beginn des Jahres 1970 auf Anweisung des Zürcher Stadtrats niedergewalzt. An der gleichen Stelle entstand vier Jahre später das Parkhaus Urania.

Ende der 1970er- und Anfang der 1980er-Jahre geriet der Zivilschutz in der Schweiz durch die Anti-AKW-Bewegung und die Proteste gegen die Entwicklung der Neutronenbombe und den Nato-Doppelbeschluss zunehmend in die Kritik. In der Bundesrepublik Deutschland trafen sich 1000 Pazifisten Mitte November 1980 unter dem Motto «Der Atomtod bedroht uns alle. Keine Atomraketen in Europa» in Krefeld. Am 10. Oktober 1981 demonstrierten dann in der Bundeshauptstadt Bonn 300 000 Menschen. In der Schweiz fand daraufhin im Dezember 1981 unter dem Motto «Für Frieden und sofortige Abrüstung» eine Demonstration auf dem Bundesplatz in Bern statt, an der über 30 000 Männer, Frauen und Kinder teilnahmen. Christine Perren, Mitglied des Schweizerischen Friedensrats, stellte in ihrer Rede die Frage, was sie «eingepfercht» in diesen «Betonlöchern» denn solle. «Was ist, wenn wir kein Wasser und keine Luft mehr haben, und wie lange halten wir das aus, ohne verrückt zu werden?»[177]

Der Zürcher Chemieingenieur Konradin Kreuzer war damals ein heftig angefeindeter Kritiker des Zivilschutzes. 1973 gründete er das Forum für verantwortbare Anwendung der Wissenschaft und gab von 1977 bis 2000 die Zeitschrift *nux* heraus. Der Atombunker war für ihn ein «Betonverlies», in das sich die Gesellschaft «einkerkere».[178] Der Bunker ermögliche zwar für wenige Tage oder Wochen ein von Chaos, Angst und Panik geprägtes Dahinvegetieren, das sei aber sinnlos, da die Welt ausserhalb des Bunkers radioaktiv verseucht und damit unbewohnbar geworden sei: «Ist der ‹Denner› [das Lebensmittelgeschäft] wieder offen, fährt das Tram, wenn wir aus den Löchern steigen? Ist das Wasser trinkbar, das wir finden? […] Lernen [wir], mit der Radioaktivität zu leben? […] In den Fragen

«Ist der ‹Denner› wieder offen, fährt das Tram, wenn wir aus den Löchern steigen? Ist das Wasser trinkbar, das wir finden?»
Konradin Kreuzer, Chemieingenieur, 1981

bleiben wir hängen.»[179] Später schilderte Konradin Kreuzer das postapokalyptische Szenario einer langfristig radioaktiv verstrahlten Schweiz nach der Explosion einer Wasserstoffbombe im grenznahen Frankreich.[180] In den frühen 1980er-Jahren wurden die Atombunker dann von den Friedensaktivisten und Armeegegnern auch als «Betonlöcher», «Sardinenbüchsen» oder «Begräbnisstätten» bezeichnet.[181]

Im Jahr 1980 gründeten der US-amerikanische Kardiologe Bernard Lown und der sowjetische Kardiologe Jewgeni Tschasow die Organisation International Physicians for the Prevention of Nuclear War (IPPNW), die sich für die weltweite atomare Abrüstung zur Verhinderung eines Atomkriegs einsetzte. Die Schweizerische Sektion der IPPNW wurde am 10. April 1981 von Martin Vosseler gegründet. Im Jahr 1983 publizierte dann eine US-amerikanische Forschergruppe um den bekannten Astronomen, Astrophysiker und Exobiologen Carl Sagan die Theorie des nuklearen Winters als ultimatives Horrorszenario eines globalen Atomkriegs.[182] Sie ging davon aus, dass ein weltweiter Atomkrieg zu einer Verdunkelung und Abkühlung der Erdatmosphäre führen und es als Folge dieser klimatischen Veränderung zu Hungersnöten und Massensterben kommen würde. Das einprägsame Bild vom nuklearen Winter – als Parallele zum Aussterben der Dinosaurier nach einer gewaltigen Kollision eines Asteroiden mit der Erde skizziert – zweifelte das Überleben eines Atomkriegs grundsätzlich an und hinterfragte damit auch die Fiktion eines begrenzbaren Atomkriegs und das Vertrauen in den Zivilschutz.[183]

Die Schweiz hatte zwar keine Kolonien, doch sie durchlöcherte ihren Untergrund wie einen Emmentaler Käse. Seit dem 19. Jahrhundert betrieb sie eine Erweiterung ihres Territoriums in Richtung Erdmittelpunkt, eine Expansion in die Tiefe. Daraus entstanden ist ein einzigartiges, schier endloses subterranes Geäder und Genist aus unterirdischen Stollen, Tunnels, Röhren, Bunkern und Kavernen, ein riesenhafter, sich über das ganze Land ausdehnender Maulwurfsbau. Während des Kalten Kriegs wurde der Bunkerbau zum integralen Bestandteil der totalen Landesverteidigung. Wäre es tatsächlich zu einem weltweiten Atomkrieg gekommen, hätte sich die Schweizer Bevölkerung womöglich zusammen mit der US-Regierung im Weissen Haus und dem Politbüro des Kremls als einzige Exemplare der menschlichen Spezies in Schutzräume flüchten können. Nach dem Zusammenbruch der Sowjetunion wurden die Bunker obsolet und blieben als Relikte und Überbleibsel einer vergangenen Epoche zurück. Die Atombunker waren die «Katakomben des atomaren Zeitalters», anders als in Rom, Neapel oder Palermo wären in diesen Gruften jedoch nicht die Toten, sondern die Lebenden begraben worden.[184] Nach dem Kalten Krieg wurden die ausgemusterten Bunkeranlagen dann als Lager für Computerdaten, Wein, Käse oder Trockenfleisch, als Wellnessoasen oder Kunsträume genutzt. Die Neuausrichtung der Verteidigungs- und Sicherheitspolitik führte in den 1990er-Jahren zudem zur Neuorientierung des Zivilschutzes, der sich mit dem «Leitbild 95» verstärkt auf die Katastrophen- und Nothilfe konzentrierte.[185]

Der unfreiwillige Verzicht auf Atomwaffen

Der amerikanische UNO-Delegierte Bernard Baruch legte bereits im Juni 1946 einen Plan vor, um die Verbreitung von Atomwaffen weltweit zu verhindern. Der nach ihm benannte Baruch-Plan («The Baruch Plan») sah eine Unterstellung der Atomwaffen unter eine internationale Kontrolle vor. Obwohl der Baruch-Plan damals scheiterte, war er der erste Schritt auf dem Weg zum Atomwaffensperrvertrag, der ein Verbot der Verbreitung von Atomwaffen beinhaltete und am 1. Juli 1968 von den USA, Grossbritannien und der Sowjetunion unterzeichnet wurde. Durch den zunehmenden Druck der Atommächte zur Unterzeichnung des Vertrags wurde von 1967 bis 1969 auch in der Schweiz nochmals eine intensive politische Debatte über die Möglichkeit einer Aufrüstung der Schweizer Armee mit Atomwaffen geführt. Die Kritiker des Atomwaffensperrvertrags betonten, dass dieser die Vormachtstellung der Supermächte noch weiter verstärke. Der Vertrag wurde von all jenen Staaten akzeptiert, die über Atomwaffen verfügten, und von jenen, die nicht erwarteten, jemals solche zu besitzen. China, Frankreich und Israel hingegen, die gerade dabei waren, eigene Atombomben zu entwickeln, boykottierten ihn.[186]

Die ungleiche Behandlung der beiden Staatengruppen schuf ein Zweiklassensystem: auf der einen Seite die Atommächte, eine kleine Gruppe übermächtiger Giganten, die ihre Vormachtstellung weiter ausbauten, und auf der anderen Seite die atomaren Habenichtse, die grosse Schar der hilflosen Kleinstaaten, die von den Atommächten erpresst und zum Verzicht gezwungen wurden. Die Kritiker des Vertrags bezeichneten diesen als eine «Enteignung der Habenichtse» oder gar als eine «Kastration der Impotenten».[187] Der Vertrag wurde auch in der Schweiz als ein Diktat der Supermächte empfunden und löste ein Gefühl der Machtlosigkeit aus. Die Unterzeichnung war nicht Folge eines freiwilligen Verzichts, sondern einer Erpressung. Die Sicherung des weltweiten Friedens wurde mittels einer völkerrechtlichen Diskriminierung erreicht.[188]

Die offiziellen Stellen der Schweiz verhielten sich lange Zeit abwartend und zögerlich. Erst als der Druck der beiden Supermächte gegen Ende der 1960er-Jahre stark zunahm, unterzeichnete die Schweiz den Atomwaffensperrvertrag schliesslich am 27. November 1969. Die Ratifikation erfolgte erst 1977, und zwar nach heftigem Widerstand im Ständerat. Die Supermächte liessen in der zweiten Hälfte der 1960er-Jahre immer wieder durchblicken, dass sie diejenigen Staaten, die ihre Unterschrift verweigerten, nicht mehr mit Uran beliefern und ihnen keine AKWs mehr verkaufen würden. Bereits 1964 hatten sich in der Schweiz jedoch die Nordostschweizerischen Kraftwerke AG (NOK) sowie die Bernischen Kraftwerke AG (BKW) für den Bau von AKWs mit amerikanischen Reaktoren entschieden. Die NOK baute in Beznau ab 1965 einen Druckwasserreaktor der Firma Westinghouse, der dort am 1. September 1969 in Betrieb genommen wurde, und die BKW baute ab 1966 in Mühleberg einen Siedewasserreaktor der Firma General Electric, der schliesslich am 6. November 1972 in Betrieb ging. Die Atomindustrie in der Schweiz war damit ab Mitte der 1960er-Jahre von den USA abhängig. So gab es für die Schweiz zwei Möglichkeiten: Unterzeichnete sie den Atomsperrvertrag, verzichtete sie damit auf ihre nuklearen Ambitionen. Verweigerte sie ihre Unterschrift, und verfolgte sie den Bau einer Schweizer Atombombe weiter, gefährdete sie damit ihre sich im Aufbau befindende zivile Atomindustrie, die auf die Lieferung von Uran und den Import der amerikanischen Atomtechnologie angewiesen war.[189]

Die Verhandlungen über den Vertrag machten den Konflikt zwischen dem EMD und dem EPD sichtbar. Während das EMD unter der Leitung von FDP-Bundesrat Nello Celio weiterhin an der Option einer atomaren Aufrüstung festhielt, preschte das EPD unter der Leitung von SP-Bundesrat Willy Spühler vor und forderte schon früh eine Unterzeichnung des Vertrags als einzig gangbaren Weg. Nach der Mirage-Affäre 1964 war bereits absehbar, dass der Bau einer Schweizer Atombombe de facto gescheitert war, trotzdem führte die politische Debatte über den Vertrag nochmals zu einem «letzten Aufbäumen» der Befürworter von Schweizer Atomwaffen.[190] Einer ihrer vehementesten Vertreter war der Zürcher Militärstratege Gustav Däniker jun., der als «das inoffizielle Gehirn der Armee» galt.[191] 1966 mischte er sich mit seinem Buch *Strategie des Kleinstaats* in die politische Debatte ein. Nach dem lateinischen Sprichwort «Si vis pacem para bellum» («Wenn du den Frieden willst, bereite den Krieg vor») plädierte er für eine

Strategie der massiven Abschreckung. Nebst der Einführung taktischer Atomwaffen forderte Gustav Däniker jun. strategische Atombomben, die mit Flugzeugen und Mittelstreckenraketen gegen die Sowjetunion eingesetzt werden könnten. Als Chefstratege des Kalten Kriegs beim Pressebüro Dr. Rudolf Farner und beim Verein zur Förderung des Wehrwillens und der Wehrwissenschaften wollte er die Unabhängigkeit der Schweiz durch die Drohung mit taktischen und strategischen Atomwaffen garantieren. Für den Zeitraum der nächsten 20 Jahre rechnete Gustav Däniker jun. mit einigen Hundert Millionen Franken pro Jahr für die Herstellung von 300 bis 400 Atomsprengköpfen kleineren und mittleren Kalibers.[192]

Im September 1969 gründeten die Befürworter von Atomwaffen ein Aktionskomitee, welches das Ziel verfolgte, eine Unterschrift des Atomsperrvertrags der Schweiz zu verhindern. Die Mitglieder des «Zürcher Anti-Klubs» waren Sympathisanten der politischen Rechten sowie Angehörige der Zürcher Offiziersgesellschaft. Das Aktionskomitee konnte die Unterschrift der Schweiz allerdings nicht mehr verhindern und hatte keinen nennenswerten Einfluss auf die Verhandlungen zur Unterzeichnung des Vertrags. Für einiges Aufsehen sorgte die Mitgliedschaft von Generalstabschef Paul Gygli, der sich öffentlich gegen die Politik des Bundesrates stellte.[193] Die Befürworter der Atomwaffen beriefen sich in ihrer Argumentation immer wieder auf die beiden gewonnenen Abstimmungen zu den Atominitiativen von 1962 und 1963, die ihren Rückhalt in der Schweizer Bevölkerung klar aufgezeigt hätten.

1967 hatte Generalstabschef Paul Gygli die Studienkommission für strategische Fragen (SSF) eingesetzt, die vom Oberst im Generalstab und ETH-Germanistikprofessor Karl Schmid geleitet wurde. Die SSF erhielt vom Generalstabschef den Auftrag, die Frage einer Bewaffnung der Schweizer Armee mit Atomwaffen aus einer militärischen Perspektive zu beurteilen und eine Stellungnahme des Vertrags vorzubereiten. Karl Schmid hatte im *Tages-Anzeiger* vom 29. Oktober 1966 bereits eine Besprechung des Buchs *Strategie des Kleinstaats* von Gustav Däniker jun. veröffentlicht. Er hielt dessen «Versuchsanordnung» einer isolierten Schweiz, die von einer atomaren Grossmacht wie der Sowjetunion nuklear erpresst werde, für unwahrscheinlich und die atomare Drohung der Schweiz als Kleinstaat für unglaubwürdig. Aus finanziellen Gründen gehe eine Bewaffnung der Schweizer Armee mit Atomwaffen auf Kosten der konventionellen Verteidigung und beschädige das Bild der friedliebenden Schweiz. Der Einsatz von Atomwaffen auf dem eigenen Territorium kam in seinen Augen einem irrationalen, kollektiven Suizid gleich. Ausserdem berge auch ein angeblich begrenzter Atomkrieg mit taktischen Atomwaffen jederzeit die Gefahr einer Eskalation. Aus diesen Gründen lehnte Karl Schmid die Forderung einer Bewaffnung der Schweizer Armee mit taktischen und strategischen Atomwaffen ab. Innerhalb der SSF wurde dennoch ein Arbeitsausschuss (AA) I Nuklearpolitik gebildet, der unter der Leitung von Professor Urs Schwarz und unter Beteiligung des Strategieexperten Gustav Däniker jun. und des Oberst im Generalstab Hans Senn den Nutzen eigener Atomwaffen beurteilen sollte. Die Beurteilung fiel zwiespältig aus: Während strategische Atombomben abgelehnt wurden, befürwortete man taktische Atomwaffen. Schliesslich konnte sich der Arbeitsausschuss zu einer zustimmenden Empfehlung für die Unterzeichnung des Vertrags durchringen.

Das EPD unter der Leitung von SP-Bundesrat Willy Spühler vertrat bereits früh die Auffassung, dass eine Unterzeichnung des Vertrags der einzig gangbare Weg sei, auch wenn damit eine völkerrechtliche Diskriminierung verbunden war. Vor 1967 herrschte die Meinung, dass die Atomindustrie durch die Unterzeichnung des Vertrags Nachteile erfahren würde, da die zivile Nutzung der Atomenergie von Anfang an sehr eng mit der militärischen Forschung für eine eigene Atomwaffenproduktion verbunden war. Ab Frühjahr 1967 wurde unter der Leitung von ETH-Professor Urs Hochstrasser, Delegierter des Bundesrates für Fragen der Atomenergie, eine Arbeitsgruppe von schweizerischen Fachleuten der Atomtechnik gebildet, die aus der Perspektive der Schweizer Atomindustrie eine Stellungnahme zum Vertrag vorbereitete. In ihrem Bericht kam die «Gruppe Hochstrasser» zum Schluss, dass bei einer Nichtunterzeichnung des Vertrags für die Schweizer Atomindustrie mit Nachteilen zu rechnen sei und dass ein Abseitsstehen dem Forschungs- und Wirtschaftsstandort Schweiz schaden würde. Die «Gruppe Hochstrasser» befürwortete eine Unterzeichnung des Atomwaffensperrvertrags und stützte damit gegenüber dem EMD die Position des EPD unter der Leitung von Willy Spühler.[194]

Auch das EMD empfahl schliesslich eine Unterzeichnung des Vertrags, sprach sich gleichzeitig aber dafür aus, die Option von eigenen Atomwaffen offenzuhalten. Der Handlungsspielraum sollte beibehalten werden, indem die Schweiz den Status einer atomaren Schwellenmacht anstrebte. Zumindest die theoretische Möglichkeit einer Produktion eigener Atomwaffen sollte damit erhalten werden, insbesondere für den Fall eines Scheiterns des Vertrags. Es bestand die Furcht, dass die Bundesrepublik Deutschland die Entwicklung eigener Atomwaffen anstreben könnte. Die Schweiz machte ihre

Unterschrift von der Teilnahme der Bundesrepublik Deutschland abhängig. Schliesslich unterzeichnete die Schweiz den Vertrag als 92. Staat, genau einen Tag vor der Bundesrepublik Deutschland.

Damit die Schweiz den Status einer atomaren Schwellenmacht behalten konnte, hatte das EMD 1969 einen Arbeitsausschuss für Atomfragen (AAA) gebildet, der bis zu seiner Auflösung 1988 den Auftrag hatte, sich auf kleinster Sparflamme mit der defensiven Verwendung der Atomenergie für militärische Zwecke zu beschäftigen. Im Dezember 1987 wollte SP-Nationalrat Paul Rechsteiner vom CVP-Bundesrat und damaligen EMD-Vorsteher Arnold Koller wissen, «ob es die vom EMD geleitete verwaltungsinterne Arbeitsgruppe für Atomfragen heute noch gibt».[195] Bundesrat Arnold Koller verschwieg damals in seiner Antwort, dass der AAA immer noch existierte und er behauptete, das Atomwaffenprogramm der Schweiz gehöre längst der Vergangenheit an. Doch auch im Jahr 1987 beschäftigte sich der AAA noch mit der Beschaffung von Atomwaffen. In einem Sitzungsprotokoll des AAA von 1987 stand: «Einmal mehr wurde vorgeschlagen, diesmal von der GRD [Gruppe für Rüstungsdienste] Nuklearwaffen ‹schlüsselfertig› im Ausland zu kaufen, weil so der lange und grosse Entwicklungsaufwand vermieden werden könnte.»[196] Am 1. November 1988 zog Bundesrat Arnold Koller einen endgültigen Schlussstrich unter das Thema und löste den AAA auf; damit verabschiedete sich die Schweiz kurz vor dem Ende des Kalten Kriegs offiziell vom Status als atomare Schwellenmacht.

Die Schweizer Atombombe war bis zum Ende des Kalten Kriegs nichts anderes als ein Papiertiger, der nur in den Köpfen einiger weniger Militärs existierte. Die zahlreichen Studien und Vorarbeiten, die über all die Jahre und Jahrzehnte des Kalten Kriegs betrieben wurden, waren nie über das Stadium der «theoretischen Möglichkeit» hinausgekommen. Das fehlende Uran, die technologische Rückständigkeit, der Mangel an geeigneten Wissenschaftlern und die begrenzten finanziellen Ressourcen verunmöglichten den Traum einer eigenen Atombombe. Die USA hatten das Schweizer Atombombenprogramm früh unterlaufen, indem sie die Lieferung von Uran auf die zivile Nutzung beschränkten und die Entwicklung eines eigenen Schweizer Natururanreaktors, der für die Produktion von Plutonium hätte genutzt werden können, erfolgreich verhinderten. Dies gelang ihnen durch den Verkauf eigener Leichtwasserreaktoren zu Dumpingpreisen, die für die Schweizer Elektrizitätswirtschaft lukrativ waren, weshalb die Schweiz früh auf die teure, unrentable und risikobehaftete Eigenentwicklung eines Schwerwasserreaktors verzichtete.

Die Angst vor der Atombombe brachte während des Kalten Kriegs in der Literatur und Kunst, aber auch in Comics und Filmen weltweit zahlreiche apokalyptische Visionen hervor. Der Horror des nuklearen Infernos inspirierte insbesondere die Science-Fiction-Literatur und den Horrorfilm, in denen jeweils durch radioaktive Strahlen veränderte Menschen mit gigantischen Mutationen oder monströse Tiere die Hauptrolle spielten. Der Abwurf der Atombomben in Hiroshima und Nagasaki war ein enormer Schock, der nach 1945 eine ganze Epoche prägte. Die künstlerische Auseinandersetzung mit den kollektiven Ängsten vor einem Atomkrieg führte während des Kalten Kriegs auch in der Schweizer Literatur und Kunst zu einer ganzen Reihe visionärer Kunstwerke und aussergewöhnlicher literarischer Fantasien.

Der Schriftsteller Franz Fassbind schrieb unmittelbar nach dem Abwurf der Atombomben auf Hiroshima und Nagasaki unter dem Titel *Atom Bombe* ein «gesprochenes Oratorium», das am 27. Oktober 1945 in der Tonhalle Zürich uraufgeführt wurde. Die Atombombe tritt darin als entfesselte Materie auf. Sie erscheint als ein schwarz gekleideter, eleganter Mann, während der Geist «schwach, schmal, hager, kränklich, arm und zerlaust» ist. In einem Fussballspiel ohne Schiedsrichter soll die Auseinandersetzung zwischen der Materie und dem Geist entschieden werden. Dazu kommt es allerdings nicht, stattdessen beschwört eine Stimme aus dem Hintergrund der Bühne die Materie, sich im Namen Jesus Christus in den Dienst der Menschheit zu stellen. Beim Lobpreis Gottes, mit dem das Oratorium schliesst, werden die Atome, die Atomkerne und die Kettenreaktionen dazu aufgerufen, Gott den Herrn zu loben und zu preisen.

Denis de Rougemont, der Neuenburger Philosoph und Vorkämpfer der europäischen Integration, schrieb unmittelbar nach dem Abwurf der Atombomben auf Hiroshima und Nagasaki im Herbst 1945 während eines Aufenthalts in der US-amerikanischen Universitätsstadt Princeton seine *Lettres sur la bombe atomique*. In seinen Briefen beschrieb er die Erschütterungen in der US-amerikanischen Gesellschaft als Folge der beiden Atombombenexplosionen unmittelbar nach dem Ende des Kriegs. Mit der Atombombe sei ein neues Zeitalter angebrochen, das die herkömmliche Kriegsführung obsolet gemacht habe. Ein Schlag genüge, um den Gegner vollständig zu zerstören. Eine Verteidigung gegen die Atombombe sei unmöglich. Die Verbreitung der Atomwaffen könne nicht verhindert werden, in wenigen Monaten würden auch die Russen, die

Engländer und womöglich auch andere Länder über das Geheimnis der Atombombe verfügen. Ein weltweiter Atomkrieg würde jedoch das Ende der Menschheit bedeuten. Am 16. Oktober 1945 schrieb er: «Nehmen wir an, ein kleines Land – sagen wir die Schweiz – stelle ein Dutzend Atombomben her. Das ist nicht etwa eine Geldfrage, wie man allgemein annimmt – die grossen Ausgaben hat Amerika in der Forschungsperiode getragen –, sondern lediglich eine Frage der technischen Ausrüstung und der Findigkeit, und Sie wissen, dass die Schweiz beides besitzt. Tatsächlich sind ja auch die Arbeiten von Einstein an dem Polytechnikum von Zürich entstanden. Nehmen wir nun an, dieses kleine Land schickt, um sich aus irgendeiner Klemme zu ziehen, zwei oder drei Atombomben nach New York. (Ich nehme absichtlich den unwahrscheinlichsten Fall als Beispiel, damit man darin nicht ich weiss nicht was für eine Anspielung auf allzu wirkliche Verhältnisse erblicke.) Amerika zweifelt nicht einen Augenblick daran, dass die Geschosse aus Russland kommen. Es ist zu spät, diplomatische Noten auszutauschen und voreinander die Zylinderhüte zu ziehen. Und Moskau und Kiew liegen innerhalb drei Stunden in Trümmern. Die Russen antworten mit einem Angriff auf Detroit und Saint Louis und zerstören London als reine Vorsichtsmassregel. Und so weiter! Der wissenschaftliche Ausdruck hiefür ist: *Kettenreaktion*. Innerhalb von vierundzwanzig Stunden ist das Abendland gewesen.»[197] Ein apokalyptischer Atomkrieg könne letztlich nur verhindert werden, indem eine Weltregierung gebildet werde. «Ich behaupte, dass uns die Atombombe auf zweierlei Art und Weise von ihr erlösen kann: entweder, indem sie alles in die Luft sprengt, oder indem sie die Menschen binnen kurzem zwingt, sich über die Grenzen der Nationen hinaus zusammenzuschliessen.»[198]

Unter dem Eindruck der Atombomben von Hiroshima und Nagasaki schrieb Max Frisch das Theaterstück *Die Chinesische Mauer*, das am 10. Oktober 1946 am Schauspielhaus Zürich uraufgeführt wurde. Das Stück spielt zur Zeit des Baus der Chinesischen Mauer. Im Zentrum steht jedoch der «Heutige», ein Intellektueller des 20. Jahrhunderts in der Auseinandersetzung mit historischen und literarischen Figuren aus verschiedenen Epochen. Der Mensch aus der Gegenwart lehnt die damalige Art, Geschichte durch Kriege zu machen, ab. Die Epoche der Feldherren sei vorbei, wenn die Menschheit überleben wolle. «Die Sintflut ist herstellbar. Sie brauchen nur noch den Befehl zu geben, Exzellenz. Das heisst: Wir stehen vor der Wahl, ob es eine Menschheit geben soll oder nicht. Wer aber, Exzellenz, hat diese Wahl zu treffen? die Menschheit selbst oder – Sie? [...] Wir können uns das Abenteuer der Alleinherrschaft nicht mehr leisten, Exzellenz, und zwar nirgends auf dieser Erde; das Risiko ist zu gross. Wer heutzutag auf einem Thron sitzt, hat die Menschheit in der Hand, ihre ganze Geschichte, angefangen bei Moses oder Buddha, inbegriffen die Akropolis, die Tempel der Maya, die Dome der Gotik, inbegriffen die ganze abendländische Philosophie, die Malerei der Spanier und Franzosen, die Musik der Deutschen, Shakespeare, inbegriffen dieses jugendliche Paar: Romeo und Julia. Und inbegriffen uns alle, unsere Kinder, unsere Kindeskinder. Eine einzige Laune von Ihm, der heutzutag auf einem Thron sitzt, ein Nervenzusammenbruch, eine Neurose, eine Stichflamme seines Grössenwahns, eine Ungeduld wegen schlechter Verdauung: Und alles ist hin.»[199] Max Frisch war davon überzeugt, dass die nächste Katastrophe aufgrund der Bedrohung durch die Atombombe für die Menschheit nicht mehr zu überleben sei. 1951 schrieb er in sein Notizheft: «Der menschheitliche Selbstmord ist in Fabrikation gegeben; die lange bekannte Fratze des Fortschrittes [...]. Staatsmänner preisen es als furchtbares Mittel, um den Weltfrieden zu erhalten. Man meint, kaum haben wir das Grauen des Kriegs erkannt, eine Satire zu lesen –.»[200]

In seiner Dankesrede *Wir hoffen* anlässlich der Verleihung des Friedenspreises des Deutschen Buchhandels kam Max Frisch 1976 nochmals auf die Bedrohung der Menschheit durch die Atombombe zu sprechen und legte dabei dar, dass es vor allem die ideologischen Feindbilder des Kalten Kriegs seien, die den Weltfrieden bedrohen würden: «Unser Wunschdenken nach Hiroshima, die Meinung nämlich, dass die Atombombe nur noch die Wahl lasse zwischen Frieden oder Selbstmord der Menschheit und infolgedessen den Ewigen Frieden herbeigeführt habe, hat nicht lang gehalten: Krieg in Korea, Krieg im Nahen Osten. Begnügen wir uns mit der Hoffnung, dass es ohne Atombombe geht? Der Krieg in Vietnam, geführt und verloren von unsrer Schutzmacht, hat im Einsatz von Vernichtungswaffen den letzten Weltkrieg übertroffen – ohne Atombombe – und zudem wiederholt, was seit Nürnberg als Kriegsverbrechen definiert ist. Die neueste Hoffnung, man weiss, geht dahin, dass ein nuklearer Schlagabtausch (Krieg wird da ein romantisches Wort) zwar keineswegs auszuschliessen ist, dass er aber nicht das ganze Menschengeschlecht vernichte, sondern nur die Hälfte etwa, vielleicht sogar nur ein Drittel. Wer heute von Frieden redet und unter Frieden etwas anderes versteht als eine temporäre Waffenruhe bei unentwegter Pflege der Feindbilder wechselseitig, sodass die Abschreckungs-Strategie die einzig denkbare bleibt, spricht von einer Utopie, und dasselbe gilt für die Freiheit, ohne die (wie es an dieser Stelle schon dargelegt worden ist) kein Friede ist.»[201]

Die apokalyptische Angst vor einer alles zerstörenden Katastrophe durch die Atombombe regte auch Friedrich Dürrenmatt zu einer Vielzahl literarischer Texte und Bilder an. In seinem ersten, unveröffentlichten Theaterstück, *Der Knopf*, an dem er von 1941 bis 1943 schrieb, erfindet ein General eine Höllenmaschine, mit der sich per Knopfdruck die ganze Welt in die Luft sprengen lässt. Es ist eine furchterregende Teufelsmaschine von unermesslicher Zerstörungskraft, eine Vision der Atombombe, die zwei Jahre später, im August 1945, über Hiroshima und Nagasaki explodieren sollte. Der Erfinder der Maschine ist ein wirr gewordener General, der bereits alle seine Soldaten in den Tod geschickt hat und nun mit seiner Maschine selbst in die Hölle fahren will. Das Drama dreht sich um den Knopf, der die Bombe zur Explosion bringen wird. Die Auseinandersetzung darum nimmt gespenstische Formen an. Am Schluss setzt sich jemand aus Versehen auf den Knopf, die Maschine beginnt zu heulen, und alles fliegt in die Luft.

Als Reaktion auf den Koreakrieg, bei dem es Anfang der 1950er-Jahre beinahe zu einem atomaren Schlagabtausch zwischen den USA und der Sowjetunion gekommen wäre, schrieb Dürrenmatt 1954 das Hörspiel *Das Unternehmen der Wega*. Das Science-Fiction-Hörspiel spielt im Jahr 2255 unmittelbar vor dem Ausbruch des Dritten Weltkriegs. Eine Delegation der «freien verbündeten Staaten Europas und Amerikas» fliegt im Raumschiff Wega zum Planeten Venus. Hierher hat der Westen, aber auch Russland mit den Verbündeten Asien, Afrika und Australien, Dissidenten entsorgt. Die Delegation der Vereinigten Staaten will nun in der Strafkolonie die Armee für einen Wasserstoff- und Kobaltbombenangriff auf Asien und Russland rekrutieren. Als Aussenminister Wood verhandeln will, findet er jedoch keine Regierung vor, sondern nur in den Überlebenskampf verstrickte Einzelne, welche sich beharrlich weigern, wieder auf die Erde zurückzukehren. Am Ende lässt Wood die Bomben auf den Planeten Venus fallen, aus der Befürchtung heraus, die von der Erde verbannten Venus-Bewohner könnten sich mit den Russen verbünden.

Am 21. Februar 1962, wenige Wochen vor der Abstimmung am 1. April 1962 über die «Atominitiative 1» zum Verbot von Atomwaffen, wurde im Schauspielhaus Zürich Dürrenmatts Theaterstück *Die Physiker* uraufgeführt, in dem er die Frage nach der Verantwortung der Physiker bei der Erfindung der Atombombe thematisiert. Im Stück ist der geniale Physiker Johann Wilhelm Möbius, der als erster Mensch die einheitliche Feldtheorie entdeckt und damit die Weltformel gefunden hat, freiwillig ins Irrenhaus geflüchtet, da er sich vor den Folgen seiner Entdeckung fürchtet. «Neue, unvorstellbare Energien würden freigesetzt und eine Technik ermöglicht, die jeder Phantasie spottet, falls meine Untersuchung in die Hände der Menschen fiele.»[202] Im Verwirrspiel um drei Physiker in einem Irrenhaus stellt sich am Ende heraus, dass die Irrenärztin tatsächlich verrückt geworden ist, da sie mit dem Wissen der Physiker die Weltherrschaft an sich reissen und so die Welt endgültig in ein Irrenhaus verwandeln will. In einer Anmerkung zum Stück schrieb der Autor: «Der Inhalt der Physik geht die Physiker an, die Auswirkung alle Menschen. Was alle angeht, können nur alle lösen.»[203] 1962, als der Kalte Krieg mit der Kubakrise seinen Höhepunkt erreichte, traf Dürrenmatt mit *Die Physiker* den Nerv der Zeit, und das Werk wurde zu einem der meistgespielten Theaterstücke weltweit.

Anfang der 1960er-Jahre drückte Dürrenmatt seine Skepsis gegenüber einer Bewaffnung der Schweizer Armee mit Atombomben in einer Reihe sarkastischer Karikaturen aus. In der Karikatur *Zorniger Schweizer Atombombe werfend* (siehe Seite 343) droht ein grimmiger Schweizer, dessen Kopf sich in der Strichzeichnung zu spitzigen Bergen formt, wutschnaubend mit einer Bombe. In einer Collage zur Mirage-Affäre zeichnete er 1973 einen Wilhelm Tell auf eine Schweizer Landkarte, der eine Armbrust und eine Atombombe unter dem Arm hält und von einem Mirage-Flugzeug begleitet wird; sein Kopf ist mit einer Banknote collagiert, und in seinem Rucksack führt er das Konterfei des Nationaldichters Gottfried Keller mit (siehe Seite 346). In einem Gespräch mit dem Journalisten Alfred A. Häsler verglich Friedrich Dürrenmatt 1966 die Haltung der Armeeführung mit einem Wolf im Schafspelz und fügte hinzu: «Eine Abschreckungsstrategie, die, wenn es misslingt, den physischen Untergang des Schweizervolkes nach sich ziehen kann, halte ich für ein Verbrechen.»[204] Im Essay *Zur Dramaturgie der Schweiz,* entstanden 1968 bis 1970, schrieb er: «In einem Atomkrieg liefe die Schweiz als Atommacht Gefahr, als potentieller Gegner en passant vernichtet zu werden, trotz ihrer Neutralitätserklärung, sicher ist sicher, ein Zwerg in der Rüstung eines Riesen wird als Riese behandelt, auch wenn er hundertmal beteuert, er sei ein friedlicher Zwerg geblieben; und in einem konventionellen Kriege könnte sie ihre Atomwaffen nicht anwenden, um nicht eine atomare Antwort zu provozieren.»[205]

In der Erzählung *Der Winterkrieg in Tibet* (1978/79) beschrieb Dürrenmatt einen absurden apokalyptischen Kampf aller gegen alle in einem unterirdischen Labyrinth im Himalajagebirge. Ein verkrüppelter Schweizer Offizier berichtet von seinem Irrweg durch sein im Dritten Weltkrieg zerstörtes und

> «Eine Abschreckungsstrategie, die, wenn es misslingt, den physischen Untergang des Schweizervolkes nach sich ziehen kann, halte ich für ein Verbrechen.»
> Friedrich Dürrenmatt, 1966

atomar verseuchtes Land. Vom Unterengadin aus wandert er quer durch die Schweiz nach Bern, wo er, nach verschiedenen Gängen durch die Ruinen seiner Heimatstadt, seinen Geheimauftrag ausführt und den Anführer der pazifistischen Verwaltung erschiesst. Der Bundesrat hält sich in grotesker Übersteigerung der Réduit-Strategie des Zweiten Weltkriegs in einem geheimen Bunker unter dem Bergmassiv der Blümlisalp verschanzt und gibt – von der Aussenwelt durch eine Atomexplosion abgeschnitten und offensichtlich nicht informiert über die Situation in der Aussenwelt – über den Rundfunk absurde Durchhalteparolen von sich. Die Kontrolle über seine Armee hat er längst verloren, seine Soldaten kämpfen selbstständig in wirr wechselnden Bündnissen auf der ganzen Welt, sogar in den Bergen Tibets. Nach dem Auftragsmord begibt sich der Schweizer Offizier freiwillig als Söldner in den Himalaja, wo er am Ende des apokalyptischen Endzeitkampfes, bei dem Freund und Feind nicht mehr unterschieden werden können, in einem selbstzerstörerischen Amoklauf nur noch sich selbst als sein eigener Feind bekämpft. Dürrenmatts alptraumhafte Erzählung ist eine bitterböse Satire auf die «Atombomben-Träume» der Schweizer Armee und auf die Bunkermentalität des Kalten Kriegs, sie ist aber auch eine groteske Parabel über die Absurdität, die Aussichtslosigkeit und die Unkontrollierbarkeit eines weltweiten Atomkriegs.

Inspiriert von der neuen Friedensbewegung Anfang der 1980er-Jahre zeichnete Dürrenmatt die Karikatur *Neue Denkweise gegen Atombombe,* auf der es auf dem Planeten Erde von kleinen Menschen wimmelt, die mit den Transparenten «Neue Denkweise» und «Gegen Atombombe» protestieren, während eine riesige, grinsende Atombombe wie ein Damoklesschwert von oben auf sie herunterschaut. In einer zweiten Karikatur von 1985 steht eine überdimensional grosse, kugelförmige Atombombe auf einer Bergspitze über einer Stadt und droht auf die winzigen Menschen herunterzufallen, während ein Demonstrationszug die Bombe mühsam nach oben stemmt. Am 27. August 1985 nahm Dürrenmatt im Österreichischen Fernsehen an einer Diskussion über das «Star-Wars-Programm» teil, der Strategic Defense Initiative (SDI) des US-Präsidenten Ronald Reagan, mit der die Amerikaner der Bedrohung durch die Interkontinentalraketen der Sowjetunion entgegenwirken wollten. An der Diskussion beteiligte sich auch Edward Teller, der «Vater der amerikanischen Wasserstoffbombe», der als Berater von US-Präsident Ronald Reagan das amerikanische Raketenabwehrsystem verteidigte. Dürrenmatt erklärte in der Diskussion, seiner Meinung nach sei die Wasserstoffbombe aus einem Wahnsinn heraus entstanden, und er bezweifle – im Widerspruch zu Edward Teller – die rationale Beherrschbarkeit der Technik. In seinem Theaterstück *Die Physiker* seien die drei Physiker in ein Irrenhaus geflüchtet, heute käme ihm die Welt selbst wie ein Irrenhaus vor, da der atomare Wahnsinn mittlerweile zur Normalität geworden sei. Die Welt sei wie eine Pulverfabrik, in der das Rauchen nicht verboten sei. Ein kleiner Funke genüge, und alles fliege in die Luft. Zusammen mit Max Frisch nahm Dürrenmatt vom 14. bis 16. Februar 1987 am Moskauer Friedensforum «für eine atomfreie Welt, für ein Überleben der Menschheit» teil. Nach seiner Rückkehr in die Schweiz sagte er am 26. Februar 1987 in einem Interview in der *Weltwoche:* «Der Atomkrieg ist ein Menschheits-Auschwitz, das ist nicht mehr Krieg.»[206] Kurz vor seinem Tod, am 25. November 1990, hielt er noch eine Laudatio anlässlich der Verleihung der Otto-Hahn-Friedensmedaille der Deutschen Gesellschaft der Vereinten Nationen an Michail Gorbatschow. In seiner Rede würdigte er dessen historisches Verdienst, das atomare Wettrüsten des Kalten Kriegs beendet und damit den Westen von der Angst vor einer atomaren Katastrophe befreit zu haben.[207]

Der Zürcher Schriftsteller Walter Matthias Diggelmann veröffentlichte 1962 den Roman *Das Verhör des Harry Wind,* in dem er seine Erfahrungen als Werbetexter beim Pressebüro Dr. Rudolf Farner verarbeitete. Mit der Hauptfigur Harry Wind, einem gerissenen PR-Unternehmer, Major in der Armee und Generalsekretär der Schweizer Wehrgesellschaft, setzte er dem mächtigen Werbekönig Rudolf Farner ein literarisches Denkmal. Nachdem Wind dem US-amerikanischen Rüstungskonzern Freedom eine Denkschrift über die Schweizer Armee mit Hinweisen auf die streng geheimen Pläne für den Bau einer Schweizer Atombombe zugespielt hat, erscheinen die Hinweise in der *Prawda*, dem zentralen Propagandaorgan der Sowjetunion. Harry Wind wird daraufhin von der Bundespolizei aufgrund des Verdachts auf Landesverrat verhaftet. In der Gefängniszelle wird er aufgefordert, seinen Lebenslauf aufzuschreiben. In den Geschichten des Harry Wind beschreibt Walter Matthias Diggelmann dabei auch, wie die öffentliche Meinung durch manipulierte Fakten und erfundene Feindbilder beeinflusst werden kann. Die Manipulation der Öffentlichkeit durch den geschickten Einsatz von Werbemitteln verbindet er mit den geheimen Plänen der Schweizer Armee zum Bau einer Atombombe. So sagt Harry Wind: «Wenn Oberstkorpskommandant Sturzenegger zum Beispiel sagt: ‹Die Atomwaffen bringen wir beim Volk nie durch. Denken Sie an die radioaktive Verseuchung, denken Sie an die kirchlichen und an die pazifistischen Kreise …›

Wenn Sturzenegger so etwas zu mir sagt, dann antworte ich: ‹Geben Sie mir Zeit, ich will es versuchen.› Ich könnte aber auch sagen: ‹Die Atomwaffen, die bringen wir genauso gut herein wie Bananen.›»[208] Harry Wind ist davon überzeugt, dass sich mit genug Geld auch die gewünschten politischen Meinungen fabrizieren lassen. Diggelmann nahm damit die berüchtigten Werbepraktiken von Rudolf Farner, der mit seinem Verein zur Förderung des Wehrwillens und der Wehrwissenschaft, von der Rüstungsindustrie finanziert, ab Ende 1956 die Propagandakampagne gegen die Atominitiativen dirigierte, kritisch unter die Lupe.

Dem mächtigen Werbekönig Rudolf Farner setzte nach dessen Tod auch der St. Galler Historiker, Journalist und Schriftsteller Niklaus Meienberg ein Denkmal, indem er dessen Abdankungszeremonie im Zürcher Fraumünster 1984 in einer seiner legendären, polemischen Reportagen beschrieb. Sarkastisch kommentierte er dabei die Leichenrede von Oberdivisionär Gustav Däniker jun., auch er ein glühender Verfechter von Schweizer Atombomben: «Farner habe *Geld* machen wollen mit seiner Werbung und nicht Kunst, die *Zahlen* mussten stimmen, er habe erfolgreich für Coca-Cola, Renault und Nestlé geworben, sagte Däniker von der Kanzel herunter, auch für die Armee, wofür ihm die Armee dankbar sei, habe er *erfolgreich* und *hart* geworben, sei, wenn nötig, auch ein *harter* Vorgesetzter gewesen, habe selektioniert und stimuliert, klirrend ereifert sich Däniker, ein Savonarola der Public Relations, ein Kanzelprediger des Konsums, ein Evangelist des Sozialdarwinismus, ein Abraham a Santa Clara des Reklamebluffs, wird laut und schneidend, setzt seine Fistelstimme werbetechnisch ganz richtig ein, und die Kanzel, von der naturgemäss die Seligpreisungen der Bergpredigt verkündet werden, werden sollten, werden müssten, seit jeher sind Kanzeln in den Gotteshäusern *dafür* gebaut, selig die Friedfertigen, selig die Sanftmütigen, selig die Armen, die Kanzel beginnt nicht zu schwanken, zu zittern oder zu wanken, sie schüttelt ihn nicht ab, speit ihn nicht aus, eigentlich müsste es Schleuderkanzeln geben für diesen Fall, analog den Schleudersitzen in verunfallenden Flugzeugen, die Kanzel erträgt, mit dem allergrössten Gleichmut, die Direktwerbung von Oberstdivisionär Gustav Däniker, Teilhaber der Rudolf Farner AG, für die Rudolf Farner AG.»[209]

Der Berner Troubadour, Liedermacher und Mundartpoet Mani Matter, dessen berndeutsche Chansons in der deutschsprachigen Schweiz längst zu populären Volksliedern geworden sind, hat 1967 mit *I han es Zündhölzli azündt* eines seiner bekanntesten Lieder geschrieben. Wie in vielen seiner

Chansons geht Mani Matter von einer Kleinigkeit des Alltags aus, nämlich von einem Streichholz, das beim Entzünden einer Zigarette versehentlich auf den Teppich fällt. Daraus folgt die schlimmstmögliche Katastrophe, der Weltenbrand, der alles in Schutt und Asche legt. Die Zerstörung der Welt wird allerdings im letzten Vers wieder zurückgenommen. So absurd das Gedankenspiel erscheint, es spielt doch vor einem realen Hintergrund. Die Kubakrise machte 1962 erstmals einer breiten Öffentlichkeit die Gefahr eines weltweiten Atomkriegs bewusst. Ein Zündfunke hätte damals ausgereicht, um das atomare Pulverfass in die Luft zu jagen. Der Rüstungswettlauf zwischen den beiden Supermächten wurde in den frühen 1960er-Jahren zu einer Bedrohung für die gesamte Menschheit. Mani Matter spielte mit seinem heiteren Chanson auf diese absurde atomare Bedrohung mitten im Kalten Krieg an.

Die Berner Schriftstellerin Gertrud Wilker schrieb 1969 die Erzählung *Flaschenpost*, die sie 1977 veröffentlichte. Darin greift sie die damals weitverbreitete Angst vor einem Atomkrieg auf und schildert dystopisch das Leben in einem Atombunker, nachdem die Schweiz durch einen atomaren Schlag oder einen Super-GAU zerstört worden ist. In Liebefeld bei Bern haben 300 Menschen überlebt und sich in einen Atombunker geflüchtet. Die bereits erhaltene Strahlendosis fordert unter den Überlebenden aber schon bald ihren Tribut, und im kühlen Betonbunker beginnt allmählich das grosse Sterben. «Man merkt, dass die Energiereserven abnehmen. Der Muskeltonus lockert sich. An den Fingern, die beim Schreiben schlaff um den Kugelschreiber liegen, fällt es mit besonders auf. Sogar die Jungen blödeln neuerdings müde herum. Robi spielt mit seinen nackten Zehen. Judo scheint zu anstrengend geworden zu sein. Wir schlafen plötzlich ein und dösen trotz allerlei unbeschreiblichen Lauten. Wir sind schon weniger wert als gestern oder vorgestern. Ich sage ‹wir›, dabei reden wir nicht miteinander. Bestimmt sind die Spitalbetten inzwischen von Leichen belegt. Auch dafür ist vorgesorgt worden. Gelöschter Kalk oder Schwefelsäure. Wir hatten es kommen sehen und uns sogar dafür ausgerüstet: parallel zu Kobaltbomben atomsichere Unterkünfte (mit Komfort) und einwandfreie chemische Leichenvernichtung.»[210] Eine Frau schreibt inmitten des allgemeinen Sterbens unermüdlich an einem Bericht, den sie als eine «Flaschenpost» in die Zukunft schicken will. Sie will überleben und nichts vergessen, um später davon erzählen zu können. Nur «Wem? Wem erzählen?»[211]

Der Berner Schriftsteller Alex Gfeller hat mit seiner Erzählung *Das Komitee. Swissfiction* von 1983 eine bitterböse Satire auf den Schweizer Zivilschutz geschrieben. In seinem postapokalyptischen Szenario beschreibt er, wie der letzte Rest der überlebenden Bevölkerung nach einem Atomkrieg in grossen Bunkern einer namenlosen Stadt dahinvegetiert. Die Menschen werden mit Psychopharmaka vollgestopft, um kollektive Hysterien zu verhindern, sie begehen Selbstmord oder laufen Amok. Die Gesellschaft ist zerrüttet von einer um sich greifenden Anarchie, einem bestialischen Überlebenskampf und gesetzloser Gewalt. «Seine Trümmerlandschaft, atomar, biologisch und chemisch vergiftet, wird von körperlich versehrten, psychisch kranken Menschen und Mutanten bevölkert, die frei von Werten, Ideologien und Moral nur noch darauf aus sind, ihr Überleben zu sichern», schrieb die Historikerin Silvia Berger Ziauddin.[212] Alex Gfeller schrieb über die Entstehung seines Buches: «Im jährlichen militärischen Wiederholungskurs musste ich jeweils tagelang üben, nach einem atomaren Schlag mit der Schuhputzbürste den Atomstaub von der Regenpelerine zu bürsten. Der Korporal half jeweils mit üppiger Mehlbestäubung nach, um der Truppe die Gefahren des Atomkriegs zu veranschaulichen. Das brachte mich dazu, mir für einmal eine richtige atomare Verwüstung vorzustellen. Das Buch schlug heftig ein, und die *Berner Zeitung,* die mutig darüber berichtete, verlor auf der Stelle 150 langjährige Abonnenten. Der Chefredaktor musste gehen und fand nie wieder eine Stelle.»[213]

Nach dem Abwurf der Atombomben auf Hiroshima und Nagasaki wurde der Atompilz im Kalten Krieg durch seine ständige Reproduktion in unterschiedlichen Kontexten zur Ikone einer ganzen Epoche. Aufgrund seiner Grösse, visuellen Schönheit und Erhabenheit wurde er zum Symbol für politische Macht und wissenschaftlich-technischen Fortschritt, gleichzeitig aber auch zum Inbegriff einer infernalischen Zerstörung. 1954 schuf der Luzerner Künstler Hans Erni für die Schweizerische Friedensbewegung das Plakat *Atomkrieg – Nein* (siehe Seite 335), das den Atompilz zum Symbol der potenziellen atomaren Apokalypse machte und damit die Atompilz-Ikonografie in Europa nachhaltig geprägt hat.[214] Mithilfe des Mediums Fotografie und der Fotomontage kreiert, entfaltet das Plakat eine suggestive Kraft und eine beängstigende, surreale Wirkung, indem vor einem schwarzen Hintergrund ein Atompilz aus einem Totenkopf aufsteigt. Der geisterhafte Totenschädel stellt dabei zugleich den Planeten Erde dar, der durch die Atomexplosion bedroht wird. Zur Entstehung des Plakats schrieb Hans Erni 1976: «Dieses Plakat schuf ich zur Zeit, da sich der Vietnamkrieg der Entscheidung von Dien-Bien-Phu näherte und der Einsatz der Atombombe durch die USA zur Diskussion stand.

Diesbezügliche Gespräche auf Aussenministerebene fanden in Genf statt. Der dortige Plakatanschlag wurde bei diesem Treffen polizeilich verboten. Erst nach der Wegreise von John Foster Dulles durfte es wieder öffentlich erscheinen.»[215] Das Plakat schlug damals selbst wie eine Bombe ein und löste in der Schweiz heftige Reaktionen aus. Aufgrund seines angeblich verderblichen Einflusses auf Kinder und Jugendliche wurde der Anschlag des Plakats in den Kantonen Basel, Zürich und St. Gallen verboten.[216]

Der Bündner Künstler HR Giger schuf 1963 während seiner Ausbildung an der Kunstgewerbeschule Zürich für eine Sondernummer der Churer Kantonsschulzeitung *Sprachrohr* eine Serie von Federzeichnungen, denen er den Titel *Atomkinder* gab. Die skurrilen Strichmännchen zeigen eine Reihe von humanoiden Mutanten, welche die Welt nach einem Atomkrieg bevölkern. Die Atomkinder sind verkrüppelte, auf ein dünnes, klappriges Skelett reduzierte Phantome, die Schabernack treiben und meist tödlich endende Streiche verüben. Neben seine Federzeichnungen setzte er einen Text, dessen erste Strophe lautet: «Wir sind dankbar unseren Erzeugern, die sich beim grossen Bumm gemäss dem schweizerischen Atomreglement reflexartig zu Boden warfen und brav auf fünfzehn zählten, denn sonst wären wir überhaupt nicht.»[217] HR Gigers *Atomkinder* stellen einen Übergang zu seinen späteren, düsteren Biomechanoiden dar.

Die Basler Künstlerin Miriam Cahn wurde in den 1970er-Jahren in der Anti-AKW-Bewegung und in der Frauenbewegung politisch aktiv und machte sich danach als überaus angriffslustige Feministin einen Namen. Zwischen 1985 und 1991 schuf sie einen ganzen Zyklus von verträumt wirkenden, farbenfrohen Aquarellen zur Atombombe. Als Reaktion auf die Atombombentests liess sie auf dem Papier die Farben explodieren. Dabei hielt sie die Blätter senkrecht, sodass die Farben ineinander laufen konnten und wie ein radioaktiver Fallout nach unten flossen. In ihren betörenden Atompilzen vermischen sich Schönheit und Schrecken, Erhabenheit und Entsetzen.

2017 stellte der Waadtländer Künstler Gilles Rotzetter im Kunstmuseum Luzern unter dem Titel *Swiss Atom Love* einen Werkzyklus zum Schweizer Atombombenprogramm aus. Ausgehend von einer historischen Recherche schuf er eine Reihe expressiver Gemälde, in denen er mit wildem Gestus die Ängste, Hoffnungen, Schrecken und Obsessionen darzustellen versuchte, die mit dem Projekt einer Schweizer Atombombe verbunden waren. Seine Gemälde sind direkt, roh, heftig und schockierend. Mit den schrillen, düsteren Farben, die er mit einem fetten, pastosen Pinselstrich auf die Leinwand aufträgt, und den starken Kontrasten stehen seine Werke in der Tradition des Bad Painting. Den Physiker Paul Scherrer zeigt er in seinem Porträt *PScherrer's Night* von 2016 als eine geisterhafte, kaum fassbare Figur, die von einer beinahe undurchdringlichen Dunkelheit umgeben ist. In *Good morning Herr Züblin* von 2016 erscheint das Gesicht von Oberstkorpskommandant Georg Züblin mit rot funkelnden Augen über einem braunen Bergmassiv, umgeben von schrill leuchtenden, hellgrünen, radioaktiven Strahlen. In *Atomic Pilgrim* (siehe Seite 344) von 2017 steigt ein Männchen in rosa-rot-violetten Farben einen Berg hinauf, gebeugt unter der Last einer Atombombe, die es auf seinem gekrümmten Rücken trägt.

Die Schweiz als Drehscheibe des Atomschmuggels

Das Ende des Kalten Kriegs befreite Europa von der Angst eines apokalyptischen Atomkriegs zwischen den USA und der Sowjetunion. Dass die Konfrontation der beiden Supermächte friedlich endete, war alles andere als selbstverständlich. Historisch betrachtet kulminieren die Rivalitäten von Grossmächten meistens in einer Katastrophe. Angesichts des riesigen Arsenals an Atomwaffen, welche die Welt mehrfach zerstören könnten, hätte ein Krieg wohl im nuklearen Armageddon geendet. Die Gefahr einer atomaren Katastrophe war aber noch nicht aus der Welt geschafft. Nach dem Zusammenbruch der Sowjetunion gerieten die schlecht bewachten Atomanlagen ins Visier von kriminellen Banden. In den 1990er-Jahren wurden mindestens 13 Fälle von Diebstahl oder versuchtem Diebstahl von radioaktivem Material aus den ehemaligen Beständen der Sowjetunion dokumentiert. Über Nacht wurden Kasachstan, Weissrussland und die Ukraine zu Atommächten. Die drei Staaten verzichteten jedoch freiwillig auf ihren neuen Status als Atommacht und gaben die alten sowjetischen Atombomben an Russland zurück oder liessen sie auf ihrem Territorium verschrotten. Die USA investierte ihrerseits rund 16 Milliarden Dollar in die Sicherung von Atomwaffen aus der ehemaligen Sowjetunion. Der Atomwaffensperrvertrag von 1969 hatte den Rüstungswettlauf zwischen den Supermächten nicht stoppen können, und er konnte auch die weitere Verbreitung von Atomwaffen nicht verhindern. Zu den fünf offiziellen Atommächten USA, Russland, Grossbritannien, Frankreich und China gesellten sich Israel, Indien, Pakistan und Nordkorea.

Schweizer Industriefirmen wie die Gebrüder Sulzer AG, die VAT Vakuumventile AG im St. Galler Rheintal oder die Cora Engineering AG in Chur exportierten seit den 1970er-Jahren Atomtechnologie in Länder wie Indien, Pakistan, Libyen, Argentinien und Südafrika. Durch den Export trugen die Schweizer Firmen dazu bei, dass in jener Zeit einige der belieferten Länder in den Besitz von Atomwaffen gelangen konnten. Nach der Ratifizierung des Atomsperrvertrags 1977 war der Atomexport zwar völkerrechtswidrig, trotzdem wurden die Geschäfte weitergeführt, teilweise mit ausdrücklicher Bewilligung des Bundesrats. Die Schweizer Industrie gehörte beispielsweise zu den Stützen des geheimen südafrikanischen Atomwaffenprogramms. Die Sulzer AG und die VAT Vakuumventile AG lieferten wichtige Komponenten zur Urananreicherung und damit das spaltbare Material für die sechs von Südafrika produzierten Atombomben. Nach der Ratifizierung des Atomsperrvertrags 1977 sprach die Sulzer AG bei der Bundesverwaltung vor und lehnte «ausdrücklich jede politische Beurteilung ab. Da es sich um ein Geschäft in ‹dreistelliger Millionenhöhe› handle, sei Sulzer gewillt, bis an die Grenze des rechtlich Machbaren zu gehen.»[218] Zwischen 1971 und 1985 pflegte auch das Schweizerische Institut für Nuklearforschung in Villigen mit Südafrika auf dem Gebiet der Beschleunigertechnik eine enge wissenschaftlich-technische Zusammenarbeit. Am 24. März 1993 gab schliesslich Präsident Frederik Willem de Klerk bekannt, dass Südafrika sechs Atombomben gebaut hatte.

1978, zwei Jahre nach dem Militärputsch in Argentinien, reiste Carlos Castro Madero, der Chef der argentinischen Kommission für Atomenergie (CNEA), für Verhandlungen mit der Sulzer AG in die Schweiz. Im gleichen Jahr hatte die Militärjunta ihr eigenes Atomwaffenprogramm gestartet. Am 14. März 1980 schloss die Sulzer AG mit der CNEA einen Vertrag zur Lieferung einer Anlage für die Produktion von schwerem Wasser ab. Im Gegenzug bot Argentinien an, die Endlagerung radioaktiver Abfälle aus der Schweiz zu übernehmen. Die USA befürchteten, dass Argentinien sein Atomprogramm nicht für friedliche Zwecke betreibe, sondern waffenfähiges Plutonium für den Bau von Atombomben gewinnen wolle. Der Bundesrat kümmerte sich jedoch nicht um die Aufforderung der USA, von Argentinien bindende Verpflichtungen zur friedlichen Verwendung der Schwerwasseranlage als Bedingung für den Verkauf einzuholen.[219] Die Arbeitsgemeinschaft gegen Atomexporte veröffentlichte daraufhin im Juli 1980 eine 74-seitige Broschüre mit dem Titel *Sulzers Bombengeschäfte mit Argentinien.*[220]

Nachdem Indien 1974 erfolgreich eine erste Atombombe getestet hatte, strebte auch Pakistan unter Premierminister Zulfikar Ali Bhutto nach ihr. «Den Pakistanern wird es gelingen, die Atombombe herzustellen, und müsste das Volk deswegen Gras fressen», sagte der pakistanische Premierminister 1979.[221] Der pakistanische Ingenieur Abdul Qadeer Khan, der von 1972 bis 1976 für die Urenco-Gruppe in Holland tätig war und dabei Baupläne für Zentrifugen zur Urananreicherung ausspionierte, bot Islamabad 1974 seine Hilfe an und wurde ab 1976 Leiter des pakistanischen Atombombenprogramms. Nach dem erfolgreichen Test der ersten pakistanischen Atombombe 1998 wurde er in zahlreichen islamischen Ländern als «Volksheld» gefeiert. Abdul Qadeer Khan wurde aber nicht nur zum «Vater der pakistanischen Atombombe», sondern gleichzeitig auch zum gefährlichsten Drahtzieher des Atomschmuggels. Ab Ende der 1980er-Jahre richtete er dafür sein Hauptquartier in Dubai ein. Von dort aus verkaufte er Bauteile für Zentrifugen zur Urananreicherung und Pläne für den Bau von Atomwaffen an den Iran, an Libyen und an Nordkorea.[222]

Seit Mitte der 1970er-Jahre pflegte Abdul Qadeer Khan gute Kontakte in die Schweiz, so zu Friedrich Tinner, einem Ingenieur, der für das international tätige Schweizer Unternehmen VAT Vakuumventile AG in Sennwald im Kanton St. Gallen tätig war. In den 1980er-Jahren war dieser als Experte für Uran für die IAEO tätig. Ab 1987 betrieb er mit der Cetec AG beziehungsweise PhiTec AG ein eigenes Unternehmen für Vakuumtechnik in Sennwald. Bereits 1979 soll er Bestandteile einer Anreicherungsanlage an Abdul Qadeer Khan geliefert haben. Das war der Beginn einer langjährigen lukrativen Geschäftsbeziehung zwischen Abdul Qadeer Khan und der Familie Friedrich Tinners. Von 1998 bis 2003 war auch sein Sohn Urs Tinner zuerst in Dubai und später in Malaysia für Abdul Qadeer Khan und dessen Netzwerk des Atomschmuggels als Berater, Werkstattleiter, Lieferant und Ausbildner tätig. Zur gleichen Zeit besorgte sein zweiter Sohn, Marco Tinner, von der Schweiz aus Maschinen, Werkzeuge und Materialien, kümmerte sich um Bestellungen, Rechnungen und Transport sowie um Kontakte mit Zulieferern und Abnehmern. Friedrich Tinner und seine beiden Söhne Urs und Marco Tinner beteiligten sich damit an den illegalen Lieferungen von Atomtechnologie des Khan-Netzwerks an den Iran, an Libyen und Nordkorea.[223]

Ab Juni 2003 arbeitete die Familie Tinner mit dem US-amerikanischen Geheimdienst CIA zusammen. Durch geheime Informationen gelang es der CIA im Oktober 2003, im italienischen Hafen von Tarent auf dem deutschen Frachtschiff «BBC China» Bauteile für Gaszentrifugen zur Urananreicherung sicherzustellen, die für das Atombombenprogramm des libyschen Diktators Muammar al-Gaddafi bestimmt waren. Als die Polizei von Malaysia im Februar 2004 erklärte, Urs Tinner habe im Auftrag von Abdul Qadeer Khan in der Nähe von Kuala Lumpur eine Fabrik für die Produktion von Bauteilen zur Urananreicherung aufgebaut, geriet die Schweiz als Drehscheibe des Atomschmuggels in die Schlagzeilen der internationalen Presse. Urs Tinner wurde daraufhin am 8. Oktober 2004 in Deutschland verhaftet und am 30. Mai 2005 an die Schweiz ausgeliefert. Auch gegen seinen Vater, Friedrich Tinner, und seinen Bruder, Marco Tinner, ergingen Haftbefehle. Urs Tinner wurde nach über vier Jahren Ende 2008 aus der Untersuchungshaft entlassen, sein Bruder Marco Tinner im Januar 2009.[224]

Nachdem CIA-Leute bereits im Juni 2003 in die Wohnung von Marco Tinner eingebrochen waren und alles kopiert hatten, was sie an Dokumenten und Daten finden konnten, durchsuchte auch die Schweizer Bundesanwaltschaft im November 2004 die Häuser und Büros der Familie Tinner und beschlagnahmte Dokumente, Computer, CDs und Festplatten. In den Unterlagen fanden sich brisante Informationen wie Pläne zum Bau einer Anreicherungsanlage für Uran, Pläne für Lenkwaffen und Pläne für den Bau von Atombomben. Auf massiven Druck der USA entschied die Schweizer Regierung unter dem damaligen SVP-Bundesrat und Justizminister Christoph Blocher im November 2007, sämtliche beschlagnahmten Dokumente aus dem Besitz der Familie Tinner zu vernichten. Die Akten wurden in Anwesenheit von CIA-Agenten und eines Vertreters der IAEO geschreddert. Der damalige SVP-Bundesrat und Verteidigungsminister Samuel Schmid erklärte, dass «die Schweizer Behörden seit fast 30 Jahren um die Tätigkeit von Personen und Firmen in der Schweiz zugunsten des Khan-Netzwerkes gewusst hätten. Das Ungenügen der zuständigen Stellen in der Schweiz gegenüber diesem grössten und gefährlichsten Proliferationsfall der Geschichte müsse als gravierend beurteilt werden.»[225] Im April 2009 tauchten im Archiv der Bundesanwaltschaft überraschend Kopien der vernichteten Tinner-Akten wieder auf. Nach der Aktenvernichtung war ein reguläres Gerichtsverfahren durch die Schweizer Justizbehörden nicht mehr möglich. Ausserdem wollte die USA die Rolle der CIA in dieser Affäre rund um den Atomschmuggel vertuschen. Deshalb einigten sich das Bundesstrafgericht und die Familie Tinner in einem abgekürzten Verfahren auf einen Deal. Die Angeklagten blieben auf freiem Fuss, da sie ihre Strafen bereits in der Untersuchungshaft abgesessen hatten. Zusätzlich zahlte die Familie Tinner Verfahrenskosten in der Höhe von 400 000 Franken. Dies entsprach angeblich ziemlich genau dem Betrag, der ihr von der Million Dollar, die sie 2003 von der CIA erhalten hatte, noch übrig geblieben war und der auf einem liechtensteinischen Konto lag.[226]

Während des Kalten Kriegs hielten sich die beiden Supermächte mit ihren immensen Atomwaffenarsenalen in einer Art Pattsituation gegenseitig in Schach. Den Atomwaffen wurde damals aufgrund ihrer Abschreckung eine stabilisierende Wirkung zugeschrieben. Heute rivalisieren jedoch mehrere Grossmächte in einer multipolar gewordenen Welt in einer Vielzahl regionaler Konflikte. Es bestehen daher rapide wachsende Zweifel, ob die Atomwaffen weiterhin als ein stabilisierender Faktor betrachtet werden können.[227] 2009 verkündete US-Präsident Barack Obama in einer Rede in Prag seine Friedensvision von einer Welt ohne Atomwaffen. Seit dem Ende des Kalten Kriegs hat die Zahl der Atomwaffen zwar abgenommen, doch die Atomwaffenarsenale werden laufend modernisiert. Es gibt heute weniger, dafür potentere Atomwaffen. Die meisten Atommächte rüsten auf und investieren dreistellige Milliardenbeträge in die Modernisierung ihrer Arsenale. Anfang 2018 schätzte das Friedensforschungsinstitut SIPRI, dass neun Staaten – die USA, Russland, Grossbritannien, Frankreich, China, Indien, Pakistan, Israel und Nordkorea – zusammen ungefähr 14 465 Atomwaffen besitzen.[228] Hinzu kommen weitere Länder wie der Iran oder Saudi-Arabien, die ebenfalls atomare Ambitionen verfolgen.

Mit der Besetzung der Krim durch Russland 2014 flammten die alten Rivalitäten des Kalten Kriegs zwischen Ost und West wieder auf. Als die Nato 2015 verkündete, sie werde ihre Militärpräsenz in Osteuropa ausbauen, reagierte der russische Präsident Wladimir Putin umgehend, indem er erklärte, er werde 40 neue Interkontinental-Atomraketen an der Westgrenze stationieren. Er warnte davor, Russland als Atommacht zu unterschätzen, und drohte unverhohlen damit, dass er sich durchaus vorstellen könnte, irgendwann einmal Atomwaffen einzusetzen. Russland entwickelt Unterwasserdrohnen, die atomare Sprengköpfe tragen können, sowie neue, angeblich nicht abfangbare, atomar bestückte Marschflugkörper. Sein Atomwaffenarsenal verleiht Russland bis heute den Status einer Supermacht. Im Bereich der konventionellen Rüstung hingegen ist Russland den USA krass unterlegen. Die USA ihrerseits haben bereits unter Barack Obama mit der massiven Modernisierung ihrer Atomwaffen begonnen. Unter Donald Trump wurde die atomare Aufrüstung nochmals intensiviert. «Solange Staaten Atomwaffen besitzen, müssen wir im Rudel ganz oben stehen», sagte er in einem Interview am 23. Februar

2017.²²⁹ Anfang 2018 kündigte er die Entwicklung von «kleinen Atomwaffen» (sogenannten Mini-Nukes) an, die nicht nur der Abschreckung dienen sollen, sondern in einem bewaffneten Konflikt auch tatsächlich eingesetzt werden könnten. Damit wurde die Hemmschwelle für den Einsatz von Atomwaffen weiter gesenkt.

Am 8. Mai 2018 kündigte Donald Trump dann das Atomabkommen mit dem Iran, das verhindern sollte, dass die Islamische Republik in den Besitz von Atomwaffen gelangen könnte. Der Bruch im Atom-Deal spielte den iranischen Hardlinern in die Hände und destabilisiert die fragile politische Situation in der Region noch weiter. Es besteht nun das Risiko, dass auch Saudi-Arabien Atomwaffen fordert und Israel in den Konflikt einbezogen wird. Die Atommächte China, Indien und Pakistan zeigen ohnehin nicht den geringsten Willen, atomar abzurüsten. Nach einem heftigen verbalen Schlagabtausch inklusive atomarer Drohungen fand am 12. Juni 2018 in Singapur ein historischer Gipfel zwischen Donald Trump und Nordkoreas Diktator Kim Jong-un statt. Es war das erste Treffen in der Geschichte der beiden Staaten seit dem Koreakrieg 1953. Vor allem für Nordkorea hatte das Treffen einen immensen symbolischen Wert, da es signalisierte, dass das kommunistische Regime mit der Supermacht USA auf Augenhöhe verhandeln kann. Kim Jong-un gab vor, dass seine Raketen mit Atomsprengköpfen mittlerweile auch das US-Festland treffen können. Die Gespräche endeten mit einer vagen Vereinbarung, in der Kim Jong-un sein «festes und unerschütterliches Bekenntnis» zu einer «umfassenden» atomaren Abrüstung bekannt gab.²³⁰ Am 21. Oktober 2018 kündigte Donald Trump dann den INF-Vertrag über das Verbot atomarer Mittelstreckenraketen. Der Vertrag war 1987 von Ronald Reagan und Michail Gorbatschow unterzeichnet worden und galt als historischer Durchbruch in den Abrüstungsverhandlungen kurz vor dem Ende des Kalten Kriegs.²³¹

Das Risiko eines Atomkriegs hat in den letzten Jahren stark zugenommen. «So hoch wie momentan war die Bedrohung durch Atomwaffen und die Wahrscheinlichkeit eines Krieges mit nuklearen Mitteln seit Jahrzehnten nicht mehr», erklärte Beatrice Fihn, die Direktorin der Internationalen Kampagne zur Abschaffung von Atomwaffen (ICAN), die am 6. Oktober 2017 den Friedensnobelpreis erhalten hatte.²³² ICAN wurde 2007 in Wien gegründet, hat ihren Sitz heute in Genf und ist in mehr als 100 Ländern aktiv. 450 Friedensgruppen und Organisationen engagierten sich weltweit während über zehn Jahren bei der UNO für ein Verbot von Atomwaffen. Der Vertrag verbietet die Herstellung, den Besitz, den Einsatz und die

Lagerung von Atomwaffen. «Wenn diese Waffen weiter existieren, werden sie irgendwann eingesetzt, bewusst, aus Zufall oder durch Sabotage», warnte Beatrice Fihn.[233] Der Vertrag wurde an der UNO-Generalversammlung vom 7. Juli 2017 von 122 Ländern angenommen. Bis Ende Oktober 2018 haben 69 Länder den Vertrag unterzeichnet, und 19 haben ihn ratifiziert. Insgesamt braucht es 50 Ratifikationen, damit der Vertrag in Kraft tritt. Die neun Atommächte sowie fast alle Nato-Staaten boykottieren den Vertrag. Die meisten Sicherheitsexperten sehen im Atomwaffenverbotsvertrag bestenfalls eine sympathische Geste oder einen naiven Traum. Beatrice Fihn erklärte dagegen: «Abrüstung ist etwas, das langfristig geschieht. Wir werden sämtliche Nuklearwaffen verbieten und abschaffen können. Die einzige Frage, die sich stellt, ist: Werden wir es jetzt tun oder nachdem sie eingesetzt worden sind?»[234]

Die Schweiz beteiligte sich in der UNO ebenfalls an den Verhandlungen. Am 15. Oktober 2018 erklärte der Bundesrat jedoch, dass er den Atomwaffenverbotsvertrag zum jetzigen Zeitpunkt nicht unterzeichnen werde. Eine interdepartementale Arbeitsgruppe unter der Leitung des EDA argumentierte wie folgt: «Im Extremfall der Abwehr eines bewaffneten Angriffs würde die Schweiz mit einiger Wahrscheinlichkeit mit anderen Staaten oder Bündnissen, nicht zuletzt mit Kernwaffenstaaten oder deren Alliierten, zusammenarbeiten.»[235] Mit einer Unterzeichnung des Atomwaffenverbots würde sich die Schweiz «die Handlungsoption verschliessen, sich […] explizit unter einen Nuklearschirm zu stellen».[236] Der Bundesrat, der diesen Bericht guthiess, erhoffte sich demnach im Kriegsfall einen Schutz durch die Atombomben der Nato.[237]

Der Genfer SP-Nationalrat Carlo Sommaruga hatte den Bundesrat bereits am 15. Dezember 2017 in einer Motion aufgefordert, «so schnell wie möglich den Atomwaffenverbotsvertrag zu unterzeichnen und diesen umgehend dem Parlament zur Genehmigung für die Ratifikation vorzulegen».[238] Der Nationalrat hatte die Motion am 5. Juni 2018 mit 100 gegen 86 Stimmen unterstützt. Nach dem Bundesratsbeschluss meinte SP-Nationalrat Carlo Sommaruga: «Der Bundesrat in seiner jetzigen Konstellation bricht mit der humanitären Tradition der Schweiz.»[239] Annette Willi, die Leiterin von ICAN Switzerland, fand den Beschluss des Bundesrates ebenfalls «äusserst erschreckend», da dieser die Glaubwürdigkeit der Schweiz als Verfechterin des humanitären Völkerrechts und der atomaren Abrüstung massiv untergrabe.[240]

Der Traum vom eigenen Reaktor

Die Schweizer
Atomindustrie
1955–1969

Nach dem Zweiten Weltkrieg weckte die Atomenergie die utopische Hoffnung auf ein neues, goldenes Zeitalter. Die Schweizer Maschinenindustrie träumte von einem eigenen Reaktortyp, doch die Entwicklung kam nur schleppend voran. 1964 entschied sich die NOK für den Import eines amerikanischen Reaktors, der 1969 in Beznau als erstes kommerzielles AKW ans Netz ging. Der Traum vom eigenen Schweizer Atomreaktor platzte 1967, als die Sulzer AG ihren Austritt aus der Reaktorentwicklung verkündete. Am 21. Januar 1969 kam es im Reaktor in Lucens zu einer teilweisen Kernschmelze, wobei die Schweiz nur knapp einer Atomkatastrophe entging.

Mit dem Nachkriegsboom begann eine Periode ungewöhnlich starken Wirtschaftswachstums, die bis zur Ölkrise 1973 dauerte. Zwischen den 1950er- und 1970er-Jahren verdreifachte sich die Industrieproduktion weltweit, und der Welthandel mit Industrieprodukten stieg um das Zehnfache.[241] In Deutschland sprach man vom Wirtschaftswunder, in Frankreich von den glorreichen Dreissigern («les trente glorieuses») und in Grossbritannien und in den USA vom goldenen Zeitalter («golden age»). Der wirtschaftliche Boom versprach Wohlstand für alle. Der Blick richtete sich nun nach vorne, in die Zukunft, weg von der Katastrophe, hin zu materiellem Wohlstand und Konsum.[242]

Die USA dominierten nach dem Zweiten Weltkrieg die Weltwirtschaft. Die europäischen Länder und Japan mussten sich von den Zerstörungen des Kriegs erholen. Auch die Sowjetunion zahlte einen hohen Preis für ihren Sieg über Nazideutschland. Die USA hingegen waren weder durch den Krieg zerstört noch durch die Kosten des Sieges geschwächt worden, und auch die Schweiz war vom Krieg verschont geblieben und ging gestärkt daraus hervor. Die Dominanz der USA war nach dem Krieg zu einer unumstösslichen Tatsache geworden, sodass der American Way of Life auch in der Schweiz zum Synonym für Komfort und für einen aufgeschlossenen Lebensstil wurde.[243]

Das goldene Zeitalter führte zum Glauben, dass der Kapitalismus mit einem anhaltenden Wirtschaftswachstum und mit sozialem Fortschritt verbunden sei. Es war der Traum eines nicht mehr abbrechenden, nur noch von kurzen Rezessionen unterbrochenen Wachstums.[244] In den 1950er- und 1960er-Jahren herrschte ein ungebremster Fortschrittsglaube, und die Technikgläubigkeit wiederum begünstigte die Hochkonjunktur, da der Wirtschaftsboom durch die technologischen Innovationen angetrieben wurde. Der Krieg hatte eine ganze Reihe technischer Erfindungen hervorgebracht, wie eben die Atomtechnologie, aber auch den Düsenantrieb, den Radar oder den Digitalrechner. War die Atomtechnologie noch während des Kriegs in den USA aus Angst vor den Nazis entstanden, so entstand nach dem Bau der Atombomben mit dem Ende des Zweiten Weltkriegs nun auch eine zivile Atomindustrie, die mit der Kernspaltung für friedliche Zwecke Strom produzierte. Die AKWs wurden zum Symbol für den technischen Fortschritt und zum Versprechen einer besseren Zukunft.

Die Euphorie des Atomzeitalters

Neben dem Schrecken über die Zerstörungskraft der Atombomben in Hiroshima und Nagasaki stand die Faszination für die neue, unerschöpfliche Energiequelle. Die Atomenergie genoss in den 1950er-Jahren weltweit den Ruf einer sauberen, sicheren und nahezu unbegrenzt verfügbaren Energiequelle. Das «friedliche» Atom begann das Schreckensbild der Atombomben zu verdrängen. Der Dämon, der Hiroshima verwüstet hatte, schien nun dem Wohl der Menschheit zu dienen: Die Atomenergie war gleichzeitig Bedrohung und Verheissung. Zur apokalyptischen Angst vor dem Atomkrieg gesellte sich die utopische Hoffnung auf ein neues goldenes Zeitalter. Das Versprechen von wirtschaftlichem Wachstum und materieller Sicherheit war im ausgebombten Europa eine geradezu paradiesische Vorstellung. Und so führte die Atomenergie zu fantastischen Spekulationen über die zukünftigen technischen Möglichkeiten einer friedlichen Nutzung dieser neuen Energieform. Der Beginn eines neuen Zeitalters verhiess der Menschheit eine strahlende Zukunft, und die technologische Utopie einer unerschöpflichen Energiequelle weckte grosse Hoffnungen auf Wohlstand und Frieden für alle.

Die Atomenergie sollte aus Wüsten fruchtbares Land machen und die Arktis in eine blühende Oase verwandeln. Der deutsche Philosoph Ernst Bloch schrieb 1959 in seinem Buch *Das Prinzip Hoffnung* in geradezu kindlicher Begeisterung: «Wie die Kettenreaktionen auf der Sonne uns Wärme, Licht und Leben bringen, so schafft die Atomenergie aus Wüste Fruchtland, aus Eis Frühling. Einige hundert Pfund Uranium und Thorium würden reichen, die Sahara und die Wüste Gobi verschwinden zu lassen, Sibirien und Nordamerika, Grönland und die Antarktis zur Riviera zu verwandeln.»[245] Die Atomenergie sollte zur Bewässerung der Wüsten, zur Kultivierung der Urwälder und zur Erschliessung der arktischen Eiswüsten dienen. Die fantastischen Utopien des Atomzeitalters wecken heute Erinnerungen an die Blütezeit der Science-Fiction, als erstmals glitzernde Raumschiffe über die Fernsehbildschirme flimmerten, in denen die Menschen dank dem wissenschaftlich-technischen Fortschritt ferne Galaxien kolonisierten und in ihren galaktischen Imperien gigantische, futuristische Städte errichteten. Nebst der Fruchtbarmachung der Wüsten sollte die Atomenergie in den 1950er-Jahren auch als atomarer Sprengstoff beim Strassen-, Kanal- und Bergbau eingesetzt werden. Gemäss dem biblischen Wort «Sie werden ihre Schwerter zu Pflugscharen und ihre Spiesse zu Sicheln machen» (Micha 4,3) lancierten die USA die «Operation Plowshare» (Operation

Pflugschar), und die Sowjetunion starteten ihr Programm «Atomexplosionen für die Volkswirtschaft». Man träumte von Atommotoren für Schiffe, Flugzeuge, Hubschrauber, Autos und Lokomotiven. In den privaten Haushalten sollten «Babyreaktoren» unbegrenzt Energie liefern. Die radioaktiven Strahlen sollten zur Steigerung der landwirtschaftlichen Produktion beitragen und die Konservierung der Lebensmittel verbessern. Ausserdem sollte die Atomenergie die Probleme der Dritten Welt lösen und ungeahnte Fortschritte in der Medizin ermöglichen.[246] Das amerikanische Argonne National Laboratory veröffentlichte 1961 sogar einen Bericht, der versprach, dass mithilfe von Atomreaktoren, die in Flugzeugen eingebaut wären, das Wetter beeinflusst werden könnte.[247]

Die *Neue Zürcher Zeitung* schrieb am 13. August 1945: «Die Menschheit sieht im Geiste schon Motoren in der Grösse etwa einer Damenhandtasche, die gigantische Schiffe über den Ozean treiben, Flugzeuge von Kontinent zu Kontinent schiessen oder ungeheure elektrische Kraftwerke in Bewegung halten.»[248] *Der Bund* schrieb am 18. August 1945: «Nitroglycerin knallt sehr gut, aber man kann damit nicht Autofahren. Auch die Atombombe knallt vorzüglich, aber sie wird uns noch nicht so bald die Wärme für den Morgenkaffee liefern.»[249] Die Atomenergie war zwar immer noch eine militärische Bedrohung, wurde aber gleichermassen zum Symbol einer positiven Zukunftsvision. Die *Sulzer Werk-Mitteilungen* schrieben im Februar 1946, dass sich «die Morgenröte einer glorreichen Zeit menschlichen Fortschritts und Wohlstands im Zeichen der Atomenergie» abzeichne.[250] Ihrer optimistischen Zukunftsprognose fügten sie hinzu: «Die Menschheit fühlt instinktiv, dass etwas Grosses in der Luft liegt.»[251]

Paul Scherrer schrieb in seinem Artikel *Atomenergie – Die physikalischen und technischen Grundlagen* in der *Neuen Zürcher Zeitung* vom 28. November 1945: «Aber es ist sicher, dass wir diese ungeheuren Energievorräte, die in den Kernen schlummern, nun in stetigem Strom gezügelt, auszulösen vermögen, und dass für die Energiewirtschaft ein neues Zeitalter anbricht, in dem wir von der Kohle loskommen können.»[252] Gleichzeitig machte er darauf aufmerksam, dass ein Atomreaktor im Prinzip nichts anderes sei als ein riesiger Ofen, der Wärme erzeugt, die dann in elektrischen Strom umgewandelt werden kann. Die wilden Spekulationen, die mit der Atomenergie in Verbindung gebracht wurden, versuchte er hingegen zu dämpfen: «Es kann nicht genügend darauf hingewiesen werden, dass die Uranmaschine vorläufig nur als Grossmaschine von etwa 100 kW an aufwärts in Frage kommt. Das Märchen von der Uranpastille, die in den Motor gebracht, ein Jahr lang

---

«Die Menschheit sieht im Geiste schon Motoren in der Grösse etwa einer Damenhandtasche, die gigantische Schiffe über den Ozean treiben, Flugzeuge von Kontinent zu Kontinent schiessen oder ungeheure elektrische Kraftwerke in Bewegung halten.»
NZZ, 13.8.1945

ein Auto treiben soll, ist in das Reich der Fabel zu weisen.»[253] Paul Scherrer hatte am Physikalischen Institut der ETH Zürich ab 1937 zusammen mit der BBC und der Maschinenfabrik Oerlikon erste Teilchenbeschleuniger wie den sogenannten Tensator entwickelt, der bei der Schweizerischen Landesausstellung 1939 in Zürich als eine technische Sensation präsentiert wurde. Nachdem zahlreiche Physiker nach dem Zweiten Weltkrieg ein europäisches Forschungszentrum gefordert hatten, um mit den USA konkurrieren zu können, wurde an der Unesco-Konferenz von Paris im Dezember 1951 die Gründung eines europäischen Kernforschungszentrums beschlossen. Paul Scherrer schlug bei den Verhandlungen in Genf im Februar 1952 zusammen mit dem Genfer Ständerat Albert Picot vor, das Forschungszentrum in der Schweiz zu bauen. Im Oktober 1952 wurde an der Unesco-Konferenz Genf als Standort bestätigt. Am 1. Juli 1953 folgte offiziell die Gründung des Conseil européen pour la recherche nucléaire (CERN). Das CERN nahm im Oktober 1954 seine Arbeit auf und wurde in den darauffolgenden Jahrzehnten durch den Bau riesiger Teilchenbeschleuniger zu einem der weltweit wichtigsten Zentren für die Grundlagenforschung im Bereich der Teilchenphysik.[254]

Die Sowjetunion gewinnt das zivile Wettrüsten

Nach dem Ende des Zweiten Weltkriegs versuchten die USA, ihr Monopol in der Atomtechnologie zu sichern. Der vom amerikanischen Kongress 1946 verabschiedete Atomic Energy Act legte fest, dass erst nach der Einführung einer internationalen Kontrolle wieder Informationen über die Atomtechnologie mit anderen Ländern ausgetauscht werden dürfen. Frankreich und England lancierten daraufhin eigene Atomprogramme, die eine Entwicklung von Reaktoren vorsahen, die mit Schwerwasser oder Graphit als Moderator und natürlichem, nicht angereichertem Uran als Spaltstoff betrieben werden konnten. Damit waren sie nicht von der Lieferung von angereichertem Uran aus den USA abhängig und konnten selbst genügend Plutonium für den Bau eigener Atombomben produzieren. Nachdem die Sowjetunion am 29. August 1949 – viel früher als erwartet – ebenfalls ihre erste Atombombe erfolgreich getestet hatte, löste das in den USA einen Schock aus.[255] In den darauffolgenden Jahren beschleunigte sich das Tempo des Wettrüstens. Am 1. November 1952 wurde die erste Wasserstoffbombe der USA und am 12. August 1953 die erste Wasserstoffbombe der Sowjetunion gezündet.

Die sowjetische Aufholjagd im Rüstungswettlauf führte dazu, dass der US-amerikanische Präsident Dwight D. Eisenhower zunehmend unter Druck geriet. Es war offensichtlich, dass die USA ihr Monopol verloren hatten und ihnen die Kontrolle über die weitere Ausbreitung der Atomtechnologie entglitten war. Dwight D. Eisenhower entschied sich deshalb 1953 für eine Flucht nach vorne und startete eine Propagandaoffensive. Das amerikanische Wissen über die zivile Nutzung der Atomenergie sollte nun in der ganzen Welt verbreitet werden. Das Ziel der Propagandakampagne war es, die amerikanische Technologie der Leichtwasserreaktoren weltweit zu exportieren. Die entstehende zivile Atomindustrie sollte in möglichst vielen Ländern von der amerikanischen Technologie und deren Lieferung von angereichertem Uran abhängig bleiben. Gleichzeitig sollte eine weitere Ausbreitung von Atomwaffen durch eine internationale Atomenergiebehörde verhindert werden.

Den Startschuss für die Propagandakampagne gab Eisenhower mit seiner berühmt gewordenen Rede «Atoms for Peace», die er am 8. Dezember 1953 vor der UNO-Vollversammlung in New York hielt. Darin propagierte er die Atomenergie als Garant für die Sicherheit, den Frieden und den Wohlstand sowie als Lösung der Probleme in der Dritten Welt.[256] «Die Vereinigten Staaten wissen, dass die furchtbarste aller zerstörischen Kräfte, die Atomenergie, zu einer grossen, dem Wohlergehen der gesamten Menschheit dienenden Gabe werden kann, wenn es gelingt, die erschreckende Tendenz zu einem immer weiteren Ausbau der Atomwaffen zum Halten und zur Umkehr zu bringen. Die Vereinigten Staaten wissen, dass es kein Zukunftstraum mehr ist, aus der Atomenergie Kräfte für friedliche Zwecke zu gewinnen. Die erwiesene Möglichkeit dazu besteht jetzt – hier – heute.»[257]

Das weltweit erste AKW ging jedoch am 27. Juni 1954 in Obninsk, rund 100 Kilometer südwestlich von Moskau, ans Stromnetz. Im Herbst 1946 begannen die Bauarbeiten am Reaktor in Obninsk, «Labor V» lautete der Deckname des streng geheimen Atomprojekts. Obninsk war eine Wissenschaftsstadt, die auf Stalins Anweisung von Zwangsarbeitern in wenigen Jahren aus dem Boden gestampft worden war. In den ersten Jahren waren am sowjetischen Forschungsprojekt auch deutsche Atomphysiker wie Heinz Pose, der während des Zweiten Weltkriegs im nationalsozialistischen «Uranprojekt» tätig gewesen war, beteiligt. Mit der erfolgreichen Inbetriebnahme des Atomreaktors in Obninsk hatte die Sowjetunion den Wettlauf in der zivilen Atomforschung gewonnen. «Die Energienutzung der Welt ist in eine neue Epoche eingetreten.

Es geschah am 27. Juni 1954. Die Menschheit ist noch weit davon entfernt, die Bedeutung dieser neuen Epoche zu erfassen», erklärte der sowjetische Atomphysiker Anatoli Petrowitsch Alexandrow nach der Inbetriebnahme des sowjetischen Atomreaktors.[258] Dieser hatte eine Bruttoleistung von sechs Megawatt und konnte eine ganze Stadt mit Strom versorgen. Der sowjetische Aussenminister Wjatscheslaw M. Molotow verkündete an der Indochinakonferenz in Genf vom 26. April bis 30. Juli 1954 die Nachricht vom ersten zivilen Atomreaktor und düpierte mit dieser Sensation die amerikanische und britische Atomforschung.[259]

Am 30. August 1954 verabschiedete der amerikanische Kongress daraufhin einen neuen Atomic Energy Act, der zwischen der zivilen und der militärischen Nutzung der Atomtechnologie unterschied. Die USA waren nun bereit, ihr technisches Wissen an andere Länder weiterzugeben und diese mit angereichertem Uran zu beliefern, wenn deren friedliche Nutzung garantiert werden konnte. Zu diesem Zweck mussten mit den entsprechenden Ländern bilaterale Abkommen geschlossen werden, die eine strenge Kontrolle durch die USA ermöglichten. Die Propagandakampagne «Atoms for Peace» war eine Waffe im Kalten Krieg, welche dazu diente, die Vormachtstellung der USA gegenüber der Sowjetunion zu sichern. Die Offensive war kein pazifistisches, philanthropisches Unternehmen, sondern eine Marketing- und Werbekampagne, die handfeste wirtschaftliche und militärische Interessen verfolgte. Hinter den Propagandabildern, die der Menschheit eine strahlende Zukunft versprachen, verbarg sich die Kehrseite dieser hypnotischen Welt, die militärische und wirtschaftliche Bedeutung der Atomenergie. Mit der Kampagne wollten die USA verhindern, dass die Sowjetunion weltweit ihre Atomreaktoren verkaufen konnte. Die Verhinderung einer weiteren Verbreitung von Atomwaffen, verbunden mit dem gleichzeitigen Export der amerikanischen Leichtwasser-Reaktortechnologie, sollte die weltweite militärische und wirtschaftliche Dominanz der USA weiter stärken.

«Atome für den Frieden»

Die UNO-Vollversammlung vom 4. Dezember 1954 beschloss einstimmig, im August 1955 in Genf eine internationale Konferenz über die friedliche Verwendung der Atomenergie abzuhalten. Die Veranstaltung sollte unter dem Motto «Atoms for Peace» den Beginn des friedlichen Atomzeitalters symbolisieren. Die Atomkonferenz fand vom 8. bis 20. August im Genfer Palais des Nations statt. Die Regierungschefs und Aussenminister der USA, der Sowjetunion, Grossbritanniens und Frankreichs reisten an. 73 Länder entsandten 1426 Delegierte, und über 900 Journalisten berichteten über die Konferenz. Rund 4000 Personen nahmen teil. Diese erste internationale Atomkonferenz diente den USA zur Vermarktung von deren eigener Reaktortechnologie. Sie präsentierten sich auf der Atomkonferenz als Promotor des weltweiten wissenschaftlich-technischen Fortschritts.[260] Dabei war die Atomkonferenz auch ein prestigeträchtiger Wettbewerb, in dem die aufstrebenden Atommächte miteinander um ihre technologische Überlegenheit konkurrierten. Insgesamt 1067 Berichte aus 41 Ländern wurden eingereicht, wobei mit 512 Beiträgen fast die Hälfte aus den USA stammte. Es folgten Grossbritannien mit 99, die Sowjetunion mit 94 und Frankreich mit 59.

Der Schweizer Bundespräsident Max Petitpierre hielt die Eröffnungsrede, in der er an den Abwurf der Atombomben über Hiroshima und Nagasaki vor zehn Jahren erinnerte und an die Verantwortung der anwesenden Politiker, Wirtschaftsvertreter und Wissenschaftler appellierte. «Fast auf den Tag genau sind zehn Jahre verflossen, seit die ersten Atombomben Zerstörung und Tod gesät haben. Auf brutale Weise erfuhr damals die Menschheit, dass eine neue, geniale Entdeckung gemacht und dass eine Energiequelle unerhörter Kraft geschaffen worden war. [...] Ihnen fällt die Aufgabe zu, der Verwendung der Atomenergie neue Wege zu öffnen und aus ihr eine Wohltat und einen Reichtum zu machen, dank denen Hunger, Not und Krankheit gebannt und der Wohlstand der Völker, deren Lebensbedingungen unzureichend sind, gehoben werden können.»[261] Die Schweizer Delegation umfasste 17 Delegierte aus der Industrie, 16 Atomphysiker von Hochschulen, 5 Mediziner aus Spitälern und 2 Vertreter von Ingenieurbüros. Die 16 Vorträge der Schweizer Delegation behandelten die Pläne für die Entwicklung eines eigenen Schwerwasserreaktors und die Forschungen im Bereich der Strahlenmedizin.

Nebst den 450 Vorträgen, die während der zwölf Tage dauernden Konferenz zu hören waren, hatten neun Länder auch offizielle Ausstellungen organisiert, in denen sie ihre technischen Errungenschaften präsentierten. Die Hauptattraktion dieser Ausstellungen war der amerikanische Swimmingpool-Reaktor Saphir, offiziell «Aquarium Reactor» genannt. Das Argonne National Laboratory hatte diesen Versuchsreaktor eigens für die Genfer Atomkonferenz entwickelt und anschliessend per Flugzeug nach Genf transportieren lassen, wo er wenige Tage vor der Eröffnung der Atomkonferenz von US-Präsident Dwight D. Eisenhower eingeweiht wurde. Der «Saphir» war ein «Schwimmbadreaktor», bei dem die Brennelemente in ein mehrere Meter tiefes und nach oben offenes Wasserbecken getaucht waren, wobei das Wasser gleichzeitig als Moderator und zur Kühlung diente. Als Versuchsreaktor, bei dem Experimente für Forschungs- und Ausbildungszwecke durchgeführt wurden, hatte der «Saphir» mit maximal 100 Kilowatt nur eine geringe thermische Leistung und eignete sich damit nicht zur kommerziellen Stromproduktion. Aufgrund seiner tiefblauen Tscherenkow-Strahlung, die entsteht, wenn schnelle, geladene Teilchen im Wasser abgebremst werden, wurde der Forschungsreaktor «Saphir» genannt. An der Genfer Atomkonferenz sorgte er für Aufsehen, da es weltweit das erste Mal war, dass ein Atomreaktor in der Öffentlichkeit gezeigt wurde. Das Publikum strömte in Scharen herbei, um den geheimnisvoll leuchtenden Atomreaktor zu bestaunen.[262]

Die Schweizer Delegation musste an der Genfer Atomkonferenz erkennen, dass sie in der technologischen Entwicklung im Vergleich mit der internationalen Konkurrenz bereits ins Hintertreffen geraten war. Die Reaktorentwicklung war im Ausland viel schneller fortgeschritten, und man musste sich eingestehen, dass der geplante Schweizer Forschungsreaktor P3 technisch bereits überholt war. Die Genfer Atomkonferenz wurde aber für die Entwicklung der Atomenergie in der Schweiz zu einem wichtigen Meilenstein. Es gelang der Schweiz, den amerikanischen Swimmingpool-Reaktor Saphir zu kaufen. Paul Scherrer witterte bereits beim Bekanntwerden der Ausstellung des amerikanischen Forschungsreaktors die Chance, diesen für die Schweizer Atomindustrie zu erwerben. Es war ihm klar, dass der Reaktor durch den Betrieb radioaktiv kontaminiert würde und dass der verseuchte Reaktor anschliessend nur mit erheblichem Aufwand wieder in die USA zurücktransportiert werden könnte. Zusammen mit Walter Boveri jun., dem Direktor der BBC, nahm Paul Scherrer deshalb im Mai 1955 Kontakt mit der amerikanischen Atomic Energy Commission auf, um die Möglichkeit eines Kaufs des Forschungsreaktors abzuklären. Die Amerikaner hatten offenbar nur darauf gewartet, denn sie wollten den Reaktor loswerden.[263] Sie boten ihn den Schweizern zu einem Schleuderpreis von lediglich 180 000 Dollar zum Kauf an, was damals etwa 770 000 Schweizer Franken entsprach. Der Preis kam einem Werbegeschenk gleich, da allein schon die Materialkosten des Forschungsreaktors rund 340 000 Dollar betrugen.[264] Die Schweiz war damit das erste Land, das einen Atomreaktor von den USA kaufen konnte.

Für den Kauf des amerikanischen Forschungsreaktors wurde ein Abkommen zwischen den USA und der Schweiz abgeschlossen. Am 3. Mai 1955 begannen die Verhandlungen, und am 10. Juni 1955 unterzeichnete der Schweizer Gesandte in Washington, Henry de Torrenté, im Auftrag des Bundesrates das Abkommen. Die USA erklärten sich bereit, den Reaktor zusammen mit sechs Kilogramm angereichertem Uran zu liefern. Der Bund kaufte den Forschungsreaktor und übergab diesen an die neu gegründete Reaktor AG in Würenlingen. Nach der Atomkonferenz wurde der Reaktor von Genf nach Würenlingen transportiert. Dort erfolgte am 17. April 1956 die Grundsteinlegung für das Reaktorgebäude. Beim Bau bereitete die Abdichtung des Schwimmbeckens einige Schwierigkeiten. Ein Jahr später, im März 1957, war das Reaktorgebäude fertiggestellt, und die Montage des Reaktors konnte beginnen. Nachdem der Reaktor am 30. April 1957 erstmals getestet worden war, erfolgte am 17. Mai 1957 die offizielle Inbetriebnahme, bei welcher Bundesrat Max Petitpierre feierlich den Beginn des Atomzeitalters in der Schweiz verkündete.[265]

Gleichzeitig wurden in verschiedenen europäischen Ländern und in den USA die ersten industriellen AKWs in Betrieb genommen. In Frankreich ging der erste Atomreaktor am 7. Januar 1956 mit einer Bruttoleistung von zwei Megawatt in Marcoule, etwa 30 Kilometer nördlich von Avignon, in Betrieb. Der von der Électricité de France (EDF) und dem Commissariat à l'énergie atomique (CEA) betriebene Atomreaktor diente hauptsächlich der Produktion von Plutonium für den Bau einer französischen Atombombe. Das erste AKW in Grossbritannien war der Reaktor in Calder Hall bei Sellafield in Nordwestengland, der ebenfalls für die kommerzielle Stromproduktion (60 MW Bruttoleistung) und für die Produktion von Plutonium zur Herstellung von Atomwaffen verwendet wurde. In den USA wurden die ersten AKWs am 19. Oktober 1957 in Vallecitos (24 MW Bruttoleistung) in der Nähe von San Francisco in Kalifornien und am 2. Dezember 1957 in Shippingport (68 MW Bruttoleistung) am Ohio River in Pennsylvania, etwa 40 Kilometer von Pittsburg entfernt, in Betrieb genommen. Der erste Atomreaktor in Westdeutschland ging am 31. Oktober 1957 in Garching bei München ans Netz. Der Forschungsreaktor mit einer Bruttoleistung von vier Megawatt wurde aufgrund seiner eiförmigen Kuppel auch als «Atom-Ei» bezeichnet. Nach der ersten Entwicklungs- und Versuchsphase in den späten 1950er- und frühen 1960er-Jahren fand im letzten Drittel der 1960er-Jahre weltweit der Siegeszug der zivilen Atomindustrie statt.[266]

Nach der Genfer Atomkonferenz wurde am 29. Juli 1957 unter dem Dach der Vereinten Nationen in New York die International Atomic Energy Agency (IAEO) gegründet, die seit 1957 ihren Sitz in Wien hat. Die Gründung der IAEO war ebenfalls Teil der Propagandakampagne «Atoms for Peace» von US-Präsident Dwight D. Eisenhower. Die IAEO sollte den Beitrag der Atomenergie für den Frieden, die Gesundheit und den Wohlstand weltweit fördern und gleichzeitig die Ausbreitung von Atomwaffen verhindern. Ab 1970 übernahm sie die Überwachung des Atomwaffensperrvertrags. Sie stand seit ihrer Gründung 1957 immer wieder in der Kritik, vor allem die machtpolitischen Interessen der USA zu vertreten. Die Schweiz gehörte 1957 ebenfalls zu den Gründungsmitgliedern der IAEO. Am 25. März 1957 wurde von Frankreich, Italien, den Beneluxstaaten und der BRD zudem die Europäische Atomgemeinschaft (EURATOM) gegründet. Die Schweiz schloss 1978 mit der EURATOM ebenfalls ein Abkommen über die Zusammenarbeit im Bereich der Kernfusion und der Plasmaphysik.

Während der zweiten Genfer Atomkonferenz vom 1. bis 13. September 1958 wurde wiederum ein amerikanischer Forschungsreaktor der Firma Aerojet General Nucleonics Corporation ausgestellt. Der Forschungsreaktor AGN-201-P wurde anschliessend vom Schweizerischen Nationalfonds für 180 000 Dollar gekauft und dem Physikalischen Institut der Universität Genf zur Verfügung gestellt. Vom 17. April bis zum 19. Oktober 1958 fand in Brüssel die Expo 58 statt. Die Weltausstellung stand unter dem Motto «Technik im Dienste des Menschen. Fortschritt der Menschheit durch Fortschritt der Technik». Im Zentrum der Ausstellung stand die Atomenergie als Symbol des technischen Fortschritts. Das Wahrzeichen der Ausstellung war das durch den belgischen Ingenieur André Waterkeyn entworfene und von den beiden belgischen Architekten André und Jean Polak gebaute «Atomium». Das 102 Meter hohe Bauwerk stellte eine aus neun Atomen bestehende kubische Zelle eines milliardenfach vergrösserten Eisenkristalls dar. Im Innern der Kugeln war eine Ausstellung über die Atomenergie zu sehen. Unter dem «Atomium» befand sich – als Herzstück der Ausstellung – ein amerikanischer Forschungsreaktor der Firma Aerojet General Nucleonics Corporation. Auch dieser Forschungsreaktor, der AGN-211-P, wurde anschliessend vom Schweizerischen Nationalfonds gekauft und dem Physikalischen Institut der Universität Basel übergeben, wo er am 1. August 1959 unter der Leitung von Professor Paul Huber in Betrieb genommen wurde. Der Leichtwasserreaktor wurde mit angereichertem Uran betrieben, produzierte aber lediglich zwei Kilowatt Strom und diente hauptsächlich der Ausbildung von Studierenden.

Das Schweizer Unternehmen Brown, Boveri & Cie. (BBC) hatte bereits ab 1938 zusammen mit Paul Scherrer an der ETH Zürich einen der ersten Teilchenbeschleuniger entwickelt.[267] Walter Boveri jun., der 1938 zum Präsidenten der BBC gewählt wurde, stellte Paul Scherrer damals einen Ingenieur und einen Mechaniker für den Betrieb des «Zyklotrons» zur Verfügung. In der Nachkriegszeit war Walter Boveri jun. zusammen mit Paul Scherrer eine der treibenden Kräfte in der neu entstehenden Schweizer Atomindustrie. An der Generalversammlung der BBC vom 16. Juli 1946 erklärte er, dass die BBC drei Physikabsolventen eine finanzielle Unterstützung gewähren werde, damit diese bei Paul Scherrer an der ETH Zürich und bei Paul Huber an der Universität Basel Grundlagenforschung im Bereich der Atomphysik betreiben könnten.

Die Maschinenfabrik Gebrüder Sulzer AG in Winterthur begann 1947 unter der Leitung von Walter Traupel ebenfalls mit den ersten Vorstudien für den Bau eines Atomreaktors. Walter Traupel stützte sich dabei hauptsächlich auf den *Smyth-Report,* den Paul Scherrer 1945 von seiner Studienreise aus den USA mitgebracht hatte. Am 6. Dezember 1948 gründete Sulzer zusammen mit der BBC und der Zürcher Firma Escher Wyss die Industriekommission Kernenergie. Die drei Firmen waren zur Überzeugung gekommen, dass die Entwicklung eines Atomreaktors die Kapazitäten eines einzelnen Schweizer Unternehmens übersteigen würde.[268] Die Industriekommission Kernenergie war zunächst nur ein lockeres Diskussionsforum. Als Paul Scherrer im September 1951 bekannt gab, der Bund könne erstmals Uran und Graphit in Reaktorqualität kaufen, gründeten die drei Firmen die Studiengruppe Kernenergie, welche die Reaktorpläne von Walter Traupel für einen mit Graphit moderierten Forschungsreaktor gezielt weiterverfolgte. Unter der Leitung von Jacques Lalive d'Epinay von der BBC wurde das Projekt SK C 795 gestartet, um einen mit gasförmigem Kohlendioxid gekühlten und mit Graphit moderierten Atomreaktor zu entwickeln. Als sich die Hoffnung, Uran und Graphit aus dem Ausland importieren zu können, kurze Zeit später jedoch wieder in Luft auflöste, beschloss die Studiengruppe Kernenergie, anstelle von Graphit Schwerwasser als Moderator zu verwenden. Ab 1952 wurde das Projekt von der Studienkommission für Atomenergie (SKA) finanziell unterstützt. Der Reaktor P3 sollte mit natürlichem Uran betrieben und mit schwerem Wasser moderiert werden.

Die BBC stellte Turbinen und Generatoren her. Die Atomenergie war für sie vor allem eine neue Heizquelle, die Wärme erzeugte, welche anschliessend in elektrischen Strom umgewandelt werden konnte. In Bezug auf ihre Turbinen und Generatoren war es gleichgültig, ob die Wärme mit Öl, Kohle oder Uran erzeugt wird. Für die Firma Sulzer hingegen bedeutete die Atomenergie eine Konkurrenz zu einem ihrer Hauptprodukte, ihren Dieselmotoren für Schiffe und Lokomotiven. 1954 lief mit dem US-amerikanischen U-Boot Nautilus der Firma General Dynamics das erste mit Atomenergie angetriebene U-Boot der Welt vom Stapel. Es schien, als wäre es nur noch eine Frage der Zeit, bis auch Frachtschiffe mit Atomreaktoren angetrieben werden könnten. Sulzer war also daran interessiert, einen eigenen Atomreaktor zu entwickeln, um ihr Geschäft mit den Schiffsmotoren nicht zu verlieren. Darüber hinaus war Sulzer ein Entwickler und Hersteller von mit Kohle, Öl oder Gas beheizten Dampferzeugern für thermische Kraftwerke, was das Interesse des Unternehmens an der Reaktorentwicklung zusätzlich verstärkte. Schliesslich entwickelte und baute Sulzer auch eine Anlage für die Produktion von Schwerwasser, welche von der Firma Hovag in Domat-Ems (heute: Ems-Chemie) betrieben wurde. Für die BBC hingegen war die Entwicklung eines eigenen Atomreaktors kein Thema, sie erhoffte sich von der Atomtechnik lediglich einen neuen Absatzmarkt für ihre Turbinen und Generatoren.[269]

Im Gegensatz zur Maschinenindustrie zeigten die Schweizer Chemiefirmen nur wenig Interesse an der Atomtechnologie. Walter Boveri jun. hatte 1953 bei der Gründung der Arbeitsgemeinschaft Kernreaktor die Basler Chemiefirmen Ciba, Geigy, Hoffman-La Roche und Sandoz eingeladen, sich an der Entwicklung eines Forschungsreaktors zu beteiligen. Die Basler Chemie lehnte jedoch eine Beteiligung an der Reaktorentwicklung ab. Nur die Ciba entsandte ihren Mitarbeiter Rudolf Rometsch als Beobachter in die Arbeitsgemeinschaft. Die beiden Chemiefirmen Hovag in Domat-Ems (heute: Ems-Chemie) und die Lonza AG in Visp hatten bereits während des Kriegs zusammen mit Professor Werner Kuhn vom Physikalisch-Chemischen Institut der Universität Basel ein Verfahren zur Destillation von schwerem Wasser entwickelt. Die Produktion von schwerem Wasser, das für die Entwicklung des geplanten Reaktors P3 benötigt wurde, sollte deshalb zunächst von diesen beiden Schweizer Chemiefirmen übernommen werden. Später wurde das schwere Wasser aber aus den USA importiert, da die Amerikaner der Reaktor AG einen Dumpingpreis offerierten und damit die beiden Schweizer Chemiefirmen ausschalteten.

Am 16. Juli 1953 hatte Walter Boveri jun. an der Generalversammlung der BBC erklärt, zusammen mit Paul Scherrer für den Bau und Betrieb des geplanten Atomreaktors ein privatwirtschaftliches Reaktorinstitut zu gründen. Nebst der Suche nach Unternehmen, die sich am Reaktorinstitut finanziell beteiligten, kaufte Walter Boveri jun. 1954 im aargauischen Würenlingen 60 000 Quadratkilometer Land. Am 1. März 1955 wurde die Reaktor AG gegründet, an der sich insgesamt 125 Firmen beteiligten, darunter 80 Industriefirmen, 45 Elektrizitätsgesellschaften und 44 Banken, Versicherungen und Finanzgesellschaften.[270] Der Zweck der Reaktor AG wurde in den Statuten wie folgt definiert: «Bau und Betrieb von Versuchsreaktoren zur Schaffung wissenschaftlicher und technischer Grundlagen für die Konstruktion und den Betrieb industriell verwendbarer Reaktoren, die der Gewinnung von Energie dienen, sowie Studien zur Entwicklung der hiefür notwendigen Maschinen und Apparate. Ermittlung von Vorkehren zum Schutz vor radioaktiver Strahlung. Herstellung radioaktiver Substanzen und deren Abgabe an Verbraucher für Zwecke der Medizin, der Chemie, der Landwirtschaft sowie für weitere ähnliche Zwecke.»[271]

Am 23. April 1955 schloss die Reaktor AG mit der Schweizerischen Eidgenossenschaft zwei Verträge ab. Einerseits war der Import von Uran aus dem Ausland nur durch den Bund möglich. Nachdem dieser 1953 von Grossbritannien mittels eines Dreieckgeschäfts mit Belgien zehn Tonnen Natururan hatte kaufen können, überliess er der Reaktor AG fünf Tonnen für den Betrieb des geplanten Forschungsreaktors Diorit.[272] Zusätzlich übergab er der Reaktor AG den an der Genfer Atomkonferenz gekauften Swimmingpool-Reaktor Saphir. Andererseits übernahm der Bund mit einem jährlichen Beitrag von 6,8 Millionen Franken die Betriebskosten des geplanten Forschungsreaktors Diorit.[273] Trotz der massiven Subventionierung hatte er kaum Mitspracherechte an der Reaktor AG.[274] Als Direktor der Reaktor AG wählte der Verwaltungsrat Rudolf Sontheim. Nach dem Studium der Physik bei Paul Scherrer an der ETH Zürich und einer Dissertation in Lausanne arbeitete er zunächst fünf Jahre als Entwicklungsingenieur bei General Electric in Boston und anschliessend in der Entwicklung und im Verkauf bei der Albiswerk Zürich AG.[275] Als Direktor der Reaktor AG ab 1955 und als Direktor der BBC ab 1960 wurde er zu einer der Hauptfiguren der Schweizer Atomindustrie.

Trotz der Übernahme des amerikanischen Leichtwasserreaktors Saphir wurde der Bau des in der Schweiz geplanten Schwerwasserreaktors Diorit weiterverfolgt. Dieser Reaktortyp sollte mit Natururan angetrieben werden, das im Gegensatz zum angereicherten Uran, für das die USA ein Monopol besassen, leichter gekauft werden konnte. Die Schweiz wollte mit der Entwicklung eines Schwerwasserreaktors von den USA unabhängig werden. Zur gleichen Zeit verfolgten auch andere Länder wie Frankreich, Grossbritannien, Kanada oder Schweden eigene Projekte für den Bau von Schwerwasserreaktoren. Die aufstrebenden Atommächte waren daran interessiert, eine von den USA unabhängige Reaktorlinie zu entwickeln. Die Entwicklung der Schwerwasserreaktoren war dabei auch mit militärischen Interessen verbunden.

Atomwaffen können entweder mit hoch angereichertem Uran oder mit Plutonium hergestellt werden. Beruhen sie auf der Kernspaltung des Urans, muss das leicht spaltbare Isotop Uran-235 auf über 85 Prozent angereichert werden. Plutonium wiederum entsteht bei der Spaltung des Urans. Sowohl die Schwerwasser- wie auch die Leichtwasserreaktoren können für die Produktion von Plutonium genutzt werden. Die USA besassen nach dem Krieg ein Monopol auf die Anreicherung des Urans, seine Lieferung für den Betrieb der Leichtwasserreaktoren unterlag ihrer strengen Kontrolle. Sie verlangten, dass es nur für friedliche Zwecke verwendet werden durfte. Das Natururan konnte auf dem internationalen Markt leichter gekauft werden. Die Schwerwasserreaktoren waren daher damals für die atomaren Schwellenländer militärisch interessanter.

Auch der Forschungsreaktor Diorit konnte für die Produktion von Plutonium und damit für den Bau von Atomwaffen verwendet werden. Dazu der Historiker Peter Hug: «Diorit repräsentierte den teureren, der nationalen Unabhängigkeit verpflichteten, militärisch nutzbaren Reaktorpfad. Saphir war wirtschaftlicher, von den USA abhängig und militärisch uninteressant.»[276] Mit einem eigenen Schwerwasserreaktor wollte die Schweiz ihre Unabhängigkeit von den USA bewahren und sich die Option eigener Atomwaffen offenhalten. Den USA gelang es jedoch, der Schweiz 1956 Schwerwasser für den Betrieb des Diorits zu einem Dumpingpreis zu verkaufen. Damit verhinderten sie die Herstellung von Schwerwasser in der Schweiz. Die Atomic Energy Commission knüpfte die Lieferung an die Bedingung der friedlichen Verwendung der Atomenergie. Das Abkommen mit der USA trat am 29. Januar 1957 in Kraft.

Die Arbeitsgemeinschaft Kernreaktor, die nach wie vor aus den Firmen BBC, Sulzer und Escher Wyss bestand, wurde mit dem Bau des Reaktors beauftragt. Die Bauleitung wurde der Ingenieurgemeinschaft Reaktoranlagen übertragen, an der die beiden Firmen Elektro-Watt und Motor-Columbus beteiligt waren. Die beiden Ingenieursfirmen planten zusammen das Reaktorgebäude, Sulzer und Escher Wyss bauten die Kühlkreisläufe und die

Schwerwasserpumpen, die Genfer Sécheron und die Ateliers des Charmilles lieferten die Motoren für die Schwerwasserpumpen, das Aluminium-Schweisswerk in Schlieren stellte den Reaktortank aus Aluminium her, Sprecher & Schuh lieferte zusammen mit Landis & Gyr die Elektrotechnik für die Reaktorsteuerung, die Berner von Roll baute die thermische Abschirmung und die Maschinenfabrik Oerlikon die Notstromversorgung.[277] Der Bau des Forschungsreaktors Diorit war ein Gemeinschaftswerk der Schweizer Industrie, das es in dieser Form noch nicht gegeben hatte. Die beteiligten Firmen erhofften sich von der Entwicklung einer eigenen Reaktorlinie einen neuen Absatzmarkt für ihre Industrieprodukte. Der Bau des Diorit ermöglichte es ihnen, erste Erfahrungen zu sammeln. Im Frühjahr 1958 war das Reaktorgebäude fertiggestellt, Ende März begann der Einbau des Reaktors. Am 15. August 1960 wurde der Diorit erstmals getestet und am 26. August durch Bundesrat Max Petitpierre eingeweiht.[278]

Die utopischen Vorstellungen eines goldenen Atomzeitalters führten in den 1950er-Jahren dazu, dass die Entwicklung der Atomenergie zur Überlebensfrage der Schweizer Wirtschaft hochstilisiert wurde. Der Stand der eigenen Reaktorentwicklung wurde zum Gradmesser für die wissenschaftlich-technische und wirtschaftliche Konkurrenzfähigkeit der Schweiz.[279] Der Bund förderte in dieser Anfangsphase die Entwicklung der Atomenergie mit massiven staatlichen Subventionen. Ohne die finanzielle Unterstützung des Bundes hätten die privatwirtschaftlichen Unternehmen, die sich damals an der Reaktor AG beteiligten, niemals in die Entwicklung eines eigenen Atomreaktors investiert. Nach der Entwicklung des Diorit wollten die Industriefirmen die Forschung nicht mehr weiter finanzieren. Am 1. Mai 1960 wurde das Forschungsinstitut der Reaktor AG in Würenlingen an den Bund übergeben und als Eidgenössisches Institut für Reaktorforschung (EIR) in eine Annexanstalt der ETH Zürich umgewandelt.

Der Staat haftet für das Restrisiko

Ohne die finanzielle Unterstützung des Bundes wäre in der Schweiz eine Entwicklung der Atomindustrie nicht möglich gewesen. Die Finanzierung der Atomtechnologie begann bereits während des Zweiten Weltkriegs. Die Forschung zur Atomphysik an der ETH Zürich durch Paul Scherrer wurde ab 1940 durch die Gesellschaft zur Förderung der Forschung auf dem Gebiete der technischen Physik an der ETH mit Bundesgeldern unterstützt. Am 16. März 1945 stellte der Bundesrat durch die Kommission zur Förderung der wissenschaftlichen Forschung aus den Mitteln der Arbeitsbeschaffung der Atomforschung weitere 306 000 Franken zur Verfügung, 100 000 Franken für Paul Scherrer an der ETH Zürich sowie 170 000 Franken für Paul Huber und 36 000 Franken für Werner Kuhn an der Universität Basel.[280] Nach der Gründung der SKA bewilligte das Parlament 1946 einen Kredit von 18 Millionen Franken für die Jahre 1947 bis 1951. Weitere zehn Millionen Franken wurden für den Bau eines Atomreaktors reserviert. 1953 stellte der Bundesrat zudem 3,3 Millionen Franken für den Kauf von zehn Tonnen Natururan zur Verfügung. 1955 kaufte er für rund 770 000 Franken den Swimmingpool-Reaktor Saphir. Im November 1954 hatte der Bundesrat dem Parlament die *Botschaft zur Förderung des Baues und des Betriebes eines Atomreaktors* vorgelegt, auf deren Grundlage nach der Gründung der Reaktor AG der Bund jährlich 6,8 Millionen Franken für die Betriebskosten des geplanten Forschungsreaktors Diorit übernahm. 1958 kaufte der Bund mit den Mitteln des Schweizerischen Nationalfonds für rund 1,4 Millionen Franken die Forschungsreaktoren AGN-201-P und AGN-211-P für die Universitäten Genf und Basel. Schliesslich bewilligte das Parlament am 15. März 1960 einen zusätzlichen Kredit von 50 Millionen Franken für die Förderung des Baus und Betriebs von Versuchsreaktoren. Obwohl das Prinzip der freien Marktwirtschaft betont wurde, griff der Bund der Atomindustrie finanziell immer wieder kräftig unter die Arme.[281]

Nebst der finanziellen Unterstützung übernahm der Bund auch technisch anspruchsvolle Kontrollaufgaben, ohne jedoch anfangs über die notwendige Sachkompetenz zu verfügen. Auch die Mitglieder der SKA waren entsprechend dem schweizerischen Milizsystem nur nebenamtlich tätig. Erst 1956 ernannte der Bundesrat den früheren Delegierten für Arbeitsbeschaffung, Otto Zipfel, zum Delegierten für Fragen der Atomenergie. Sein Auftrag bestand in der «bestmöglichen Koordinierung aller von der Wissenschaft, der Wirtschaft und der Verwaltung ausgehenden Pläne und Projekte im Bereich der Atomenergie wie auch im fortlaufenden Studium aller mit der friedlichen Verwertung der Kernspaltung zusammenhängenden Probleme».[282] Mit der Schaffung dieser Stelle wurde innerhalb der Bundesbehörden die Atomenergie vom EMD dem EPD übertragen. 1957 gründete der Bund auf Initiative von Otto Zipfel die Beratende Kommission für Atomenergie, die sich nicht nur mit den im Entstehen begriffenen Reaktorprojekten, sondern auch mit Haftpflichts- und Versicherungsfragen beschäftigte und damit die rechtliche Grundlage für die Ausarbeitung eines Atomgesetzes vorbereitete. 1959 ersetzte der Diplomat und Jurist des EPD, Jakob Karl Burckhardt, Otto Zipfel. 1961 wurde die Stelle in das Eidgenössische Post- und Eisenbahndepartement eingegliedert, und SP-Bundesrat Willy Spühler ernannte den Physiker Urs Hochstrasser zum neuen Delegierten. Nach dem Studium der Physik und Mathematik an der ETH Zürich und einer Diplomarbeit bei Wolfgang Pauli in theoretischer Physik, besuchte Urs Hochstrasser 1946 die ersten Vorlesungen von Paul Scherrer über die Atomenergie. 1954 wurde er Assistenzprofessor zunächst in Washington und dann Associate Professor in Kansas, bevor er 1958 Wissenschaftsrat des diplomatischen Dienstes der Schweizer Botschaften in Washington und Ottawa wurde.[283]

Die Ausweitung der Aufgaben des Bundes erforderte eine Abstützung auf rechtlicher Ebene. 1957 schlug der Bundesrat eine Ergänzung der Verfassung um den Artikel 24^{quienquies} vor: «Die Gesetzgebung auf dem Gebiet der Atomenergie ist Bundessache. Der Bund erlässt Vorschriften über den Schutz vor den Gefahren ionisierender Strahlen.»[284] Die Volksabstimmung vom 24. November 1957 wurde mit einer überwältigenden Mehrheit von 77,3 Prozent Ja-Stimmen angenommen. Die Förderung der Atomtechnologie wurde zur «Überlebensfrage» für die Schweiz stilisiert.[285] Der Bundesrat warnte: «Unterbleibt eine solche Regelung, so steht zu befürchten, dass die darauf erwachsende Rechtsunsicherheit, die ungenügende Förderung der Forschung, die Schwierigkeiten bei der Beschaffung der Kernbrennstoffe, die Unklarheiten hinsichtlich des Gesundheitsschutzes und der Versicherung die Entwicklung der Atomforschung und der Atomtechnik in unserem Lande hemmen und der Schweiz auf lange Sicht bedenkliche wirtschaftliche und wissenschaftliche Nachteile zufügen werde.»[286] Der Bundesrat betonte, dass «unser Rückstand auf diesem Gebiet [der Atomtechnologie] im Vergleich zu den führenden Atommächten so rasch wie möglich wettgemacht» werden sollte.[287]

1959 unterbreitete der Bundesrat dem Parlament den Entwurf zum Bundesgesetz über die friedliche Verwendung der Atomenergie und den Strahlenschutz. Das Atomgesetz von 1959 verpflichtete den Bund dazu, die wissenschaftliche Forschung über die friedliche Verwendung der Atomenergie, über die Strahlengefährdung und den Strahlenschutz zu fördern und die Ausbildung von Fachleuten zu unterstützen.[288] Das Atomgesetz von 1959 sollte auch die Frage der Haftpflicht regeln. Gemäss dem ersten Gesetzesentwurf war der Betreiber eines Atomreaktors für einen Schaden vollumfänglich haftpflichtig. Dagegen protestierte die Atomindustrie, da sie wohl damals bereits geahnt hat, dass der angeblich unmögliche Super-GAU vielleicht doch einmal eintreten könnte.[289]

«Die interessierten Wirtschaftskreise haben [...] in unmissverständlicher Weise zu verstehen gegeben, dass sie sich nicht an den Reaktorbau und -betrieb heranwagen können, wenn die Fragen der Haftpflicht nicht geklärt sind und diese die Grenzen des Tragbaren überschreitet.»
Bundesblatt, 1959

Das *Bundesblatt* fasste deren Reaktionen wie folgt zusammen: «Die interessierten Wirtschaftskreise haben [...] in unmissverständlicher Weise zu verstehen gegeben, dass sie sich nicht an den Reaktorbau und -betrieb heranwagen können, wenn die Fragen der Haftpflicht nicht geklärt sind und diese die Grenzen des Tragbaren überschreitet.»[290] Weiter hiess es: «Es wurde erklärt, dass eine solche Gesetzesvorlage die Entwicklung der Atomwirtschaft in der Schweiz ernsthaft gefährde [...]. Vonseiten der Elektrizitätswerke wurde betont, dass es diesen bei unbeschränkter Haftung ganz unmöglich wäre, mit dem Bau von Atomanlagen zu beginnen.»[291] Die Versicherungen erklärten, dass sie das Haftpflichtrisiko höchstens bis 30 Millionen Franken decken können. Der Bundesrat schwenkte ein und forderte nur noch eine beschränkte Haftung. Das Parlament verankerte schliesslich eine beschränkte Haftung von 40 Millionen Franken im Gesetz.[292] Man befürchtete, dass eine unbeschränkte Haftpflicht die Schweizer Atomindustrie hemmen und die Initiative der Unternehmen aufgrund der finanziellen Risiken lähmen würde. Die Beschränkung der Haftpflicht wurde zur bedeutendsten Massnahme des Bundes zur Förderung der Atomenergie. Das Risiko eines Super-GAUs wurde auf den Staat beziehungsweise auf die Gesellschaft abgewälzt.[293] Am 1. Juni 1960 trat das Gesetz in Kraft.

Die Gefahren der Atomenergie wurden vom Bundesrat als äusserst gering eingeschätzt. Die «Zwischenfälle», die bei der noch jungen Atomtechnologie immer eintreten konnten, seien kleiner als jene, «denen heute jedermann Tag für Tag durch den modernen Verkehr ausgesetzt» sei.[294] Urs Hochstrasser, der Delegierte für Fragen der Atomenergie, regte 1960 die Gründung einer Kommission für die Sicherheit von Atomanlagen (KSA) an, ein nur nebenamtlich tätiges Gremium, das von Fritz Alder von der Abteilung für Strahlenüberwachung des EIR geleitet werden sollte. Ihr Auftrag wurde in einer Verordnung wie folgt definiert: «Sie prüft die im Bewilligungsverfahren von den Gesuchstellern einzureichenden Sicherheitsberichte und hat sich in ihrem Gutachten darüber auszusprechen, ob alle nach dem Stand von Wissenschaft und Technik notwendigen und zumutbaren Sicherheitsbedingungen für den Bau und Betrieb von Atomanlagen zum Schutze von Menschen, fremden Sachen und wichtigen Rechtsgütern erfüllt sind.»[295] Das Atomgesetz von 1959 hatte ein Bewilligungsverfahren für den Bau und Betrieb von Atomanlagen eingeführt. Die Sicherheitskommission musste die Gesuche überprüfen, war mit der anfallenden Arbeit jedoch überfordert. 1964 wurde zudem die Sektion für die Sicherheit von Atomanlagen (SSA) gegründet, die zunächst ebenfalls dem Delegierten für Fragen der Atomenergie und ab 1969 dem Bundesamt für Energiewirtschaft unterstellt wurde. 1973 wurde die SSA in die Abteilung für die Sicherheit der Kernanlagen (ASK) umbenannt. Daraus ging 1982 die Hauptabteilung für die Sicherheit der Kernanlagen (HSK) hervor, die als Aufsichtsbehörde für die Sicherheit und den Strahlenschutz der Atomanlagen in der Schweiz verantwortlich war. 2009 wurde die HSK schliesslich vom Bundesamt für Energie (BFE) unabhängig und in das Eidgenössische Nuklearsicherheitsinspektorat (ENSI) umgewandelt.[296]

Der Traum vom eigenen Reaktor

Während des Zweiten Weltkriegs wurden die Kohlelieferungen aus Nazideutschland bei Wintereinbruch regelmässig als eine «Waffe» gebraucht, um von der Schweiz wirtschaftliche Zugeständnisse zu erpressen. Die Versorgungsschwierigkeiten mit Kohle führten der Schweizer Bevölkerung damals die Bedeutung einer unabhängigen Energieversorgung drastisch vor Augen und stärkten gleichzeitig das Bewusstsein für die Wasserkraft als der einzigen bedeutenden einheimischen Energiequelle.[297] Nach dem Krieg entstanden deshalb in den Schweizer Bergen zwischen 1950 und 1974 zahlreiche Wasserkraftwerke. Die «weisse Kohle» aus der einheimischen Wasserkraft wurde damals zum Symbol für die Unabhängigkeit der Schweiz.

Mit dem Wirtschaftswachstum nach dem Zweiten Weltkrieg wuchs auch der Energiebedarf. In den 1950er- und 1960er-Jahren lagen die jährlichen Wachstumsraten des Energieverbrauchs bei durchschnittlich über 6,5 Prozent.[298] Mit dem steigenden Konsum nahm auch der Energiehunger zu. Als infolge des steigenden Strombedarfs die Wasserkraft nicht mehr ausreichte, wurde der zusätzliche Energiebedarf zunächst durch den Import von billigem Öl aus dem Nahen Osten gedeckt. Doch die Suezkrise von 1956 zeigte der Schweizer Bevölkerung abermals die Abhängigkeit ihrer Energieversorgung vom Ausland auf.[299] Trotzdem plante die Elektrizitätswirtschaft den Bau einiger konventionell-thermischer Kraftwerke, die mit Öl oder Kohle befeuert werden konnten. Von den geplanten thermischen Kraftwerken wurde letztlich nur das Kraftwerk Chavalon bei Vouvry im Wallis gebaut und 1965 in Betrieb genommen.

Nach dem Ende des Kriegs stand die Schweizer Elektrizitätswirtschaft der Atomenergie zunächst kritisch, ja sogar ablehnend gegenüber. Das lag nicht zuletzt an einem Gutachten, das die beiden ETH-Professoren Bruno Bauer, der zugleich Verwaltungsrat der Nordostschweizerischen Kraftwerke AG (NOK) war, und Franz Tank am 18. September 1945 im Auftrag des Eidgenössischen Post- und Eisenbahndepartements geschrieben hatten. Darin kamen die beiden Professoren zum Schluss: «Trotzdem werden Hoffnungen laut werden, es könne in Zukunft anstelle der projektierten hydraulischen Speicherwerke die Errichtung kernenergiebelieferter thermischer Grosskraftanlagen treten. Diese Erwartungen müssen aus drei Erwägungen scheitern: in privatwirtschaftlicher Hinsicht an der Unwahrscheinlichkeit der Erzielung eines wettbewerbsfähigen Energiepreises, in volkswirtschaftlicher Hinsicht am Widersinn, unsere Elektrizitätsversorgung unter Verzicht auf die landeseigene Energie in die Abhängigkeit vom Ausland zu bringen und endlich in weltwirtschaftlicher Betrachtung am Fehlschluss, die zeitlich unbegrenzte Wasserkraft durch den Gebrauch von Kernenergie sehr beschränkten Vorrats ersetzen zu wollen. Wir dürfen daher unsere bisherige Wasserwirtschaftspolitik in gleicher Richtung weiterführen.»[300]

Die Elektrizitätswirtschaft verhielt sich gegenüber der Atomtechnologie zunächst abwartend. Die Elektrizitätsunternehmen hatten sich von der Euphorie und vom Optimismus des Atomzeitalters nicht anstecken lassen. Den AKWs gehörte möglicherweise die Zukunft, doch noch waren sie nicht rentabel. Die Elektrizitätswirtschaft hatte zudem unmittelbar nach dem Krieg in den Ausbau der Wasserkraft investiert und befürchtete nun, dass mit der Atomenergie eine «Energieschwemme» entstehen könnte, die den Strompreis in den Keller fallen lassen würde.

Seit der Genfer Atomkonferenz 1955 sah aber auch die Schweiz die Zukunft der Energieversorgung in der Atomenergie. 45 Elektrizitätsgesellschaften beteiligten sich nun an der Gründung der Reaktor AG in Würenlingen. Die konventionell-thermischen Kraftwerke wurden nur noch als eine «Zwischenstufe» auf dem Weg hin zu den AKWs angesehen. 1963 forderte SP-Bundesrat Willy Spühler die Elektrizitätswerke dazu auf, unmittelbar zum Bau von AKWs überzugehen. «Der Augenblick ist in der Tat gekommen, da ernsthaft und unverzüglich zu prüfen ist, ob auf die kurzfristig gedachte Zwischenstufe von konventionellen thermischen Kraftwerken nicht verzichtet und unmittelbar auf den Bau und die Inbetriebnahme von AKWs zugesteuert werden sollte.»[301] Im Gegensatz zur Maschinenindustrie war die Elektrizitätswirtschaft nicht an der Entwicklung eines eigenen Schweizer Atomreaktors interessiert, sie wollte die AKWs gleich welcher Herkunft lediglich für die industrielle Stromproduktion nutzen.

Zwischen 1956 und 1959 entstanden drei Projektgruppen, die jeweils alle den Bau eines AKWs in der Schweiz planten. Bruno Bauer, Professor für angewandte Elektrotechnik an der ETH Zürich und Direktor des dortigen Fernheizkraftwerks, hatte bereits 1956 ein Projekt für einen unterirdischen Atomreaktor an der ETH Zürich gestartet. Der Atomreaktor sollte direkt unterhalb der ETH in einer Kaverne gebaut und für die Heizung der Hochschule verwendet werden. Zu diesem Zweck wurde die Arbeitsgemeinschaft für ein Heizkraftwerk an der ETH Zürich gegründet, der die Firmen Sulzer, Escher Wyss, Maschinenfabrik Oerlikon, Contraves, Landis & Gyr und die Baufirma Ed. Züblin & Co. angehörten. Der Zürcher Regierungsrat und der Stadtrat wurden vom Atomfieber gepackt. Baubeginn sollte möglichst bald sein, um das Projekt nicht unnötig durch ein langwieriges Genehmigungsverfahren zu verzögern. Es schien offenbar nicht besonders abwegig, mitten in der grössten Stadt der Schweiz ein AKW zu bauen. Inmitten der Euphorie des Atomzeitalters gab es bezüglich der Sicherheit der AKWs noch keine Bedenken. In Zürich war die Atomeuphorie derart gross, dass neben dem ETH-Reaktor noch ein zweites AKW im Innern des Uetlibergs geplant wurde, das die gesamte Stadt mit Strom versorgen sollte. Das «Konsortium», wie die Arbeitsgruppe neu genannt wurde, rechnete mit vier Jahren Bauzeit und Kosten von 45 Millionen Franken für den Bau des geplanten Reaktors, der wie der Diorit ebenfalls mit Natururan betrieben und mit schwerem Wasser moderiert werden sollte. Die treibende Kraft hinter dem Konsortium war die Firma Sulzer, aber auch die BBC, Escher Wyss und die Maschinenfabrik Oerlikon waren am Projekt beteiligt. Wie bei der Entwicklung des Diorit forderten die Industriefirmen vom Bund wiederum die Übernahme der gesamten Kosten, eine Beschränkung der Haftpflicht und gleichzeitig den Verzicht auf sämtliche Mitspracherechte.[302]

Auf Anregung von Daniel Bonnard vom Lausanner Ingenieursbüro Bonnard & Gardel schlossen sich 1956 auch in der Westschweiz mehrere Firmen zur Communauté d'intérêts pour l'étude de la production et de l'utilisation industrielle de l'énergie nucléaire (CIEN) zusammen. Am 8. Juli 1957 wurde die CIEN in die Aktiengesellschaft Energie Nucléaire S. A. (Enusa) umgewandelt. Leiter der Enusa wurde Daniel Bonnard, der Professor für Hydraulik und Geotechnik an der EPFL Lausanne war. Die Westschweizer Firmen wollten mit der Gründung der Enusa ein Gegengewicht zur Reaktor AG schaffen, die von den Deutschschweizer Firmen BBC, Sulzer und Escher Wyss dominiert wurde. Das AKW sollte in der Nähe des Dorfes Lucens am linken Ufer der Broye im Kanton Waadt gebaut werden. Die

Enusa wollte einen amerikanischen Leichtwasserreaktor nach den Plänen des Argonne National Laboratory nachbauen, der angereichertes Uran als Brennstoff und leichtes Wasser als Moderator und Kühlmittel verwenden würde. Am 4. November 1958 reichte die Enusa beim Bund ein Subventionsgesuch in der Höhe von 25 Millionen Franken ein. Die Kantone Waadt, Genf, Neuenburg, Freiburg und Wallis beteiligten sich ebenfalls mit 6 Millionen Franken am Projekt.[303]

Schliesslich gründeten am 19. Juni 1957 auch die Elektrizitätsunternehmen Atel, BKW und NOK zusammen mit der Westschweizer Firma Energie de l'Ouest Suisse (EOS) die Suisatom AG. Geschäftsleiter wurde ebenfalls der ETH-Professor Bruno Bauer. Die Elektrizitätsunternehmen Atel, BKW und NOK übernahmen je 30 Prozent des Aktienkapitals und die EOS 10 Prozent. Später schlossen sich auch die SBB und die Stadtwerke Basel, Bern und Zürich an. Die Suisatom wollte bei der amerikanischen Firma General Electric einen bereits erprobten Siedewasserreaktor bestellen, der zusammen mit der BBC in der Nähe von Villigen im Kanton Aargau gebaut würde. Die Elektrizitätsunternehmen und die BBC sagten sich, die amerikanischen Industriefirmen hätten bereits Abermilliarden Dollars in die Entwicklung ihrer Reaktortechnologie investiert – weshalb sollten diese horrenden Investitionen in der Schweiz nochmals getätigt werden, wenn man die amerikanischen Atomreaktoren auch ganz einfach kaufen konnte?[304] Am 23. Januar 1959 reichte die Suisatom beim Bund ein Gesuch für ein zinsloses Darlehen von 50 Millionen Franken ein. Der Bundesrat lehnte es jedoch ab, den Kauf eines ausländischen Atomreaktors zu subventionieren.[305]

Die Bundesbehörden erhielten 1958/59 somit drei Subventionsgesuche und waren aufgrund ihrer mangelnden Expertise zunächst während längerer Zeit überfordert, über diese Gesuche zu entscheiden. Jakob Karl Burckhardt, der damalige Delegierte für Fragen der Atomenergie, beauftragte deshalb eine externe Expertengruppe mit der Bewertung der drei Projekte. Es stellte sich als Problem heraus, in der Schweiz unabhängige Fachleute zu finden, die nicht bereits in einem der drei Projekte engagiert waren. Schliesslich übernahm der Genfer Eric Choisy von der EOS den Vorsitz der Expertengruppe.

Im Mai 1959 wies Victor Umbricht, Direktor der Eidgenössischen Finanzverwaltung, zudem darauf hin, dass der Bund aus finanziellen Gründen nicht gleichzeitig alle drei Reaktorprojekte unterstützen könne. Am 31. Juli 1959 schrieb auch Alfred Schaefer, Generaldirektor der Schweizerischen Bankgesellschaft, einen Brief an FDP-Bundesrat Hans Streuli, den Vorsteher des Eidgenössischen Finanzdepartements, in dem er die Einigung auf ein einziges Projekt vorschlug. «Daher müssen die drei auf eigenen Wegen arbeitenden Bemühungen der Suisatom, des Konsortiums und der Energie Nucléaire SA zusammengefasst werden, wobei die Projekte der beiden letztgenannten Gesellschaften zum mindesten für die allernächste Zukunft womöglich vereinigt werden müssen beziehungsweise das eine hinter das andere zurückzutreten hätte.»[306]

Der Bund hatte nicht genug Geld, um gleichzeitig auf drei Hochzeiten zu tanzen und alle drei Projekte zu berücksichtigen. Darum einigte man sich darauf, nur ein Projekt zu fördern. Das Gesuch der Suisatom war bereits wieder zurückgezogen worden, da der Bund einen Schweizer Atomreaktor entwickeln wollte. Das Konsortium und die Enusa wurden zusammengelegt, und in einem echt schweizerischen Kompromiss einigte man sich darauf, am Standort der Enusa in Lucens den Reaktor des Konsortiums zu bauen.[307] Die BBC gab daraufhin ihren Austritt aus dem Konsortium bekannt. Walter Boveri jun. hatte bereits 1956 öffentlich gemacht, dass die BBC ein amerikanisches AKW kaufen wolle.[308] Die BBC war seither nicht mehr an der Entwicklung eines Schweizer Atomreaktors interessiert.[309] Am 15. März 1960 veröffentlichte der Bundesrat den *Bundesbeschluss betreffend die Förderung der Baues und Experimentalbetriebes von Versuchs- und Leistungsreaktoren*. Er gewährte 50 Millionen Franken für den Bau und Betrieb des AKWs, wobei die Privatwirtschaft mindestens 50 Prozent zu den Gesamtkosten beitragen müsste. Zwei Wochen später gaben die Therm-Atom, wie das Konsortium neu genannt wurde, und die Enusa bekannt, dass sie gemeinsam in Lucens ein Versuchsatomkraftwerk bauen wollen.[310]

Am 18. Juli 1961 wurde die Nationale Gesellschaft zur Förderung der industriellen Atomtechnik (NGA) gegründet.[311] Mit der Leitung der Dachorganisation betraute man den mittlerweile zurückgetretenen FDP-Bundesrat Hans Streuli. Die Bauleitung des AKWs übertrug die NGA am 8. Mai 1962 der Arbeitsgemeinschaft Lucens, der die vier Ingenieurbüros Bonnard & Gardel, Elektrowatt, Therm-Atom und Société Générale pour l'Industrie angehörten. Der Spatenstich erfolgte am 1. Juli 1962. Das AKW Lucens wurde nicht für die Produktion elektrischer Energie gebaut, sondern diente hauptsächlich der Entwicklung eines neuen Reaktortyps. Der Reaktor wurde auf der Grundlage der Vorstudien von Sulzer mit schwerem Wasser als Moderator, Druckröhren als Behälter für die Brennelemente aus leicht angereichertem Uran und gasförmigem Kohlendioxid als Kühlmittel konzipiert.[312]

Das AKW in Lucens wurde in eine unterirdische Kaverne eingebaut. Dies sollte gewährleisten, dass bei einem Unfall die radioaktiven Stoffe im porösen Sandstein zurückgehalten werden. Für den Bau der Kaverne konnte man auf die Erfahrung des Baus unterirdischer Wasserkraftwerke zurückgreifen.[313] Darüber hinaus spielten auch militärische Überlegungen eine Rolle. Wie die Bunker in den Alpen sollte die unterirdische Kaverne das AKW im Kriegsfall schützen. Generalstabschef Jakob Annasohn war bereits am 24. November 1958 vom Atomdelegierten Jakob Karl Burckhardt gebeten worden, das Lucens-Projekt aus militärischer Sicht zu beurteilen. In seiner Antwort vom 7. September 1959 schrieb er: «Da die Anlage unterirdisch vorgesehen ist, wäre es mit konventionellen Mitteln kaum zu zerstören. Dafür müssten Kernwaffen von mindestens 20 KT mit Sprengpunkt unter dem Boden eingesetzt werden. Der durch die Bombe angerichtete Schaden wäre weit grösser als jener, der durch die Reaktorzerstörung entstünde.»[314] Die unterirdische Kaverne sollte dem Schutz vor feindlichen Invasoren, welche die Schweiz mit ihren Atombomben bedrohten, dienen. Der Atomdelegierte Urs Hochstrasser sagte später dazu: «Das kam der Armee sehr gelegen, damals herrschte noch der Kalte Krieg. Wir mussten vorbereitet sein, im Falle eines Angriffs mindestens eine gewisse Zeit standhalten zu können. Deshalb betrachtete man eine unterirdische Anlage als interessant.»[315] Ein 100 Meter langer Stollen führte in Lucens zu den drei unterirdischen Kavernen für den Reaktor, den Maschinenraum mit den Turbinen und Generatoren sowie zum Lager mit den Brennstäben.

Der Bau der unterirdischen Kaverne erwies sich aber als viel schwieriger als erwartet. Der ehemalige Direktor der Therm-Atom, Otto Lüscher, erinnerte sich später wie folgt: «Erst Jahre später merkte man, dass es ziemlich schwierig war. Eine Kaverne dicht zu kriegen, ist keine einfache Sache. Man hat viel experimentiert, trotzdem hatte man Schwierigkeiten mit der Dichtheit.»[316] Am 19. November 1963 kam es nach Sprengungen zu Rissbildungen im Fels. Die Kaverne war an mehreren Stellen undicht. Die hohe Feuchtigkeit, immer wieder neue Wassereinbrüche und die verursachten Risse im Fels verzögerten die Bauarbeiten erst um Monate, dann um Jahre. Im März 1966 wurde im Verwaltungsrat der NGA sogar die Frage gestellt: «Wenn Wasser von aussen eindringen kann, so ist es auch möglich, dass Wasser aus dem Innern der Kaverne nach aussen gelangen kann. Wenn es sich dabei um verseuchtes Wasser handelt, so wird doch die Umgebung gefährdet. Wie verhält es sich damit?»[317] Das Sicherheitskonzept von Lucens wurde ab 1966 sogar innerhalb der NGA zunehmend infrage gestellt, weshalb man später auch in Beznau und Mühleberg auf den Bau einer unterirdischen Kaverne verzichtete.

Nebst den Schwierigkeiten beim Bau der Kaverne führte der Mangel an qualifizierten Bauarbeitern zu weiteren Verzögerungen. In der Folge liefen die Kosten immer mehr aus dem Ruder. Die Kostenexplosion wurde zudem dadurch begünstigt, dass auf die Festlegung eines Kostendachs verzichtet worden war. Beim Baubeginn 1962 waren 64,5 Millionen Franken veranschlagt, schliesslich kostete der Bau von Lucens bis 1969 insgesamt 112,3 Millionen Franken. Der kaum noch kontrollierbare Anstieg der Baukosten war darauf zurückzuführen, dass der Bund immer wieder diskussionslos Nachtragskredite in Millionenhöhe bewilligte. Die Strategie der NGA bestand in einem Abwälzen sämtlicher finanziellen Risiken auf den Bund. Erst im Juni 1965 stellte SP-Bundesrat Willy Spühler in einem Gespräch mit NGA-Präsident Hans Streuli klar, dass die Industriefirmen nun vermehrt eigene finanzielle Ressourcen aufbringen müssten, wenn sie die Reaktorentwicklung weiterführen wollten. Zu diesem Zeitpunkt war jedoch keine einzige Industriefirma der NGA mehr bereit, weiter in die Reaktorentwicklung zu investieren.

Der Import amerikanischer Reaktoren

Anfang 1964 hatte die NOK verkündet, dass sie einen amerikanischen Atomreaktor importieren werde. Bereits im Sommer 1963 hatte Rudolf Sontheim, der damalige Direktor der BBC, zusammen mit Hans Sigg, dem Präsidenten der NOK, heimlich einen Plan für den Bau eines amerikanischen AKWs geschmiedet. Am 7. Februar 1964 gelangte die Meldung vom geplanten AKW erstmals in die Medien. Die NOK entschied sich für den Bau eines AKWs mit einem amerikanischen Leichtwasserreaktor und einer Flusskühlung in Beznau am Unterlauf der Aare. Das Ziel der Geschäftsleitung der NOK war es, das AKW in Beznau bereits 1969 in Betrieb zu nehmen. Aus diesem Grund wollte sie die Entwicklung eines Schweizer Atomreaktors durch die NGA nicht mehr abwarten. «Ein Reaktor schweizerischer Konzeption wäre frühestens 5 Jahre später lieferbereit. Bis dann wird unser Bedarf ein weiteres Nuklearwerk erfordern.»[318]

Ende September 1964 erhielt die NOK die ersten Offerten der amerikanischen Firmen General Electric und Westinghouse. Beide Firmen boten «schlüsselfertige» AKWs an, das heisst, die gesamte Anlage wurde zu fixen Kosten offeriert. Nebst dem Reaktor, den Turbinen und Generatoren waren darin sowohl die Garantien bezüglich der Betriebssicherheit und der Einhaltung sämtlicher Sicherheitsnormen sowie die Ausbildung des Betriebspersonals enthalten. Die beiden Firmen boten zwei unterschiedliche Typen von Leichtwasserreaktoren an: General Electric einen Siedewasserreaktor und Westinghouse einen Druckwasserreaktor. Beide Firmen wollten den europäischen Markt mit ihren jeweiligen Reaktortypen erobern und führten deshalb einen erbitterten Kampf um Marktanteile. Für die NOK erwies sich dieser Konkurrenzkampf als Glücksfall, da beide Firmen ihre «schlüsselfertigen» AKWs entsprechend zu Dumpingpreisen offerierten. Die Offerte von Westinghouse betrug 184 Millionen Franken und lag damit rund 25 Millionen Franken unter jener von General Electric.

Am 16. Juli 1965 beauftragte der Verwaltungsrat der NOK die Firma Westinghouse zusammen mit der BBC mit dem Bau des AKWs. Westinghouse baute den Reaktor, die BBC lieferte die Turbinen und Generatoren. Am 6. September 1965 konnten die Bauarbeiten in Beznau offiziell beginnen. Sie schritten rasch voran. Noch bevor Beznau I zu Ende gebaut war, bestellte die NOK bei Westinghouse einen zweiten, identischen Reaktor. Der Baubeginn für Beznau II erfolgte am 22. Februar 1968. Am 1. September 1969 wurde der Reaktor in Beznau I mit einer Leistung von 350 Megawatt in Betrieb genommen. Am 15. März 1972 folgte die Inbetriebnahme von Beznau II. Im Mai 1969 begann ein Konsortium bestehend aus Atel, NOK, Motor-Columbus und den Städten Basel, Bern und Zürich mit dem Plan für den Bau eines weiteren Druckwasserreaktors in Gösgen im Kanton Solothurn. Diesmal wurde der Druckwasserreaktor von der deutschen Kraftwerk Union AG (heute Siemens AG) zusammen mit der Motor-Columbus gebaut und am 1. November 1979 in Betrieb genommen.

Wie die NOK wollte auch die BKW nicht länger auf einen Schweizer Atomreaktor warten. Im Juni 1964 informierte die BKW die Öffentlichkeit erstmals über ihre Pläne, in Mühleberg bei Bern einen amerikanischen Leichtwasserreaktor zu bauen. Hans Dreier, der Präsident der BKW, meinte im März 1965: «Wir waren auch deshalb gut beraten, weil es sich nun erwiesen hat, dass ein AKW schweizerischer Herkunft nicht rechtzeitig und zu annehmbaren preislichen Bedingungen zur Verfügung stehen wird.»[319] Am 1. September 1966 bestellte die BKW bei der Firma General Electric einen Siedewasserreaktor. Die BBC lieferte wiederum die Turbinen und Generatoren. Am 1. April 1967 erfolgte der Spatenstich. Die Bauleitung wurde an die Firma Emch & Berger vergeben. Die Fertigstellung verzögerte sich etwas, da es am 28. Juli 1971 im Maschinenraum zu einem Grossbrand kam. Beim Versuch, gleichzeitig beide Turbinen in Betrieb zu nehmen, brach ein Feuer aus, da Hydrauliköl ausgeflossen war. Das Feuer frass sich rasch entlang von Kabelschächten weiter und richtete schliesslich einen Schaden von 20 Millionen Franken an. Der Reaktor selbst war vom Brand nicht betroffen. Am 6. November 1972 konnte das AKW Mühleberg schliesslich seinen Betrieb aufnehmen.

Ab 1964 wurde auch in Leibstadt im Kanton Aargau von der Elektro-Watt ein Siedewasserreaktor geplant. Gebaut wurde das AKW Leibstadt wiederum von General Electric zusammen mit der BBC. Baubeginn war der 1. Dezember 1973, Inbetriebnahme am 15. Dezember 1984. Im Gegensatz zum Druckwasserreaktor verfügt der Siedewasserreaktor nur über einen Wasserkreislauf; der radioaktive Dampf, der aus dem Reaktor kommt, treibt direkt die Turbine an und fliesst nachher durch einen Kondensator, wobei sowohl die Turbine und der Kondensator kontaminiert werden. Beim Druckwasserreaktor ist die Gefahr einer Explosion grösser, da der Reaktorbehälter einem enormen Druck ausgesetzt ist. Der Druck darf auch nicht abfallen, da sonst das Wasser verdampft und die Kühlung nicht mehr gewährleistet ist und die Brennstäbe schmelzen können.[320]

Der Import amerikanischer Reaktoren durch die Schweizer Elektrizitätsunternehmen war für die Schweizer Reaktorentwicklung ein schwerer Schlag, der ihr letztlich das Genick brach. Die Industriefirmen in der NGA hatten gehofft, mit der Entwicklung eines eigenen Schwerwasserreaktors einen Prototyp zu entwickeln, der anschliessend als Leistungsreaktor für die Stromproduktion in der Schweiz verwendet und darüber hinaus auch ins Ausland exportiert werden könnte. Durch den Import amerikanischer Leichtwasserreaktoren stellte sich diese Hoffnung als eine Illusion heraus, da nicht einmal mehr die Monopolstellung im eigenen Land gesichert war. Die Ankündigung des Baus des ersten amerikanischen Leichtwasserreaktors durch die NOK Anfang 1964 war in den Augen einiger Industriefirmen der NGA ein «Sündenfall». Im gleichen Jahr folgten die BKW mit der Ankündigung des Baus von Mühleberg, die Elektro-Watt mit Leibstadt und die Motor-Columbus mit Kaiseraugst. Das AKW Lucens war mit einer thermischen Leistung von lediglich 30 Megawatt nicht konkurrenzfähig mit den leistungsstarken Leichtwasserreaktoren aus den USA, die zur gleichen Zeit mit über 1000 Megawatt thermischer Leistung bereits das x-Fache produzierten. Die amerikanischen Reaktoren waren zudem bereits erprobt und wurden «schlüsselfertig» zu einem fixen Preis angeboten. Aufgrund des Strombedarfs hatten die Elektrizitätsunternehmen kein Interesse daran, noch länger auf einen Schweizer Reaktor zu warten, der womöglich weniger leistungsfähig, dafür aber teurer und risikobehafteter war.

Die NGA konnte mit den amerikanischen Firmen nicht konkurrieren. In der technologischen Entwicklung lagen sie weit zurück und auch mit deren Dumpingpreisen konnten sie unmöglich mithalten. Der ehemalige Direktor der Therm-Atom, Otto Lüscher, meinte später: «Es scheiterte an der Zeit. Wir hinkten mit unserem Reaktor ein Jahrzehnt hinterher.»[321] Der Atomdelegierte Urs Hochstrasser resümierte das Scheitern der Schweizer Reaktorentwicklung wie folgt: «Die Schweiz ist zu klein, um eine solch anspruchsvolle Aufgabe zu übernehmen.»[322] Die erste Ansprache von Hans Streuli, dem Präsidenten der NGA, an der Generalversammlung vom Juni 1964 war entsprechend von Resignation geprägt. Trotz allem liess er sich durch die Ankündigung der Elektrizitätsgesellschaften nicht beirren und hielt an seiner Überzeugung fest, dass die Reaktorentwicklung für die Schweizer Volkswirtschaft von grosser Bedeutung sei. Er zeigte sich kämpferisch und gab ein Jahr später, an der Generalversammlung vom Juni 1965, zu verstehen: «Es geht um ein nationales Problem erster Ordnung; es geht um die Zukunft unserer Exportindustrie und um die Behauptung ihrer Position auf den Weltmärkten und somit um den Wohlstand unseres Volkes in den künftigen Jahrzehnten.»[323]

Die Begeisterung der Industrie für die Atomtechnologie war Mitte der 1960er-Jahre weitgehend verflogen. Die Hoffnung auf ein lukratives Geschäft durch die Entwicklung eines eigenen Schweizer Atomreaktors und dessen weltweiten Export hatte sich in Luft aufgelöst. Der Direktor der Sulzer AG, Georg Sulzer, welcher die treibende Kraft hinter der NGA war, hatte bereits am 25. April 1966 erklärt, dass die Zukunft seiner Firma nicht mehr direkt vom Reaktorbau abhängig sei. Otto Lüscher, der damals als Ingenieur bei Sulzer arbeitete, erinnerte sich später: «Das war auch der Moment, als Georg Sulzer in unserer Firma zusammen mit dem Verwaltungsrat beschloss, keinen eigenen Reaktor mehr zu bauen. Komponenten wollte man weiterhin herstellen, doch keine eigenen Reaktoren mehr. Man wollte kein Geld mehr in einen eigenen Typ investieren. Im Nachhinein muss ich sagen, das war ein weiser Entschluss. Etwas spät zwar, aber richtig. Mit der Wirkung, dass die ganze Entwicklung in der Schweiz ins Stocken geriet.»[324] An der Generalversammlung vom 8. Mai 1967 verkündete Georg Sulzer den Austritt seiner Firma aus der Schweizer Reaktorentwicklung und versetzte damit dem Lucens-Projekt den endgültigen Todesstoss. Vor der Kommission, die der Nationalrat eingesetzt hatte, begründete Georg Sulzer den Ausstieg seiner Firma am 17. Mai 1967 wie folgt: «Gegen die in den meisten Industrieländern vom Staate betriebene Förderung des Reaktorbaus ist die schweizerische Industrie personell und finanziell überfordert, ist daher gezwungen, auf den Bau von Reaktoren eigener Konzeption zu verzichten. Bei Bezug von Reaktoren aus dem Ausland erleidet die Maschinenindustrie keine Einbusse von nationaler Bedeutung.»[325]

Der Reaktorunfall von Lucens

Mit Sulzers Ausstieg war das Ende der Schweizer Reaktorentwicklung besiegelt. Trotzdem wurde in Lucens weitergebaut. Die NGA wollte sich nicht so schnell geschlagen geben. Inzwischen war zwar allen klar, dass der Reaktortyp in Lucens nie mehr gebaut würde, trotzdem stemmten sich die verbliebenen Firmen mit aller Kraft gegen den Abbruch der Bauarbeiten. Der Bau des AKWs war bereits so weit fortgeschritten, dass ein Abbruch des Projekts eine grosse Blamage geworden und zudem mit hohen Kosten verbunden gewesen wäre, da zahlreiche verbindliche Verträge mit Bau- und Lieferfirmen bestanden. Nachdem der Traum vom Schweizer Reaktor geplatzt war, machte man also trotzdem weiter. Lucens war längst zum nationalen Symbol für den atomaren Traum geworden. Der Atomdelegierte Urs Hochstrasser sagte später: «Es war ein Symbol dafür, dass auch wir den Einstieg in die moderne Technik bewältigen können.»[326] Lucens war ein Vorzeigeprojekt der Schweiz, das man bei Staatsbesuchen gerne den ausländischen Gästen präsentierte.

An der Generalversammlung der NGA vom 26. Juni 1962 hatte Präsident Hans Streuli noch gesagt: «Ein Werk wie das Versuchsatomkraftwerk Lucens explodiert nicht, denn es kann gar nicht explodieren.»[327] In einer Stellungnahme gegenüber dem Schweizer Fernsehen sagte 1966 auch Wilhelm Bänninger, der Präsident der Arbeitsgemeinschaft Lucens: «Die Atomenergie für friedliche Zwecke ist in keiner Weise zu vergleichen mit einer Atombombe. In einem Atomkraftwerk kann nichts so explodieren wie eine Atombombe. Atomenergie ist auch in der Industrie und auf operativem Gebiet nicht gefährlich, wenn man die nötigen Vorsichtsmassnahmen einhält. Man hat alles unter Kontrolle.»[328] In der Gemeinde Lucens lösten die wiederholten Verzögerungen und Pannen während der Bauarbeiten in der Kaverne des AKW jedoch allmählich ein mulmiges Gefühl, ja die ersten Verunsicherungen und Ängste aus. Die Leitung des reformierten Töchterheims beispielsweise fürchtete um ihre jungen Frauen, die dort ihr Welschlandjahr verbrachten. Urs Hochstrasser erinnerte sich später: «Die vielleicht seltsamste Befürchtung war, dass der Atomstrom

«Ein Werk wie das Versuchsatomkraftwerk Lucens explodiert nicht, denn es kann gar nicht explodieren.» Hans Streuli, Präsident der NGA, 1962

den Töchtern beim elektrischen Kochen Schäden verursachen könnte und ihre Chancen beeinträchtigen würde, gesunden Nachwuchs zur Welt zu bringen. Damit würden auch ihre Aussichten schrumpfen, einen Mann zu finden. Das war natürlich völlig daneben, weil der in einem Atomkraftwerk produzierte Strom sich nicht von dem in einem Wasser- oder Kohlekraftwerk produzierten Strom unterscheidet.»[329]

Die Atomenergie löste zuweilen irrationale Ängste aus. In Lucens waren die Befürchtungen allerdings nicht ganz unbegründet. Bereits 1965 hatte man in Würenlingen im Forschungsreaktor Diorit einige Tests mit den Brennelementen aus Lucens gemacht. Das Experiment mit dem Namen «Kasimir» führte zu einem folgenschweren «Zwischenfall»: Am 16. November 1966 schmolz ein Brennelement im Innern des Diorit. Zum Glück gelangte keine Radioaktivität nach aussen, doch der Forschungsreaktor wurde radioaktiv verstrahlt und musste anschliessend vollständig zerlegt und dekontaminiert werden. Bereits vor der Inbetriebnahme des Reaktors in Lucens war klar, dass die Brennelemente überhitzen oder sogar schmelzen konnten. Die Ursache des Unfalls konnte erst 1972 vollständig ermittelt werden.[330] Trotzdem erteilten die Sicherheitsbehörden des Bundes, die eidgenössische Kommission für die Sicherheit von Atomanlagen (KSA) und die Sektion für die Sicherheit von Atomanlagen (SSA) der NGA Ende 1968 eine Betriebsbewilligung für den Lucens-Reaktor. «Aus heutiger Sicht erscheint diese Bewilligungspraxis äusserst fragwürdig, wenn nicht sogar fahrlässig»,[331] schrieb der Historiker Tobias Wildi in seiner Studie über das gescheiterte Lucens-Projekt.

In Lucens sollte wenigstens AKW-Personal ausgebildet werden. Darüber hinaus sollten die von den Schweizer Industriefirmen entwickelten Komponenten erprobt werden, die dann später auch in anderen AKWs zur Anwendung kommen sollten.[332] Die Firma EOS bot an, während zweier Jahre das AKW zu betreiben, bis die erste Lieferung des Uranbrennstoffs aufgebraucht sei, danach sollte Lucens stillgelegt werden. Am 29. Januar 1968 wurde in Lucens der erste Atomstrom der Schweiz produziert. Am 10. Mai 1968 wurde das AKW der EOS offiziell zum Betrieb übergeben. 80 Mitarbeiter unter der Leitung von Direktor Jean-Paul Buclin arbeiteten für das AKW. Der Abbruch der Reaktorentwicklung war nach dem Ausstieg von Sulzer 1967 bereits beschlossen, deshalb wurden in Lucens schon vor der Inbetriebnahme des Reaktors Personal und Versuchseinrichtungen abgebaut. Nach einer dreimonatigen Betriebsphase wurde der Reaktor Ende Oktober 1968 für Revisionsarbeiten abgestellt. Die Abdichtungen des Kühlgebläses, welches das Kohlendioxid im Primärkreislauf zirkulieren liess, funktionierten nicht zuverlässig. Aufgrund der Sparmassnahmen konnten die Wasserringdichtungen der Umwälzgebläse nicht mehr vorher im Labor getestet werden, sondern wurden direkt im Reaktor von Lucens eingebaut.[333] Wiederholt waren bei den Tests grössere Mengen von Sperrwasser in den Primärkreislauf eingedrungen.[334] Trotzdem erteilte der Bund Ende Dezember 1968 die definitive Betriebsbewilligung. Das Wasser verursachte beim Umhüllungsrohr eines Uranbrennstabs Korrosion. Bei der erneuten Inbetriebnahme behinderte der Rost den freien Umlauf des Kohlendioxids und damit die Kühlung des Brennelements.

Am 21. Januar 1969 wurde der Reaktor in Lucens um vier Uhr morgens wieder in Betrieb genommen. Um 17.15 Uhr gingen die Sirenen los, die Betriebsequipe wurde von einer automatischen Schnellabschaltung des Reaktors überrascht. Kurze Zeit später hörten sie vom Kontrollraum aus eine Explosion in der Reaktorkaverne. Die Katastrophe im AKW Lucens nahm ihren Lauf. Es kam zur partiellen Kernschmelze. Im Innern des Reaktors begann ein Brennstab im überhitzten Brennelement Nr. 59 zu schmelzen. Der Schmelzvorgang erfasste auch die benachbarten Brennstäbe. Das Druckrohr platzte auf, kurz darauf kam es zu einer explosiven chemischen Reaktion zwischen dem als Moderator dienenden Schwerwasser, dem geschmolzenen Uran und dem flüssigen Metall des Hüllmaterials.[335] Rund 1100 Kilogramm Schwerwasser, die Uran-Metall-Schmelze und das radioaktiv kontaminierte Kühlgas wurden durch die Reaktorkaverne geschleudert. Durch undichte Stellen in der Kaverne entwichen radioaktive Gase. Der Direktor Jean-Paul Buclin erinnerte sich später: «Die Radioaktivität aus der Reaktorkaverne hat sich unvorhergesehen in anderen Lokalitäten verbreitet, sogar bis in den Kontrollraum.»[336] Die Operateure im Kontrollraum reagierten sofort und schalteten die Lüftung um 17.58 Uhr auf das mit Jodfiltern ausgerüstete Notabluftsystem um.

Der Anstieg der Radioaktivität in den übrigen Kavernen deutete auf ein Leck in der Ummantelung der Reaktorkaverne hin und liess die schlimmsten Befürchtungen aufkommen. «Das war meine Sorge, dass es in der Umgebung möglichst keine Verseuchung geben sollte. Ich hoffte, dass unsere Überlegungen richtig waren und sich zeigen würde, dass keine wesentliche Radioaktivität in die Umwelt dringt», erinnerte sich später der Atomdelegierte Urs Hochstrasser an die bangen Stunden unmittelbar nach der Explosion.[337] Der Alarmausschuss der Eidgenössischen Kommission für die Überwachung der Radioaktivität wurde benachrichtigt. Zwei

Strahlenschutzbeauftragte fuhren während der ganzen Nacht durch die umliegenden Dörfer und massen die Radioaktivität. Sie konnten nur einen geringen Anstieg der Radioaktivität feststellen. Die Reaktorkaverne war radioaktiv verstrahlt, aber die Sicherheitsschleusen funktionierten. Es drang nur wenig Radioaktivität nach aussen. Die Bevölkerung wurde nicht radioaktiv verstrahlt, doch die Schweiz schrammte nur knapp an einer atomaren Katastrophe vorbei. Die Einwohner von Lucens erfuhren erst am nächsten Morgen um 11 Uhr aus dem Radio von der schweren Havarie in ihrer unmittelbaren Nachbarschaft. Leise kippte an jenem Tag in der Gemeinde Lucens die Stimmung. Es machte sich, wie die *Neue Zürcher Zeitung* schrieb, «eine gewisse kreatürliche Angst bemerkbar, mehr unterschwellig als klar artikuliert».[338] «In den Cafés und Wirtschaften begann nach 14 Uhr allmählich die Diskussion über den Zwischenfall», war zu lesen.[339]

Im Gegensatz zu den Reaktorkatastrophen in Tschernobyl oder Fukushima, wo es jeweils zur totalen Kernschmelze gekommen ist und grosse Mengen an Radioaktivität in die Umwelt freigesetzt wurden, war in Lucens nur eines von 73 Brennelementen von der partiellen Kernschmelze betroffen und nur wenig Radioaktivität gelangte aus der unterirdischen Kaverne nach draussen. Die automatische Schnellabschaltung stoppte die nukleare Kettenreaktion rechtzeitig, sodass es nicht zur vollständigen Kernschmelze und damit zu einer verheerenden Katastrophe kommen konnte. Die Sicherheitsvorkehrungen wie die verstärkten Kalandriarohre oder die Sollbruchplatten funktionierten wie geplant. Der Reaktor in Lucens war zudem mit lediglich 30 Megawatt thermischer Leistung viel kleiner als die AKWs in Tschernobyl (3200 MW_{th}) oder Fukushima (1380 MW_{th} bis 2381 MW_{th}). Sein radioaktives Gefahrenpotenzial war insofern weitaus geringer. Trotzdem wurde auch in Lucens eine beträchtliche Menge Radioaktivität freigesetzt. «Der Sumpf unter dem Reaktor hat 2000 Röntgen pro Stunde gestrahlt und 5 pro Jahr sind zugelassen», erinnerte sich später der damalige Direktor Jean-Paul Buclin.[340] Die Felskaverne hielt zwar die meiste Radioaktivität zurück, doch an zwei Stellen war sie undicht, sodass radioaktive Gase austreten konnten, die sogar bis in den Kontrollraum vordrangen, wo die Operateure sofort Gasmasken aufsetzen mussten.

Der Reaktor in Lucens war nur wenige Stunden in Betrieb, bevor er sich in eine strahlende Ruine verwandelte.[341] «Es war eine grosse Pleite, ein totales Fiasko», sagte der ehemalige Direktor der Reaktor AG und der BBC, Rudolf Sontheim.[342] Der Traum vom Schweizer Reaktor war geplatzt. Die Dekontamination der Reaktorkaverne und die Zerlegung des zerstörten Reaktors dauerten über drei Jahre bis im Mai 1973. Der radioaktive Abfall wurde in rund 250 Fässer von je 200 Litern gefüllt. Die unbeschädigten Brennelemente wurden in die Wiederaufbereitungsanlage der Eurochemic im belgischen Mol gebracht. Die hochaktiven 60 Kilogramm Uran des geschmolzenen Brennelements Nr. 59 wurden zerlegt und in sechs Stahlbehälter verpackt und luftdicht eingeschweisst. Die Anlage wurde 1991 bis 1992 definitiv stillgelegt, die Reaktorkaverne mit Beton gefüllt. Die sechs kontaminierten Stahlbehälter lagerten weiterhin in der Anlage, bis sie schliesslich 2003 ins Zwilag, das Zwischenlager in Würenlingen, gebracht wurden. Das Bundesamt für Gesundheit (BAG) überwachte seit 1995 die Radioaktivität in der Reaktorkaverne. Bis heute können im Wasser, das aus der Kaverne kommt, geringe Spuren der radioaktiven Isotope Cäsium-134, Cäsium-137, Cobalt-60, Tritium-3 und Strontium-90 gemessen werden.[343]

CVP-Bundesrat Roger Bonvin, der damalige Vorsteher des Eidgenössischen Verkehrs- und Energiewirtschaftsdepartements (EVED), setzte am 5. Februar 1969 eine Untersuchungskommission ein, welche die Ursache des Unfalls analysieren sollte. Die Leitung wurde Andreas F. Fritzsche, technischer Direktor des Eidgenössischen Instituts für Reaktorforschung (EIR), übertragen. Es dauerte über zehn Jahre, bis die Kommission im Juni 1979 ihren Schlussbericht veröffentlichte. Der «Zwischenfall» bedeutete zu keinem Zeitpunkt irgendeine Gefahr für die Betriebsequipe oder für die Bevölkerung, lautete das Fazit. Die Erteilung der Betriebsbewilligung wurde nicht hinterfragt, was vermutlich auch daran lag, dass die Mitglieder der Untersuchungskommission gleichzeitig der eidgenössischen KSA und der ASK angehörten, welche diese Betriebsbewilligung damals erteilt hatten.[344]

Roland Naegelin, der spätere Direktor der Hauptabteilung für die Sicherheit der Kernanlagen (HSK), stellte 2007 in seinem historischen Rückblick mit Genugtuung fest, Lucens habe den Beweis erbracht, dass die Sicherheitsvorkehrungen einwandfrei funktioniert hätten. «Die radiologischen Auswirkungen des Unfalls auf Personal und Umgebung waren vernachlässigbar.»[345] Seiner Ansicht nach hätte auch eine grössere Freisetzung von Radioaktivität nicht zu gesundheitlichen Schäden des Personals oder der Bevölkerung geführt, da das Containment intakt geblieben ist und das radioaktive Inventar viel kleiner war als bei den späteren Leitungsreaktoren. Bei der Gründungsfeier des Eidgenössischen Nuklearsicherheitsinspektorats (ENSI) im April 2009 sagte hingegen der damalige SP-Bundesrat und Energieminister Moritz Leuenberger: «1969 schrammte die Schweiz knapp an einer

Katastrophe vorbei. [...] Die damalige amtliche Verlautbarung sprach lediglich von einem ‹Zwischenfall›. Der Untersuchungsbericht, der zehn Jahre später veröffentlicht wurde, kam zum Schluss, dass ‹für die Bevölkerung zu keiner Zeit eine Gefährdung bestand›. Heute finden wir Lucens auf der Liste der 20 schwersten Reaktorpannen der Welt. Das wahre Ausmass der Panne wurde also damals vertuscht und abgewiegelt.»[346] Heute wird der Reaktorunfall von Lucens auf der Internationalen Bewertungsskala für nukleare Ereignisse auf Stufe 5 (von insgesamt 7 Stufen) eingeordnet und damit als «ernster Unfall» taxiert, vergleichbar mit dem Reaktorunfall im AKW Three Mile Island in Harrisburg in den USA 1979.

Obwohl die teilweise Kernschmelze in Lucens 1969 einer der weltweit schwersten Atomunfälle war, warf der «Störfall» damals in der Öffentlichkeit keine grossen Wellen. Es gab nach dem Reaktorunfall zwar eine politische Debatte, diese kreiste aber nur um die Frage, ob man Geld zum Fenster hinausgeworfen hatte. Die Atomtechnologie wurde damals noch nicht grundsätzlich hinterfragt. Noch immer herrschte der Fortschrittsglaube. Der Widerstand gegen die AKWs erwachte erst in den 1970er-Jahren. Für die Anti-AKW-Bewegung kam der Atomunfall in Lucens um einige Jahre zu früh. Heute ist er längst aus dem kollektiven Gedächtnis verschwunden. Einer der schwersten Atomunfälle weltweit ist damit nahezu in Vergessenheit geraten. Die verstrahlte Reaktorkaverne in Lucens wurde mit Beton vollgepumpt. Die weniger stark kontaminierten Kavernen wurden vom Kanton Waadt übernommen. Zuerst deponierte die Cinemathèque suisse in Lausanne ihre Filmrollen in der Kaverne, bis sie ihr eigenes Depot baute. 1997 richtete der Kanton Waadt in der ehemaligen Turbinenhalle ein Lager für seine Museen, Bibliotheken und Archive ein. Im Depot des Kulturgüterschutzes lagern heute unter anderem zahlreiche ausgestopfte Tiere des Zoologiemuseums. Der NZZ-Journalist Christophe Büchi hat die Atomruine in Lucens 2010 besucht und deren bizarre, surrealistische Atmosphäre eingefangen: «Da stehen Antilopen, Gazellen und Löwen eng beieinander; man wird an die schöne pazifistische Utopie des Propheten Jesaja erinnert, der sagte, dass dereinst der Löwe und das Lamm friedlich zusammenleben werden. Man sieht Zebras, sauber etikettiert (Hippotigris quagga boehmi), Tapire, auch Mäuse und Lemuren in Gläsern, zudem einen Affen, verrenkt, einen Pfau, etwas gerupft, sowie einen zähnefletschenden Tiger, und über allem schwebend einen Kondor. ‹Dies ist unsere Arche Noah›, sagt Pittet – mit dem Unterschied allerdings, dass die Arche Noah aus lebenden Tieren bestand, diese Tiere aber mausetot sind. Und auf einem hohen Gestell entdeckt man eine Mumie.»[347]

Widerstand gegen Atomkraft

Die Anti-AKW-
Bewegung
ab Anfang der
1970er-Jahre

In den 1950er-Jahren wurde die Atomenergie in einem breiten gesellschaftlichen Konsens von links bis rechts befürwortet. Diese anfängliche Euphorie wich Ende der 1960er-Jahre einer Ernüchterung. Im Verlauf der 1970er-Jahre schlug sie in heftigen Widerstand um. Mit der Besetzung des Baugeländes des geplanten AKWs Kaiseraugst erreichte die Anti-Atom-Bewegung in der Schweiz 1975 einen ersten Höhepunkt, und es gelang ihr in der Folge, den Bau zusätzlicher AKWs zu verhindern. Die Atomenergie spaltete die Gesellschaft. Fortan bekämpften sich Befürworter und Gegner.

Die Atomenergie genoss in den 1950er- und bis weit in die 1960er-Jahre weltweit den Ruf einer sauberen, sicheren und nahezu unbegrenzt verfügbaren Energiequelle. Die Probleme und Risiken wurden zwar früh erkannt, aber man hielt diese lediglich für die «Kinderkrankheiten» einer revolutionären Technologie, welche die Menschheit in eine strahlende Zukunft führen würde. Das Vertrauen in die zukünftigen Möglichkeiten der Technik war immens. Die Gefahr eines atomaren Super-GAUs oder das Problem der Entsorgung der radioaktiven Abfälle waren kein Thema. Die Atomenergie galt als Inbegriff wissenschaftlich-technischen Fortschritts und als wirtschaftlicher Motor für mehr Wohlstand und Sicherheit. In Verbindung mit dem ungewöhnlich starken Wirtschaftswachstum wurde die Atomenergie Mitte der 1950er-Jahre zur technologischen Utopie eines goldenen Zeitalters.

Es herrschte ein breiter gesellschaftlicher Konsens von links bis rechts. Im Hinblick auf die zukünftigen Verheissungen der neuen Technologie schmolzen sämtliche politischen Gegensätze dahin. «Das ‹Atom› und mit ihm die Verheissung eines neuen Zeitalters fungierte als Kristallisationskern für einen neuen gesellschaftsübergreifenden Fortschrittsglauben im Zeichen ewigen Überflusses», schrieb der Historiker Jakob Tanner.[348] Ein schönes Beispiel für diese Atomeuphorie bietet der «Atomplan» der deutschen SPD auf ihrem Parteitag von 1956: «Ein neues Zeitalter hat begonnen. Die kontrollierte Kernspaltung und die auf diesem Wege zu gewinnende Kernenergie leiten den Beginn eines neuen Zeitalters für die Menschheit ein. […] Die Hebung des Wohlstandes, die von der neuen Energiequelle […] ausgehen kann, muss allen Menschen zugute kommen. In solchem Sinne entwickelt und verwendet, kann die Atomenergie entscheidend helfen, die Demokratie im Innern und den Frieden zwischen den Völkern zu festigen. Dann wird das Atomzeitalter das Zeitalter werden von Frieden und Freiheit für alle.»[349]

Auch die Schweizer Sozialdemokraten waren in den 1950er- und 1960er-Jahren vehemente Befürworter der Atomenergie. Im Oktober 1957 hielt die SP Schweiz anlässlich des Parteitags fest, dass «mit der Entdeckung und Verwertung der Atomenergie eine neue Epoche der wirtschaftlichen Entwicklung herangebrochen» sei.[350] Sogar die Anti-Atom-Bewegung, die in den späten 1950er-Jahren das atomare Wettrüsten verhindern wollte, war nicht gegen die Atomenergie. Die Schweizerische Bewegung gegen atomare Aufrüstung (SBgaA) wollte zwar den Bau einer Schweizer Atombombe verhindern, lehnte aber die zivile Nutzung der Atomenergie nicht ab. Der Berner SP-Nationalrat und spätere Präsident der SBgaA, Fritz Giovanoli, meinte auf dem Parteitag 1957: «Ohne die Erzeugung von Atomenergie würde unser Volk bald seinen Lebensstandard senken müssen.»[351] Die Atomenergie war damals in den Augen der Sozialdemokraten der Garant für den wirtschaftlichen Wohlstand. Technischer Fortschritt und wirtschaftliches Wachstum seien unerlässlich, um die soziale Situation der Arbeiterschaft zu verbessern. «Der technische Fortschritt macht den Kuchen grösser, das gibt für die Arbeiter grössere Stücke vom Kuchen», fasste der Schriftsteller Peter Bichsel die damalige Haltung der SP Schweiz später zusammen.[352]

Die Propagandakampagne «Atoms for Peace» von US-Präsident Dwight D. Eisenhower hatte die Unterscheidung zwischen der «bösen» Atombombe und der «friedlichen» Atomenergie fest in den Köpfen der Menschen verankert. Erst die Anti-AKW-Bewegung der 1970er- und der frühen 1980er-Jahre, die sich mit der neuen Friedensbewegung gegen den Nato-Doppelbeschluss verbrüderte, sah in der Atombombe und in der Atomenergie siamesische Zwillinge, die untrennbar miteinander verbunden waren. In den 1950er- und in den frühen 1960er-Jahren gab es hingegen noch überhaupt keinen Protest gegen die Atomenergie. «Wir bekamen jegliche Form von Unterstützung und es gab überhaupt kein Wort der Kritik. Unterstützung von Bund, Kanton und Gemeinde, von allen technischen Verbänden und der Presse, jede nur erdenkliche Unterstützung. Wir waren diejenigen, welche die Schweiz in ein neues Zeitalter hineingeführt haben», erinnerte sich später Rudolf Sontheim, der ehemalige Direktor der Reaktor AG und der BBC.[353]

Die Umweltbewegung der 1950er- und 1960er-Jahre

Selbst die Natur- und Umweltschutzorganisationen waren damals energische Befürworter der Atomenergie. Dazu gehörte insbesondere der Natur- und Heimatschutz, vertreten durch den Schweizerischen Bund für Naturschutz (SBN) und die Schweizerische Vereinigung für Heimatschutz. Das wirtschaftliche Wachstum und der technische Fortschritt schufen jedoch auch ökologische Probleme. Der nach dem Zweiten Weltkrieg stark gestiegene Energieverbrauch war die Hauptursache für die verstärkte Luftverschmutzung. Die zunehmende Industrialisierung und die Zersiedelung der Landschaft wurden als eine Ursache für die Zerstörung der Natur und der Heimat angeprangert. Die Luft- und Gewässerverschmutzung, das Anwachsen der Abfallberge und die Zubetonierung der Landschaft durch den Bau von Wasserkraftwerken, Staumauern, Skiliften, Autobahnen und Flugplätzen liessen die Natur- und Umweltschützer auf die Barrikaden gehen.[354] Die Atomenergie wurde damals als eine ökologische Alternative zu den Wasserkraftwerken und zu den mit Kohle, Gas oder Öl betriebenen thermischen Kraftwerken angesehen.

Zunächst provozierte der Ausbau der Wasserkraft den Widerstand der Natur- und Umweltschutzorganisationen. Die Konflikte um den Bau der beiden Wasserkraftwerke in Rheinau im Kanton Zürich und an der Spöl im Kanton Graubünden bekamen durch die Volksinitiativen der Umweltschützer eine nationale Resonanz. Im Januar 1952 demonstrierten in Rheinau 12 000 Menschen gegen das Wasserkraftwerk, im August desselben Jahres waren es an einer zweiten Demonstration 15 000. Während der Naturschutz teilweise von einem romantisch-idealisierenden Naturverständnis ausging, so war der Heimatschutz von einem konservativen Gedankengut geprägt, das sich in einer ideologischen Überhöhung des schweizerischen Kulturguts äusserte. Die Elektrizitätsunternehmen wurden oft mit dem patriotisch-populistischen Vorwurf der Zerstörung der Heimat und des Schweizertums konfrontiert.[355]

Ende der 1950er-, Anfang der 1960er-Jahre planten die Elektrizitätsunternehmen den Bau einer Reihe thermischer Kraftwerke, die mit Öl oder Kohle befeuert werden sollten. Der Ausbau der Wasserkraft stiess allmählich an seine Grenzen, und der Strombedarf nahm weiter zu. Die AKWs waren jedoch noch nicht so weit entwickelt, dass sie bereits für die industrielle Stromproduktion genutzt werden konnten. Die thermischen Kraftwerke sollten eine Art Zwischenstufe vor dem Einstieg in die Atomenergie darstellen. Bei den Natur- und Umweltschutzorganisationen stiess der angekündigte Bau thermischer Kraftwerke aber auf erheblichen Widerstand, da eine Zunahme der Luftverschmutzung befürchtet wurde. Die Suezkrise 1956 hatte zudem die Abhängigkeit von ausländischem Öl vor Augen geführt. Der Bundesrat sprach sich deshalb ab Anfang der 1960er-Jahre für einen frühzeitigen Einstieg in die Atomenergie aus. 1963 forderte SP-Bundesrat Willy Spühler die Elektrizitätswerke auf, keine weiteren thermischen Kraftwerke mehr zu planen, sondern direkt zum Bau von AKWs überzugehen.[356]

Jakob Bächtold, der Präsident des SBN, legte dessen Haltung gegenüber der Atomenergie im Februar 1966 wie folgt dar: «Der Naturschutzrat hat sich in seiner Sitzung vom 11. Dezember 1965 erneut mit der Wirkung von Kraftwerkbauten auf Natur und Landschaft beschäftigt. Er stellt fest, dass sich heute der Bau von neuen Wasserkraftwerken nicht mehr rechtfertigt. Zu dieser Überzeugung führen auch volkswirtschaftliche, technische und finanzielle Überlegungen. Der daraus erwachsene Gewinn steht in keinem Verhältnis zu den Schäden in Bezug auf den Wasserhaushalt und die Landschaft, nicht zuletzt weil sich neue Möglichkeiten der Energiebeschaffung bieten. Der Naturschutzrat warnt ebenso eindringlich vor den Gefahren der Luftverunreinigung durch thermische Kraftwerke und unterstützt die vom Bundesrat mehrfach zum Ausdruck gebrachte und vom SBN seit Jahren vertretene Auffassung, direkt den Schritt zur Gewinnung von Atomenergie zu tun, wie er bereits von einigen grossen schweizerischen Elektrizitätsgesellschaften eingeleitet ist. Unsere Bevölkerungsdichte ist bereits so hoch, dass die Erhaltung von reinem Wasser und reiner Luft, aber auch von natürlicher Landschaft zu einer dringenden staatspolitischen Aufgabe geworden ist.»[357]

Als die Elektrizitätsunternehmen 1964 den Bau von AKWs ankündigten, die NOK in Beznau, die BKW in Mühleberg, die Elektro-Watt in Leibstadt und 1966 auch die Motor-Columbus in Kaiseraugst, löste dies bei den Umweltschutzorganisationen keinen Protest aus. Nicht einmal die Kernschmelze in Lucens von 1969 weckte ihren Widerstand. Es war die Verwendung von Flusswasser für die Kühlung der AKWs, die Ende der 1960er-Jahre erstmals den Protest der Natur- und Umweltschutzorganisationen provozierte. Der Bund hatte bereits 1966 eine Expertenkommission unter der Leitung von Friedrich Baldinger vom Eidgenössischen Amt für Gewässerschutz eingesetzt, die das Problem der Erwärmung der Flüsse durch die geplanten AKWs untersuchen sollte. Nach der Veröffentlichung des Schlussberichts im März 1969 urteilten die zuständigen Bundesbehörden, dass es «gewisse einschränkende Bedingungen für den Betrieb der Atomkraftwerke» gebe.[358] Am 5. März 1971 beschloss der Bundesrat, dass für die noch nicht im Bau befindlichen AKWs die Flusswasserkühlung bis auf Weiteres nicht mehr gestattet werden könne.[359] Nicht die Angst vor dem atomaren Super-GAU löste den ersten Widerstand gegen die Atomenergie aus, sondern der Gewässerschutz, der sich um das saubere Trinkwasser und um das Wohlergehen der Fische sorgte.

Die bereits im Bau befindlichen AKWs in Beznau und Mühleberg wurden noch mit der Flusskühlung fertiggestellt. Bei der Inbetriebnahme von Beznau I 1969, Beznau II 1971 und Mühleberg 1972 gab es keine weiteren Proteste. Für die beiden geplanten AKWs in Leibstadt und in Kaiseraugst mussten die Elektro-Watt und die Motor-Columbus nun aber von der Flusskühlung auf Kühltürme umstellen. Der Gewässerschutz war damit zufrieden, allerdings protestierte nun der Landschaftsschutz. Als die Motor-Columbus im Juli 1971 den Bau von zwei 115 Meter hohen Kühltürmen ankündigte, löste dies eine Welle von Protesten aus. Die Vorstellung der gewaltigen Kühltürme mobilisierte die bisher eher zaghafte Opposition. Die Berner Zeitung Der Bund titelte «Der ‹Kühlturmkrieg› bricht los»,[360] und der Tourismusverein von Rheinfelden bezeichnete die Kühltürme als eine «Schockwirkung, eine seelische Belastung».[361] Aufgrund ihrer gigantischen Ausmasse wurden die Kühltürme einige Jahre später zum Symbol für eine menschenfeindliche Technik.[362]

Die Atomeuphorie hatte ihren Höhepunkt in der zweiten Hälfte der 1950er-Jahre erreicht. Im Verlauf der 1960er-Jahre verflüchtigte sie sich allmählich, ohne dass sich jedoch bereits Widerstand artikuliert hätte. Erstaunlicherweise verlor die Öffentlichkeit genau zu dem Zeitpunkt das Interesse an der Atomtechnologie, als diese «von der futuristischen Utopie zur technisch-industriellen Realität überging», wie der Historiker Patrick Kupper festgestellt hat.[363] Die Raumfahrt und der «Wettlauf zum Mond» zwischen den USA und der Sowjetunion waren nun plötzlich faszinierender als der Bau der ersten industriellen AKWs. Der Verwaltungsrat der Motor-Columbus Michael Kohn, der ab den 1960er-Jahren einer der schweizweit entschiedensten Verfechter der Atomenergie war und dafür den Spitznamen «Atompapst» erhielt, musste im April 1969 konstatieren: «Der anfänglichen Euphorie der Atomenergie ist eine gewisse Ernüchterung gefolgt.»[364] Ein Jahr später, 1970, meinte er sogar, dass in der Schweiz der Eintritt ins Atomzeitalter «mit grossen ‹Geburtswehen›» verbunden sei.[365]

«Der anfänglichen Euphorie der Atomenergie ist eine gewisse Ernüchterung gefolgt.»
Michael Kohn, VR Motor-Columbus, 1969

«1968» als historischer Wendepunkt

Die anfängliche Euphorie war Ende der 1960er-Jahre einer Ernüchterung gewichen. In den 1970er-Jahren schlug diese in heftigen Widerstand um. Die Revolte von 1968 wurde auch für die Atomenergie zum historischen Wendepunkt. Die kulturelle Rebellion und der politische Protest der Jugendlichen, die im Jahr 1968 gleichzeitig weltweit auf die Strassen gingen, veränderten die Gesellschaft und Kultur nachhaltig. Ausgehend von den Vorbildern in den USA, in Frankreich und Deutschland fanden 1968 mit einiger zeitlicher Verzögerung auch in der Schweiz Proteste von Jugendlichen statt.[366] Die Atomenergie war nicht die Ursache, die Proteste entzündeten sich Ende der 1960er-Jahre vor allem am Vietnamkrieg. Die 1968er-Bewegung führte im Verlauf der 1970er-Jahre jedoch zur Entstehung einer Vielzahl neuer sozialer Bewegungen, darunter auch der Umweltbewegung, welche die zunehmenden ökologischen Probleme als ein Symptom für die Krise der gesamten westlichen Zivilisation ansahen.

In der Folge geriet auch die vorherrschende Fortschrittsideologie, die wie selbstverständlich davon ausging, dass sich die Entwicklung der Menschheit in der zunehmenden technischen Beherrschung der Natur und in einem stetig wachsenden Wohlstand ausdrücke, in die Kritik. Der Glaube an den technischen Fortschritt und an das stetige wirtschaftliche Wachstum hatte erhebliche Risse bekommen. Die Studentenbewegung übte grundsätzliche Kritik an der westlichen Konsumgesellschaft, an deren unstillbarem Energiehunger, an der hemmungslosen Verschwendung von Rohstoffen und an der damit verbundenen Umweltzerstörung.[367] Wie in vielen anderen Ländern erhielt der Umweltschutz auch in der Schweiz ab 1970 einen neuen gesellschaftlichen Stellenwert. Am 6. Juni 1971 befürworteten 92,7 Prozent der Stimmenden die Aufnahme eines Artikels zum Umweltschutz in die Bundesverfassung. Gleichzeitig wurde ein neues Bundesamt für Umweltschutz geschaffen, und die neu gegründeten Umweltschutzorganisationen schossen wie Pilze aus dem Boden.[368] In den Meinungsumfragen der 1970er-Jahre wurde der Umweltschutz als das dringendste Problem der Gegenwart bezeichnet.[369]

Auch die heutige Grüne Partei der Schweiz hat ihre Wurzeln in den frühen 1970er-Jahren. Im Dezember 1971 wurde in der Stadt Neuenburg die erste regionale Grüne Partei der Schweiz gegründet, um ein Autobahnprojekt zu verhindern. 1972 wurde das Mouvement populaire pour l'environnement auf Anhieb mit 8 von 41 Sitzen ins Gemeindeparlament gewählt. Der Wahlerfolg der Neuenburger erregte in der ganzen Westschweiz grosses Aufsehen. 1978 zog daraufhin das Groupement pour la protection de l'environnement in Lausanne ins Kantonsparlament ein und stellte mit Daniel Brélaz den ersten grünen Nationalrat. In der Deutschschweiz entstanden in den 1970er-Jahren ebenfalls zahlreiche Grüne Parteien und Gruppierungen, darunter etwa die Grüne Partei Kanton Zürich und die Freie Liste Bern. Beim Versuch der Gründung einer gesamtschweizerischen Grünen Partei kam es dann 1983 zur ideologischen Spaltung. Den «Gurken-Grünen» (Ökologie als Hauptprogramm), die eher gemässigte, bürgerliche Werte vertraten, standen die «Melonen-Grünen» (aussen grün, innen rot) gegenüber, die sich im Windschatten der 1968er-Bewegung aus links-alternativen Gruppen zusammensetzten.[370]

1972 veröffentlichte der Club of Rome, ein Verbund internationaler Wissenschaftler, in St. Gallen die Studie *Die Grenzen des Wachstums*.[371] Die Studie traf den Nerv der Zeit und fand weltweit ein enormes Echo. Über 30 Millionen Exemplare in 30 Sprachen wurden verkauft. Die unter der Leitung des US-amerikanischen Ökonomen Dennis Meadows am Massachusetts Institute of Technology (MIT) erarbeitete Studie präsentierte anhand von Computersimulationen verschiedene Szenarien zur zukünftigen Entwicklung der Weltwirtschaft.[372] Die Szenarien ergaben, dass beim derzeitigen Wirtschaftswachstum und der vorhandenen Bevölkerungsexplosion durch die begrenzte Verfügbarkeit von Nahrungsmitteln und Rohstoffen die Weltwirtschaft noch vor dem Jahr 2100 zusammenbrechen werde. «Wenn die gegenwärtige Zunahme der Weltbevölkerung, der Industrialisierung, der Umweltverschmutzung, der Nahrungsmittelproduktion und der Ausbeutung von natürlichen Rohstoffen unverändert anhält, werden die absoluten Wachstumsgrenzen auf der Erde im Laufe der nächsten hundert Jahre erreicht.»[373]

Die Ölkrise 1973 sorgte für einen weiteren Schock. Im Oktober 1973 brach der Yom-Kippur-Krieg aus, woraufhin die wichtigsten arabischen Staaten kurzerhand den Ölhahn zudrehten, um die westlichen Industriestaaten für ihre pro-israelische Politik zu bestrafen. Der Export von Öl sollte so lange reduziert werden, bis sich Israel aus dem besetzten Sinai und den Golanhöhen zurückzog. Das Öl wurde knapp und teuer. Die betroffenen Länder reagierten mit Sparmassnahmen, Benzinrationierungen und Geschwindigkeitsbegrenzungen. Der Bundesrat verordnete drei autofreie Sonntage. Das Öl machte Anfang der 1970er-Jahre in der Schweiz knapp 80 Prozent des Energieverbrauchs aus. Die Ölkrise 1973 zeigte erneut die Abhängigkeit der Energieversorgung vom Ausland auf. In der Folge versuchte man, das Öl verstärkt durch andere Energiequellen wie die Atomenergie, das Gas oder durch die erneuerbaren Energien zu ersetzen.

Die Ölkrise verlieh der Atomenergie zunächst einen neuen Schub. Die Schweizerische Vereinigung für Atomenergie (SVA) gab im Dezember 1973 eine Meinungsumfrage in Auftrag. 65 Prozent der befragten Personen hielten den Bau neuer AKWs für notwendig, und nur 19 Prozent vertraten die gegenteilige Meinung. Die Umweltschutzorganisationen hingegen interpretierten die Ölkrise als ein Vorbote dessen, was in wenigen Jahrzehnten in Form einer ökologischen Krise auf die Menschheit zukommen werde.[374] Verstärkt wurde das Krisenbewusstsein in den darauffolgenden Jahren durch die schwerste Wirtschaftskrise, die Europa seit dem Zweiten Weltkrieg erlebt hat. Mit der Rezession von 1973 bis 1977 endete die seit den 1950er-Jahren andauernde lange Phase der Hochkonjunktur. In den westlichen Industrieländern kam es zu einer «epochalen wirtschaftsgeschichtlichen Zäsur […], die das Ende der Nachkriegszeit und des ununterbrochenen Wachstums markierte».[375] Das goldene Zeitalter ging damals jäh zu Ende. In der Schweiz wurden 340 000 Stellen abgebaut, wobei 230 000 Stellen ausländische Arbeitskräfte betrafen, die 1975 und 1976 nicht mehr in die Schweiz einreisen durften.[376]

Die Besetzung von Kaiseraugst

Am 23. März 1966 hatte die Motor-Columbus den Bau eines AKWs in Kaiseraugst bei Rheinfelden im Kanton Aargau angekündigt. Das Projekt stiess in der Gemeinde Kaiseraugst vorerst auf keinen Widerstand. Einen Tag zuvor hatte die Motor-Columbus die Bevölkerung in Kaiseraugst in einer Gemeindeversammlung über ihr Vorhaben informiert. «Die Stimmung in der sehr gut besuchten Versammlung war uns wohlwollend geneigt und man darf wohl sagen, dass wir politisch gelandet sind», bemerkte Verwaltungsrat Michael Kohn.[377] Nur eine gewisse Nora Casty störte die Versammlung mit kritischen Einwänden. Im März 1969 sorgte dann die Veröffentlichung des sogenannten Expertenberichts Baldinger für Furore, der sich aufgrund des Gewässerschutzes gegen eine Flusswasserkühlung der AKWs aussprach. Die Gegner des AKWs in Kaiseraugst organisierten sich daraufhin, angeführt von Richard Casty, dem Ehemann von Nora Casty, in der Gruppe «Kaiseraugster für gesundes Wohnen». Die Gegner des Projekts waren nicht grundsätzlich gegen die Atomenergie, sondern lehnten lediglich den Standort Kaiseraugst ab, da sie wünschten, dass sich Kaiseraugst zu einer Wohn- und nicht zu einer Industriegemeinde entwickeln sollte.[378] Die Befürworter des AKW Kaiseraugst gründeten unter der Leitung von Grossrat Hans Rotzinger das Aktionskomitee Kernkaftwerk Kaiseraugst. Das AKW versprach der Gemeinde Steuereinnahmen von jährlich 546 100 Franken und lukrative Aufträge für das lokale Gewerbe. Am 17. August 1969 überwogen die Ja-Stimmen zum Bau des AKWs mit 174 zu 125. Am 15. Dezember 1969 erteilte CVP-Bundesrat Roger Bonvin, der damalige Vorsteher des Eidgenössischen Verkehrs- und Energiewirtschaftsdepartements (EVED), die Standortbewilligung.

Als die Motor-Columbus am 5. Mai 1970 beim Bund ein Konzessionsgesuch für ein AKW mit Flusswasserkühlung einreichte, gründeten die Gegner des Projekts am gleichen Tag in Rheinfelden das Nordwestschweizerische Aktionskomitee gegen das Atomkraftwerk Kaiseraugst (NAK). Die Gruppierung war nicht grundsätzlich gegen den Bau von AKWs. Sie kritisierte das Projekt in Kaiseraugst wegen der Flusswasserkühlung, aufgrund seiner Nähe zur Stadt Basel und wegen des fehlenden Mitspracherechts. Zu den Gründungsmitgliedern gehörten FDP-Ständerat Werner Jauslin, der FDP-Parteipräsident der Stadt Basel, Fritz Bertschmann, die beiden LdU-Politiker Erwin Schwarz und Hansjürg Weder, SP-Politiker Alexander Euler, der Physiker Peter Niklaus und der Architekt Ernst Egeler. Zum ersten Präsidenten wurde der LdU-Politiker Hans Schneider gewählt. In den folgenden Jahren wurde das NAK in der Region Basel zum Sammelbecken des Widerstands gegen das AKW Kaiseraugst. Politiker aller Parteien, Staatsangestellte, Wissenschaftler und Geschäftsleute gehörten ihm an. Anfang 1972 zählte das NAK bereits 1200 Einzelmitglieder und 14 Gemeinden des Rheintals als Kollektivmitglieder. Die Gruppierung gab zusammen mit anderen Organisationen die *Regionalzeitung* mit einer Auflage von gegen einer Million Exemplare heraus und übte einen massgeblichen Einfluss auf die Meinungsbildung in der Region Basel aus.[379]

Nachdem der Bundesrat am 5. März 1971 beschlossen hatte, dass die zukünftigen AKWs von der Flusskühlung auf Kühltürme umstellen müssten, kündigte die Motor-Columbus im Juli 1971 den Bau von zwei 115 Meter hohen Kühltürmen an. Daraufhin kippte in der Gemeinde Kaiseraugst die Stimmung. Die Abstimmung über die Frage «Wollt ihr dem geplanten Kernkraftwerk mit Kühltürmen zustimmen?» an der Gemeindeversammlung vom 15. Juni 1972 ergab 279 Nein- gegen 88 Ja-Stimmen. Der Regierungsrat des Kantons Aargau wies daraufhin am 27. November 1972 den Gemeinderat Kaiseraugst an, die Baubewilligung trotzdem zu erteilen. Die Beschwerde gegen diese Anweisung durch die Gegner wurde am 10. Mai 1973 vom Verwaltungsgericht des Kantons Aargau und am 13. August 1973 vom Bundesgericht abgelehnt. Der Gemeinde Kaiseraugst wurde damit das Mitspracherecht für die Erteilung der Baubewilligung entzogen. Die *Neue Zürcher Zeitung* hatte bereits am 16. Juni 1972 geschrieben: «Bei allem Respekt vor den demokratischen Institutionen unseres Landes kann nicht übersehen werden, dass eine einzelne Gemeinde mit der Aufgabe, einen solch weitsichtigen und ihren sonstigen Aufgabenbereich in jeder Hinsicht sprengenden Entscheid zu fällen, eindeutig überfordert wird.»[380]

Nachdem die rechtlichen Mittel der Gegner vollständig ausgeschöpft waren, radikalisierte sich deren Widerstand. Das NAK änderte den Namen in Nordwestschweizer Aktionskomitee gegen Atomkraftwerke (NWA) und bekämpfte in der Folge den Bau von AKWs generell. Im November 1973 entstand im Kreis der Basler Jungsozialisten zudem die Gewaltfreie Aktion Kaiseraugst (GAK). Hauptinitiator und späterer GAK-Präsident war der Politologiestudent Ruedi Epple. «Wir arbeiteten losgelöst vom NWA. Der Resignation, die sich in den Reihen der AKW-Gegner einschlich, mussten neue Ideen entgegengesetzt werden», erinnerte sich später der Mitinitiant Peter Scholer.[381] Der Kampf um mehr Basisdemokratie, die Methode des gewaltfreien Widerstands und das Ziel einer ökologischen Gesellschaft prägten die Grundsatzerklärung der GAK. Deren Ziele waren: «1. Baustopp des Atomkraftwerkes Kaiseraugst, bis in der Region ein demokratischer Entscheid der betroffenen Bevölkerung vorliegt. 2. Gesamtenergiekonzeption unter Berücksichtigung der ökologischen Grenzwerte unseres Lebensraumes. 3. Einschränkung der Energieverschwendung und Entwicklung anderer Energieformen. 4. Alternativen zum exponentiellen Wirtschaftswachstum.»[382]

Die Kerngruppe umfasste rund 25 Personen. «Ein buntes Gemisch von Leuten: Junge, Alte, Linke, Konservative...», erinnerte sich Peter Scholer.[383] Nachdem der Gemeinderat von Kaiseraugst am 5. Dezember 1973 die Baubewilligung erteilt hatte, führte die GAK zwischen Weihnachten und Neujahr während fünf Tagen eine erste «symbolische Besetzung» auf dem Baugelände durch. «Wir holten dazu die Bewilligung bei der Motor-Columbus ein – erstaunlich, dass wir die kriegten!», schrieb Peter Scholer.[384] Ausgehend von den 400 Teilnehmenden des «Probe-Hocks» aus den umliegenden Dörfern bildete die GAK in einer «Dorf-zu-Dorf-Kampagne» eine breite Basis für ihren Widerstand. Anfang April 1974 existierten in den Gemeinden der Region bereits 20 Ortsgruppen, in denen zwischen 200 und 300 Aktivisten organisiert waren. Am 29. September 1974 nahmen an einer Anti-AKW-Kundgebung auf dem Baugelände rund 6000 Menschen teil.[385]

Ab 1974 stiessen auch die Organisationen an den beiden Rändern des politischen Spektrums zur Opposition. Von ganz links bis rechts aussen waren schliesslich alle politischen Parteien vertreten. Im Wintersemester 1967/68 war an der Universität Basel die Progressive Studentenschaft entstanden, die 1970 die Progressive Organisation Basel bildete. 1971 schloss sich diese mit anderen Organisationen zu den Progressiven Organisationen der Schweiz (POCH) zusammen. In mehreren Kantonen der Deutschschweiz startete die POCH politische Initiativen im Bereich der Sozial- und Umweltpolitik und versuchte, den Debatten, ausgehend von ihrer marxistischen Ideologie, eine klassenkämpferische Richtung zu geben. Daneben wurde auch die Revolutionäre Marxistische Liga (RML), die als eine trotzkistische Abspaltung von der Partei der Arbeit der Schweiz (PdA) ihre Basis in der Westschweiz hatte, in der ökologischen Bewegung aktiv. Schliesslich schlossen sich rechtspopulistische Organisationen wie die Nationale Aktion und die Republikanische Bewegung den Anti-AKW-Protesten an und engagierten sich ab 1975 in den überparteilichen Bewegungen gegen Atomkraftwerke.[386]

Die AKW-Gegner hatten in der Region Basel enorm an Boden gewonnen. Die Akzeptanz des AKW Kaiseraugst begann dramatisch zu bröckeln. Während die AKWs in Beznau und Mühleberg noch ohne nennenswerten Widerstand gebaut werden konnten, regte sich in Kaiseraugst erstmals lauthals Protest, der schliesslich in einen Widerstand von bisher nicht da gewesener Heftigkeit kulminierte.[387] Er ging Anfang der 1970er-Jahre von der Stadt Basel aus. Ab 1974 dehnte sich der Protest immer mehr aus. Kaiseraugst wurde zum nationalen Politikum und zum Symbol für den Widerstand gegen die Atomenergie. Gleichzeitig weitete sich die öffentliche Diskussion vom Kühlwasser und den Kühltürmen auf die Gefahren der Radioaktivität aus. Hinzu kam, dass jenseits der Grenzen im badischen Wyhl ebenfalls eine Widerstandsbewegung gegen das dort geplante AKW entstanden war.

Am 18. Februar 1975 hatten in Wyhl am Kaiserstuhl, rund 30 Kilometer von Freiburg im Breisgau entfernt, etwa 300 Demonstranten das Baugelände des geplanten AKW besetzt. Nach der Räumung durch die Polizei und der Errichtung von Stacheldrahtzäunen gelang es etwa 3000 Personen, den Polizeikordon zu durchbrechen und den Bauplatz zurückzuerobern. «Es kam uns zugute, dass im selben Zeitraum das A-Werkgelände in Wyhl besetzt war. Die Erfahrungen, die wir dort und in Marckolsheim gesammelt hatten, bestärkten uns. Ohne diese Aktionen im Elsass und in Baden wäre es vermutlich nie so weit gekommen», erinnerte sich Peter Scholer.[388] Die Geschäftsleitung des AKW Kaiseraugst reiste am 17. März 1975 zusammen mit dem Polizeikommandanten des Kantons Aargau, Felix Simmen, ebenfalls nach Wyhl, um dort vor Ort einen Augenschein zu nehmen. Ulrich Fischer, Direktor der Kernkraftwerk Kaiseraugst AG, erinnerte sich später folgendermassen an diese Exkursion: «Die Möglichkeit der Extremisten, im Zusammenhang mit der Errichtung eines Kernkraftwerks die Bevölkerung bis weit in bürgerliche Kreise hinein (so die Weinbauernbevölkerung des Kaiserstuhls) zu fanatisieren, musste auch uns Schweizer tief beunruhigen.»[389]

Trotz der ablehnenden Haltung der Bevölkerung in der Region begann die Kernkraftwerk Kaiseraugst AG am 24. März 1975 ohne Vorankündigung mit dem Aushub, obwohl sie vom Bund noch keine nukleare Baubewilligung erhalten hatte. In einem Interview in der Basler *National-Zeitung* vom 25. März 1975 sagte Ulrich Fischer auf die Frage, ob das Gelände in Kaiseraugst auch von Demonstranten besetzt werden könnte, die «vernünftige Bevölkerung» lasse sich zu derartigen Aktionen nicht verführen.[390] Die GAK besetzte daraufhin am frühen Morgen des 1. April 1975 das Baugelände in Kaiseraugst. Die NWA stellte es ihren Mitgliedern frei, an der Besetzung mitzuwirken, lehnte aber als Verein eine Mitverantwortung ab. «Am Montag, dem 1. April, war das AKW-Gelände besetzt. Wir rechneten mit der Räumung durch die Polizei. Sie blieb aus ... Gegen Ende der Woche gaben wir uns mit dem Erreichten zufrieden: Ca. 200 Personen besetzten eine Woche lang und zeigten mit dieser entschlossenen Handlungsweise ihren Willen. Wir stellten uns am Samstag einen gelungenen Abschluss durch die mit dem NWA gemeinsam geplante Kundgebung vor», erinnerte sich Peter Scholer.[391]

Ein Grossteil der Bevölkerung solidarisierte sich mit den Besetzerinnen und Besetzern. Die GAK hatte mit ihrer Besetzung die ganze Region mobilisiert. Am 6. April 1975 pilgerten bei regnerischem, kaltem Wetter 15 000 Personen aufs Baugelände. Diese Kundgebung wurde zum Auftakt für eine grenzüberschreitende Volksbewegung. Vom südbadischen Raum über Lausanne, Zürich bis an den Bodensee entstanden um die 40 Bürgerinitiativen, die sich gegen den Bau von Kaiseraugst engagierten.[392] «Die linken Kreise wollten die Besetzung nicht abbrechen. Als dann am Samstag Tausende trotz Schnee und Morast zur Kundgebung auf das Gelände strömten, kippte die Stimmung bei uns schlagartig um: Wir konnten nicht aufhören, wir mussten weiterbesetzen», erinnerte sich Peter Scholer.[393] Am 18. April 1975 nahmen an einer Demonstration auf dem Bundesplatz in Bern 18 000 Menschen teil. Der starke Rückhalt, den die Besetzerinnen und Besetzer in der Region Basel und in der ganzen Schweiz fanden, machte klar, dass es sich bei den AKW-Gegnern nicht nur um ein marginales Grüppchen von fanatischen Idealistinnen und gewaltbereiten Chaoten handelte, sondern um eine soziale Bewegung, die von einer breiten Bevölkerung unterstützt wurde. Mehr als 170 Verbände und Parteien bekundeten ihre Solidarität mit den Besetzerinnen und Besetzern von Kaiseraugst.[394]

Aus Sicht der Geschäftsleitung der Kernkraftwerk Kaiseraugst AG wurde die Bevölkerung während der Besetzung in Kaiseraugst durch einige wenige militante Extremisten manipuliert. «Nirgends als in Kaiseraugst ist es bisher den militanten Systemveränderern gelungen, eine so breite Bevölkerungsschicht hinter sich zu scharen», schrieb Ulrich Fischer.[395] Die «falschen Propheten» hätten die unwissende Bevölkerung mit ihren «Greuelmärchen» in die Irre geführt.[396] «Für militante Systemveränderer aus der Schweiz und aus dem benachbarten Ausland stellt die Besetzungsaktion in Kaiseraugst einen Modellfall für die Möglichkeit dar, das Funktionieren der Mechanismen einer rechtsstaatlichen Demokratie in Frage zu stellen. Da im Volk eine – wenn auch unbegründete – latente Atomangst vorhanden ist, konnte es den Agitatoren gelingen, grosse Teile der an sich keineswegs aufwiegerisch veranlagten Bevölkerung mittels Schüren von Angstgefühlen für ihre Absichten dienstbar zu machen, ohne dass diese realisierten, worum es in Wirklichkeit ging», meinte Ulrich Fischer.[397] Auf einem Plakat der Befürworter des AKWs in Kaiseraugst war zu lesen, der Rechtsstaat sei in Gefahr. Die Schweiz werde «im Sinn der Baader-Meinhof-Gruppe» von «Extremisten» unterwandert.[398]

Die Besetzung von Kaiseraugst führte in der Presse schweizweit zu hitzigen Diskussionen über die Atomenergie, aber auch über die Demokratie und Rechtsstaatlichkeit. In der Beurteilung der Besetzung war die Presse geteilt. Die Basler *National-Zeitung* schrieb, die Grossdemonstration habe gezeigt, dass der «Widerstand gegen die Atom-Stromfabrik vor den Toren der Stadt Basel» nicht nur «von ein paar Dutzend Polit-Desperados» getragen werde, «die nach Lust und Laune den Rechtsstaat mit Füssen treten».[399] Der Berner *Bund* legte demgegenüber dar, dass aufgrund des steigenden Energieverbrauchs kein Weg an neuen AKWs vorbeiführen werde. «Im übrigen wäre doch wohl auch an die Besetzer die Frage zu richten, wie viele auf Annehmlichkeiten unserer energieverschlingenden Zivilisation wie Bad, Abwaschmaschinen, Fernsehgeräte usw. zu verzichten bereit wären.»[400] Die *Neue Zürcher Zeitung*, das Luzerner *Vaterland* sowie das *Aargauer* und *Badener Tagblatt* vertraten die Interessen der Kernkraftwerk Kaiseraugst AG. Die Basler *National-Zeitung* und der Zürcher *Tages-Anzeiger* zeigten demgegenüber mehr Verständnis für die Besetzerinnen und Besetzer. Das Schweizer Fernsehen wurde von der Geschäftsleitung der Kernkraftwerk Kaiseraugst AG ebenfalls verdächtigt, mit seiner Berichterstattung gezielt Sympathien für die Besetzerinnen und Besetzer zu wecken. «Jedes kleinste Ereignis in und um Kaiseraugst wurde aufgebauscht und dem auf Sensationen erpichten Publikum verfüttert. Die Ausgestaltung der Beiträge weckte zudem eindeutig Sympathien für die

> «Nirgends als in Kaiseraugst ist es bisher den militanten Systemveränderern gelungen, eine so breite Bevölkerungsschicht hinter sich zu scharen.» Ulrich Fischer, Direktor AKW Kaiseraugst AG, 2013

Besetzer und liess Behörden und Bauherrschaft, wenn diese einmal zu Worte kamen, in einem möglichst negativen Licht erscheinen», schrieb Ulrich Fischer.[401]

Auf dem besetzten Baugelände entstand innerhalb weniger Tage ein Hüttendorf. Es wurden Zelte aufgestellt, Fahnen gehisst und Transparente aufgespannt. Die Atmosphäre im Protestcamp war eine Mischung aus Pfadi-Lager und Woodstock. Die Hippie-Kultur machte sich breit. Die Jugendlichen sassen ums Lagerfeuer, musizierten, sangen und tanzten. Ein buntes Gemisch von Menschen fand sich zusammen, junge Revoluzzer, Familien mit Kindern, ältere Menschen, Handwerker, Professoren, Hausfrauen, Künstler und Bauern. Es wurde diskutiert, informiert, gebaut, gewaschen und gekocht. Bauern fuhren mit Kühen auf, und zwischen den Zelten weideten die Schweine. Auf dem Gelände wurden Hütten, Baracken, eine Kantine, ein Kinderhaus und in der Mitte ein grosses Rundhaus gebaut, wo die Versammlungen abgehalten wurden. Die Vollversammlung etablierte sich schnell zum «obersten Organ der Aktion». Auf einer improvisierten Bühne wurden flammende Reden gehalten, den Bau des AKWs zu stoppen, bis ein demokratischer Volksentscheid vorliege. Im Wind flatterten die Transparente mit politischen Parolen wie «AKW-Gegner aller Länder vereinigt euch!», «Demokratie statt Technokratie» oder «Der Wahn ist kurz, die Reu ist lang». Die Besetzung dauerte über elf Wochen, bis am 12. Juni 1975.[402]

Die Besetzerinnen und Besetzer stellten vier Forderungen: 1. einen sofortigen Baustopp, 2. eine meteorologische Oberexpertise, 3. eine Gesamtenergie-Konzeption und 4. einen demokratischen Volksentscheid. Aus der Sicht der Kernkraftwerk Kaiseraugst AG war die Besetzung ein kriminelles Vergehen. Die AKW-Gegner entgegneten, der illegale Akt der Besetzung sei notwendig gewesen, da sämtliche legalen Mittel bereits ausgereizt waren. Sie sei aus reiner Notwehr erfolgt, da es für die Bevölkerung kein demokratisches Mittel mehr gegeben habe, um sich gegen das AKW zu wehren. «Das Gesetz sagt, es sei illegal. Wir haben das Gefühl, wir seien im Recht, weil die Bevölkerung übergangen wurde», sagte Peter Scholer damals einer Reporterin des Schweizer Fernsehens.[403] Aus der Sicht der Kernkraftwerk Kaiseraugst AG war die Besetzung eine illegale Aktion, die den Rechtsstaat untergrabe. «Die Behörden von Bund und Kanton verfügten offensichtlich nicht über die nötigen Mittel, um den rechtmässigen Zustand ohne massive Zugeständnisse an die Rechtsbrecher wieder herzustellen. Nach diesen turbulenten Ereignissen mussten wir zum wenig ermutigenden Schluss kommen, dass unsere Institutionen den Anforderungen, welche in der heutigen Zeit an den Staat gestellt werden, nicht mehr genügen. Unsere rechtsstaatlichen, demokratischen und freiheitlichen Einrichtungen werden allmählich preisgegeben, wenn wir nicht dafür sorgen, dass diesen Gegenelementen, welche andere Ideale haben, wirksam entgegengetreten werden kann», schrieb Ulrich Fischer.[404]

Die Räumung durch die Polizei blieb aus, da offenbar niemand die Verantwortung dafür übernehmen wollte. «Dazu kam, dass ein Hilfegesuch des Kantons Aargau um polizeiliche Unterstützung wochenlang von den angesprochenen Kantonen zum Bund und zurückgeschoben wurde, weil jeder Angst hatte, sich politisch die Finger zu verbrennen», schrieb Ulrich Fischer.[405] Der SP-Regierungsrat des Kantons Aargau, Louis Lang, hätte gerne ein Räumungskommando nach Kaiseraugst geschickt, doch verfügte er schlicht nicht über genug Polizisten. «Er habe nur 238 Polizisten, ‹der mit dem Holzbein mitgezählt›, gestand er mir mal», erinnerte sich später der damalige SP-Präsident und Basler Nationalrat Helmut Hubacher.[406] CVP-Bundesrat Kurt Furgler und SVP-Bundesrat Rudolf Gnägi wollten das besetzte Baugelände durch die Armee räumen lassen. SP-Bundesrat Willi Ritschard, der damalige Vorsteher des EVED, drohte mit seinem Rücktritt, falls es zum Armeeeinsatz kommen sollte und Soldaten gegen Demonstranten aufmarschieren würden.[407]

Für Willi Ritschard wurde Kaiseraugst zur Zwickmühle. 1973 hatte er als überzeugter Befürworter der Atomenergie das EVED übernommen. Er glaubte, dass die Schweiz die Atomenergie für die Energieversorgung brauche, darum waren die AKWs für ihn ein notwendiges Übel. Ab 1973 wandte sich jedoch die junge Generation in der SP Schweiz von der Atompolitik der damaligen Parteiführung und ihrem Bundesrat ab.[408] Am Parteitag der SP vom Mai 1974 forderten diverse Sektionen – allen voran die SP Baselland – ein grundsätzliches Umdenken in der Energiepolitik. Sie verlangten mehr demokratische Kontrolle und eine neue, umfassende Energiestrategie.[409] Im September 1974 begründete Willi Ritschard sein Engagement für die Atomenergie gegenüber seinen Parteigenossen wie folgt: «Glauben sie mir, mein Entscheid für die Atomkraftwerke fällt mir nicht leicht und wird mich dauernd belasten. Es ist kein Herzensentscheid und ich kenne alles Negative, was mit ihm verbunden ist. Mein Entscheid ist ein persönlicher Kompromiss. Wir leben zwar in einer Art Wohlstand. Es geht dem Arbeiter heute sicher viel besser als noch vor einigen Jahren, aber der Schritt von diesem Wohlstand zur Armut ist klein – da gibt es keine grosse Spanne. Wer auf seinen regelmässigen Lohn angewiesen ist und von Mitte Monat an sehnlichst darauf wartet – also ein Lohnabhängiger –, der ist von jener Stunde an, wo er keinen mehr erhält, zum Armen geworden. Ich möchte nicht in persönlicher Sentimentalität machen, aber glaubt mir, ich weiss, was arm sein heisst, und ich fürchte mich davor. Andere Gründe für den Bau eines Atomkraftwerks gibt es für mich nicht. Aber es gibt Gründe genug, die mich skeptisch machen und deshalb werde ich mich immer und überall für die kleinlichsten Sicherheitsmassnahmen einsetzen.»[410]

Nach der Besetzung von Kaiseraugst 1975 geriet Willi Ritschard immer mehr zwischen die Fronten. Beim Treffen mit dem Verband Schweizerischer Elektrizitätswerke (VSE) am 24. April 1975 verurteilte er die Besetzung als «illegal». Direkte Gespräche mit den Besetzerinnen und Besetzern kamen für ihn nicht infrage. Von seiner eigenen Partei, namentlich vom damaligen Parteipräsidenten Helmut Hubacher, wurde er jedoch dazu gedrängt, mit den Besetzerinnen und Besetzern zu verhandeln. Nach einem langwierigen Hin und Her zwischen Behörden und Besetzern willigte er schliesslich ein und erklärte sich zu Verhandlungen bereit, wenn die Besetzer vorher das Gelände räumen würden. Nach langem Seilziehen stimmten beide Seiten den Verhandlungen zu. Die Motor-Columbus garantierte während der Verhandlungen vom Juli bis September 1975 einen Baustopp und verzichtete vorläufig auf das Errichten eines Stacheldrahtzauns. Das Expertengespräch zwischen dem Bund, der Motor-Columbus und den Besetzern zog sich immer mehr in die Länge. Im Oktober und November 1975 fand eine zweite Verhandlungsrunde statt, die ebenfalls ohne ein konkretes Ergebnis zu Ende ging. Die Fronten waren bereits zu stark verhärtet, als dass ein tragfähiger Kompromiss zwischen den Befürwortern und den Gegnern hätte gefunden werden können.

Die ideologische Spaltung der Gesellschaft

«Die Atomenergie spaltete ab 1975 die schweizerische Gesellschaft», zu diesem Schluss kam Patrick Kupper in seiner historischen Studie zum gescheiterten Kaiseraugst-Projekt.[411] Seit der Besetzung von Kaiseraugst gab es in der Schweiz Befürworter und Gegner der Atomenergie, die beide beharrlich ihre jeweiligen politischen Positionen vertraten und sich teilweise wie in einem Glaubenskrieg mit einem glühenden, religiösen Eifer bekämpften. Ein Kompromiss zwischen den Befürwortern und Gegnern schien kaum noch möglich. In den folgenden Jahren kam es zu keiner Annäherung der gegensätzlichen

Standpunkte mehr, vielmehr verschärften sich die politischen Konflikte. Der ideologische Machtkampf zwischen den Befürwortern und den Gegnern spitzte sich zu und drohte zeitweise in gewalttätige Auseinandersetzungen zu eskalieren. Während linksextreme Gruppierungen innerhalb der Anti-AKW-Bewegung Ende der 1970er-Jahre zum Terrorismus übergingen, bildeten sich auf der rechten Seite radikale Bürgerwehren, die auf Flugblättern mit Selbstjustiz drohten.

Kaiseraugst wurde zum Symbol des Widerstands der Anti-AKW-Bewegung. Man begann in der ganzen Schweiz über Atompolitik zu diskutieren. Der Bau von AKWs wurde zu einem nationalen, öffentlichen Thema. Kaiseraugst war zum «Kristallisationspunkt» einer politischen Debatte geworden, bei der es bald nicht mehr nur um das von der Motor-Columbus geplante AKW ging, sondern ganz generell um die Zukunft der Atomenergie in der Schweiz. «Der besetzte Platz wurde zu einem Treffpunkt engagierter Atomkraftgegner verschiedenster Couleurs sowie zu einem Kristallisationspunkt von Diskursen über Atomenergie, Demokratie, Rechtsstaat, Föderalismus, Wirtschaftswachstum und Umweltschutz», schrieb der Historiker David Häni in seiner Studie über die Bewegung gegen das AKW Kaiseraugst.[412] Nach der Besetzung von Kaiseraugst 1975 war die Atomenergie über Jahre hinweg das vermutlich umstrittenste politische Thema in der Schweiz. Kaiseraugst war der «Zankapfel» der energiepolitischen Debatte und der «Prüfstein» für die Atomindustrie. Darum hielt die Motor-Columbus weiterhin beharrlich an ihrem Entschluss fest, das AKW in Kaiseraugst zu bauen. Das Projekt in Kaiseraugst durfte nicht scheitern, da dies verheerende Folgen für die zukünftige Entwicklung der Atomenergie in der Schweiz nach sich ziehen würde.

Michael Kohn, der Direktor der Motor-Columbus, hatte das Projekt in Kaiseraugst bereits 1970, als sich der erste Protest wegen der Flusswasserkühlung bemerkbar machte, zum «Schicksal der Atomenergie» hochstilisiert. «Alles blickt daher auf Kaiseraugst, denn dort wird eigentlich der grundsätzliche Kampf pro und kontra ausgetragen. […] Ergibt sich eine Stagnation oder ein Rückschritt, so werden alle anderen Projekte ebenfalls blockiert sein.»[413] Ein Jahr später meinte er: «Wenn es hier nicht geht, geht es auch an einem anderen Ort nicht.»[414] Nach der Besetzung von Kaiseraugst durch die AKW-Gegner verbiss sich Michael Kohn umso mehr in sein Lieblingsprojekt. Im Vorfeld des Expertengesprächs zwischen dem Bund, der Motor-Columbus und den Besetzern sagte er: «Doch ist Kaiseraugst vielleicht gerade zum Symbol und zum Prüfstein dafür geworden, ob auch in einer komplexen Materie der Gedanke des Rechtsstaates gewahrt werden kann und ob bei der Lösung grosser, anspruchsvoller Aufgaben in unserem Staat ein objektives, sachliches Gespräch ohne Emotionen gefunden werden kann. Wenn das gelingt, könnte Kaiseraugst zu einem reinigenden Gewitter werden, wenn nicht, zu einem bedenklichen Beginn der Emotionalisierung und Verwilderung im politischen Geschehen.»[415] Im Hinblick auf die Auswirkungen eines Abbruchs des Kaiseraugst-Projekts fügte er hinzu: «Ein Verzicht auf Kaiseraugst würde eine Domino-Wirkung haben. Es könnte sich auch auf andere Vorhaben, auch im nicht-nuklearen Sektor verheerend auswirken.»[416] Der Feind musste am ersten Kriegsschauplatz gestellt und entschieden zurückgeschlagen werden.[417]

In den Augen der Atomindustrie gefährdete die Anti-AKW-Bewegung nicht nur die zukünftige Energieversorgung der Schweiz, sondern stellte auch eine Bedrohung für die Demokratie und den Rechtsstaat dar. Die AKW-Gegner wurden als verrückte Fanatiker, linksradikale Chaoten und kommunistische Agitatoren abgetan. Gemäss den düsteren Zukunftsprognosen des VSE drohte der Schweiz schon sehr bald eine gravierende Versorgungslücke, sollte das AKW Kaiseraugst nicht gebaut werden. Ein Atomausstieg würde unweigerlich zur Lähmung oder sogar zum Kollaps der Schweizer Volkswirtschaft führen. Der Versuch, die Anti-AKW-Bewegung und damit auch deren Argumente zu desavouieren, konnte jedoch nicht verhindern, dass sich die öffentliche Diskussion auf die Gefahren der Radioaktivität ausweitete. Die zahlreichen Solidaritätsbekundungen nach der Besetzung von Kaiseraugst von der äussersten Linken bis weit in die politische Mitte hinein hatten zudem klargemacht, dass die Anti-AKW-Bewegung zu einer ernst zu nehmenden politischen Kraft geworden war.

Umgekehrt entstand auf der Seite der Anti-AKW-Bewegung bald das Schreckgespenst des allmächtigen «Atomstaats». Der deutsche Wissenschaftsjournalist Robert Jungk entwarf in seinem Buch *Der Atomstaat* (1977) die Horrorvision eines totalitären Überwachungsstaats. Im Vorwort schrieb er, er habe das Buch «in Angst und Zorn geschrieben. In Angst um den drohenden Verlust der Freiheit und Menschlichkeit, in Zorn gegen jene, die bereit sind, diese höchsten Güter für Gewinn und Konsum aufzugeben».[418] Die Gefahr, dass sich Terroristen Zugang zu den AKWs verschaffen oder dass radioaktives Material in unbefugte Hände geraten könnte, würde letztlich als eine Rechtfertigung für eine immer weitergehende Einschränkung der Freiheit missbraucht. Die Verhinderung des Terrorismus erzwinge immer mehr Überwachung. «Hinter dem wissenschaftlich-technischen Fortschritt verbirgt sich etwas, das zur Unterdrückung führt, menschenverachtend ist und im staatlichen Terrorismus endet... Natürlich wollen diese Menschen das Gute. Den Fortschritt, in der Medizin, der Energieversorgung, der Chemie. Sie behaupten kühn: Wir schaffen das. Aber sie setzen Zäune, brauchen Gewalt.»[419]

Unter den AKW-Gegnern verbreitete sich die Parole vom «Atomfilz». Der «Atomstaat» erschien als ein komplizierter, wenig durchsichtiger und kaum überschaubarer Filz, als ein mit enormer wirtschaftlicher und politischer Macht ausgestatteter anonymer Monolith.[420] Die verfilzte, ebenso omnipräsente wie undurchsichtige Atomlobby, welche die Wirtschaft und den Staat durchdringe, untergrabe mit ihren korrupten, geradezu mafiösen Geschäftspraktiken die Demokratie. Die Anti-AKW-Bewegung kultivierte das Feindbild einer miteinander verwachsenen und verklumpten Atomlobby, die den Staat bereits in Geiselhaft genommen habe, diesen nun für ihre geldgierigen Wirtschaftsinteressen erpresse und damit die Gesundheit und Sicherheit der Bürgerinnen und Bürger leichtfertig aufs Spiel setze.[421] Die Horrorvision eines totalitären Überwachungsstaats, wie sie Robert Jungk in seinem Buch nach dem Vorbild von George Orwells Roman *1984* entworfen hatte, war überspitzt formuliert und entsprach sicher nicht ganz der Realität, allerdings wurden auch in der Schweiz über Jahre hinweg AKW-Gegner durch den Staatsschutz überwacht. Erst der «Fichen-Skandal» von 1989 hat das ganze Ausmass der staatlichen Überwachung publik gemacht und massiven Protest gegen diesen «Schnüffelstaat» provoziert.[422]

Während die Vertreter der Atomindustrie die Gefahren und Risiken der Atomenergie zu verharmlosen und zu bagatellisieren versuchten, überhöhten und übertrieben die AKW-Gegner teilweise die angebliche Macht der Atomlobby. Die Anti-AKW-Bewegung hatte jedoch in einer breiten Bevölkerungsschicht Zweifel an der technischen Beherrschbarkeit der Atomtechnologie hervorgerufen. Sie konnten dabei auch auf vergangene Fehlbeurteilungen der Wissenschaft hinweisen, bei denen die negativen Nebenwirkungen und Spätfolgen neuer Technologien falsch eingeschätzt worden waren.[423] Ab Mitte der 1970er-Jahre wurde im öffentlichen Diskurs die Unabhängigkeit der Experten der Energiebranche und des Bundes immer mehr in Zweifel gezogen. Die Fachleute wurden als Interessenvertreter der Atomindustrie gebrandmarkt. Bereits im Februar 1973 hatte Nora Casty, die Pionierin des Widerstands gegen das AKW Kaiseraugst, in einem offenen Brief an den damaligen CVP-Bundesrat Roger Bonvin moniert, die Behörden und Experten des Bundes seien «notorisch atomfreundlich».[424] Bei den Verhandlungen mit dem Bund und der Motor-Columbus nach der Besetzung von Kaiseraugst im Sommer und Herbst 1975 traten die AKW-Gegner mit eigenen Experten auf. Die Expertenmacht der Fachleute aus der Energiebranche und den staatlichen Behörden begann in der zweiten Hälfte der 1970er-Jahre zu erodieren. An die Stelle des allwissenden Experten trat eine Vielzahl sich widersprechender Experten.[425]

Der Physiker Jean Rossel, Direktor des Physikalischen Instituts der Universität Neuenburg und Vizepräsident der Kommission zur Überwachung der Radioaktivität (KUeR), war einer derjenigen Wissenschaftler, die nach 1975 einen regen Kontakt mit den Umweltschutzorganisationen pflegten. Als Physikprofessor war er bereits in den 1950er-Jahren Mitglied der Studienkommission für Atomenergie (SKA), unterstützte aber gleichzeitig als ein Atomwaffengegner der ersten Stunde die beiden Atominitiativen von 1962 und 1963. In seinem Buch *Atompoker* (1977) setzte er sich kritisch mit den Fragen der Sicherheit der AKWs und der Entsorgung der radioaktiven Abfälle auseinander.[426] Daneben pflegte in der zweiten Hälfte der 1970er-Jahre auch der Physiker und ETH-Professor Theo Ginsburg einen engen Kontakt zur Anti-AKW-Bewegung. Zusammen mit der Zürcher SP-Politikerin Ursula Koch, dem Zürcher SP-Politiker Elmar Ledergerber und dem St. Galler Ökonomen und LdU-Politiker Franz Jaeger gehörte er 1976 zu den Mitbegründern der Schweizerischen Energie-Stiftung (SES), die sich für den Atomausstieg und für die Förderung einer nachhaltigen Energiepolitik engagierte. Theo Ginsburg war Mitglied der Forschergruppe des Nationalfondsprojekts Wachstum und Umwelt (NAWU) und veröffentlichte mit dem St. Galler Ökonomen Hans Christoph Binswanger den Bericht *Wege aus der Wohlstandsfalle* (1978), der das Schweizer Pendant zum Bericht *Die Grenzen des Wachstums* des Club of Rome darstellte.[427]

Zwei Jahre nach der Besetzung von Kaiseraugst erreichten die Anti-AKW-Proteste 1977 bei der «Schlacht um Gösgen» ihren zweiten Höhepunkt. Am 25. Juni 1977 fand in Gösgen der erste Besetzungsversuch statt. Den 2500 Demonstranten standen 950 Polizisten gegenüber. Am 2. Juli 1977 marschierten erneut 6000 AKW-Gegner von der Oltner Friedenskirche in Richtung Gösgen. Die Demonstrierenden wollten die Zufahrtswege zum fast fertig gebauten AKW besetzen und dadurch die geplante Anlieferung der Brennelemente verhindern. Diesmal ging die Polizei aber mit äusserster Härte gegen die Demonstrierenden vor. Sie setzte Tränengas, Wasserwerfer, Gummischrot, Hunde und Schlagstöcke ein und knüppelte den friedlichen Protest brutal nieder. Helikopter kreisten in der Luft, und Schützenpanzer fuhren auf. Auf einmal herrschte

Krieg im ansonsten so friedlichen Schweizerland. «Wir marschierten für eine friedliche Sache und wurden dermassen niedergewalzt», erinnerte sich später die damals 21-jährige Demonstrantin Käthi Vögeli.[428] «Da wurde mir schlagartig bewusst, dass alles wahr ist – dass in dieser Welt Menschen einander bekämpfen und sogar töten.»[429]

«Der Versuch, in Gösgen ein ‹zweites Kaiseraugst› zu inszenieren, ist mindestens vorläufig gescheitert. Die entschlossene und umsichtige Haltung der Solothurner Regierung hat sich ebenso bewährt wie die Zusammenarbeit der verschiedenen Polizei-Detachemente», schrieb die *Neue Zürcher Zeitung* am 4. Juli 1977.[430] Ein zweites Kaiseraugst war nicht mehr möglich. Der Staat liess sich nicht mehr überraschen. Nach der Besetzung von Kaiseraugst 1975 zeigte sich der Bundesrat bereit, mit den AKW-Gegnern zu verhandeln. Bei den Besetzungsversuchen in Gösgen 1977 reagierte er nun mit brutaler Gewalt. Diese Doppelstrategie von Kooperation und Repression, von «Zuckerbrot und Peitsche», zahlte sich vorerst aus.[431] Nach der «Schlacht von Gösgen» 1977 herrschte in der Anti-AKW-Bewegung eine Katerstimmung, eine depressive Mischung aus Ermüdung, Resignation und Frustration. Die Studentenzeitschrift *Focus: das zeitkritische Magazin* schrieb im Juni 1978: «Die Gurus, die Organisatoren und Manager der AKW-Bewegung suchen verzweifelt nach neuen Ideen, um die Bewegung zusammenzuhalten und ihr wieder eine Perspektive zu geben ... Grossdemos? Ist doch völlig witzlos, sich am Wochenende vor die Polizei hinzustellen und zu warten, bis man abgespritzt wird. Besetzungen? Nach Kaiseraugst lässt der Staat so was nicht mehr zu. Die warten doch nur darauf, dass wir versuchen, uns militärisch mit ihnen herumzuschlagen, um uns dann so richtig fertig zu machen. Atominitiative? Die hat sich vollends totgelaufen.»[432]

Die Atominitiativen von 1979 und 1984

Nach der Besetzung von Kaiseraugst 1975 begannen die Anti-AKW-Organisationen GAK und NWA mit der Sammlung von Unterschriften für eine eidgenössische Volksinitiative «zur Wahrung der Volksrechte und der Sicherheit beim Bau und Betrieb von Atomanlagen». Bereits am 20. Mai 1976 wurden 123 779 gültige Unterschriften für die Initiative eingereicht. Die Atomschutzinitiative von 1979 forderte ein grösseres Mitspracherecht von Parlament und Kantonen bei der zukünftigen Planung von AKWs. Die Initiative sah ferner vor, dass die

Standortgemeinde, die umliegenden Gemeinden sowie die Stimmberechtigten jedes Kantons, dessen Gebiet im Umkreis von 30 Kilometern von der Atomanlage liegt, einem geplanten AKW zustimmen müssen. Durch die Einführung eines demokratischen Vetos sollte der Bau weiterer AKWs in der Schweiz verhindert werden. Zudem forderte die Initiative, die Haftpflicht für die Eigentümer der AKWs stark zu erweitern. In der Abstimmung ging es um die Zukunft der Atomenergie in der Schweiz. Entsprechend intensiv wurde der Abstimmungskampf von den Befürwortern und Gegnern geführt.

Die Besetzung von Kaiseraugst 1975 war für die Atomindustrie in der Schweiz ein schwerer Schock. Die Energieunternehmen und die staatlichen Behörden wurden von der Anti-AKW-Bewegung überrumpelt. Die Angst vor einem Dominoeffekt, der zu einer unkontrollierbaren Kettenreaktion führen würde, bereitete den Befürwortern der Atomenergie Kopfzerbrechen. Unmittelbar nach der Besetzung von Kaiseraugst berieten die Vertreter der Energieunternehmen und der staatlichen Behörden, wie sie dem drohenden Akzeptanzverlust in der Bevölkerung entgegenwirken könnten. Bereits bei der ersten Lagebesprechung mit dem VSE meinte Bundesrat Willi Ritschard am 24. April 1975, «gezielte Öffentlichkeitsarbeit» sei nötig, und zwar nicht nur in Form von «sachlicher Aufklärung», sondern auch emotional. Dafür empfahl der SP-Bundesrat dem VSE die Zürcher PR-Agentur Rudolf Farners, welche bereits für die Propagandakampagne gegen die beiden Atominitiativen von 1962 und 1963 verantwortlich gewesen war. Gustav Däniker jun., der Mitinhaber des Pressebüro Dr. Rudolf Farner, meldete sich daraufhin bei der Kernkraftwerk Kaiseraugst AG mit den Worten: «Wie lange wollt ihr hier noch gvätterle?»[433]

Rudolf Farners PR-Agentur lancierte in Zusammenarbeit mit dem VSE, der Schweizerischen Vereinigung für Atomenergie (SVA) und der Schweizerischen Informationsstelle für Kernenergie (SIK) eine Propagandakampagne. Sie veröffentlichte eine Flut von Inseraten, Leserbriefen und Flugblättern und organisierte Wanderausstellungen, um die Bevölkerung in möglichst vielen Gemeinden von der Notwendigkeit der Atomenergie zu überzeugen. Kaiseraugst markierte damit den Beginn der Atomlobby in der Schweiz. Am 11. August 1975 wurde in Aarau mit dem Energieforum Nordwestschweiz ein «Gremium von Politikern und Wissenschaftlern» gegründet, das von FDP-Ständerat Willy Urech präsidiert wurde.[434] In Kaiseraugst eröffnete die Motor-Columbus am 6. Januar 1977 für zwei Millionen Franken einen luxuriösen Informationspavillon, in dem monatlich rund 1000 Personen durch eine Ausstellung geführt und zahlreiche Schulen, Vereine und Behörden über das AKW-Projekt informiert wurden.[435]

Während des Abstimmungskampfs veröffentlichte Ende 1978 auch die Gesamtenergiekommission (GEK) nach vierjähriger Arbeit ihren Schlussbericht. Die GEK ging auf ein Postulat des Aargauer FDP-Nationalrats Hans Letsch zurück, der 1972 vom Bundesrat eine langfristige Strategie für die Energieversorgung der Schweiz gefordert hatte.[436] Die Energiebranche rechnete damals damit, dass alle paar Jahre ein neues AKW gebaut werden müsse. Im März 1972 träumte beispielsweise Erich Heimlicher, Direktor der Nordostschweizerischen Kraftwerke AG (NOK), von 20 neuen AKWs in der Grösse von Kaiseraugst. Im November 1972 sprach auch CVP-Bundesrat Roger Bonvin, damaliger Vorsteher des Eidgenössischen Verkehrs- und Energiewirtschaftsdepartementes (EVED), von 15 bis 20 AKWs bis ins Jahr 2000.[437] Neben Kaiseraugst, Gösgen und Leibstadt waren damals weitere AKWs in Inwil bei Luzern, in Rüthi im St. Galler Rheintal, in Graben bei Langenthal und in Verbois bei Genf geplant.

SP-Bundesrat Willi Ritschard, der 1973 von Roger Bonvin das EVED übernommen hatte, setzte im Sommer 1974 die GEK ein, der zunächst fast ausschliesslich Exponenten der Energiebranche und des Bundes angehörten. Das Präsidium übertrug er «Atompapst» Michael Kohn. Nach der Besetzung von Kaiseraugst musste die GEK aufgrund des politischen Drucks der Anti-AKW-Bewegung während des Abstimmungskampfs ihre Bedarfsprognosen revidieren. Der Bericht der GEK von 1978 empfahl eine Beschränkung des ursprünglich vorgesehenen AKW-Programms, hielt jedoch den Bedarf für die unmittelbar geplanten AKW-Projekte in Kaiseraugst, Graben und Verbois weiterhin für gegeben. Die Anti-AKW-Bewegung hatte mit ihren Protesten im Verlauf der 1970er-Jahre erreicht, dass die ambitionierten Bauprojekte der Energiebranche für neue AKWs zumindest teilweise redimensioniert werden mussten.

Die Lancierung der Volksinitiative führte darüber hinaus zur Revision des Atomgesetzes von 1959. Der Bundesbeschluss zum Atomgesetz vom 6. Oktober 1978 brachte wichtige Neuerungen. Fortan durfte das Parlament nur dann neue AKWs bewilligen, wenn diese für die Energieversorgung in der Schweiz notwendig waren und wenn die Betreiber die Entsorgung der radioaktiven Abfälle und die spätere Stilllegung der Anlage gewährleisten konnten. Die Revision des Atomgesetzes von 1978 nahm zentrale Anliegen der Anti-AKW-Bewegung auf und war damit ein indirekter Gegenvorschlag zur Atominitiative vom Februar 1979. Die Gesetzesrevision sollte verhindern, dass die Atominitiative von der Bevölkerung angenommen würde, was den Bau sämtlicher noch geplanter AKWs gefährdet hätte. Bundesrat und Parlament empfahlen dem Stimmvolk deshalb ein Nein. Im Abstimmungsbüchlein argumentierte der Bundesrat, die Atomenergie sei für die Industrie lebenswichtig, und er warnte davor, dass eine einzelne Gemeinde den Bau eines AKW verhindern könnte.[438] Für die Atominitiative setzten sich nebst der Anti-AKW-Bewegung und den Umweltschutzorganisationen die SP, die LdU sowie linke und rechte Aussenparteien ein. Dem Nein-Komitee gehörten die bürgerlichen Parteien und Wirtschaftsverbände an. Bei einer Stimmbeteiligung von 40 Prozent wurde die Initiative am 18. Februar 1979 von 51,2 Prozent der Stimmenden knapp abgelehnt, wobei 16 von 23 Kantone dagegen stimmten. Die grösste Zustimmung erhielt die Atominitiative mit 69 Prozent im Kanton Basel-Stadt, die geringste Zustimmung mit 35,4 Prozent im Kanton Aargau. Die Abstimmung hatte gezeigt, wie stark die Vorbehalte gegenüber der Atomenergie in der Bevölkerung zugenommen hatten.

Wenige Wochen nach der Abstimmung über die Atominitiative ereignete sich am 28. März 1979 im AKW Three Mile Island in der Nähe von Harrisburg im US-Bundesstaat Pennsylvania ein folgenschwerer Unfall. Im Druckwasserreaktor war es zu einer teilweisen Kernschmelze gekommen, nachdem die Pumpe im Kühlkreislauf unbemerkt ausgefallen war. Bei der Reaktion entstand Wasserstoff, der sich mit dem Sauerstoff zu einem hochexplosiven Gas vermischte. Weil das Risiko einer Explosion zu gross war, musste das hochgiftige Gas in die Atmosphäre abgelassen werden, und eine radioaktive Wolke schwebte während Tagen über der Stadt Harrisburg. Glücklicherweise hielt das Containment stand, der Reaktorbehälter platzte nicht, und es konnte verhindert werden, dass noch mehr Radioaktivität in die Umwelt gelangte. Als am 29. März 1979 schwangere Frauen und kleine Kinder im Umkreis von acht Kilometern um das AKW evakuiert wurden, führte dies in der Region um Harrisburg zu chaotischen Zuständen. Innerhalb weniger Tage flüchteten über 140 000 Menschen mit ihren Habseligkeiten aus der Umgebung. Viele von ihnen fühlten sich von den staatlichen Behörden schlecht oder falsch informiert. Die Filmaufnahmen von Menschen, die panisch ihre Häuser verliessen, gingen um die Welt. In langwieriger Kleinarbeit mussten in den darauffolgenden elf Jahren über 3000 Fachkräfte die verschmolzenen und verklumpten Reaktorteile mühselig zerlegen und entsorgen, was letztlich über eine Milliarde Dollar kostete.[439]

Der Reaktorunfall in Three Mile Island erregte international grosses Aufsehen, da es sich um den ersten schweren Unfall in einem kommerziell betriebenen AKW handelte. Auch in der Schweiz hatte dies weitreichende Folgen. Die Befürworter der Atomenergie versuchten, den Reaktorunfall zunächst zu relativieren. Die Abteilung für die Sicherheit der Kernanlagen (ASK) schrieb beschwichtigend, ein Ereignis wie in Harrisburg könne in der Schweiz zwar nicht als undenkbar ausgeschlossen werden, es sei jedoch als sehr unwahrscheinlich anzusehen. Der Druck auf die politisch Verantwortlichen nahm allerdings zu. Die schlimmsten Befürchtungen der AKW-Gegner schienen sich bestätigt zu haben. Peter Courvoisier, der damalige Leiter der ASK, forderte am 6. April 1979 die Betreiber der AKWs in der Schweiz dazu auf, die Sicherheit ihrer Anlagen im Lichte der Ereignisse von Harrisburg neu zu überprüfen. Bundesrat Willi Ritschard machte in einem Brief an die ASK klar, dass die AKWs umgehend stillgelegt werden müssten, trete nur der geringste Zweifel an ihrer Sicherheit auf.

In der Folge wurden die Sicherheitsvorschriften strenger. Man traf Vorkehrungen gegen Erdbeben und Flugzeugabstürze. Ausserdem wurden erstmals Notfallpläne für die Alarmierung und Evakuierung der Bevölkerung erarbeitet. Die Sicherheitsvorkehrungen in den AKWs Beznau I und II und Mühleberg mussten überprüft werden. Die Inbetriebnahme des AKW Gösgen verzögerte sich ebenfalls um einige Monate. Am 1. November 1979 konnte Gösgen jedoch den kommerziellen Betrieb aufnehmen, ohne dass die dortigen Sicherheitsvorkehrungen nochmals überprüft worden waren. Die ASK habe schlicht keine Zeit gehabt, sich um Gösgen zu kümmern, sagte später Roland Naegelin, der damals Mitglied der ASK war und später zum Direktor der Hauptabteilung für die Sicherheit der Kernanlagen (HSK) wurde. Man sei mit der Überprüfung von Beznau und Mühleberg zu stark überlastet gewesen.[440] In der Folge zog sich die Erteilung von Bewilligungen für neue AKWs aufgrund der verschärften Sicherheitsvorkehrungen immer mehr in die Länge. Das hatte auch für das Projekt in Kaiseraugst Folgen, da der Motor-Columbus noch immer die Bewilligung für den nuklearen Betrieb fehlte. Nach dem Reaktorunfall in Three Mile Island rückte diese nun wieder in weite Ferne.[441]

Die Verzögerung war für die Motor-Columbus mit hohen Kosten verbunden. Trotzdem hielt sie beharrlich am Projekt fest und versuchte, es auf juristischem Weg durchzuboxen. Es wurde erstmals auch die Frage aufgeworfen, ob der Bund der Motor-Columbus beim Abbruch des Projekts eine Entschädigung zahlen müsste. Peter Courvoisier, der Leiter der ASK, schrieb 1979 in einem internen Bericht an das Bundesamt für Energiewirtschaft: «Ich gehe davon aus, dass alle Beteiligten sich einig sind, dass das Kernkraftwerk Kaiseraugst nicht realisiert wird, auch wenn niemand das offen sagen kann, da

«Ich gehe davon aus, dass alle Beteiligten sich einig sind, dass das Kernkraftwerk Kaiseraugst nicht realisiert wird, auch wenn das niemand offen sagen kann […].»
Peter Courvoisier, Leiter der ASK, 1979

er dann den schwarzen Peter in der Hand hält.»⁴⁴² Sowohl die Motor-Columbus wie auch der Bund gingen davon aus, dass das Projekt in Kaiseraugst gescheitert war, trotzdem hielten beide weiterhin daran fest, weil niemand die politische Verantwortung und die finanziellen Kosten übernehmen wollte. Es ging nur noch darum, wer am Schluss die Scherben zusammenkehren musste. Dieses Schwarzer-Peter-Spiel sollte noch einige Jahre dauern, bis das Projekt Kaiseraugst 1988 endgültig begraben wurde.⁴⁴³

Nach der verlorenen Abstimmung von 1979 zersplitterte die Anti-AKW-Bewegung und verlor dadurch Anfang der 1980er-Jahre weiter an Schwung. Im Juni 1980 wurden gleichzeitig drei neue Atominitiativen lanciert, von denen zwei praktisch dasselbe wollten. Die ideologische Spaltung zwischen dem «gemässigten» und dem «progressiven» Flügel schwächte die Bewegung. Zum «gemässigten» Flügel zählten das NWA und die GAK, aber auch die Umweltschutzorganisationen wie beispielsweise die SES, die Gewerkschaften, die SP, die LdU und die Parteien der politischen Mitte, während zum «progressiven» Flügel die Gewaltfreie Aktion gegen das Atomkraftwerk Kaiseraugst (GAGAK) sowie die Anhänger der beiden linken Aussenparteien POCH und RML gehörten. Der «progressive» Flügel lancierte nun eine eigene Initiative «für den Stopp des Atomprogramms», die sich allerdings von der Initiative des «gemässigten» Flügels «für eine Zukunft ohne Atomkraftwerke» kaum unterschied. Während der «progressive» Flügel bei der Unterschriftensammlung nicht über 30 000 Unterschriften hinaus kam und die Initiative im Frühling 1981 wieder zurückzog, konnte die Initiative des «gemässigten» Flügels am 11. Dezember 1981 mit 133 000 gültigen Unterschriften eingereicht werden.⁴⁴⁴

Die Initianten argumentierten, die Atomtechnologie sei gefährlich. Ein grosser Unfall mit katastrophalen Folgen sei – wenn auch mit geringer Wahrscheinlichkeit – jederzeit möglich. Es sei zudem unverantwortlich, den kommenden Generationen die radioaktiven Abfälle zu hinterlassen, ohne zu wissen, ob man für dieses Problem überhaupt jemals eine Lösung finden werde. Der Bundesrat argumentierte demgegenüber, der Ausstieg aus der Atomenergie führe zu Engpässen in der Energieversorgung mit schwerwiegenden Folgen für die Wirtschaft. Der Strommangel erhöhe die Arbeitslosigkeit und gefährde den Wohlstand. Der Bau von weiteren AKWs sei unumgänglich.⁴⁴⁵ Die zweite Atominitiative wurde am 23. September 1984 mit 55 Prozent Nein-Stimmen abgelehnt. Die zweite Niederlage in Folge nahm der Anti-AKW-Bewegung endgültig den Wind aus den Segeln. Nach den Jahren des hyperaktiven Aktionismus trat eine allgemeine Ermüdung und Erschöpfung ein, der Bestand der aktiven Mitglieder schrumpfte immer mehr, und die Protestbewegung begann zu zerbröckeln.

Ökoterrorismus: der grüne Anarchismus im Untergrund

Bereits während der Besetzung von Kaiseraugst 1975 machten sich in der Anti-AKW-Bewegung auch linksextreme Gruppierungen bemerkbar. Einige Tage nach der Grossdemonstration auf dem besetzten Baugelände vom 6. April 1975 erhielt Ulrich Fischer, Direktor der Kernkraftwerk Kaiseraugst AG, folgenden Drohbrief: «herr ulrich fischer, die demonstration von Sonntag hat auch ihnen keinen eindruck gemacht und sie glauben mit ihrer kapitalistischen meute sich über den volkswillen hinwegsetzen zu können. bei ihnen geht geld und gewinn vor menschlichkeit, soll das pack mit ihrer brut verrecken mit ihren kühltürmen. aber merken sie sich eines, an dem tage oder auch etwas später, wo kaiseraugst von den polizeibütteln geräumt wird, erleiden sie und weitere herren auch von den genannten banken, das schicksal von peter lorenz mit dem unterschied, dass ihr geldhungrigen halunken nicht mehr wiederkehren. ihr haus usw. wird dazu noch in flammen aufgehen, schreiben sie sich und andere das hinter die ohren. Kaiseraugst.»[446]

Die linksextremen Gruppierungen sahen den Widerstand gegen die Atomenergie als Teil eines revolutionären Kampfs gegen das kapitalistische System. Ein kleiner Teil der marxistisch inspirierten Studentenbewegung hatte sich Ende der 1960er-Jahre zunehmend radikalisiert und sich dem bewaffneten Kampf im Untergrund zugewandt. Mit den linksextremistischen Terrororganisationen wie der Roten Armee Fraktion in Deutschland oder der Brigate Rosse in Italien begannen die bleiernen Jahre des Terrors. In der Schweiz entstand Anfang der 1970er-Jahre in Zürich Altstetten ebenfalls eine «revolutionäre Zelle», die zwischen 1972 und 1975 mit einigen spektakulären Aktionen auf sich aufmerksam machen wollte. Nebst dem Waffendiebstahl aus den Beständen der Schweizer Armee und der Waffenlieferung an linksterroristische Organisationen wie die RAF oder die Brigate Rosse verübte die konspirative, revolutionäre Gruppe auch mehrere Sprengstoffanschläge auf Firmen sowie auf spanische und italienische Botschaften und Konsulate. Die italienisch-deutsche Anarchistin Petra Krause, die man als Anführerin der Gruppe identifiziert hatte, wurde Anfang 1975 verhaftet und während zweier Jahre in Isolationshaft gehalten, bevor man sie anschliessend an Italien auslieferte.

Durch die Besetzung von Kaiseraugst 1975 wurde die Auseinandersetzung zwischen den Befürwortern und Gegnern der Atomenergie zu einem der schwersten inneren Konflikte, den die Schweiz in der zweiten Hälfte des 20. Jahrhunderts durchlebte. Ab 1975 nahmen sich auch die linksextremen Gruppierungen des Themas an und versuchten, ihren radikalen Widerstand gegen das kapitalistische System durch einige spektakuläre Terroraktionen zu forcieren. Bei den gewaltbereiten Linksextremisten handelte es sich um mehrere kleinere autonome Gruppierungen, die meist unabhängig voneinander operierten. Zwischen 1977 und 1984 verübten sie eine Reihe von Sabotageakten und Sprengstoffanschlägen. Die Terroranschläge begannen unmittelbar nach der «Schlacht von Gösgen» 1977. Am 12. und 22. Dezember 1977 wurden in der Nähe von Olten die SBB-Fahrleitungen blockiert und in einem Communiqué auf die bevorstehende Anlieferung der Brennstäbe für das AKW Gösgen aufmerksam gemacht. Am 23. Februar 1978 blockierten an der deutsch-schweizerischen Grenze in Basel AKW-Gegner den Transport der Brennstäbe von Hanau ins AKW Gösgen.

Am 2. Juli 1978 zerstörte eine Gruppe mit dem Namen «Do it yourself» in der Genfer Firma Sécheron einen Transformator für das AKW Leibstadt. Einen Tag nach der verlorenen Abstimmung über die Atominitiative sorgte die Gruppe mit der Sprengung des Informationspavillons in Kaiseraugst am 19. Februar 1979 erneut für Schlagzeilen. Auf Ulrich Fischer, Direktor der Kernkraftwerk Kaiseraugst AG, wirkte der Sprengstoffanschlag in der Tat im ersten Moment demoralisierend, wie er sich später erinnerte: «Der Anblick war deprimierend. Während Monaten, wenn nicht Jahren, hatten wir mit viel Einsatz und Begeisterung ein Informationszentrum aufgebaut, welches der Bevölkerung die Probleme der Kernenergie und unser Projekt näherbringen sollte. Das Informationszentrum war denn auch bereits von vielen Leuten besucht worden und wir durften darauf hoffen, dass unsere Informationsbemühungen allmählich Früchte tragen würden. Nun lag die ganze Herrlichkeit herum, in einem Umkreis von vielleicht 50 Metern, in kleinste Teile zerschmettert.»[447] Der Schaden für die Motor-Columbus betrug insgesamt rund 1,5 Millionen Franken.

Michael Kohn, der «Atompapst», wurde als Verwaltungsratspräsident der Motor-Columbus aufgrund seines öffentlichen Engagements zum Feindbild der AKW-Gegner. In der Nacht vom 19. auf den 20. Mai 1979 wurde sein Chevrolet Camaro in einer Tiefgarage in Zürich bei einem Brandanschlag zerstört. Am 21. Mai 1979 wurden weitere sechs Fahrzeuge von

Vertretern der Energiebranche in der Deutschschweiz und im Tessin in Brand gesteckt, während ein siebter Anschlag fehlschlug. Am 10. Juni 1979 fand ein weiterer Brandanschlag in der Westschweiz statt. Michael Kohn sah sich genötigt, seine Wohnungstür zu panzern und sich mit Leibwächtern zu umgeben. Mit den Terroranschlägen versuchten die linksextremen Gruppierungen, die Vertreter der Energiebranche einzuschüchtern. In einem Pamphlet erklärten sie: «Ihre zur Schau getragene technische und administrative Übermacht muss zu wackeln beginnen. Es muss gezeigt werden, dass diese von Arroganz strotzenden Herren nichts anderes sind als die neuen Zauberer des Kapitals, die Drahtzieher einer neuen lebensfeindlichen Entwicklung, einer qualitativ neuen Herrschaft über die Arbeitskraft.»[448]

Im Juni 1979 bekannte sich die Gruppe «Do it yourself» in der Studentenzeitschrift *Focus: das zeitkritische Magazin* zu den Anschlägen von Gösgen. In der vom Zürcher Buchhändler und Kommunisten Theo Pinkus herausgegebenen Zeitschrift *Zeitdienst* gewährten sie in einem Interview Einblicke in ihre Ideologie, ihre Organisation und ihre Aktionen. «Der Name ‹Do it yourself› tauchte erstmals im Juli 1978 auf, als in Genf ein für das AKW Leibstadt bestimmter Transformator auf dem Werkareal der Firma Sécheron beschädigt wurde. In der Folge wurde ‹Do it yourself› von verschiedenen Leuten weiterverwendet, weil es gegen die zunehmende Institutionalisierung der Anti-AKW-Bewegung das direkte Eingreifen Einzelner und von Gruppen betont.»[449] Über ihre Ziele sagten sie: «Mit unseren Aktionen wollen wir der Bewegung die Sabotage als neue Kampfform vorschlagen, als weiteres Instrument des Widerstandes neben all den bisher eingesetzten.»[450] Und über die angewandten Methoden meinten sie: «Einige von uns haben im Militär als Soldaten mit Sprengstoff und Ähnlichem hantiert. Zudem gibt es viel Literatur darüber. Ich denke da beispielsweise an das Sabotagehandbuch von Major von Dach [Offizier des Schweizer Inlandgeheimdienstes].»[451]

Major Hans von Dach hatte 1957 unter dem Titel *Der totale Widerstand* ein wahrhaft revolutionäres Buch veröffentlicht. Das Büchlein war eine antikommunistische Kampfschrift, die im Kalten Krieg die wehrhaften Schweizer Patrioten im Falle einer feindlichen Invasion durch die Sowjets zum bewaffneten Widerstand anleiten sollte. Das Handbuch enthielt zahlreiche detaillierte und illustrierte Anweisungen, wie Sabotageaktionen an elektrischen Einrichtungen, Bahngeleisen, Lokomotiven, Transformatoren, Munitionslagern und Brennstoffdepots verübt werden können, wie sich Brücken, Flugfelder oder Flugzeuge zerstören lassen und wie Molotowcocktails hergestellt und Attentate auf Personen ausgeführt werden können. In den 1970er-Jahren wurde das antikommunistische Rezeptbuch aufgrund seiner konkreten Anweisungen zur «Terrorfibel» linksextremistischer Gruppierungen wie der RAF und fand auch bei den Terroraktionen der radikalen AKW-Gegner seine Anwendung.[452]

Am 24. Dezember 1979 kam es beim Kraftwerk Sarelli der NOK in Bad Ragaz zu einem weiteren Sprengstoffanschlag, bei dem der Strommasten und die beiden Transformatoren stark beschädigt wurden und aufgrund des ausgelaufenen Öls ein Brand ausbrach. Der Sachschaden wurde auf insgesamt 1,4 Millionen Franken geschätzt. Am 8. Januar 1980 wurden in St. Gallen die beiden Bündner Anarchisten René Moser und Marco Camenisch als Täter identifiziert und verhaftet. Marco Camenisch, der Kopf der Aktion, war ein anarchischer Rebell, Öko-Romantiker und Aussteiger mit einer grossen Liebe zur Natur und für die Landwirtschaft, der als Kuhhirt und Hilfsarbeiter gejobbt und sich dann einer Churer Anarchistengruppe angeschlossen hatte. Er glaubte nicht an den gewaltfreien Widerstand, sondern war überzeugt, dass «der militante Kampf gegen die Zerstörung der Natur im Namen des Profits» auch in die Bündner Berge getragen werden musste.[453] «Es gilt den Radius von Brand- und Sprengstoffanschlägen von der Aare, wo Leibstadt, Graben und Gösgen stehen, und von der Rhone, in deren Nähe an den Atommeilern von Lucens, Verbois und Creys-Malville gebaut wird, hinauf an den Lauf des jungen Rheins zu ziehen», schrieb er damals seinen Kampfgenossen.[454]

Die Technik wurde für Marco Camenisch zum Symbol eines als zerstörerisch empfundenen kapitalistischen Systems. Als militanter Anarchist interessierte er sich vor allem für die «Propaganda der Tat». Im Gespräch mit dem Journalisten Kurt Brandenberger sagte er: «Du kannst nicht anders als gegen diese menschen- und umweltverachtenden Herrschaften kämpfen. Du darfst nicht tatenlos zusehen. Widerstand ist Pflicht. Doch wie muss dieser Widerstand sein? Was bringen die gewaltfreien Demonstrationen gegen AKWs, gegen die Projekte der NOK am Hinterrhein und im Sarganserland? Wenn du, wie ich, ein Ragazzo di paese delle montagne, in einer alpinen, kleinbäuerlichen Umgebung aufgewachsen bist, hast du ein ganz praktisches, handfestes Verhältnis zur Natur, gegen die Einschränkung deines Lebensraumes durch die Technik. Du setzt dich wie ein Bergbauer zur Wehr und leistest praktischen Widerstand. Nicht mit Flugblättern, nicht mit Petitionen und Demonstrationen, sondern notfalls mit der Waffe in der Hand. Du hast dabei auch Vorbilder eines solchen Kampfes im Kopf, beispielsweise die Indigenen im Amazonasbecken oder die Landlosen Lateinamerikas.»[455]

Das Kantonsgericht Graubünden verurteilte Marco Camenisch und René Moser 1980 zu einer zehn- beziehungsweise siebeneinhalbjährigen Gefängnisstrafe. René Moser sagte: «Das Urteil ist Wahnsinn. Wir haben keinem Menschen ein Haar gekrümmt, nur Sachschaden verursacht.»[456] Marco Camenisch erinnerte sich später: «Ich spürte aber in jenem Augenblick: Zehn Jahre Knast – das halte ich nicht aus. Und ich wusste, dass ich fortan im Krieg bin gegen den Staat und seine Repräsentanten.»[457] Die beiden Bündner Anarchisten waren die einzigen radikalen AKW-Gegner, die jemals verhaftet und verurteilt wurden. Mit dem drakonischen Urteil sollte an ihnen offenbar ein Exempel statuiert werden. Als «politischer Häftling» wurde Marco Camenisch zum bekanntesten Gefängnisinsassen der Schweiz.

Nach der ersten Terrorwelle unmittelbar nach der verlorenen Atominitiative von 1979 fand im Vorfeld der zweiten Atominitiative am 12. August 1984 ein weiterer Brandanschlag auf das Ferienhaus Rudolf Rometschs in Grindelwald statt. Er war der damalige Präsident der Nationalen Genossenschaft für die Lagerung radioaktiver Abfälle (Nagra), die für die künftige Endlagerung der radioaktiven Abfälle aus den Schweizer AKWs verantwortlich ist. Die Brandstifter dokumentierten den Brandanschlag anschliessend in einem als Computerspiel aufgemachten Video, «Atomic Rometsch», bei dem mittels Anschlägen auf Strommasten, Kurzschlüssen in AKWs oder Sprengstoffkerzen für Ständeräte bis hin zum Brandanschlag auf das Ferienhaus von Nagra-Chef Rudolf Rometsch Punkte «gegen das System» gesammelt werden konnten. Bundesrat Willi Ritschard stieg im Spiel auf das «Friedensangebot» ein und lag schliesslich tot unter einer Hochspannungsleitung. Am Schluss hiess es: «Wir sind am Ziel. Noch rasch den schwarzen Koffer ausgepackt – das neue, handliche Flamvit erledigt die Aufgabe von selbst.»[458]

Innerhalb der Anti-AKW-Bewegung gingen die Ansichten über Nutzen oder Schaden der Terroraktionen auseinander. Nach der Sprengung des Informationspavillons in Kaiseraugst vom 19. Februar 1979 meinte der Basler SP-Politiker Alexander Euler von der NWA, dass «ein derartiger Sprengstoffanschlag entschieden zu verurteilen ist. Denn gewaltsame Methoden lösen die Probleme nicht, sondern diskreditieren die gute Sache der A-Werk-Gegner.»[459] Peter Scholer von der GAK distanzierte sich ebenfalls von den Sprengstoffanschlägen, verdächtigte jedoch gleichzeitig die Befürworter der Atomenergie, möglicherweise hinter den Anschlägen zu stecken. «Diese Anschläge haben uns in der GAK ganz schön genervt. Ich würde gern wissen, wer hinter den Anschlägen steckt. Wenn es AKW-Gegner sind, akzeptiere ich das noch halbwegs. Ich würde zwar fluchen und versuchen ihnen beizubringen, dass das kontraproduktiv ist und nichts taugt. Sollten es aber Befürworter sein, dann wäre das ein Knüller, dann wären unsere Vermutungen endlich bestätigt», schrieb er.[460] Hanspeter Gysin von der GAGAK schliesslich sagte: «Wir distanzieren uns nicht einfach pauschal von gewalttätigen AKW-Gegnern.»[461]

Umgekehrt wurden die AKW-Gegner von den Befürwortern der Atomenergie oft pauschal als militante Terroristen und kriminelle Chaoten diskreditiert. Die Terroraktionen bestätigten die Atomindustrie letztlich in ihrer Opferhaltung. Je mehr die Atomenergie in der Bevölkerung an Akzeptanz verlor, umso mehr fühlten sich die Befürworter als Opfer irrationaler Ängste und als «Sündenböcke» oder «Prügelknaben» für gesellschaftliche Fehlentwicklungen, die überhaupt nichts mit der Atomenergie zu tun hätten.[462] «Die Kernenergie wurde mehr und mehr zum Sündenbock für alle negativen Zeiterscheinungen. Dies war nicht zuletzt daran erkennbar, dass der Kühlturm, der in keiner Weise kernenergiespezifisch ist, zum Symbol im Kampf gegen die Kernenergie wurde», schrieb Ulrich Fischer.[463] Die Strategie der Terroristen erwies sich insgesamt als kontraproduktiv, da die Anti-AKW-Bewegung durch die Anschläge viele Sympathien in der Bevölkerung einbüsste und der Terror die ideologischen Fronten auf beiden Seiten des politischen Spektrums noch weiter verhärtete. Ausserdem veranlasste der Linksextremismus auch rechtsradikale Befürworter der Atomenergie zur Gründung paramilitärischer Bürgerwehren. David Kinder, Chef des internationalen Speditionsunternehmens Danzas, und Hans Wyss, Präsident der Basler Handelskammer, gründeten beispielsweise 1975 in Basel den Vaterländischen Hilfsdienst, der die Ordnungskräfte beim geplanten Bau des AKW Kaiseraugst unterstützen sollte.[464]

Strahlende Schweiz: Atomenergie in Literatur und Kunst

Die zunehmende Skepsis gegenüber der Atomtechnologie äusserte sich ab Mitte der 1970er-Jahre auch in der Schweizer Literatur und Kunst. Der Schriftsteller Max Frisch schrieb jedoch bereits 1957 mit seinem Roman *Homo faber* gegen den blinden Fortschrittsglauben und die naive Technikgläubigkeit des Atomzeitalters an. In Frischs Roman glaubt der erfolgreiche Ingenieur Walter Faber fest daran, dass sich mit der Technik alle menschlichen Probleme lösen lassen. Dem Zeitgeist entsprechend ist für ihn die Atomenergie ein Symbol des technischen Fortschritts. «Der Mensch als Beherrscher der Natur, und wer dagegen redet, der soll auch keine Brücke benutzen, die nicht die Natur gebaut hat. Dann müsste man schon konsequent sein und jeden Eingriff ablehnen, das heisst: sterben an jeder Blinddarmentzündung. Weil Schicksal! Dann auch keine Glühbirne, keinen Motor, keine Atomenergie, keine Rechenmaschine, keine Narkose – dann los in den Dschungel!»[465] Walter Fabers Leben funktioniert reibungslos, es läuft alles wie geschmiert, doch als er mit dem Zufall konfrontiert wird, stürzt sein rationales Weltbild in sich zusammen. Ende der 1970er-Jahre engagierte sich Max Frisch dann auch ganz direkt in der Anti-AKW-Bewegung. Im Vorfeld der Abstimmung zur Atomschutzinitiative von 1979 veröffentlichte das Abstimmungskomitee ein Zeitungsinserat mit einem Fotoporträt des Schriftstellers und dem folgenden Zitat: «Die Wirtschaft und ihre Bundesräte wollen das beste: Arbeitsplätze für Euch. Also Wirtschaftswachstum, und dazu brauchen wir Atom-Kraftwerke noch und noch. Wollen wir auch noch Kindeskinder? Vielleicht wird die Polizei, wenn es keine Demonstranten mehr gibt, auch mit dem Atom-Müll fertig. Nur wissen wir das nicht. Darum fordern wir Sicherheit und Wahrung der Volksrechte.»[466]

Auch Friedrich Dürrenmatt hat wiederholt auf die mit der Atomenergie verbundenen Gefahren und Risiken hingewiesen. In seinem Spätwerk *Turmbau. Stoffe* IV–IX (1990) schrieb er: «Ob es sich um die Abschreckung durch Atombomben, um Atomkraftwerke, um die Lagerung von Atommüll, um die Plünderung unseres Planeten usw. handelt, immer reden diejenigen, welche daran glauben, uns ein, wir sollen glauben, was sie tun, sei absolut sicher.»[467] In einem Gespräch mit der Zeitschrift *Bild der Wissenschaft* erklärte er 1988 hingegen, warum seiner Ansicht nach die Menschheit – trotz der damit verbundenen Gefahren – darauf angewiesen sein werde, die Atomenergie zu nutzen: «Was mich im Zusammenhang mit der Kernspaltung jetzt viel mehr beschäftigt, ist die Tatsache, dass wir heute weniger Angst haben vor der Atombombe als vor der Kernenergie. Die Gefahren sind ja auch nicht zu leugnen. Nur glaube ich nicht, dass die Menschheit darum herumkommen wird, die Kernenergie zu gebrauchen. Angesichts der Bevölkerungsexplosion und der Energieverschwendung werden wir ohne Kernenergie den Bedarf nicht decken können. Ich weiss, dass ich damit viele Mitmenschen schockiere.»[468]

Die Katastrophe von Tschernobyl führte Friedrich Dürrenmatt auf menschliches Versagen zurück. Da das Verhalten des Menschen unberechenbar sei, stelle der Mensch immer

«Ob es sich um die Abschreckung durch Atombomben, um Atomkraftwerke, um die Lagerung von Atommüll, um die Plünderung unseres Planeten usw. handelt, immer reden diejenigen, welche daran glauben, uns ein, wir sollen glauben, was sie tun, sei absolut sicher.» Friedrich Dürrenmatt, 1990

einen Unsicherheitsfaktor dar. Durch technische Pannen verursachte Katastrophen seien nie auszuschliessen. «Der grösste Unsicherheitsfaktor bei der Nutzung der Kernenergie ist der Mensch. Es wird weitere Tschernobyls geben; dies ist sicher nicht der letzte Unfall dieser Art gewesen. Aber wir werden die Kernenergie brauchen, die Menschheit wächst. Ich hoffe zwar auf alternative Energiequellen, aber hier sind noch längst nicht alle Fragen gelöst.»[469] Das Zerstörungspotenzial der modernen Technik und Wissenschaft stelle aufgrund der Unberechenbarkeit des Menschen ein permanentes Sicherheitsrisiko dar. Im Essay *Vallon de l'Ermitage* (1980/1983) beschrieb er dann die apokalyptische Vision einer untergangenen Menschheit, welcher der technologische Fortschritt zum Verhängnis geworden ist. «Atommülldeponien als die einzigen Zeugen, dass es den Raubaffen Mensch einmal gab. Erst wenn jene zerstrahlt sein werden, wird der Planet, der uns geschenkt worden war, um uns hervorzubringen, wieder jungfräulich sein.»[470]

Der Schriftsteller Peter Bichsel war von 1974 bis 1980 enger Berater und Redenschreiber von Bundesrat Willi Ritschard. Über Jahre hinweg habe er sich bemüht, diesem die technischen und gesellschaftspolitischen Gefahren der Atomtechnologie bewusst zu machen. Die Drohung während der Besetzung von Kaiseraugst 1975, bei einem Militäreinsatz sofort zurückzutreten, habe Willi Ritschard sehr ernst gemeint, erinnert sich Bichsel. «Er sagte: Wenn die Armee eingesetzt wird in Kaiseraugst, dann trete ich augenblicklich zurück. Das hätte er gemacht.»[471] Als Ritschards Ghostwriter schrieb Peter Bichsel anlässlich der Abstimmung zur Atomschutzinitiative von 1979 zwei Statements, das eine für den Fall der Annahme, das andere für den Fall der Ablehnung der Initiative.[472] Als enger Vertrauter Willi Ritschards erlebte er den schmerzlichen Prozess der Veränderung damals hautnah, aber auch jenen der Erneuerung, den die SP in ihrer Haltung zur Atomenergie in der zweiten Hälfte der 1970er-Jahre durchlief. Es war ein Generationenkonflikt, der die sozialdemokratische Partei spaltete. Unter Schmerzen häutete sich die SP, bis sie 1978 schliesslich den Atomausstieg beschloss.

Der Schriftsteller, Kabarettist und Liedermacher Franz Hohler setzte sich in den 1970er- und 1980er-Jahren immer wieder in satirischen Texten mit der Atomenergie auseinander. Während der Besetzung von Kaiseraugst 1975 rezitierte er mit Gasmaskenbrille und ein Paar Eishockeyhandschuhen seine Moritat vom Weltuntergang. Das Lied *Der Weltuntergang* (1974) erzählt die apokalyptische Vision einer globalen ökologischen Katastrophe, die mit dem Verschwinden eines kleinen, unscheinbaren Käfers im südlichen Pazifik beginnt und in einer fatalen Kettenreaktion das fragile ökologische Gleichgewicht weltweit durcheinanderbringt. Im Lied *Es si alli so nätt* (1979) beschrieb er die irritierende Begegnung mit Vertretern der Atomindustrie nach den Demonstrationen beim AKW Gösgen 1977: «I bi z Gösge go demonschtriere / Will i gäge d Atomchraft bi / Druf lade mi d Chärnchraftherre / Zunre chlyne Besichtigung y / Si zeige mir ihre Tämpel / Denn sitze mer zäme n a Tisch / Üsi Meinig isch komplett verschide / Aber was s verrücktischten isch / Es si alli so nätt – würklech / Es si alli so nätt – si doch Familievater wie du und i / Es si alli so nätt – si sogar Wildwasserfahrer und Schilangläufer / Es si alli so nätt – wüsse würklech, was Natur isch / Es si alli so nätt.»

In der Satiresendung *Denkpause* im Schweizer Fernsehen löste sein Lied *Kaiseraugst 2050* im November 1981 einen Skandal aus, weil die Anti-AKW-Satire das Szenario eines atomaren Super-GAUs mit dem AKW Kaiseraugst in Verbindung brachte. Franz Hohler trat darin mit einem Blindenstock als letzter Überlebender der atomaren Katastrophe auf. Die Beschwerden der Atomlobby waren derart heftig, dass sich Franz Hohler in einer medienkritischen Fernsehsendung den Vorwürfen der AKW-Befürworter stellen musste, «welche vor allem die Stelle mit den Zahnfleischausschlägen erbitterte (die Diskussion uferte zeitweise zu einer Art Dentalschlacht aus), und im folgenden Jahr zeigte sich, wie das im Zusammenhang mit Radioaktivität nicht erstaunlich ist, noch eine Langzeitwirkung».[473] Mit der angedeuteten radioaktiven Langzeitwirkung spielte Franz Hohler auf die Regierung des Kantons Zürich an, die ihm den bereits zugesprochenen Literaturpreis für sein Buch *Die Rückeroberung* Ende 1982 aus politischen Gründen verweigerte, weil er sich als AKW-Gegner geoutet hatte. In den Redaktionen des Schweizer Fernsehens wurde daraufhin phasenweise verboten, den belasteten Begriff «Atomenergie» zu verwenden, stattdessen hatte man über «Kernkraftwerke» zu berichten.

In einem Interview im *Blick* antwortete Franz Hohler am 20. Mai 2017 auf die Frage, ob er sich an den 26. April 1986, den Tag des Reaktorunglücks von Tschernobyl, erinnere. «Ja, wir drehten den Film ‹Dünki-Schott›. Ich spielte einen Ritter in Anlehnung an Don Quijote, der aber nicht gegen Windmühlen, sondern gegen die Atommeiler anreitet. Als ich von der Katastrophe erfuhr, war mein Galopp umso empörter.»[474] Der eingeschweizerte Don Quijote tritt im tragikomischen Kinospielfilm als versponnener Professor auf, der im Auftrag des Schweizerischen Nationalfonds über die Ritter der alten Eidgenossenschaft forscht und dabei selbst zum Ritter wird, um sich ihre Welt besser vorstellen zu können. Er kauft sich ein Pferd und zieht mit seinem Schlossgehilfen Santschi gegen moderne Wegelagerer, Riesen und Lindwürmer ins Feld, gegen Autobahnen, Umweltverschmutzung, AKWs und die Panzer der Schweizer Armee.

Als unmittelbare Reaktion auf den Super-GAU in Tschernobyl schrieb Franz Hohler 1986 das Lied *Worum sit dir so unerschütterlich?*: «Jetz isch also z Russland wyt ewägg / es Räschtrisiko explodiert. / Theoretisch gits das all 10 000 Johr / jetz isch's halt e chli früeh passiert. / Dänket a die Rueh, wo mir wärde ha / während 9900 Johr / und grad mir i der sichere, subere Schwiz / bi eus gits nid die gringschti Gfohr.» Im Lied *S isch nüt passiert* (1987) nahm er dann die Informationspolitik nach dem Super-GAU in Tschernobyl und dem Brand in Schweizerhalle in Basel satirisch aufs Korn, indem er auf alle besorgten Fragen nach den Störfällen mit dem immer gleichen Refrain antwortete: «S isch nüt passiert, s isch nüt passiert, / S klappt alles wunderbar. / Nur ganz es bitzli isch dernäbe, / Doch das isch zuemuetbar.» Zum dritten Jahrestag des Super-GAUs in Tschernobyl entstand schliesslich für die Satiresendung *übrigens* des Schweizer Fernsehens das Lied *Das Restrisiko* (1989). Dort hiess es: «Doch wo immer die Gesellschaft ihre Höhenflüge feiert / wo immer man die Macht des Fortschritts beteuert / wo immer man Gesetze und Verträge besiegelt / wo immer man schwere Türen verriegelt / da sieht man mich irgendwo im Hintergrunde / und irgendeinmal schlägt meine Stunde! / Meine Damen, meine Herren / ich bin ja so froh / ich bin immer bei euch – das Restrisiko.»

Während der Besetzung von Kaiseraugst 1975 wurde der Basler Liedermacher Aernschd Born zum musikalischen Sprachrohr der Anti-AKW-Bewegung. Nach der Besetzung schrieb er in Basler Mundart *D Ballade vo Kaiseraugscht*, die er am 16. August 1975 auf einem Folkfestival auf der Schauenburg oberhalb Frenkendorf im Kanton Baselland erstmals vor einem Publikum spielte. Innerhalb weniger Wochen wurde seine Kaiseraugst-Ballade zur Hymne der Anti-AKW-Bewegung. «Es sin Hunderti ko, s het e Dorf gä dört uss / Os dr ganze Region hän is Lüt unterschtützt / Und jetzt mien d Behörde verhandle mit uns / Me gseht, was mer gmacht hän, het gnützt / Bis jetz / Drum, wemmer en anderi Meinig hän / Als die, won is öbbis befähle wän / Und wem mir öbbis erreiche wän / Schaffe mer eins, zwei, vyli Kaiseraugscht.» Der Liedtext war gespickt mit Informationen über die Strippenzieher und Hintermänner der Schweizer Atomlobby. Die Ballade war ein engagierter Protestsong und ein flammender politischer Appell gegen die Atomenergie. Aernschd Born wurde mit seiner

Kaiseraugst-Ballade und anderen populären Songs wie dem Lied *In Gösge schtoht e-n-AKW* von 1977 zum singenden Chronisten der Anti-AKW-Bewegung in der Schweiz.[475]

Der Schriftsteller und Psychiater Walter Vogt hat mit seinem Roman *Schizogorsk* (1977) eine Gesellschaftssatire zur Anti-AKW-Bewegung geschrieben. Um das Dorf Zweispältigen, das an der Kantonsgrenze zwischen Freiburg und Bern in der Nähe des Gasthauses Gypsera beim Schwarzsee angesiedelt ist, geschehen dubiose Dinge. Das Dorf lehnt sich gegen die Pläne von Banken, Atomlobby und Militär auf, die in ihrem Tal gegen den Willen der Bevölkerung ein AKW bauen wollen. Der Konflikt eskaliert, der verbohrte Lokalpatriotismus der Zweispältiger mündet in widerborstigen Widerstand, die grimmigen Dörfler heben eine Bürgerwehr aus, erklären, um Strassensperren errichten zu können, ihr Tal zur Viehseuchensperrzone und bereiten sich auf den bewaffneten Widerstand vor. In der satirischen Darstellung der Gewaltfreien Aktion Zweispältigen und Umgebung (GAZU), die im Gegensatz zu ihrem Vorbild, der GAK, eben nicht strikt der Gewaltfreiheit verpflichtet ist, steckte auch eine Kritik an den linksextremistischen Tendenzen innerhalb der Anti-AKW-Bewegung. Mit ihrem militanten Protest wird die GAZU nämlich zu einer ziemlich genauen Kopie jener gefährlichen Mischung aus Militarismus und Geschäftsdenken, gegen die sie sich wehrt. Das Gerücht, dass «die Zweispältiger in den Besitz einer […] mehr als kritischen Masse von spaltbarem Material gelangt seien», um nun selbst eine Atombombe zu basteln, ist die folgerichtige satirische Zuspitzung.[476] Der Roman ist auch eine boshafte Parodie des Beamtentums und der Staatsbürokratie und eine sarkastische Persiflage und Karikatur des absurden Leerlaufs in der Schweizer Armee. Unter dem Oberbefehl von Oberst Alfred Berger, einem Mann der einsamen Entschlüsse und der geheimen, hintergründigen Pläne, der sich als Retter des Vaterlands sieht, soll der unbotmässige Widerstand der Talbewohner gebrochen werden. Der kolossale Unernst der alljährlichen militärischen Wiederholungskurse hat bei Oberst Berger zu einem abstrusen Hirngespinst geführt. Sein idiotischer Tatendrang und sein gemeingefährlicher Heldenmut verführt ihn nämlich zu einem rabiaten Militärmanöver, das auch vor einem Atomkrieg gegen die eigene Bevölkerung nicht zurückschreckt.

Der Schriftsteller und Verlagsleiter Otto F. Walter engagierte sich in der zweiten Hälfte der 1970er-Jahre ebenfalls aktiv in der Anti-AKW-Bewegung. Beim Pfingstmarsch im Mai 1977 sagte er in seiner Rede vor dem fast fertiggestellten AKW Gösgen: «Heute und hier demonstriert die Bevölkerung gegen fast 20 Jahre parlamentarische Fehlarbeit. Sie entzieht diesem

Parlament ihr Vertrauen!»[477] Zwei Jahre später verarbeitete er die «Schlacht von Gösgen» in seinem Roman *Wie wird Beton zu Gras* (1979), dessen Titel einer Zeile aus Acrnschd Borns Lied *In Gösge schtoht e-n-AKW* entnommen war. Aus der Perspektive der 18-jährigen Protagonistin Esther schildert der Roman, wie deren naiver, friedlicher Idealismus und ihre utopischen Hoffnungen durch die brutale Gewalt der Polizei in Wut und Verzweiflung umschlagen. Mit einem alten Panzer rattert sie schliesslich in einem verzweifelten Protestakt durch das verschlafene Städtchen Olten, mitten hinein in das Gebäude der Lokalzeitung, wo ihr Vater arbeitet und das ihr als Zentrum des autoritären Machtmissbrauchs und der Manipulation erscheint. Das sinnlose Aufbegehren, das letztlich auch die eigenen Ideale der Gewaltfreiheit und des Pazifismus dementiert, kann nur als ein verzweifelter Akt der Selbstbehauptung verstanden werden.[478] Als engagierter Schriftsteller äusserte Otto F. Walter im Roman die damals weitverbreitete ökologische Kritik: «Unsere Bewegung gegen die AKWs […], die treffe genau das Glaubensbekenntnis, das uns seit Jahrzehnten eingetrichtert wird: Wachstum her um jeden Preis, Zentralisation, immer mehr, um jeden Preis, Konsum, noch mehr, um jeden Preis, Zubetonierung der Landschaft um jeden Preis.»[479]

Der Schriftsteller und Maler Silvio Blatter hat in seiner Freiamt-Trilogie ebenfalls die ökologischen Themen der Anti-AKW-Bewegung aufgegriffen. In seinen epischen Romanen über die Menschen und Landschaften des Freiamts erzählte er von der Zerstörung von der Gemeinschaft, der Heimat und Natur und vom Widerstand gegen die vereinten Kräfte von Industrie, Kirche und Militär. Im zweiten Band, *Kein schöner Land* (1983), erscheint das aargauische Bremgarten als eine «dem Untergang geweihte Stadt», wobei das unweit davon entfernte AKW Gösgen mit Harrisburg und Hiroshima und dem Turmbau zu Babel assoziiert wird: «Metall, Glas, lackglänzende Autowracks aufeinanderschichten, unzählige Karosserien zusammenschachteln, malerisch verschweissen, einen babylonischen Schrott-Turm errichten, hinter dem die Sonne aufsteigt, einen apokalyptischen Wrack-Turm, aus dessen Höhe man bequem mit dem Feldstecher in die öden Kühlturmschlünde der Atomkraftwerke hineinschauen konnte, einen Weltend-Turm.»[480] Im dritten Band, *Das sanfte Gesetz* (1988), den er unter dem Eindruck der Katastrophe von Tschernobyl geschrieben hatte, erscheint die radioaktive Verstrahlung als ein Symptom für die allgemeine Erkrankung der Natur.[481] «Die Rotkohlfelder schimmerten violett, die Zuckerrüben glänzten orangefarben, der Mais war reif; aus den Kolben, die am Wegrand lagen, pickten die Vögel Körner. Es war ein verzauberter

Herbsttag. Das Jahr präsentierte seine Ernte. Die Zeitung und das Fernsehen nannten zu jeder Frucht eine Strahlendosis.»[482] Dabei vergleicht er die harmlosen archäologischen Funde, die heute gemacht werden, mit den verstrahlten, verseuchten und vergifteten, die in Zukunft gemacht werden könnten: «Die Schüler des Jahres X müssen zum Urteil kommen, unsere Epoche sei die erste gewesen, in der die Menschen ein zynisches Verhältnis zu Nachwelt und Zukunft hatten.»[483]

Der Schriftsteller, Architekt und Informatiker Daniel de Roulet schuf mit seinem zehn Bände umfassenden Romanzyklus *La simulation humaine* («Die menschliche Simulation», 1990–2011) eine epische Familiensaga, die vom Bau der ersten Atombombe bis zur Katastrophe von Fukushima das ganze Atomzeitalter umfasst. Die schweizerisch-japanische Familiensaga über die beiden weit verzweigten Familien vom Pokk und Tsutsui entwickelt sich über mehrere Generationen, vom Schweizer Patriarchen Paul vom Pokk (1896–1996) und der japanischen Violinistin Fumika (geb. 1919) bis zu ihrer gemeinsamen Urenkelin Kumo (geb. 1991). Der Romanzyklus spannt den Bogen der Erzählung von Hiroshima bis Fukushima und berichtet von der Entstehung, der Blütezeit und dem Niedergang des Atomzeitalters. Die Romane erzählen die Geschichte des 20. Jahrhunderts als Epoche der Erfindung der Atomenergie und des Internets und thematisieren damit gleichzeitig den Übergang von der industriellen zur digitalen Gesellschaft.

Im Roman *Kamikaze Mozart* (2008) schildert de Roulet die Geschichte der japanischen Musikstudentin Fumika, die sich in Berkeley in den Schweizer Physiker Wolfgang vom Pokk verliebt, der 1942 im Team von J. Robert Oppenheimer im «Manhattan-Projekt» an der Atombombe baute. Er erzählt die Geschichte der Atomtechnologie von Lise Meitners Entdeckung der Kernspaltung 1938 über den Abwurf der Atombomben auf Hiroshima und Nagasaki 1945 bis zum Atomunfall in Lucens 1969. Im Roman *La ligne bleue* («Die blaue Linie», 1995) lässt de Roulet auf den Strassen New Yorks während eines Marathons in der Erinnerung des erfolgreichen Architekten Max vom Pokk (geb. 1945) die Sprengung der Informationspavillons in Kaiseraugst 1979 nochmals Revue passieren. Der Marathon erinnert ihn daran, wie er damals nach dem Sprengstoffanschlag in Kaiseraugst durch die Winternacht floh. Daniel de Roulet war als politischer Aktivist über viele Jahre in der Anti-AKW-Bewegung aktiv. Nachdem er sich in seinem Buch *Un dimanche à la montagne* («Ein Sonntag in den Bergen», 2006) nach 31 Jahren öffentlich dazu bekannte, am 5. Januar 1975 das Chalet des deutschen Verlegers Axel Springer bei Gstaad in

Brand gesteckt zu haben, weil er diesen für einen Nazi hielt, wurde er auch verdächtigt, am Sprengstoffanschlag von Kaiseraugst 1979 und am Brandanschlag auf das Chalet von Rudolf Rometsch 1984 beteiligt gewesen zu sein, wofür es jedoch keinerlei Beweise gab. Im Roman *Gris-bleu* («Blaugrau», 1999) kommt der japanische Ingenieur Tsutsui, dessen Grossmutter in Hiroshima verglüht war, einer weltweiten Gen-Mafia auf die Schliche, und im Roman *L'homme qui tombe* («Sturz ins Blaue», 2005) verliert der Ingenieur Georges vom Pokk, ein Experte für nukleare Sicherheit, die Kontrolle über sein eigenes Leben, als er sich in die Tschetschenin Tschaka verliebt, die auf der Flucht vor dem Krieg ist. Der Roman *Fusions* (2012) schliesslich kreist um die beiden Atomphysiker J. Robert Oppenheimer und Andrei Sacharow und konfrontiert Fumikas Tochter Shizuko mit dem Reaktorunfall von Tschernobyl.

Wenige Tage nach dem Super-GAU in Fukushima schrieb Daniel de Roulet einen Brief an seine japanische Freundin Kayoko, *Tu n'as rien vu à Fukushima* («Fukushima, mon amour: Brief an eine japanische Freundin», 2011), in dem er sein Mitgefühl und seine Anteilnahme, vor allem aber auch seine Empörung, Entrüstung und Wut über die atomare Katastrophe zum Ausdruck brachte. Die Literatur stelle, so sagte Daniel de Roulet, ein Gegengift gegen die menschliche Masslosigkeit, gegen die Technokratie und Profitgier dar. Die AKWs seien für ihn Ausdruck menschlicher Hybris. Sie stünden in ihrem Zynismus den politischen Verbrechen des 20. Jahrhunderts in nichts nach. Schliesslich verglich er Fukushima nicht nur mit Hiroshima, sondern auch mit Auschwitz. «Vor diesen allzu perfekten Maschinen erfasst mich das gleiche Gefühl von Masslosigkeit, von menschlichem Wahnsinn, das ich in Sachsenhausen, in Dachau, in Auschwitz erlebt habe. Ich weiss, wie unverschämt es klingen mag, wenn ich sage, die Konzentrationslager seien die Monumente des Wahnsinns der ersten Hälfte des 20. Jahrhunderts und die Atomkraftwerke jene der Masslosigkeit der zweiten Hälfte.»[484] Der Vergleich der AKWs mit den Konzentrationslagern zieht eine Parallele zwischen den Gefahren und Risiken der Atomtechnologie mit dem industriell betriebenen Massenmord an den europäischen Juden, dem Holocaust, bei dem mehr als sechs Millionen Menschen systematisch und gezielt getötet wurden. «Eine absurde, nachgerade obszöne Parallele, die Unfall und Massentötung auf den gleichen Nenner bringt», urteilte der Literaturkritiker Martin Ebel.[485]

Der Waadtländer Schriftsteller und Übersetzer Étienne Barilier zeigte sich demgegenüber in seinem Essay *Que savons-nous du monde?* («Was wissen wir über die Welt?») aus dem Jahr 2012 irritiert über die verzerrte Berichterstattung nach dem Erdbeben, dem Tsunami und der Reaktorkatastrophe von Fukushima.[486] «Bei dieser Berichterstattung sind wir sehr weit weg – schwindelerregend weit weg – von rationalen Argumenten. [...] Einen Monat lang feierten unsere Medien die Apokalypse, sie tanzten um das Feuer der Reaktoren ...»[487] Er kritisierte die emotionale Skandalisierung der Katastrophe und die unwillkürliche, subtile Verdrehung der Fakten, indem die Tausenden Todesopfer des Erdbebens und des Tsunamis einfach dem Super-GAU in Fukushima zugeschrieben wurden. «Zweifellos brauchte es ein Minimum an Besonnenheit und eine Prise Verstand, um eine besonders verlockende, aber auch verantwortungslose Vermischung zu vermeiden: die durch Erdbeben und Tsunami verursachte Katastrophe, die Zehntausende von Opfern forderte, mit dem Reaktorunfall gleichzusetzen. Die Katastrophe von Sendai zur Katastrophe von Fukushima zu machen. Ich war mir sicher, dass solche Formulierungen auftauchen würden, es konnte gar nicht sein, dass sie nicht auftauchten: ‹23 500 Personen sind beim Erdbeben, das den Nordosten des Landes verwüstete, und bei der nachfolgenden Nuklearkatastrophe umgekommen ...› [*20 Minutes*, 1. Juni 2011]. [...] Sie sind beim Lesen zusammengezuckt, ungläubig erstarrt, als sie diesen kolossalen, grotesken, unglaublichen Irrtum entdeckten, dass die Tausende von Opfer vom 11. März 2011 ohne Unterscheidung gleichermassen dem Erdbeben und einer Nuklearkatastrophe angelastet wurden, obwohl diese gemäss offiziellen Angaben kein einziges Strahlenopfer gefordert hat. [...] Die Toten und die Zerstörungen können in den Köpfen der Öffentlichkeit und der Medienschaffenden nur das Ergebnis von Fukushima sein. Punkt. Denn [...] die zivile Nutzung der Kernenergie ist das absolut Böse, das Mysterium horrendum.»[488]

Der Schriftsteller Adolf Muschg veröffentlichte 2018 den Roman *Heimkehr nach Fukushima*. Im Zentrum des Romans steht der deutsche Architekt Paul Neuhaus, der nach Japan eingeladen wird, um in Fukushima eine Künstlerkolonie aufzubauen, die sichtbar machen soll, dass eine Rückkehr in die Strahlenzone wieder möglich ist. Während der Reise ins verstrahlte Gebiet entspinnt sich eine Liebesgeschichte zwischen dem Europäer Paul Neuhaus und seiner japanischen Begleiterin Mitsu. Die Beschreibung der wunderschönen Naturlandschaften, der blühenden Kirschbäume, weckt Erinnerungen an das verlorene Paradies, an einen verwilderten Garten, doch die Natur ist verstrahlt. Der mitgeführte Geigerzähler durchbricht immer wieder die Idylle der scheinbar unberührten Natur und erzeugt mit seinem unentwegten Knistern, Knacken und Piepen ein beklemmendes, bedrohliches Gefühl. Der Architekt Paul Neuhaus sieht am Wegrand die schwarzen Plastiksäcke voll verseuchter Erde, «geschart zu riesigen, regelmässigen Herden, die ihre Schwäche in ihren Massen verbargen».[489] Als feinsinniger Beobachter schrieb Adolf Muschg weiter: «Inzwischen sehen die Sackkolonien, grösser als die Dörfer, schon wie schwarze Plantagen aus, simulieren bestellte Felder, erinnern an die vorbildliche Landwirtschaft Fukushimas, auch wenn sie den Boden dafür eingesackt haben: Wir stehen vor einem japanischen Kunstwerk der Verzweiflung, einem flächendeckenden Tagebau des reinigenden Wahns.»[490] Der Super-GAU von Fukushima wurde in Adolf Muschgs Roman zum Menetekel für die Hybris des Menschen und zum Symbol für die unkontrollierbare Natur: «Einmal von menschlicher Technik entfesselt, entlarvt sie menschliche Kontrolle als Illusion.»[491]

Ab der zweiten Hälfte der 1970er-Jahre fand die Anti-AKW-Bewegung insbesondere in der Plakatkunst eine künstlerische Ausdrucksform für ihre politischen Anliegen. Im Vorfeld der Atomschutzinitiative von 1979 veranstaltete beispielsweise die Produzentengalerie (Produga) in Zürich eine Plakataktion, bei der aus 60 eingegangenen Entwürfen eine Auswahl von 10 Plakaten ausgewählt, während dreier Monate ausgestellt und 1250 Stück im Kanton Zürich ausgehängt wurden. Darunter befand sich das Plakat *Atomschutz JA* (1979) des Grafikers Pierre Brauchli (siehe Seite 355), das den Turmbau zu Babel aus dem bekannten Gemälde von Pieter Bruegel d. Ä. in einer Fotomontage in den Kühlturm eines AKW hineinprojiziert und damit das biblische Symbol der menschlichen Hybris mit der Atomtechnologie in Verbindung brachte. Der Künstler Hugo Schumacher wählte für sein Plakat *Gegen den Atomvogt – Atomschutz JA* (1979) das Telldenkmal in Altdorf, um den Schweizer Nationalhelden Wilhelm Tell für den Kampf gegen den «Atomvogt» zu gewinnen. Der Grafiker Bernard Schlup verwendete in seinem Plakat *«Wehret den Anfängen!» – Atomschutz JA* (1979) (siehe Seite 356) ebenfalls eine nationale Ikone, nämlich Ferdinand Hodlers *Wilhelm Tell,* wobei er den mit Armbrust und erhobenem Arm frontal auf den Betrachter zuschreitenden stämmigen Freiheitskämpfer in einer Fotomontage vor den Kühlturm eines AKWs und vor eine Anti-AKW-Demonstration stellte. In einem weiteren Plakat für die Atomschutzinitiative im Kanton Bern vom 13. und 14. Juni 1981, die damals knapp angenommen wurde, verwendete Bernard Schlup Albert Ankers *Der Schulspaziergang* (siehe Seite 357), indem er in den Hintergrund des idyllischen, beschaulichen Gemäldes einen bedrohlichen Kühlturm montierte. Die Plakate griffen national-konservative Bildmotive auf, um diesen durch die Montagetechnik im Sinne der Anti-AKW-Bewegung eine ganz neue ikonografische Bedeutung zu geben.

Im Vorfeld der Atomschutzinitiative wurde 1979 vom bekannten Basler Kunstsammler und Galeristen Ernst Beyeler zudem die Wanderausstellung «Schweizer Künstler für eine sichere Zukunft» ins Leben gerufen. Zahlreiche namhafte Schweizer Künstler wie Max Bill, Richard Paul Lohse, Samuel Buri, Herbert Leupin, Friedrich Dürrenmatt, Franz Gertsch, Jean Tinguely, Bernhard Luginbühl und HR Giger beteiligten sich an der Kunstaktion. An vier Ausstellungsorten wurden jeweils Originalgrafiken für 100 bis 180 Franken verkauft. Die Kunstaktion trug 120 000 Franken für die Kampagne der Atominitiative bei.[492] Einige der daran beteiligten Künstler wie Max Bill oder Friedrich Dürrenmatt hatten sich bereits Ende der 1950er-, Anfang der 1960er-Jahre für die Anti-Atom-Bewegung gegen die atomare Aufrüstung der Schweizer Armee engagiert. Die Anti-AKW-Bewegung mobilisierte Ende der 1970er-Jahre aber auch jüngere Künstler, die sich im Abstimmungskampf zur Atomschutzinitiative von 1979 politisch äusserten.

Ein eigenständiges künstlerisches Werk schuf ab 1987 die naturwissenschaftliche Zeichnerin und Wissenskünstlerin Cornelia Hesse-Honegger. Bereits 1967 hatte sie am Zoologischen Museum der Universität Zürich Drosophila-Fliegen gezeichnet, die zuvor mit genverändernden Chemikalien gefüttert worden waren. Sie malte physisch gestörte Stubenfliegen, die durch Röntgenstrahlen im Labor mutiert hatten. Das akribisch genaue Abzeichnen der deformierten, verkrüppelten Insekten schärfte ihr Auge für die Schädigungen, Missbildungen und Mutationen. 1985 malte sie Laborfliegen, welche durch Röntgenstrahlen mutiert worden waren. «Den Laborfliegen wuchsen Flügel aus den Augen oder Beine aus den Fühlern. Genau zu der Zeit, als ich diese Insekten malte, ereignete sich die Katastrophe von Tschernobyl», erinnerte sie sich später.[493] 1987 reiste sie nach Schweden und in den Tessin, wo der radioaktive Fallout ebenfalls ganze Landstriche verseucht hatte, und sammelte Wanzen. Sie entdeckte erste Missbildungen. «So etwas hatte ich zuvor noch nie gesehen, obwohl ich jahrelang hunderte Exemplare gesammelt hatte. Ich hatte das Gefühl, etwas entdeckt zu haben, das unsere Welt auf dramatische Art verändert. Es war traumatisch.»[494] Die genetischen Schäden durch die radioaktive Strahlung waren erschreckend. «Ich stellte mir vor, wie die Deformation im selben Massstab bei einem Menschen aussehen würde. Nach der Entdeckung litt ich unter Alpträumen.»[495]

In den folgenden Jahren untersuchte sie Wanzen, Fliegen und andere Insekten im Umfeld von Schweizer AKWs, in den Wiederaufbereitungsanlagen im englischen Sellafield und im französischen La Hague, in der Umgebung der AKWs in Krümmel und Gundremmingen in Deutschland, in Three Mile

Island, in der ehemaligen Plutoniumfabrik in Hanford und in der Umgebung des Atomtestgeländes von Nevada in den USA. 2016 untersuchte sie zudem Wanzen und Zikaden in der Umgebung des AKW Fukushima Daiichi. 18 000 Insekten zählt ihre Sammlung mittlerweile, sie sind exakt nummeriert, aufgespiesst, auf Plastikplättchen aufgeklebt und dokumentiert. Ein gruseliges Horrorkabinett. Es sind verschiedene Wanzenarten mit unterschiedlichen Abnormitäten: verkrüppelten Beinen, ungleich langen Flügeln, verformten Hinterleibern, verkürzten Fühlern, geschädigten Augen und aus dem Bauch wachsenden Beinstummeln. Cornelia Hesse-Honegger hat daraus über 300 wunderschöne Aquarelle geschaffen, die den radioaktiven Horror anhand der verkrüppelten Insekten dokumentieren. Ihre detaillierten Zeichnungen zeigen, wie nahe Schönheit und Schrecken beieinanderliegen. Die Insekten sind für sie Zeugnisse einer schönen und zugleich bedrohten Lebenswelt.

Um die Schäden vergleichen zu können, sammelte sie auch Insekten in sogenannten Referenzbiotopen. Ihr Verdacht, dass die als unbedenklich erachtete, niedrige radioaktive Strahlung genetische Veränderungen hervorrufen kann, löste heftige, empörte Proteste unter Zoologen und Genetikern hervor. Ihre Daten seien statistisch nicht relevant, ihre Forschungsarbeit sei insgesamt unseriös und unwissenschaftlich. Der Verdacht, dass auch niedrige radioaktive Strahlung über einen längeren Zeitraum zu genetischen Mutationen beim Menschen führen könnte, sei völlig unhaltbar, war der allgemeine, einhellige Tenor unter den Wissenschaftlern.[496] In der Folge erhielt sie als wissenschaftliche Zeichnerin keine weiteren Illustrationsaufträge mehr, weder von der Universität Zürich noch von der ETH Zürich. «Ich habe an keiner Universität mehr Arbeit bekommen. Kein Forscher in Europa wollte wahrhaben, dass schwache Strahlung so etwas tun kann.»[497] Die Diskreditierung durch die Naturwissenschaftler hat Cornelia Hesse-Honegger nicht von ihrer künstlerischen Arbeit abgehalten. Ihre Zeichnungen wurden seither in zahlreichen Ausstellungen in Europa, in den USA und in Kanada präsentiert. «Ich bin ja keine Forscherin, aber es trifft mich, dass meine Arbeit nicht als Anstoss genommen wird, die Folgen der niedrigen Dosen an Radioaktivität wissenschaftlich zu untersuchen.»[498] 1993 versuchte der Biologe Johannes Jenny den Verdacht von Cornelia Hesse-Honegger, dass die niedrige radioaktive Strahlung in der Nähe von Schweizer AKWs zu erhöhten Missbildungen bei Insekten geführt habe, in einer Dissertation am Zoologischen Institut der ETH Zürich zu widerlegen. Gemäss der Studie konnte nachgewiesen werden, dass die genetischen Mutationen bei Wanzen allgemein sehr stark verbreitet sind und nicht ausschliesslich auf die geografische Nähe zu den AKWs zurückgeführt werden können. Am meisten Krüppelwanzen fand der Forscher zudem in Städten, nicht in der Nähe von AKWs.[499]

In Zusammenarbeit mit dem deutschen Atomphysiker Alfred Körblein veröffentlichte Cornelia Hesse-Honegger schliesslich 2018 in der Fachzeitschrift *Chemistry & Biodiversity* eine Studie, die ihre während 30 Jahren im Umfeld der Schweizer AKWs und des Paul Scherrer Instituts unternommenen Feldstudien statistisch auswertete; mit dem Ergebnis, dass die Zahl verstümmelter Wanzen in der Umgebung der AKWs signifikant höher liegt. Im Umkreis von fünf Kilometern um die AKWs liege die Schädigungsrate bei 14,1 Prozent.[500]

Da die niedrige radioaktive Strahlung nicht sofort tötet, sondern erst mit Verzögerung eine Reihe von genetischen Veränderungen hervorrufen kann, ist es beinahe unmöglich, eine Erkrankung direkt auf die Strahlenbelastung zurückzuführen. Genetische Mutationen brauchen teilweise mehrere Generationen, bis sie sich ausprägen. Inzwischen ist jedoch klar, dass jede Strahlendosis Krebs oder genetische Defekte auslösen kann. Das Risiko dafür steigt mit zunehmender Strahlung. Die Grenzwerte, die für den Menschen zuträglich sein sollen, werden von der International Commission on Radiological Protection (ICRP) festgelegt. In der Schweiz wurden die Grenzwerte durch das Strahlenschutzgesetz vom 22. März 1991 und die dazugehörige *Strahlenschutzverordnung* vom 22. Juni 1994 geregelt. AKW-Mitarbeiter dürfen im Normalfall nicht mehr als 20 Millisievert pro Jahr absorbieren, für die Normalbevölkerung gilt 1 Millisievert pro Jahr. Die Frage, ob die niedrige radioaktive Strahlung von AKWs für die Bevölkerung mit gesundheitlichen Risiken verbunden ist, bleibt umstritten. Seit Jahrzehnten streiten sich Befürworter und Gegner darüber, wie gefährlich die niedrige radioaktive Strahlung tatsächlich ist. Organisationen wie Greenpeace oder ÄrztInnen für soziale Verantwortung (PSR-IPPNW) fordern deshalb seit längerer Zeit ein flächendeckendes Krebs- und Missbildungsregister für die ganze Schweiz.[501] Da jede Strahlendosis Krebs verursachen kann, werde mit den Grenzwerten letztlich festgelegt, wie viele Krebsfälle in Kauf genommen würden. Der Mediziner Martin Walter von PSR-IPPNW bezeichnete die gängige Praxis der Grenzwerte deshalb als ein «einkalkuliertes Menschenopfer». «Denn die Kosten-Nutzen-Analyse bedeutet letztlich nichts anderes, als dass man definiert, wie viele zusätzliche Krebstote man bereit ist zu akzeptieren. Diese Frage muss demokratisch ausgehandelt werden. Ergo müsste auch die Strahlenschutzverordnung auf einem basisdemokratischen Prozess beruhen – und darf nicht von oben erlassen werden.»[502]

Tschernobyl 1986

Die Katastrophe
und ihre Folgen

Am 26. April 1986 ereignete sich in Tschernobyl die bisher grösste technologische Katastrophe in der Geschichte der Menschheit. Innerhalb weniger Tage breitete sich eine radioaktive Wolke über die ganze Welt aus. Die Katastrophe erschütterte auch die Schweiz, die ebenfalls vom radioaktiven Fallout betroffen war. Die Angst in der Bevölkerung war gross, auch wenn Wissenschaftler und die Behörden zu beruhigen versuchten. Der Super-GAU in Tschernobyl führte einer breiten Bevölkerung erstmals das ungeheure Zerstörungspotenzial der Atomenergie vor Augen und löste eine Debatte über den Atomausstieg aus.

Am 25. April 1986 fand im Reaktorblock 4 im ukrainischen AKW Tschernobyl ein Test zur Überprüfung der Sicherheit des Reaktors bei einem Stromausfall statt. Der Sicherheitstest hätte bereits drei Jahre zuvor, noch vor der Inbetriebnahme des Reaktors, durchgeführt werden sollen. Nun erfolgte der Test bei laufendem Betrieb. Durch Bedienungsfehler, menschliches Versagen und einen fatalen Konstruktionsfehler des Reaktors lief das gefährliche Experiment aus dem Ruder. Am 26. April, um 1.23 Uhr, geriet die Kettenreaktion ausser Kontrolle. Es kam zur Kernschmelze. Der Reaktor war nicht mehr zu stoppen. Der Wasserstoff löste Knallgas-Explosionen aus und sprengte die 1000 Tonnen schwere Reaktordecke weg. Eine Stichflamme schoss in die Höhe und schleuderte riesige Mengen radioaktiven Materials in die Atmosphäre. Augenzeugen berichteten von hell leuchtenden Farben, orange, scharlachrot, purpur, himbeerfarben, himmelblau, eigentlich wunderschön anzusehen, wie bei einem Regenbogen. Doch der Reaktor versprühte eine tödliche Strahlung.

Der brennende Reaktor wurde zum Flammeninferno. Feuerwehrmänner versuchten, den Brand zu löschen. Sie waren der radioaktiven Strahlung schutzlos ausgesetzt. Zwei Feuerwehrleute starben noch in der gleichen Nacht an den Folgen der akuten Strahlenkrankheit. 28 weitere starben wenige Monate nach der Katastrophe. Sämtliche Strahlenopfer wurden in das Moskauer Krankenhaus Nr. 6 eingeliefert. Die Symptome der Strahlenkrankheit sind Übelkeit, Erbrechen, Durchfall, gefolgt von einer Schwächephase, Haarausfall, Verbrennungen, Zerfall des Knochenmarks, Zusammenbruch des Immunsystems, Organversagen und inneren Blutungen.

In der vier Kilometer entfernt gelegenen ukrainischen Stadt Prypjat entstanden die ersten Gerüchte, dass es im AKW ein Feuer und einige Tote gegeben habe. Die Leitung des Kraftwerks behauptete am Morgen nach der Katastrophe jedoch, der Reaktor sei noch intakt, er müsse nur gekühlt werden. Gegenüber dem Energieministerium in Moskau und sogar vor Ort wurde der Eindruck vermittelt, der Reaktor sei noch in Betrieb. «Die ersten Meldungen, die uns erreichten, handelten von einem Unfall und einem Feuer. Kein einziges Wort über eine Explosion. Zuerst sagte man mir, dass es keine Explosion gegeben habe. Die Konsequenzen dieser Fehlinformationen waren verheerend», erinnerte sich später der damalige Vorsitzende der Kommunistischen Partei der Sowjetunion, Michail Gorbatschow.[503] Das Ausmass der Katastrophe wurde von der Kraftwerksleitung heruntergespielt. «Wir hatten die Information, dass alles unter Kontrolle sei, auch der Reaktor. Das Akademie-Mitglied Alexandrow erklärte, dass der Reaktor absolut sicher sei. Er hätte sogar auf dem Roten Platz stehen können. Völlig gefahrlos. Als wenn man eine Kuh auf dem Roten Platz freiliesse.»[504]

Zwanzig Stunden nach der Explosion waren die Einwohner von Prypjat immer noch nicht über die Auswirkungen des Reaktorunfalls informiert. Es war ein schöner Frühlingstag, die Menschen gingen hinaus, zum Spazieren, zum Bootsfahren auf dem Fluss, zum Picknicken, auch die Kinder spielten an der frischen Luft. Um Panik zu vermeiden, verharmlosten die Verantwortlichen den Ernst der Lage. Zehntausende Personen wurden rund um das AKW ein paar Stunden nach der Katastrophe radioaktiv verstrahlt. Erst am 27. April 1986 um 14 Uhr, also 30 Stunden nach dem Reaktorunfall, wurden die ersten Sicherheitsmassnahmen eingeleitet. Mehr als 1200 Busse brachten innerhalb von dreieinhalb Stunden rund 47 000 Einwohner von Prypjat aus der Gefahrenzone heraus. Die Menschen mussten völlig überstürzt alles liegen lassen und konnten nie mehr in ihre Heimat zurückkehren. 48 Stunden nach dem Desaster glich Prypjat einer Geisterstadt. Die ukrainische Stadt war der erste Ort in der Geschichte der Menschheit, aus dem die Bewohner wegen der radioaktiven Strahlung fliehen mussten. In den folgenden Tagen wurden weitere 187 Dörfer in der Umgebung geräumt. Rund um den Reaktor wurde eine Sperrzone von 30 Kilometern errichtet. Insgesamt wurden rund 350 000 Menschen umgesiedelt.

Das Ausmass der Katastrophe wurde noch immer unterschätzt und heruntergespielt. «Es gab noch nie einen Unfall dieses Ausmasses. Man dachte sogar, dass der Reaktor im Mai oder Juni wieder in Betrieb genommen werden könnte», erinnerte sich später Michail Gorbatschow.[505] Auch in den darauffolgenden Tagen und Wochen war die Informationspolitik der sowjetischen Regierung geprägt von Vertuschung, Verharmlosung und Desinformation. Der Geheimdienst KGB ordnete strikte Geheimhaltung an, verhängte eine Informationssperre und ermittelte im AKW in Tschernobyl nach Spionen und Saboteuren. Die desaströse Havarie wurde kurzerhand zu einer geplanten Aktion westlicher Geheimdienste erklärt, welche die Sowjetunion hätte schädigen sollen. Das ganze Ausmass der Katastrophe wurde von den sowjetischen Behörden systematisch verschleiert. Dabei wurde die Sowjetführung teilweise selbst Opfer des Verschweigens und Vertuschens von untergebenen Behörden. Man warf der Sowjetunion später vor, sie habe die Menschen nach dem Reaktorunfall nicht richtig informiert und nicht rechtzeitig evakuiert. Das Chaos nach der Katastrophe entstand jedoch nicht nur aus Zynismus, sondern auch aus Überforderung. Niemand war auf eine solche Katastrophe vorbereitet. In Tschernobyl war das Undenkbare real geworden. «Niemand sollte sich einbilden, das würde in der Schweiz sauberer oder geordneter ablaufen», schrieb dazu die Journalistin Susan Boos.[506]

In der Zwischenzeit breitete sich die radioaktive Wolke über Europa aus. Am 28. April 1986 registrierte das schwedische AKW Forsmark erhöhte Radioaktivität, die auf einen schweren Reaktorunfall schliessen liess. Windberechnungen und Satellitenbilder deuteten auf das AKW Tschernobyl in der Ukraine als Ursache. Am Abend des gleichen Tages meldete die sowjetische Nachrichtenagentur TASS erstmals einen Störfall. Trotzdem fanden die 1.-Mai-Feierlichkeiten in der ukrainischen Hauptstadt Kiew statt. Mit ihren 3,5 Millionen Einwohnern liegt Kiew nur 50 Kilometer südlich von Tschernobyl. Ausgerechnet am 1. Mai erreichte die Radioaktivität dort ihren Höchstwert. Die Bevölkerung wurde von den Behörden nicht über die Strahlenbelastung informiert. Erst 18 Tage nach der Katastrophe, am 14. Mai 1986, wendete sich Parteichef Michail Gorbatschow in einer Fernsehansprache an die Bevölkerung der Sowjetunion und gab vor den Augen der ganzen Welt das Ausmass der Katastrophe offen zu. «Guten Abend Genossen. Der Unfall im Kernkraftwerk von Tschernobyl hat das sowjetische Volk tief erschüttert und Besorgnis auf der ganzen Welt erregt. Dies ist das erste Mal, dass wir uns einer solchen Gefahr stellen müssen. Die Atomenergie ist ausser Kontrolle geraten. Wir arbeiten rund um die Uhr an der Lösung des Problems. Alle technischen und wissenschaftlichen Kräfte im Land wurden mobilisiert.»[507]

Im Inneren des zerstörten Reaktors brannten immer noch 1200 Tonnen glutheisse Magma mit einer Temperatur von über 3000 Grad Celsius. Die aus dieser Masse entweichenden radioaktiven Gase stiegen weiter in die Atmosphäre auf, und es lag allein am Wind, in welche Richtung sich die radioaktive Wolke bewegen würde. Es bestand die Gefahr einer zweiten Explosion im Reaktorblock 3. «Wir mussten diesen Prozess stoppen. Wäre er nicht gestoppt worden, hätte es eine noch grössere nukleare Katastrophe gegeben», sagte später Michail Gorbatschow. Ein Geschwader von 80 Armeehelikoptern versuchte ab dem 29. April 1986, den brennenden Reaktor zu ersticken, und warf ein Gemisch aus Borsäure, Blei, Sand und Lehm in den lodernden Schlund. Unter dem gigantischen Schutthaufen glomm das Magma weiter. Das strahlende Ungeheuer musste möglichst schnell versiegelt werden, damit nicht noch mehr radioaktiver Staub mit dem Wind weggeblasen wurde. Der brennende Reaktor glich einem schwarzen Loch, einem vulkanischen Krater. Gleichzeitig bestand die Gefahr,

> «Guten Abend Genossen. Der Unfall im Kernkraftwerk von Tschernobyl hat das sowjetische Volk tief erschüttert und Besorgnis auf der ganzen Welt erregt. Dies ist das erste Mal, dass wir uns einer solchen Gefahr stellen müssen. Die Atomenergie ist ausser Kontrolle geraten.»
> Michail Gorbatschow, 14.5.1986

dass das radioaktive Magma in das Erdreich sickern und das Grundwasser verseuchen würde. «Was uns am meisten beunruhigte, war, dass die ganze Masse absinken und das Grundwasser erreichen könnte. Somit würden die Flüsse, zum Beispiel der Dnepr, vergiftet, dann Kiew und dann das Schwarze Meer. Wir mussten schnell eine Lösung finden», erinnerte sich später Michail Gorbatschow. 10 000 Bergleute aus der Ukraine und aus Russland bauten ab dem 4. Mai 1986 einen 150 Meter langen Tunnel unter den Reaktor. In einem höhlenartigen Raum von zwei Metern Höhe und 30 Metern Breite sollte ein komplexes Kühlsystem mit flüssigem Stickstoff gebaut werden. Der unterirdische Raum wurde schliesslich mit Beton aufgefüllt, um das gesamte Fundament der Reaktorruine zu stabilisieren.

In Tschernobyl kamen nach der Katastrophe zwischen 600 000 und 800 000 sogenannte Liquidatoren zum Einsatz. Feuerwehrleute, Bergleute, Soldaten, Ingenieure, Arbeiter, Krankenschwestern, Ärzte und Wissenschaftler aus allen Sowjetrepubliken wurden zum Aufräumen nach Tschernobyl geschickt. Die Sowjetunion schlug ihre letzte grosse Schlacht. Die Liquidatoren arbeiteten wie die Ameisen. Manchmal dauerten ihre Einsätze nur 30 Sekunden – die Strahlenbelastung war zu gross. Sie arbeiteten ohne spezielle Schutzkleidung und gingen widerspruchslos dort hin, wo selbst die Roboter «verreckten».[508] Die primitiven Bleianzüge, die sie vor den radioaktiven Strahlen schützen sollten, mussten sie am Tag vor dem Einsatz selbst anfertigen. Auf dem Dach von Reaktorblock 3 wurden Roboter eingesetzt, um den radioaktiven Schutt herunterzuschieben. Nach wenigen Tagen hatte die radioaktive Strahlung ihre Elektronik zerstört. Also mussten wieder die Liquidatoren eingesetzt werden. Sie warfen die hochaktiven Graphitstücke mit einfachen Schaufeln vom Dach. Man gab ihnen deshalb auch den makabren Spitznamen «Bioroboter». Oft waren die jungen Männer nur mit einer Bleischürze ausgerüstet, um ihre Genitalien zu schützen.[509] Viele von ihnen freuten sich noch über die von der Regierung verliehenen Urkunden und Medaillen, die man ihnen überreichte. In den Monaten nach der Katastrophe bis am 15. November 1986 bauten die Liquidatoren um den zerstörten Reaktor herum einen Schutzmantel, den «Sarkophag». Es war eine gigantische Stahlbetonhülle, eine monumentale Konstruktion wie ein riesiges Grab oder ein Mausoleum, eine Art Pyramide des 20. Jahrhunderts.

Die Sowjetunion hatte sich während des Kalten Kriegs über Jahrzehnte auf einen Atomkrieg vorbereitet. Nun war sie mit einem Super-GAU in einem zivilen AKW konfrontiert, mit dem niemand gerechnet hatte. Nach der Katastrophe wurde die Sperrzone rund um den zerstörten Reaktor vom Militär besetzt. Das war die einzige Reaktion, zu der das sowjetische System fähig war. Man hielt die Katastrophe für einen Krieg. Das enorme Aufgebot an Militärtechnik war verblüffend. Soldaten mit nagelneuen Maschinenpistolen patrouillierten in den Strassen von Prypjat und riegelten die Sperrzone mit Strassensperren ab. Spezielle Jagdtrupps wurden in die «Zone» geschickt, um alle Tiere zu erschiessen. «Der Mann mit dem Gewehr in der Zone... Auf wen sollte er dort schiessen, gegen wen sich verteidigen? Gegen die Physik... Gegen unsichtbare Teilchen... Die verseuchte Erde erschiessen oder einen Baum?», fragte die weissrussische Schriftstellerin Swetlana Alexijewitsch in ihrem Buch *Tschernobyl. Eine Chronik der Zukunft*.[510] Die Hilflosigkeit und Überforderung des sowjetischen Staats bei der Bewältigung der Katastrophe war offensichtlich. Der Super-GAU in Tschernobyl beschleunigte den Zusammenbruch der Sowjetunion. «Das ganze kostete uns 18 Milliarden Rubel. Damals war ein Rubel einen Dollar wert. 18 Milliarden, eine ungeheure Summe. Wenn man bedenkt, dass kurz darauf der Ölpreis einbrach, dann kann man sich vorstellen, mit welchen Schwierigkeiten unser Land und das Projekt der Perestroika zu kämpfen hatten», sagte später Michail Gorbatschow.[511]

Am 29. August 1986 fand in Wien eine Konferenz der Internationalen Atomenergiebehörde (IAEO) zu Tschernobyl statt. Auf Wunsch von Michail Gorbatschow erstellte der Atomphysiker Waleri Legassow als Leiter der russischen Delegation einen detaillierten Bericht über die Vorfälle in Tschernobyl. Sein Bericht an die IAEO schockierte die Fachleute und endete mit der Schlussfolgerung, dass Tschernobyl in den folgenden Jahrzehnten ungefähr 40 000 Krebstote fordern würde. Einige Vertreter der westeuropäischen Länder weigerten sich jedoch, diese Schätzungen zu akzeptieren, was zu intensiven Diskussionen führte. «Es handelte sich um theoretische Berechnungen, die auf dem Hiroshima-Modell basierten. Wenn man also ein bestimmtes Mass an Radioaktivität vorfindet, weiss man aus Hiroshima, wie viele Menschen langfristig daran sterben werden. Erhöht sich die Dosis, erhöhen sich auch die Zahlen. Das waren die Berechnungen. Nichts war empirisch belegt», sagte später der damalige Generaldirektor der IAEO, Hans Blix.[512] Als die Konferenz endete, wurde offiziell nicht mehr von 40 000, sondern nur noch von ungefähr 4000 erwarteten Todesfällen gesprochen. Am 27. April 1988, genau zwei Jahre nach der Reaktorkatastrophe, beging Waleri Legassow Suizid. Karl Z. Morgan, der zwischen 1950 und 1971 der International Commission on Radiological Protection

(ICRP) angehörte, schrieb: «Die Bewertung der Tschernobyl-Katastrophe durch die IAEO war ein Schandfleck grössten Ausmasses. Niemand mit nur einem bisschen wissenschaftlichem Verstand und einem Funken Integrität kann diese pervertierten Schlussfolgerungen [wonach die Katastrophe kaum Auswirkungen auf die Gesundheit der Betroffenen haben wird] akzeptieren.»[513]

An der Tschernobyl-Konferenz der Weltgesundheitsorganisation (WHO), die im November 1995 in Genf stattfand, erklärte die WHO: «Die nationalen Gesundheitsregister haben eine Zunahme zahlreicher Krankheiten festgestellt, die nicht mit der Strahlung zusammenhängen. Es handelt sich um endokrine Krankheiten, psychische Störungen und Krankheiten des Nervensystems, der Sinnesorgane und des Verdauungssystems. Angeborene Anomalien wurden ebenfalls festgestellt. Nach heutigem Wissensstand sind die Krankheiten nicht als strahlenbedingt zu betrachten; es ist möglich, dass diese Probleme auf den beachtlichen psychischen Stress, der durch den Unfall verursacht wurde, zurückzuführen sind.»[514] Der Zusammenhang zwischen den diversen Krankheiten und der radioaktiven Strahlung wurde verneint, indem sämtliche Symptome mit dem Posttraumatischen Stress-Syndrom erklärt wurden. In einem Bericht von 2006 behaupteten die IAEO und die WHO, dass es wegen Tschernobyl weniger als 50 Tote gab und mit höchstens 4000 Krebstoten gerechnet werden müsse. Der Bericht löste bei vielen Betroffenen und zahlreichen Umweltschutzorganisationen einen Sturm der Entrüstung aus. Die IAEO verharmlose die Zahl der Opfer. In einem alternativen Bericht, *The Other Report on Chernobyl* von 2006, der von der grünen Europaabgeordneten Rebecca Harms in Auftrag gegeben wurde, kamen die beiden britischen Strahlenbiologen Ian Fairlie und David Sumner zum Schluss, dass insgesamt weltweit mit 30 000 bis 60 000 zusätzlichen Krebstoten bis zum Jahr 2056 gerechnet werden müsse. Der russische Strahlenbiologe Alexei Jablokow, der von 1989 bis 1997 Umweltberater von Michail Gorbatschow und Boris Jelzin war, ging sogar von weltweit 1,44 Millionen Toten aus. Dass die radioaktive Strahlung Krebserkrankungen, Missbildungen und genetische Schäden auslösen kann, ist unbestritten. Die Zahl der Erkrankungen und Todesfälle, die direkt auf die Katastrophe in Tschernobyl zurückgeführt werden kann, ist unter Fachleuten jedoch umstritten, da der Zusammenhang zwischen einer Krankheit beziehungsweise einem Todesfall und der Reaktorkatastrophe im Einzelfall viele Jahre nach dem Ereignis nicht einfach bewiesen werden kann. Man wird deshalb nie genau wissen, wie viele Todesopfer die Katastrophe wirklich gefordert hat und noch fordern wird.[515] Da die radioaktive Strahlung genetische Mutationen auslöst, die sich erst nach mehreren Generationen ausprägen, sind die gesundheitlichen Spätfolgen eines Super-GAUs nicht absehbar. Die genetischen Anomalien werden womöglich erst bei den nächsten Generationen zum Vorschein kommen.[516] Das vollständige Ausmass der Strahlenschäden wird also erst mehrere Jahrzehnte nach einer Bestrahlung sichtbar. «Heute, mehr als 25 Jahre nach Tschernobyl, sind die Verletzten von Tschernobyl noch nicht einmal alle geboren», meinte daher 2012 der deutsche Soziologe Ulrich Beck.[517]

Die radioaktive Strahlung ist ein unsichtbarer Feind, den man nicht hören, riechen, ertasten oder schmecken kann. Der Mensch hat für die Wahrnehmung der Radioaktivität kein sinnliches Sensorium. Sie sprengt auch die menschliche Vorstellungskraft von Raum und Zeit: Aus der Perspektive eines Menschenlebens bleiben die Teilchen ewig radioaktiv. Die Halbwertszeit von Plutonium beträgt über 24 000 Jahre. Die radioaktive Wolke aus Tschernobyl machte zudem auch vor nationalen Grenzen oder der Ausbreitung auf andere Kontinente nicht halt und war in vier Tagen in Afrika und in China. In der Sperrzone wurden rund 300 000 Kubikmeter kontaminierte Erde in riesige Gräben geschoben und diese mit Beton versiegelt.

Rund acht Millionen Menschen leben heute noch in radioaktiv verseuchten Gebieten, die vom wirtschaftlichen Niedergang betroffen sind, wo es weder Investitionen noch Arbeitsplätze gibt, die Infrastruktur zusammengebrochen ist, das soziale Gefüge sich aufgelöst hat und die betroffene Bevölkerung mit dem Stigma der Strahlenbelastung behaftet ist. Nebst den gesundheitlichen physischen Problemen waren die psychischen Folgen der Katastrophe wie Depressionen, Schlafstörungen, Suchtverhalten oder einfach ein allgemein diffuses Unwohlsein weitverbreitet. Resignation, Apathie und Fatalismus grassierten. In der verseuchten «Zone» wohnen heute noch vereinzelt Rückkehrer, sogenannte wilde Siedler, meist ältere Menschen, die nichts mehr zu verlieren haben und deshalb zu ihrer heimatlichen Erde zurückgekehrt sind, um dort in Ruhe zu sterben. Die ukrainische Stadt Prypjat ist heute eine überwucherte, verlassene Geisterstadt, mit einer einsamen Reaktorruine als Mahnmal der atomaren Apokalypse. Es ist eine fast schon archäologische Stätte, die mittlerweile zu einer beliebten Touristenattraktion, zu einem «atomaren Mekka», besonders bei westlichen Touristen, geworden ist. Die verseuchte Sperrzone rund um den Reaktor wird als ein Biosphärenreservat, als verstrahltes Naturidyll, vermarktet.

Seit 2001 sind in Tschernobyl die Reaktorblöcke 1, 2 und 3 endgültig abgeschaltet. Der «Sarkophag» musste jedoch dringend erneuert werden. Der Stahlbetonmantel war über die Jahre brüchig geworden und drohte einzustürzen. Das abgekühlte radioaktive Material im Kern des Reaktors stellt noch immer und für viele weitere Jahre eine Bedrohung dar. Unter dem Reaktorschutt liegen noch etwa 30 Tonnen Uranstaub, denn ein Teil der Brennstäbe wurde bei der Explosion pulverisiert. Eine neue Schutzhülle sollte deshalb den ersten «Sarkophag» vollständig umhüllen. Ein internationaler Fonds, der Chernobyl Shelter Fund, unter der Leitung des ehemaligen Generaldirektors der IAEO Hans Blix, wurde eingerichtet. Die Gesamtkosten betrugen über 2,1 Milliarden Euro, die von einem Konsortium von mehr als 40 Ländern bezahlt wurden. Die Europäische Union bezahlte den grössten Anteil. Die Schweiz beteiligte sich mit 9,3 Millionen Euro. Der neue «Sarkophag» wurde schliesslich am 29. November 2016 eingeweiht. Er ist ein gigantisches Wunderwerk der modernen Technik, eine Hightech-Maschine, eine Mammutanlage, ein Koloss. Er wirkt wie eine Hülle der Scham, die man über den maroden «Sarkophag» schob. Die Reaktorruine wurde dabei lediglich verpackt. Das Problem ist noch lange nicht gelöst. Die Betriebskosten der Schutzhülle betragen jährlich acht Millionen Euro. Eine Summe, die von der Ukraine aufgewendet werden muss, die durch Bürgerkrieg, Wirtschaftskrise und Korruption gebeutelt ist. Der Abbau der hochaktiven, zu magmaartigem Gestein geschmolzenen Brennelemente ist mit grossen Schwierigkeiten verbunden. Am Ende wird ein gewaltiges Volumen an hochaktivem Atommüll anfallen. Die Katastrophe dauert in Tschernobyl noch über viele Generationen weiter an.

Die radioaktive Wolke erreicht die Schweiz

Die Katastrophe in Tschernobyl war auch für die Schweiz ein Schock. Auch hier war niemand auf einen solchen Super-GAU vorbereitet. In den ersten Tagen nach dem Reaktorunfall sorgten die fehlenden Informationen für Ungewissheit. SVP-Bundesrat Leon Schlumpf, der damalige Vorsteher des Eidgenössischen Verkehrs- und Energiewirtschaftsdepartements (EVED), erinnerte sich später: «In den ersten Tagen, nachdem das passiert ist, damals Ende April, Anfangs Mai, haben wir die ersten Hinweise erhalten. Aber gar nicht aus der Sowjetunion, sondern über Schweden, dort war offenbar die Radioaktivität gestiegen und dann hat man auch Hinweise erhalten, dass irgendein Kernkraftwerk in der Ukraine der Verursacher sein könnte. Aber nähere Angaben haben wir nicht erhalten und vor allem haben wir von der Sowjetunion keine Angaben erhalten. Wir wussten also in diesen Tagen nicht, was eigentlich passiert ist. Und vor allem das Ausmass dieser Katastrophe und die Auswirkungen, die denkbaren, auch für uns hier in Westeuropa, die konnte man nicht beurteilen.»[518]

Der Bundesrat berief sofort einen Krisenstab ein, der sich in einem «Bunker» unterhalb des Bundeshauses in Bern einquartierte. Am 29. April 1986, zwei Tage nach der Katastrophe in Tschernobyl, verkündete die Eidgenössische Kommission für AC-Schutz im Auftrag des Bundesrates: «Nach Auskunft der Landeswetterzentrale der Schweizerischen Meteorologischen Anstalt besteht bei der herrschenden Wetterlage keine Gefahr, dass die radioaktive Wolke gegen unser Land treiben würde.»[519] Um Mitternacht, vom 29. auf den 30. April 1986, erreichte die radioaktive Wolke jedoch von Osten her die Schweiz. Das automatische Frühwarnsystem auf dem Weissfluhjoch bei Davos löste einen Alarm aus. «Der Bundesrat ist sofort zusammengetreten und man hat Schritt für Schritt geschaut, was man vorkehren muss. Man war natürlich unerhört beeindruckt von dem Ausmass dieser Katastrophe. Dass eine solche Katastrophe im fernen Tschernobyl sogar in der Schweiz effektive Auswirkungen haben kann», erinnerte sich der damalige SVP-Bundesrat und Energieminister Leon Schlumpf.[520]

Am 30. April 1986 erschienen in den Zeitungen die ersten Schlagzeilen, welche in der Bevölkerung Angst und Schrecken verbreiteten. Der *Blick* titelte «Atom-Katastrophe: Tausende Tote? Sowjets bitten Westen um Hilfe» und die Nachrichtensendung *Tagesschau* des Schweizer Fernsehens meldete: «Wir sehen auf dieser Karte die Winde über Europa. Gestern Abend muss die Wolke etwa in dieser Gegend die Grenze zu Österreich erreicht haben. Und seither ist sie mit sehr hoher Geschwindigkeit auf die Schweiz losgezogen.»[521] Ausschlaggebend für die Verseuchung durch den radioaktiven Fallout war, ob im Mai 1986 in den betreffenden Regionen während des Durchzugs der radioaktiven Wolke Regen fiel. Durch den Regen gelangte die Radioaktivität auf den Boden und auf die Pflanzen. Deshalb kam es in Teilen der Ostschweiz vom 30. April bis zum 2. Mai 1986, im Tessin ab dem 3. Mai 1986 und in einzelnen Gegenden des Juras ab dem 3. Mai 1986 zu einer stärkeren Kontamination des Bodens und der Vegetation.

Am 2. Mai 1986 wurde die Nationale Alarmzentrale in Zürich in Betrieb genommen. Sie gab laufend die Messwerte für Radioaktivität heraus. Die Sorgentelefone liefen heiss. Die Bevölkerung war verunsichert. Am 3. Mai 1986 erklärte SVP-Bundesrat Leon Schlumpf im Radio: «Soviel wir heute den Unfall Tschernobyl beurteilen können, wobei dies noch nicht abgeschlossen ist, ergeben sich keine Konsequenzen, weder energiepolitisch noch in Bezug auf die Sicherheitsmassnahmen. Man kann sicher beruhigt sein.»[522] Um eine Panik in der Bevölkerung zu vermeiden, versuchten die Behörden zu beruhigen. Später wurde ihnen vorgeworfen, sie hätten den Ernst der Lage verharmlost. Durch die Beschwichtigungen wollte man die Wirtschaft nicht allzu sehr schädigen. Und man war insbesondere besorgt, nicht den Eindruck zu vermitteln, die Atomtechnologie sei etwas Schädliches. Die Behörden teilten deshalb auch sofort mit, hier könne so etwas nie passieren, die AKWs in der Schweiz seien absolut sicher.

Die Ostschweiz und der Jura, vor allem aber die Bündner Südtäler und das Tessin wurden vom radioaktiven Fallout getroffen. Die Behörden rotierten. «Es wurde Tag für Tag angespannter und unsere Besorgnis ist Tag für Tag grösser geworden. Wir haben in der Zwischenzeit auch aus dem Inland, von den Messstationen, die wir hier haben, gesehen, dass die Radioaktivität eben in der Schweiz auch angestiegen ist. Und das hat uns natürlich auch sehr Sorgen gemacht», erinnerte sich später Leon Schlumpf.[523] Die Empfehlungen jagten sich. Man durfte gewisse Gemüse und Pilze sowie bestimmte Fleischsorten nicht mehr essen. Die Behörden empfahlen Zurückhaltung bei Fleisch und Milch von Schafen und Ziegen. Auch Salat und Gemüse mussten gründlich gewaschen werden. Die Verunsicherung in der Bevölkerung wuchs von Tag zu Tag. Die Empfehlungen betreffend Fisch, Fleisch, Gemüse, Pilzen und Milchprodukten sorgten schweizweit für grosse Aufregung. Die Schweizer assen einen Viertel weniger Kopfsalat und nur halb so viel Spinat wie sonst. Wütende Gemüseproduzenten stellten an den Bund Schadensersatzforderungen in Millionenhöhe. Die Angst in der Bevölkerung wurde immer grösser. Verstrahlte Lebensmittel wurden vernichtet und Sandkästen zugedeckt.

Die Eidgenössische Kommission für AC-Schutz empfahl am 3. Mai 1986: «Der Genuss von Frischmilch ist aufgrund der zurzeit vorliegenden Messresultate unbedenklich. Im Sinne einer Empfehlung kann Frischmilch durch Milchpulver oder Kondensmilch ersetzt werden. Frisches Gemüse ist gründlich zu waschen. Es sei daran erinnert, dass es sich hierbei nicht um zwingende Schutzmassnahmen, sondern lediglich um Empfehlungen bei Kindern unter zwei Jahren sowie bei schwangeren Frauen zur Verminderung der Personendosen handelt.»[524]

Besonders gefährdete Bevölkerungsgruppen wie Schwangere, stillende Mütter oder Kleinkinder sollten auf Frischmilch verzichten. Im Mai 1986 setzte ein Run auf Milchpulver, Kondensmilch und uperisierte Milch ein. In Zusammenarbeit mit dem Zentralverband Schweizerischer Milchproduzenten (ZVSM) wurden ab dem 7. Mai 1986 insgesamt mehr als 120 000 Liter Milch aus dem Kanton Tessin mit mehr als 370 Becquerel Jod-131 pro Liter in die Innerschweiz gebracht und zu Käse weiterverarbeitet.[525]

Am 3. September 1986 verhängte der Bundesrat über den Luganersee ein totales Fischfangverbot, das bis am 9. Juli 1988 in Kraft blieb. Der Kanton Tessin wurde durch den radioaktiven Fallout am stärksten betroffen, weil es hier im Mai 1986 am stärksten regnete. Im Sommer 1986 war die Lage höchst angespannt. Besonders schwangere Frauen waren alarmiert und hatten Angst vor der Radioaktivität. Im kantonalen Gesundheitsamt in Bellinzona häuften sich die Gesuche für Abtreibungen. Die Behörden hatten darauf hingewiesen, dass es einen Zusammenhang zwischen der Radioaktivität und möglichen Missbildungen am Fötus geben könnte. Im Juni 1986 nahm die Zahl der Abtreibungen um 60 Prozent zu.

Der Super-GAU in Tschernobyl war auch für die Atomexperten in der Schweiz ein Schock. Roland Naegelin, der damalige Direktor der Hauptabteilung für die Sicherheit der Kernanlagen (HSK), sagte später: «Es war natürlich für alle Fachleute ein Schock. Man wusste theoretisch, dass so etwas passieren kann, aber dass es dann tatsächlich passiert, das ist etwas anderes. Und es war wirklich, glaube ich, an der obersten Grenze, was man sich da vorstellen kann.»[526] Der Direktor der Motor-Columbus, Michael Kohn, erinnerte sich später: «Ich war konsterniert, geschlagen, vor allem auch deshalb, weil in der Schweiz fünf Kernkraftwerke gelaufen sind, darunter das Gösgen, das ich propagiert, das ich gefördert habe und ich mir die Frage stellen musste, bin ich auf dem rechten Weg, darf ich überhaupt so weiterfahren, ist das eine Technik, die der Mensch ertragen kann? So in mich gehend, habe ich dann langsam angefangen zu überlegen, ja Tschernobyl hat versagt, aber nicht die Kerntechnik.»[527] Im Gespräch mit der Zürcher SP-Politikerin Ursula Koch meinte er 1987: «Die Technik im Namen des Menschlichen zu verbannen, nur weil sie Gefahren birgt, ist im Grunde unmenschlich, weil es ein Leben ohne Risiken nicht gibt.»[528]

Unter den Befürwortern der Atomenergie einigte man sich sehr schnell darauf, dass die Katastrophe in Tschernobyl zwar schlimm gewesen sei, so etwas in der Schweiz aber nicht passieren könnte. Die AKWs in der Schweiz seien viel sicherer als jene in der Sowjetunion. Tatsächlich war beim Super-GAU in Tschernobyl nebst menschlichem Fehlverhalten auch ein Konstruktionsfehler des sowjetischen Reaktors ein Auslöser der unkontrollierten Kettenreaktion gewesen. Der RBMK-Reaktor in Tschernobyl hatte nämlich die fatale Schwäche, dass die einfahrenden Steuerstäbe die Kettenreaktion nicht sofort abbremsten, sondern sie in den ersten Sekunden kurzzeitig sogar beschleunigten. Ein weiterer gravierender Mangel beim RBMK-Reaktor war das Fehlen eines Sicherheitsbehälters, des Containments, der bei einer Kernschmelze den Austritt der Radioaktivität in die Umwelt verhindern sollte.[529] Das Reaktorgebäude in Tschernobyl bot keinerlei Schutz vor einer Explosion. An der Tschernobyl-Konferenz der IAEO Ende August 1986 war auch eine Schweizer Delegation anwesend. Roland Naegelin, der damalige Direktor der HSK, antwortete damals auf die Frage eines Journalisten, ob ein Reaktortyp wie in Tschernobyl in der Schweiz zugelassen würde: «Nein, wir hätten den vor Jahren nicht zugelassen und heute auch nicht, denn dieser Typ enthält auch nach der detaillierten Information, die wir jetzt erhalten haben, einige Sicherheitsvorrichtungen nicht, die bei uns vorgeschrieben sind.»[530]

Die Katastrophe in Tschernobyl brachte – zusammen mit dem Afghanistankrieg – die Sowjetunion endgültig zum Einsturz. 1986 aber war der Kalte Krieg noch nicht zu Ende. Die Befürworter der Atomenergie im Westen machten damals allein das russische Chaos für den Super-GAU verantwortlich. Die schludrige Technik und die Schlampigkeit der Sowjetunion galten als alleinige Ursachen für das Schlamassel. Die Sowjetunion war ein totalitäres System, eine marode Planwirtschaft, ein bürokratischer Moloch. Sie war dem Westen wirtschaftlich, wissenschaftlich, technisch und in den Augen vieler auch moralisch unterlegen. Nur dort konnte ein derart schlimmes Unglück geschehen. Bei uns in der Schweiz hätte so etwas nie passieren können. Der damalige SP-Präsident Helmut Hubacher kommentierte das folgendermassen: «Also eigentlich war [Tschernobyl] für die Seite, welche die AKW befürworten, glaube ich, gar nicht so sehr das Lehrstück gewesen, sondern es ist halt in Russland passiert, in der Sowjetunion, die haben ja sowieso nicht die gleiche Technik, wir sind da natürlich viel besser und bei uns kann es dies und das nicht geben, also man hat sich ein wenig in diese angeblich schludrige Technik der Sowjetunion geflüchtet, um sein Selbstwertgefühl nicht tangieren zu müssen.»[531]

Ulrich Fischer, der Direktor der Kernkraftwerk Kaiseraugst AG, meinte später: «Im Gegensatz zu den Russen, die ihr Programm ohne Unterbruch weiterführten und gar die

---

«Also eigentlich war [Tschernobyl] für die Seite, welche die AKW befürworten, glaube ich, gar nicht so sehr das Lehrstück gewesen, sondern es ist halt in Russland passiert, in der Sowjetunion, die haben ja sowieso nicht die gleiche Technik, wir sind da natürlich viel besser […].»
Helmut Hubacher, SP-Präsident, 2005

restlichen Blöcke in Tschernobyl, welche die gleiche Bauweise mit den mangelhaften Sicherheitsvorkehrungen wie der Unglücksreaktor aufweisen, bereits nach wenigen Monaten wieder in Betrieb nehmen, würde ein solches Unglück den westlichen Demokratien wesentlich länger zu schaffen machen, das doch auf technische Mängel und Schlendrian in der sowjetischen Anlage zurückzuführen war.»[532] Nach der Katastrophe in Tschernobyl fand auch in der Schweiz eine Überprüfung der Sicherheit der AKWs statt, und es wurden einige zusätzliche Massnahmen zur Verhinderung einer solchen Reaktorkatastrophe realisiert. So wurden alle AKWs mit einem System der gefilterten Druckentlastung ausgerüstet, das bei einer Kernschmelze das Versagen des Sicherheitsbehälters verhindern sollte, und es wurden auch Vorrichtungen zur kontrollierten Umwandlung von Wasserstoff in Wasser installiert, um Knallgasexplosionen zu verhindern.

Der Hinweis, dass es sich in Tschernobyl um einen Reaktor ganz anderer Bauart gehandelt habe, wurde von den Befürwortern der Atomenergie in der Schweiz immer wieder betont. Roland Naegelin schrieb beispielsweise 2007 in seinem Buch *Geschichte der Sicherheitsaufsicht über die schweizerischen Kernanlagen, 1960–2003*: «Wegen der Verschiedenartigkeit der Reaktortypen waren nach dem Tschernobyl-Unfall direkte Konsequenzen für die schweizerischen Kernkraftwerke nicht zu ziehen.»[533] Weiter schrieb er: «Wenn die Schweiz durch den Unfall in Tschernobyl auch nur am Rande betroffen war, so konnten doch einige wertvolle Erfahrungen für die Notfallplanung gesammelt werden.»[534] Anton Treier, der Sprecher des Eidgenössischen Nuklearsicherheitsinspektorats (ENSI), meinte 2011 in einem Radiointerview: «Man hat schnell erkannt, dass diese Reaktoren von Tschernobyl völlig anders gebaut sind und auch ein anderes Betriebskonzept haben als die Schweizer Leichtwasserreaktoren. Für die Kraftwerke selbst, für die Technik, für das Design hat es keine Lehren gegeben. Die Lehren, die man aus Tschernobyl gezogen hat, waren im Bereich des Notfallschutzes, von der Alarmierung in der Schweiz, vom Aufbieten der Notfalleinsatzkräfte.»[535]

CVP-Bundesrat und Bundespräsident Alphons Egli legte nach der ersten Debatte im Nationalrat am 18. Juni 1986 ein Zwölf-Punkte-Programm zur Verbesserung des Strahlen- und Bevölkerungsschutzes vor: «1. Die Arbeiten am Strahlenschutzgesetz sind voranzutreiben. 2. Die Strahlenschutzverordnung ist zu revidieren. 3. Die in Vorbereitung befindliche Verordnung über die Alarmorganisation zum Schutz der Bevölkerung bei einer Gefährdung durch Radioaktivität soll überarbeitet werden. 4. Die Kommission für AC-Schutz ist zu verstärken und soll ein Einsatzkonzept erhalten. 5. Die Informationstätigkeit muss ausgebaut werden. 6. Die Information innerhalb der Kantone, besonders an die Gemeinden, ist zu stärken. 7. Die Bevölkerung soll besser über Radioaktivität informiert werden. 8. Es sind Notfallkonzepte für die ganze Bevölkerung zu erstellen. 9. Genauere Abgrenzung der Zuständigkeiten zwischen Anordnung und Vollzug von Massnahmen und des Einsatzes von Militär und Zivilschutz. 10. Die Auswirkung von Radioaktivität auf Nahrungsmittel, Pflanzen etc. ist abzuklären. 11. Zu klären ist, ob die Sowjetunion für die Schäden in der Schweiz verantwortlich gemacht werden kann und wie die durch die Empfehlungen der KAC entstandenen Produktionsausfälle entschädigt werden sollen. 12. Es sollen internationale Kontakte aufgenommen werden zwecks Harmonisierung der gegenseitigen Information bei Pannen, der Verbesserung der Kernanlagen-Sicherheit und der Strahlenschutzmassnahmen, allenfalls bezüglich Nahrungsmittelgrenzwerten.»[536] Nach der Katastrophe in Tschernobyl wurden auf Anweisung des Bundesrates die Notfallorganisation und der Strahlenschutz verbessert. Am 22. März 1991 wurde ein neues Strahlenschutzgesetz verabschiedet, das am 1. Oktober 1994 in Kraft trat. Ein flächendeckendes automatisches Messnetz zur Überwachung der Radioaktivität wurde installiert, die ferngesteuerte Auslösung der Alarmsirenen auf 20 Kilometer um die AKWs ausgedehnt und im Jahr 1993 Jodtabletten an alle Haushalte, Schulen und Betriebe rund vier Kilometer um die AKWs verteilt.

Die aus der radioaktiven Wolke von Tschernobyl abgelagerten Radionuklide können teilweise noch heute in den Böden, in Seesedimenten und einzelnen Nahrungsmitteln nachgewiesen werden. Im Mai 1986 stammte die grösste Radioaktivität vom kurzlebigen Jod-131, das eine Halbwertszeit von acht Tagen aufweist. Später wurden vor allem die beiden Radionuklide Caesium-134 und Caesium-137 mit Halbwertszeiten von 2 beziehungsweise 30 Jahren gemessen. Weitere Radionuklide wie Strontium-90 mit einer Halbwertszeit von 28 Jahren und Plutonium-239 mit einer Halbwertszeit von über 24 000 Jahren konnten ebenfalls nachgewiesen werden, jedoch in einer deutlich geringeren Konzentration. Heute ist vor allem das langlebige Caesium-137 in den durch den radioaktiven Fallout betroffenen Gebieten immer noch messbar. Bei gewissen Wildpilzen wie Maronenröhrlingen oder Zigeunerpilzen, aber auch bei Wildtieren wie Wildschweinen und teilweise bei Kleinvieh wie Ziegen und Schafen aus den Berggebieten, die sich von stärker kontaminiertem Gras oder Pilzen ernährten, können noch immer erhöhte Caesium-137-Werte festgestellt werden. Allerdings war die durchschnittliche Strahlenbelastung für die Schweizer Bevölkerung durch den radioaktiven Fallout der Atombombentests in den 1950er- und Anfang der 1960er-Jahre mit circa 1,2 Millisievert grösser als die zusätzliche Strahlendosis durch die Katastrophe in Tschernobyl mit einem Mittelwert von circa 0,52 Millisievert. Gemäss Schätzungen des Bundesamts für Gesundheit (BAG) müsse in der Schweiz wegen Tschernobyl mit circa 200 zusätzlichen Krebstoten gerechnet werden.

Das Aus für Kaiseraugst

Am 2. Mai 1986 hatte SVP-Bundesrat Leon Schlumpf in der *Bündner Zeitung* noch erklärt: «Der Unfall von Tschernobyl wird keine Auswirkungen auf die Kernenergiepolitik des Bundes haben. Eine Sistierung der Rahmenbewilligung [Kaiseraugst] ist nicht möglich, weil diese vom Parlament erteilt wurde. Es wäre höchstens noch möglich, die noch ausstehende Baubewilligung nicht zu erteilen. Doch das kommt nicht in Frage.»[537] Die Katastrophe in Tschernobyl sorgte in der Bevölkerung jedoch für eine wachsende Skepsis gegenüber der Atomenergie und hatte damit langfristige Auswirkungen auf die Energiepolitik. Die Anti-AKW-Bewegung erhielt durch den Super-GAU im ukrainischen AKW schlagartig neuen Aufwind. SP-Präsident Helmut Hubacher forderte den Bundesrat am 2. Juni 1986 in einem parlamentarischen Vorstoss auf, das Projekt Kaiseraugst nun endlich zu begraben. Am 21. Juni 1986 fand wenig später in Gösgen mit 30 000 Personen die grösste Schweizer Anti-AKW-Kundgebung aller Zeiten statt.

In der Frühjahrssession 1986 wurden im Nationalrat 20 dringliche Interpellationen eingereicht. Vom 9. bis 11. Oktober 1986 fand im Anschluss an die ordentliche Herbstsession eine Sondersession zu Tschernobyl statt. In der drei Tage dauernden «Monsterdebatte» im National- und im Ständerat wurden alle Vorstösse von Links-Grün, welche einen Atomausstieg und ein Verzicht auf Kaiseraugst forderten, von den bürgerlichen Parteien abgelehnt. Der Bundesrat versicherte, dass der Sicherheitsstandard von Beznau und Mühleberg an den Stand von Gösgen und Leibstadt angepasst werde. Die Erarbeitung eines Notfallplans für die allfällige Evakuierung der Bevölkerung bei einem Super-GAU wurde vom Bund an die Kantone delegiert. Gleichzeitig gab der Bundesrat die Ausarbeitung eines Energieartikels und eines Berichts über Ausstiegsszenarien in Auftrag. «Die Energiepolitik des Bundesrates strebt eine sichere, wirtschaftliche und umweltfreundliche Energieversorgung an. Ein kurzfristiger und unvorbereiteter Kurswechsel wäre nicht zu verantworten. Der Souverän hat sich letztmals vor zwei Jahren für die Nutzung der Kernenergie ausgesprochen. Im Hinblick auf die Erkenntnisse aus dem Reaktorunglück von Tschernobyl, auf die weiterhin notwendige Kernenergiediskussion und auf die angekündigten Volksinitiativen für ein Moratorium und für den Ausstieg aus der Kernenergie werden wir die Frage eines Ausstiegs umfassend untersuchen.»[538]

Die Expertengruppe Energieszenarien (EGES) untersuchte daraufhin unter der Leitung von Hans-Luzius Schmid, dem stellvertretenden Direktor des Bundesamts für Energie (BFE), verschiedene Szenarien für den Atomausstieg. «Mit diesen Ausstiegsszenarien werden Entscheidungsgrundlagen und Handlungsvarianten erarbeitet und zur Diskussion gestellt. Eine vorherige Beschlussfassung wäre nicht zu verantworten, insbesondere nicht eine kurzfristige Stilllegung der inländischen Kernkraftwerke. Das würde auch wenig fruchten, solange Nachbarländer weiterhin Kernenergie produzieren. Und es wäre widersprüchlich, wenn wir benötigten Strom aus solchen Kernkraftwerken im Ausland beziehen würden», bemerkte der Bundesrat in seiner Stellungnahme gegenüber dem Parlament.[539] In ihrer 1988 publizierten Studie hält die Expertengruppe den Atomausstieg für möglich, allerdings nur unter der Voraussetzung einer konsequenten Sparpolitik und einer effizienten Energienutzung. Die Studie sorgte damals für viel Aufregung, veränderte die Energiepolitik jedoch kaum wesentlich.

Nach Tschernobyl wurden von den AKW-Gegnern zwei weitere Volksinitiativen lanciert. Das Nordwestschweizer Aktionskomitee gegen Atomkraftwerke (NWA) startete im August 1986 seine bereits vor der Reaktorkatastrophe in Tschernobyl angekündigte Initiative «Stopp dem Atomkraftwerkbau», die ein zehnjähriges Moratorium forderte. Die SP doppelte im Anschluss an die parlamentarische Sondersession vom 9. bis 11. Oktober 1986 mit einer zweiten Volksinitiative für den Atomausstieg nach. Das bisher eindeutige Bekenntnis zur Atomenergie begann nun sogar in den bürgerlichen Parteien zu wanken. Selbst bürgerliche Politiker, die bislang ohne Vorbehalt hinter der Atomindustrie standen, nahmen nun eine zunehmend kritische Haltung ein. Im Wahljahr 1987 konnten sich Vertreter der bürgerlichen Parteien CVP und SVP mittelfristig einen Atomausstieg vorstellen. Die beiden FDP-Nationalräte Franz Steinegger und Kaspar Villiger reichten im März 1987 im Parlament eine Motion ein, mit der sie den Bau von

AKWs zukünftig dem fakultativen Referendum unterstellen wollten.[540]

Am 1. November 1986 ging das in Basel am Rhein gelegene Industriegelände Schweizerhalle der Chemiefirma Sandoz in Flammen auf. Beim Chemieunfall verbrannten 1350 Tonnen giftige Chemikalien, darunter Insektizide und Herbizide. Der Wind trug beissenden Rauch, bestialischen Gestank und Verbrennungsgase in Richtung Basel. Sirenen rissen die Bevölkerung aus dem Schlaf, manche Menschen flüchteten. Die Dämpfe drangen in die Ritzen der Häuser ein. In den folgenden Tagen mussten etwa 1250 Menschen wegen Atembeschwerden behandelt werden. Mit dem Löschwasser gelangten die giftigen Chemikalien in den Rhein und lösten ein massenhaftes Fischsterben aus. Über zwei Wochen musste flussabwärts die Entnahme von Trinkwasser aus dem blutrot gefärbten Rhein bis in die Niederlande eingestellt werden. Angst und Wut in der Bevölkerung waren riesig. Eine Woche nach dem Brand nahmen 10 000 Personen an einer Demonstration in Basel teil. Erinnerungen an die Unfälle im italienischen Seveso 1976 bei einer Tochterfirma des Basler Chemiekonzerns Hoffmann-La Roche und im indischen Bhopal 1984 wurden wieder wach. Mit der Parole «Tschernobâle» wurden von den Demonstranten auch Parallelen zur Katastrophe in Tschernobyl gezogen.[541] «Dies führte dazu, dass neben Tschernobyl auch ‹Schweizerhalle› zur weiteren Verunsicherung der Bevölkerung beitrug und einen psychologisch überaus unglücklichen Einfluss auf die Akzeptanz der Kernenergie und damit – besonders in der Region Basel – auf das Werk Kaiseraugst hatte», erinnerte sich später Ulrich Fischer, der damalige Direktor der Kernkraftwerk Kaiseraugst AG.[542]

Das geplante AKW Kaiseraugst war bereits 1975 durch die Besetzung des Baugeländes zum Symbol des Widerstands der Anti-AKW-Bewegung geworden. Nach Tschernobyl wurde das umstrittene Projekt für die Befürworter der Atomenergie immer mehr zum Klotz am Bein. Die Wirtschaftskreise und Banken, die der Atomindustrie nahestanden, begannen sich nun ebenfalls vom Projekt Kaiseraugst zu distanzieren. Für sie wurde es zu einem Phantom, das die Bilanzen belastete. Einige bürgerliche Politiker kamen nach Tschernobyl zur Überzeugung, dass Kaiseraugst längst tot sei und dass diese Leiche nun endlich begraben werden müsse. «Das war der Todesstoss für Kaiseraugst gewesen, weil schnell klar geworden ist, dass unter den neuen politischen Bedingungen, die durch Tschernobyl ausgelöst wurden, Kaiseraugst keine Chance mehr haben wird», meinte der Historiker Patrick Kupper.[543] Als wortgewaltiger Meinungsführer beim «Begräbnis» von Kaiseraugst profilierte sich SVP-Nationalrat Christoph Blocher. Dieser war selbst seit 1982 Verwaltungsrat der Motor-Columbus, die 1966, 20 Jahre zuvor, das Projekt Kaiseraugst lanciert hatte. An einem geheimen Treffen mit Angelo Pozzi, dem Präsidenten der Motor-Columbus, Adolf Gugler, dem Präsidenten der Elektrowatt, und Franz Josef Harder, dem Präsidenten der NOK, hatte Blocher 1987 das Terrain für seine Aktion sorgfältig vorbereitet.[544]

Zehn Ständeräte und 14 Nationalräte der SVP, FDP und CVP unterzeichneten schliesslich die Motion, die am 2. März 1988 gleichzeitig vom St. Galler CVP-Ständerat Jakob Schönenberger und vom Zuger FDP-Nationalrat Georg Stucky eingereicht wurde. Im Wortlaut forderte die Motion: «Der Bundesrat wird beauftragt, mit der Kernkraftwerk Kaiseraugst AG eine Vereinbarung über die Nichtrealisierung ihres Kernkraftwerkprojektes abzuschliessen; die Kernkraftwerk Kaiseraugst AG für die im Zusammenhang mit dem Projekt aufgelaufenen Gesamtkosten angemessen zu entschädigen; die Massnahmen für eine zukunftssichernde Energiepolitik, in der die Kernenergie als Option offen bleibt, mit Nachdruck weiterzuführen.»[545] Als Gegenleistung für den Verzicht sollte die Kernkraftwerk Kaiseraugst AG vom Bund eine angemessene finanzielle Entschädigung und ein Bekenntnis zur Atomenergie erhalten.

An der Pressekonferenz vom 2. März 1988 mit dem Titel «Eine Weichenstellung in der Energiepolitik» verkündete Christoph Blocher den überraschten Journalisten, der Bundesrat werde in einer Motion beauftragt, mit der Kernkraftwerk Kaiseraugst AG «eine Vereinbarung über die Nichtrealisierung ihres Kernkraftwerkprojekts abzuschliessen». Die Ankündigung war ein Überraschungscoup, ein Paukenschlag. «Auch wenn man die Überzeugung hat, dass dieses Projekt verwirklicht werden muss, und hier sitzen nicht die Täter, die die Verschleppung erreicht haben, sondern hier sitzen die, die überzeugt sind, dass man dieses Projekt bauen sollte, kommt man realistischerweise zum Schluss, dass dieses Projekt jetzt nicht realisiert werden sollte und kann und beerdigt werden muss und abgeschrieben werden soll», sagte Christoph Blocher vor versammelter Presse.[546] Im gleissenden Licht der Fernsehkameras inszenierte er dabei seinen ganz grossen Auftritt, der alle übrigen Beteiligten als blosse Statisten erscheinen liess.[547]

Durch die Einreichung der Motion wollten die bürgerlichen Politiker den Stolperstein Kaiseraugst aus dem Weg räumen. Das seit Längerem totgelaufene Projekt sollte eine angemessene Entschädigung und damit ein würdiges Begräbnis erhalten. Einige Befürworter der Atomenergie befürchteten aber durch den Verzicht auf Kaiseraugst einen Dominoeffekt. Die Kapitulation in Kaiseraugst könnte der Anfang vom Ende der Atomenergie in der Schweiz werden. Gleichzeitig wurde der parlamentarische Vorstoss jedoch von den Betreibern auch als «einmalige Chance», ja als die vielleicht letzte Gelegenheit gesehen, um aus dem langjährigen Projekt auszusteigen, ohne eine totale Niederlage zu erleiden.[548] Durch die finanzielle Entschädigung und das Bekenntnis des Bundesrates zur Atomenergie konnte es abgebrochen werden, ohne dass es im totalen wirtschaftlichen Fiasko enden musste. Die Kosten des Projekts lagen bereits bei 1,2 Milliarden Franken und wären innerhalb weniger Jahre auf weit über 2 Milliarden Franken angestiegen.

«Die Komplexität der Kaiseraugst-Geschichte lag darin, dass gerade nicht die energie- und gesellschaftspolitischen Gegner des Projektes Kaiseraugst das Kernkraftwerk zu Fall brachten. Es taten dies schlussendlich von der Kernenergie überzeugte Bürgerliche, die von der Richtigkeit des Projektes zwar überzeugt waren, aber die faktische Unrealisierbarkeit dieses Projektes sahen, und es daher stilllegen mussten. Zu ertragen war, dass sie sich dann plötzlich in Bezug auf dieses Projekt auf der gleichen Seite wie die linken Kernenergiegegner befanden», schrieb Christoph Blocher 2013 im Vorwort zu Ulrich Fischers Buch *Brennpunkt Kaiseraugst*.[549] Und er fügte hinzu: «Für die Gegner war es eine teuflische Kultstätte und Inbegriff des Bösen. Für die Befürworter war es dagegen ein Meilenstein für die eigenständige Energieversorgung und ein Pièce de résistance für rechtmässiges Handeln. Diese beiderseitige Zweckentfremdung war des ‹Hasen Tod›.»[550] Tatsächlich hatte Christoph Blocher zunächst auch den SP-Präsidenten Helmut Hubacher kontaktiert, um mit diesem in einer unheiligen Allianz gemeinsame Sache zu machen. Der Basler SP-Präsident war jedoch nicht bereit, mit dem Zürcher SVP-Nationalrat zusammenzuarbeiten. Er soll geantwortet haben: «Herr Blocher, es ehrt mich, dass Sie mich als ersten von den übrigen Parteien fragen. Aber wir Sozialdemokraten haben die Trauerfeier und Beerdigung 1978 in Basel gegen unseren damaligen Energieminister, Willi Ritschard, zelebriert. Wir müssen keinen zweiten Kranz bringen. Es bleibt ihnen nichts anderes übrig, als das mit ihren bürgerlichen Partnern von der CVP und der FDP durchzuziehen.»[551]

Unmittelbar nach der Ankündigung der Kaiseraugst-Motion sagte Helmut Hubacher am 3. März 1988 gegenüber der *Basler Zeitung:* «Für einmal hat sich der Widerstand, gemeint ist die Besetzung des AKW-Geländes im Jahr 1975, als der Baubeginn verhindert wurde, gelohnt. Das Recht auf Widerstand ist nachträglich sanktioniert worden, sanktioniert von denen, die darin eine Gefährdung von Rechtsstaat und Demokratie gesehen haben wollten.»[552] 2006 sagte er rückblickend: «Kaiseraugst war das Ende für AKW in der Schweiz gewesen. Man hat in der Planung zehn Atomkraftwerke gehabt und bei fünf ist es geblieben. Zwei Beznau, 1 und 2, Mühleberg, Gösgen und Leibstadt. Es wären nochmals fünf geplant gewesen und Kaiseraugst hat also hier den Schlussstrich gezogen. Das ist das Verdienst von den Besetzern.»[553] Für die Gegner war der Verzicht auf Kaiseraugst ein Verdienst der Anti-AKW-Bewegung.

Für die Befürworter hingegen war der Verzicht ein bedenklicher Sündenfall, bei dem sich der Staat dem Druck der Strasse gebeugt hatte. Durch die Ohnmacht des Staats, dieses AKW notfalls auch mit Gewalt durchzusetzen, sei der Rechtsstaat infrage gestellt worden. «Wir müssen vermeiden, dass dieser Sündenfall zu einem Dammbruch führt. Wir müssen vermeiden, dass dadurch das Gefüge unserer Rechtsstaates generell in Frage gestellt wird», meinte Ulrich Fischer, der damalige Direktor der Kernkraftwerk Kaiseraugst AG.[554] Selbst Christoph Blocher meinte unmittelbar nach der Verzichtserklärung: «Die Ruine Kaiseraugst ist das Resultat einer Führungsschwäche.»[555] Die Vereinbarung wurde jedoch von allen Bundesratsparteien begrüsst und auch in den meisten Zeitungskommentaren als gelungener Kompromiss gelobt.[556] In der Folge drehte sich die politische Debatte vor allem um die Höhe der Entschädigung. Es war klar, dass die abzuschreibenden Beträge letztlich durch eine Erhöhung der Steuern oder der Stromtarife auf die Allgemeinheit abgewälzt würden.

Am 7. November 1988 unterzeichneten der Bundesrat und die Kernkraftwerk Kaiseraugst AG die definitive Vereinbarung zur Nichtrealisierung des AKWs. Der Bundesrat begründete die Entscheidung wie folgt: «Seit der Katastrophe von Tschernobyl bestehen Verhältnisse, welche einer Projektverwirklichung in absehbarer Zukunft entgegenstehen. Für die in den letzten Jahren eingetretenen und nicht voraussehbaren Veränderungen der Umstände hat die Kaiseraugst AG nicht einzustehen. Diese Tatsache rechtfertigt ebenfalls, dass der Bund einen Teil des aus der Nichtrealisierung erwachsenden Schadens übernimmt.»[557] Der Bund zahlte der Kernkraftwerk Kaiseraugst AG letztlich 350 Millionen Franken Schadensersatz.

Der neu gewählte FDP-Bundesrat Kaspar Villiger meinte gegenüber seiner eigenen Fraktion, auch er habe keine Freude daran, wie das Projekt Kaiseraugst nun beendet werde, man habe jedoch heute keine andere Wahl, und am besten «klemme man die Nase zu und sage ja».[558] In der letzten «Monsterdebatte» im Nationalrat vom 7. und 8. März 1989 wurden von den AKW-Gegnern noch einzelne Rückweisungsanträge gestellt. LdU-Nationalrat Franz Jaeger forderte den Bundesrat dazu auf, die Verhandlungen mit der Kernkraftwerk Kaiseraugst AG erneut aufzunehmen und eine tiefere Entschädigung zu zahlen. SP-Nationalrat Elmar Ledergerber verlangte, dass zusammen mit Kaiseraugst gleichzeitig auch die Pläne zum Bau der AKWs in Graben und Verbois beerdigt werden sollten, und die Nationalrätin der POCH, Anita Fetz, forderte, dass der Kernkraftwerk Kaiseraugst AG eine symbolische Entschädigung von einem Franken bezahlt werden sollte. Die Provokationen von der links-grünen Seite stachelten den Zürcher SVP-Nationalrat Christoph Blocher nochmals zu einem rhetorischen Höhenflug an. Er hielt den Antragstellern vor, sie kämen ihm wie turnende Knaben vor, die den Abgang am Reck nicht mehr fänden. Nach 20 Jahren Verzögerungstaktik wollten sie jetzt noch 20 Jahre lang die Beerdigung des Projekts zelebrieren. Sie würden an einem Knochen nagen, obwohl dieser schon lange stinke. Damit liess er gleichzeitig durchblicken, dass das Projekt Kaiseraugst schon lange gestunken hatte und bereits viel früher hätte beerdigt werden müssen.[559]

Am 17. März 1989 fand im Parlament die Schlussabstimmung statt. Der Ständerat genehmigte den Verzicht auf Kaiseraugst mit 33 zu 0 Stimmen, der Nationalrat mit 105 zu 29 Stimmen. Da kein Referendum ergriffen wurde, trat der Bundesbeschluss am 26. Juni 1989 in Kraft, und der Bund überwies der Kernkraftwerk Kaiseraugst AG die vereinbarten 350 Millionen Franken. Damit wurde das Projekt Kaiseraugst nach 25 Jahren offiziell beendet. In der Folge begann der Bund auch mit der Kernkraftwerk Graben AG Verzichtsverhandlungen zu führen und zahlte dieser nach längerem Hin und Her 1996 ebenfalls eine Entschädigung von 227 Millionen Franken. Damit wurde das letzte laufende AKW-Projekt der Schweiz beendet. Auf dem ehemaligen Baugelände des geplanten AKWs Kaiseraugst entstand 1998 ein Biotop, ein geschützter Lebensraum für Eidechsen, Kreuzkröten und Gelbbauchunken.[560]

Die Atominitiativen von 1990

Am 23. September 1990 kamen die beiden Atominitiativen für ein zehnjähriges Moratorium und für den Atomausstieg zur Abstimmung. Die Moratoriums-Initiative «Stopp dem Atomkraftwerkbau» wurde im August 1986 von der NWA lanciert. Die Initiative forderte: «Für die Dauer von zehn Jahren seit Annahme dieser Übergangsbestimmung durch Volk und Stände werden keine Rahmen-, Bau-, Inbetriebnahme- oder Betriebsbewilligungen gemäss Bundesrecht für neue Einrichtungen zur Erzeugung von Atomenergie (Atomkraftwerke oder Atomreaktoren zu Heizzwecken) erteilt.»[561] Dem Initiativkomitee gehörten SP-Nationalrat Alexander Euler, LdU-Nationalrat Franz Jaeger, FDP-Nationalrat Sergio Salvioni und die Genfer Ständerätin Monique Bauer Lagier von der Liberalen Partei der Schweiz an. Die Moratoriums-Initiative wurde von den Linksparteien SP, POCH und LdU sowie von den Mitteparteien FDP, CVP und EVP unterstützt. Die Initianten argumentierten, dass jedes neue AKW die Wahrscheinlichkeit einer weiteren Katastrophe erhöhe. «Was in Tschernobyl passiert ist, kann überall passieren, auch in Gösgen, Leibstadt, Beznau oder Mühleberg.»[562] Die vom Bundesrat eingesetzte EGES habe gezeigt, dass es Alternativen zur Atomenergie gebe, welche die Umwelt besser schützen würden und für die wirtschaftliche Entwicklung langfristig sehr attraktiv seien. Bei einer Ablehnung der Initiative würde der Atomindustrie ein Freipass für die Realisierung der geplanten AKWs in Graben, Verbois, Inwil und Rüthi ausgestellt.

Der Bundesrat und das Parlament lehnten das Moratorium ab. Der Bundesrat argumentierte, die Initiative sei zunächst gegen das AKW Kaiseraugst gerichtet gewesen. Mittlerweile habe man auf das umstrittene Projekt in Kaiseraugst verzichtet, womit auch die Initiative obsolet geworden sei. Die Initiative sei der erste Schritt zum Atomausstieg, ohne dass in der Energieversorgung gesicherte Alternativen zur Verfügung stehen würden. Die Betreiber der AKWs hätten bei der Annahme der Initiative mit einer Abwanderung des Fachpersonals zu rechnen, was die betriebliche Sicherheit gefährden würde. Für die Entsorgung des radioaktiven Abfalls müsse auch bei der Annahme der Initiative eine Lösung gesucht werden. Die Moratoriums-Initiative wurde mit 54,5 Prozent Ja- zu 45,5 Prozent Nein-Stimmen angenommen. Die höchste Zustimmung erreichte die Initiative im Kanton Basel-Stadt (71 %). Die geringste Zustimmung fand sie im Kanton Aargau (39,2 %). Sie war damit die erste Atominitiative, die von der Schweizer Stimmbevölkerung angenommen wurde.

Die Atomausstiegsinitiative der SP wurde im Anschluss an die parlamentarische Sondersession vom 9. bis 11. Oktober 1986 lanciert. Sie forderte einen schrittweisen Ausstieg aus der Atomenergie. «In der Schweiz dürfen keine weiteren Anlagen zur Erzeugung von Atomenergie und keine Anlagen zur Bearbeitung von Kernbrennstoffen in Betrieb genommen werden. Die bestehenden Anlagen dürfen nicht erneuert werden. Sie sind so rasch als möglich stillzulegen.»[563] Weiter forderte die Initiative: «Um eine ausreichende Stromversorgung sicherzustellen, sorgen Bund und Kantone dafür, dass elektrische Energie gespart, besser genutzt und umweltverträglich erzeugt wird.»[564] Dem Initiativkomitee gehörten zahlreiche Fraktionsmitglieder der SP an, darunter Parteipräsident Helmut Hubacher, Nationalrätin Ursula Mauch, Nationalrätin Lilian Uchtenhagen und Nationalrat Elmar Ledergerber. Die Initianten argumentierten, die Katastrophe von Tschernobyl müsse eine Warnung sein. «Ein Reaktorunfall macht das Schweizer Mittelland unbewohnbar. Im Umkreis von 30 km – dies entspricht der Evakuationszone in Tschernobyl – leben rund um die fünf schweizerischen Atomkraftwerke 40 Prozent der Schweizer Bevölkerung.»[565] Die Initianten forderten zudem eine effizientere Nutzung der Energie und eine Förderung der erneuerbaren Energien.

Der Bundesrat und das Parlament lehnten die Initiative ab. Zur Begründung ihrer Ablehnung hiess es im Abstimmungsbüchlein: «Es ist im heutigen Zeitpunkt nicht zu verantworten, auf die Option Kernenergie zu verzichten. Ein Verzicht hätte schwerwiegende Folgen für unser Land, denn es stehen zurzeit nicht genügend Alternativen zur Verfügung.»[566] Die Atomenergie mache 40 Prozent der Stromproduktion aus, ein Ersatz durch fossile Energien (Öl, Kohle und Gas) komme nicht infrage, und die erneuerbaren Energien wie Sonnenenergie, Bioenergie und Windenergie würden nicht genügend Energie liefern. Der Atomausstieg hätte untragbare Folgen für die Wirtschaft und würde die Abhängigkeit vom Ausland verstärken. Die Schweiz wäre gezwungen, Atomstrom aus dem Ausland zu importieren. Im Winter wäre die Schweiz auf Importe angewiesen, da die Wasserkraftwerke dann nur reduziert arbeiten können. Die AKWs würden zudem einen wichtigen Beitrag gegen die Klimaerwärmung leisten, da sie kein Kohlendioxid in die Luft abgeben. Der Ersatz durch fossile Energien wäre demgegenüber ein bedenklicher Rückschritt. Die Entsorgung der radioaktiven Abfälle sei möglich, es müsse in der Schweiz nur noch ein genügend ausgedehnter Gesteinskörper gefunden werden, in dem die Abfälle gelagert werden könnten.

Bezüglich der «Lehren aus Tschernobyl» betonte der Bundesrat in seinem Argumentarium: «Dabei hat sich ergeben, dass die fünf schweizerischen Kernkraftwerke zu den zuverlässigsten der Welt gehören.»[567] Weiter heisst es: «Zwischen dem Reaktortyp von Tschernobyl und den Anlagen in der Schweiz bestehen grundsätzliche Unterschiede: Insbesondere verfügen die schweizerischen Werke über eine druckfeste und dichte doppelte Sicherheitsbarriere aus Stahl und Beton.»[568] Die Atomausstiegsinitiative wurde schliesslich mit 47,1 Prozent Ja- zu 52,9 Prozent Nein-Stimmen abgelehnt. Die grösste Zustimmung fand die Initiative erneut im Kanton Basel-Stadt (63,4 %), die grösste Ablehnung resultierte wiederum im Kanton Aargau (32,3 %). Nebst dem Kanton Basel-Stadt stimmten die Kantone Basel-Landschaft, Genf, Jura, Waadt, Neuenburg und das Tessin für die Initiative. Alle anderen Kantone lehnten den Atomausstieg ab.

Als indirekter Gegenvorschlag zur Moratoriums- und Atomausstiegsinitiative kam am 23. September 1990 der Bundesbeschluss zum Energieartikel zur Abstimmung, der die Steigerung der Energieeffizienz und die Förderung der erneuerbaren Energien in der Verfassung verankern sollte. «Bund und Kantone setzen sich im Rahmen ihrer Zuständigkeiten für eine ausreichende, breitgefächerte und sichere, wirtschaftliche und umweltverträgliche Energieversorgung sowie für einen sparsamen und rationellen Energieverbrauch ein.»[569] Der Bund solle Grundsätze für die Nutzung erneuerbarer Energien und zum Energiesparen erlassen. Der Energieverbrauch von Anlagen, Fahrzeugen und Geräten solle durch Vorschriften verringert werden. Im Gebäudebereich sollten die Kantone entsprechende Massnahmen ergreifen. Im Parlament befürchteten einige bürgerliche Politiker, der Staat mische sich mit diesem Energieartikel zu sehr in die Wirtschaft ein und würde die Kompetenzen der Kantone durch Vorschriften zu sehr einschränken. Der Energieartikel wurde mit 71,1 Prozent Ja- zu 28,9 Prozent Nein-Stimmen klar angenommen. Alle Kantone stimmten der Vorlage zu. Die höchste Zustimmung erreichte der Kanton Basel-Stadt (83 %), die geringste der Kanton Wallis (53,3 %).

Auch nach den Abstimmungen von 1990 blieb die Atomenergie in der Schweiz umstritten. Insbesondere die Frage nach der Sicherheit der älteren AKWs in Beznau und Mühleberg erhitzte die Gemüter. Das Ökoinstitut e. V. in Darmstadt, das 1977 in Deutschland aus der Anti-AKW-Bewegung hervorgegangen war, publizierte 1990 eine Studie über das AKW Mühleberg, in welcher eine Reihe gravierender Sicherheitsmängel aufgelistet wurde. Der Sicherheitsbehälter, das Containment, sei zu klein und zu schwach, um dem enormen Druck bei einer Kernschmelze standhalten zu können. Die Schnellabschaltung, die bei einer übermässigen Erhitzung des Reaktors sofort sämtliche Steuerstäbe einfährt und damit die Kettenreaktion verlangsamt, sei ebenfalls veraltet und zu langsam. Die Notkühlsysteme seien ebenso unzureichend, da sie nur zweifach vorhanden seien. Beim gleichzeitigen Ausfall der beiden Kühlsysteme könne der Reaktor nicht mehr gekühlt werden.[570]

Nebst diesen Sicherheitsmängeln sah sich das AKW Mühleberg zudem seit 1990 mit einem weiteren ernsthaften Problem konfrontiert: Im Kernmantel, einem Stahlzylinder im Innern des Reaktorbehälters, der die Brennelemente umschliesst, hatten sich Risse gebildet. Der Betreiber des AKWs, die Bernische Kraftwerke AG (BKW), spielte das Problem lange Zeit herunter, da sie für Mühleberg eine unbefristete Betriebsbewilligung anstrebte. Im Februar 1992 kam es im Kanton Bern zu einer konsultativen Abstimmung, an der die Stimmbevölkerung über eine unbefristete Betriebsbewilligung und eine Leistungserhöhung des AKW Mühleberg befragt wurde. 51,4 Prozent der Stimmenden sprachen sich dagegen aus. Der ETH-Professor für Materialforschung, Markus Speidel, untersuchte daraufhin im AKW Mühleberg die Rissbildungen im Kernmantel. Es stellte fest, dass die Risse den Kernmantel bereits bis zu 68 Prozent durchdrangen und weiterwachsen würden. Nachdem die BKW im Mai 1996 beim Bund erneut ein Gesuch für eine unbefristete Betriebsbewilligung eingereicht hatte, sagte Markus Speidel in einem Interview in der *SonntagsZeitung:* «Das Bundesamt für Energiewirtschaft und die zuständigen Überwachungsbehörden schenken dem Rissverhalten nicht genügend Aufmerksamkeit. So lässt sich die Sicherheit der Kernanlagen weder verbessern noch vorhersagen.»[571] Weiter sagte er: «Unsere Ergebnisse waren nicht erwünscht, denn wir haben in verschiedenen Werkstoffen hohe Rissgeschwindigkeiten gefunden, zunächst allerdings unter Bedingungen, wie sie nur in Ausnahmefällen im Reaktor vorkommen.»[572]

Die BKW beauftragte daraufhin im Juli 1996 ein Spezialistenteam von General Electric, das für sieben Millionen Franken grosse, von unten nach oben verlaufende Klammern montierte, sogenannte Zuganker, die den Stahlzylinder zusammenhalten sollten. Die Hauptabteilung für die Sicherheit der Kernanlagen (HSK) beteuerte danach, mit den Zugankern werde auch ein durchgerissener Kernmantel einem starken Erdbeben standhalten, selbst wenn gleichzeitig grosse Mengen des Kühlwassers verloren gingen.[573] Der damalige SP-Bundesrat und Energieminister Moritz Leuenberger bestellte 1997 beim Technischen Überwachungsverein Energie Consult (TÜV) in München ein Zweitgutachten. Im Februar 1998 gab der TÜV Entwarnung, die Risse würden überhaupt keine Gefahr darstellen, das AKW Mühleberg könne problemlos weitere 20 Jahre betrieben werden.[574] Nur auf die Frage, was geschehen würde, wenn einer der Risse die ganze Wand durchdringe, wollten die Experten keine Antwort geben. Am 22. Oktober 1998 gab der Bundesrat bekannt, die Betriebsbewilligung des AKW Mühleberg sei um weitere zehn Jahre bis 2012 verlängert worden.[575]

Die Verdrängung der Katastrophe

Unmittelbar nach der Katastrophe in Tschernobyl war die Akzeptanz der Atomenergie in der Schweiz schlagartig auf einen Tiefpunkt gefallen. Die radioaktive Wolke hatte in der Bevölkerung Angst und Schrecken verbreitet. Die Atomkatastrophe sorgte zunächst für eine grosse Aufregung. Alle zeigten, wie betroffen und schockiert sie waren. Es herrschte Entsetzen und Empörung auf allen Ebenen, in den Medien und in der Politik. Die Angst vor der Radioaktivität war zum dominierenden Thema geworden. Die Grünen konnten bei den Wahlen 1987 ihre Sitzzahl im Nationalrat auf neun verdreifachen. Die AKW-Gegner lancierten gleichzeitig zwei neue Volksinitiativen. Selbst bürgerliche Politiker konnten sich auf einmal einen Atomausstieg vorstellen. Unter dem Eindruck der Katastrophe in Tschernobyl wurde 1990 auch die Moratoriums-Initiative mit einem Ja-Stimmenanteil von 54,5 Prozent angenommen. In den darauffolgenden Jahren blieb der Konflikt um die Atomenergie zwar weiterhin virulent, doch er verlor zunehmend an Intensität. Im Verlauf der 1990er-Jahre verebbte dann die Wirkung des Super-GAUs immer mehr. Die Katastrophe in Tschernobyl geriet langsam in Vergessenheit.

Am 22. Oktober 1998 kündigte der damalige SP-Bundesrat und Energieminister Moritz Leuenberger an, dass sich die Vertreter der Regierung, die Betreiber der AKWs, die Umweltschutzorganisationen und die betroffenen Kantone auf eine Deadline einigen sollten, bis wann die bestehenden AKWs abgeschaltet werden sollten. Komme keine Einigung zustande, werde der Bundesrat entscheiden. Für allfällige neue AKWs solle zudem ein fakultatives Referendum eingeführt werden. In den Medien wurde die Ankündigung als Entschluss für einen «geordneten Rückzug aus der Atomenergie» interpretiert. Am 1. Dezember 1998 reichten daraufhin die Fraktionen der SVP und FDP im Nationalrat dringliche Interpellationen ein, welche die Frage beantworten sollten, was der Bundesrat betreffend den Ausstieg aus der Atomenergie tatsächlich beschlossen habe. In seiner Stellungnahme vom 14. Dezember 1998 beteuerte der Bundesrat, es sei nie von einem Atomausstieg gesprochen worden. Die Betriebsdauer der AKWs sei auf

40 Jahre ausgelegt. Der Bundesrat habe nicht beschlossen, diese nach 40 Jahren abzustellen. Der Abschalttermin solle zusammen mit den Betreibern der AKWs festgelegt werden. Der Bundesrat habe zudem die Betriebsbewilligung für das AKW Mühleberg bis 2012 verlängert und die Leistungserhöhung des AKW Leibstadt um 15 Prozent gutgeheissen.

Die Schweizerische Energie-Stiftung (SES) kritisierte die Entscheide, die Betriebsbewilligung für das AKW Mühleberg um weitere zehn Jahre bis 2012 zu erteilen und eine Leistungserhöhung für das AKW Leibstadt zu billigen. Die Grüne Partei monierte, der Ausbau der Kapazitäten in den bestehenden AKWs verstosse gegen die angenommene Moratoriums-Initiative von 1990. Auch die Umweltschutzorganisation World Wildlife Fund (WWF) rügte den Entscheid. Der Betreiber des AKW Mühleberg, die BKW, wunderte sich hingegen über die «befristete Verlängerung» der Betriebsgenehmigung, obwohl alle Sicherheitsnachweise erfüllt worden seien. Die Schweizerische Vereinigung für Atomenergie (SVA) beharrte darauf, dass der Bundesrat keinen Beschluss für einen Atomausstieg getroffen habe. Die SVP und die FDP betonten, ein Atomausstieg ohne sichere Alternativen sei unverantwortlich, und die CVP sah ebenfalls keinen Grund, die AKWs stillzulegen, solange sie ökonomisch, ökologisch und sicherheitstechnisch einwandfrei funktionierten.

Am 18. Mai 2003 kamen erneut zwei Volksinitiativen für einen Atomausstieg und für eine Verlängerung des Moratoriums zur Abstimmung. Die Volksinitiative «Strom ohne Atom» forderte den schrittweisen, geordneten Atomausstieg. «Die Atomkraftwerke werden schrittweise stillgelegt. Die Wiederaufbereitung von abgebrannten Kernbrennstoffen wird eingestellt. Der Bund erlässt die erforderlichen gesetzlichen Vorschriften, insbesondere auch betreffend a. die Umstellung der Stromversorgung auf nicht-nukleare Energiequellen unter Vermeidung der Substitution durch Strom aus fossil betriebenen Anlagen ohne Abwärmenutzung; b. die dauerhafte Lagerung der in der Schweiz produzierten radioaktiven Abfälle, die diesbezüglichen Sicherheitsanforderungen und den Mindestumfang der Mitentscheidungsrechte der davon betroffenen Gemeinwesen; c. die Tragung aller mit dem Betrieb und der Stilllegung der Atomkraftwerke zusammenhängenden Kosten durch die Betreiber sowie ihre Anteilseigner und Partnerwerke.»[576] Weiter hiess es: «Die Atomkraftwerke Beznau 1, Beznau 2 und Mühleberg sind spätestens zwei Jahre nach der Annahme dieser Übergangsbestimmung ausser Betrieb zu nehmen, die Atomkraftwerke Gösgen und Leibstadt spätestens nach jeweils dreissig Betriebsjahren.»[577]

Die Initianten argumentierten, dass die Schweiz als Pionierland der Wasserkraft auf eine verbesserte Energienutzung und unbedenkliche Energiequellen wie Wasser, Sonne, Holz, Wind und Abfälle (Biogas) setzen sollte. Damit würden nicht nur die Gesundheit der Bevölkerung und die Umwelt besser geschützt, sondern gleichzeitig auch in sichere Arbeitsplätze in Zukunftsbranchen investiert. Um die Gefahr der Atomenergie zu unterstreichen, beschworen die Initianten das Szenario eines atomaren Super-GAUs in der Schweiz: «Mit zunehmendem Alter werden Atomreaktoren zu tickenden Zeitbomben. Die Bestrahlung durch Neutronen rund um die Uhr ermüdet das Baumaterial und macht es brüchig. Doch die Gefahr eines schweren Störfalls mit katastrophaler Freisetzung radioaktiver Strahlung besteht auch wegen Terrorattentaten und menschlichem Versagen. Die Folgen wären verheerend: die halbe Schweiz jahrhundertelang unbewohnbar, eine horrende Zahl von Opfern – die Schäden werden vom Bundesamt für Zivilschutz mit 4200 Milliarden Franken beziffert.»[578] Der radioaktive Abfall, der über 100 000 Jahre strahle, sei ein Gefahrenherd für eine tödliche Umweltverseuchung. Schliesslich wollten die Initianten auch die Wiederaufbereitung von abgebrannten Brennelementen aus den Schweizer AKWs verbieten, da diese zu einer gefährlichen Umweltverschmutzung führe und das daraus gewonnene Plutonium für den Bau von Atomwaffen missbraucht werden könne.

Der Bundesrat lehnte die Initiative ab. Er argumentierte, der überstürzte Atomausstieg habe schwerwiegende Folgen für die Wirtschaft. Es entstünde eine Lücke in der Stromversorgung, welche die Wettbewerbsfähigkeit der Schweiz massiv gefährden würde. Die Initiative sei eine «Rosskur», die der Schweizer Volkswirtschaft nicht zugemutet werden könne. Der Verzicht auf 40 Prozent der Stromproduktion würde die Auslandabhängigkeit verstärken und zu höheren Strompreisen führen. Der Atomausstieg gefährde zudem die Erreichung der CO_2-Ziele, da die Atomenergie kurz- und mittelfristig nicht durch erneuerbare Energien ersetzt werden könne. Der Nationalrat hatte die Initiative «Strom ohne Atom» mit 108 zu 63 Stimmen und der Ständerat mit 36 zu 5 Stimmen abgelehnt. Die Initiative wurde von den Grünen und der SP unterstützt und von den bürgerlichen Parteien SVP, FDP und CVP abgelehnt. Die Stimmbevölkerung lehnte die Initiative am 18. Mai 2003 mit 66,3 Prozent Nein- zu 33,7 Prozent Ja-Stimmen deutlich ab. Nur der Kanton Basel-Stadt nahm die Vorlage mit 52,1 Prozent an. Die geringste Zustimmung fand die Initiative im Kanton Aargau mit 23,4 Prozent. Die Volksinitiative «MoratoriumPlus» forderte eine Verlängerung des Baustopps für neue

AKWs um weitere zehn Jahre. «Für die Dauer von zehn Jahren seit Annahme dieser Übergangsbestimmung werden keine bundesrechtlichen Bewilligungen erteilt für a. neue Atomenergieanlagen; b. die Erhöhung der nuklearen Wärmeleistung bei bestehenden Atomkraftwerken; c. Reaktoren der nukleartechnischen Forschung und Entwicklung, soweit sie nicht der Medizin dienen.»[579] Weiter hiess es: «Soll ein Atomkraftwerk länger als vierzig Jahre in Betrieb bleiben und wird dies nicht durch eine andere Verfassungsvorschrift ausgeschlossen, ist hierfür ein referendumspflichtiger Bundesbeschluss erforderlich. Die Betriebszeit darf um jeweils höchstens zehn Jahre verlängert werden.»[580] Die Initianten argumentierten, dass mit zunehmendem Alter der bestehenden AKWs das Risiko eines Reaktorunfalls zunehme. «Die (Un-)Verantwortlichen der Atomwirtschaft sind entschlossen, ihre Reaktoren 60 Jahre lang oder länger zu betreiben. Das ist ein explosives Spiel mit dem Feuer. Denn das Risiko eines verheerenden Störfalls mit Freisetzung von radioaktivem Material steigt mit dem Alter der AKW.»[581] Nebst der Verlängerung der Betriebsdauer würde die Leistungserhöhung der bestehenden AKWs das Katastrophenrisiko ebenfalls erhöhen. Die Befürworter plädierten deshalb für eine Verlängerung des Baustopps, betonten gleichzeitig aber auch, dass die Initiative die Option Atomenergie weiterhin offen lasse. Der Bundesrat argumentierte dagegen, es handle sich bei der «MoratoriumPlus»-Initiative um einen langsameren Atomausstieg, der ebenfalls Mehrkosten für die Wirtschaft verursache und die Erreichung der Klimaziele erschwere.

Der Nationalrat lehnte die «MoratoriumPlus»-Initiative mit 109 zu 67 Stimmen und der Ständerat mit 35 zu 6 Stimmen ab. Die Stimmbevölkerung lehnte die Initiative mit 41,6 Prozent Ja- zu 58,4 Prozent Nein-Stimmen ab. Nur die Kantone Basel-Stadt (57,9 %) und Basel-Landschaft (50,2 %) nahmen die Vorlage an. Die geringste Zustimmung erreichte die «MoratoriumPlus»-Initiative mit 31,7 Prozent Ja-Stimmen in den Kantonen Wallis und Appenzell Innerrhoden. Das Abstimmungsergebnis war ein klares Zeichen für die wachsende Zustimmung zur Atomenergie. 1990 wurde der Atomausstieg noch mit 47,1 Prozent Ja-Stimmen gutgeheissen, 2003 mit nur 33,7 Prozent Ja-Stimmen deutlich abgelehnt. Das Moratorium wurde 1990 mit 54,5 Prozent Ja-Stimmen angenommen, 2003 mit 41,6 Prozent Ja-Stimmen abgelehnt. Die beiden Atominitiativen verloren damit innerhalb von 13 Jahren bei der Stimmbevölkerung jeweils rund 13 Prozent Zustimmung. Die Katastrophe in Tschernobyl hatte 1986 zwar für Empörung gesorgt, aber es folgten daraus keine nachhaltigen Veränderungen.

Zwanzig Jahre nach dem Super-GAU in Tschernobyl war die Zustimmung zur Atomenergie wieder ähnlich hoch wie vor der Katastrophe. Die deutliche Ablehnung der beiden Volksinitiativen von 2003 verlieh der Atomindustrie in der Schweiz neuen Auftrieb. Der «Atompapst» Michael Kohn meinte 2006: «Sparpolitik braucht Politik, nämlich der Bürger und die Bürgerin muss mitmachen und wenn dann Abstimmungen kommen, ob er eine Steuer will oder nicht und dann die Mehrheit sagt nein, dann ist halt eben die Mehrheit die, welche nein sagt. Man muss halt auch in der Energiepolitik den Menschen schrittweise so nehmen wie er ist und ich behaupte, dass unsere grünen Freunde den Fehler machen, dass sie den Menschen so nehmen, wie er sein sollte und das ist er halt nicht.»[582] In einem Interview anlässlich des 20. Jahrestags von Tschernobyl meinte er: «Ich bin aus Überzeugung für die Kernenergie», und während er auf den Kühlturm des AKW Gösgen deutete, sagte er: «Das Werk hier ist doch der Beweis für die Zuverlässigkeit – das läuft wie ein Örgeli.»[583]

Am 21. Februar 2007 beschloss der Bundesrat, dass in der Schweiz wieder neue AKWs gebaut werden sollten. Das Eidgenössische Departement für Umwelt, Verkehr, Energie und Kommunikation (UVEK) unter der Leitung von SP-Bundesrat Moritz Leuenberger liess damals in einer Medienmitteilung verlauten: «Der Bundesrat setzt weiterhin auf Kernenergie. Er erachtet den Ersatz der bestehenden oder den Neubau von Kernkraftwerken als notwendig. Mit Blick auf allfällige Gesuche der Stromwirtschaft will der Bundesrat die Verkürzung der Bewilligungs- und Bauverfahren im Rahmen der bestehenden gesetzlichen Grundlagen prüfen.»[584] 2008 reichten daraufhin die Energieunternehmen Alpiq, Axpo und BKW beim Bund Gesuche für drei neue AKWs in Beznau, Mühleberg und Gösgen ein. Am 13. Februar 2011 sprachen sich im Kanton Bern zudem bei einer konsultativen Abstimmung 51,2 Prozent der Stimmberechtigten für den Bau eines neuen AKWs in Mühleberg aus.

> «Der Bundesrat setzt weiterhin auf Kernenergie. Er erachtet den Ersatz der bestehenden oder den Neubau von Kernkraftwerken als notwendig.»
> Bundesrat Moritz Leuenberger, 2007

9/11: die Gefahr des atomaren Terrorismus

Nach den Terroranschlägen vom 11. September 2001 auf das World Trade Center in New York und das Pentagon in Washington D. C. wurde die Gefahr einer weiteren Verbreitung von Atomwaffen, verbunden mit dem Risiko eines Terroranschlags auf eines der weltweit über 400 AKWs, erstmals von Sicherheitsexperten als ultimatives Katastrophenszenario in

Erwägung gezogen. Die Ausbreitung des islamistischen Fundamentalismus im Nahen Osten schürte die Angst vor einem Terrorangriff mit einer schmutzigen Bombe, einer «dirty bomb», oder durch einen gezielten Flugzeugabsturz auf ein AKW. Die Terrororganisation Al-Qaida hatte bereits Anfang der 1990er-Jahre versucht, Atomwaffen zu beschaffen. Im Rahmen ihres Atomprogramms soll sie in der afghanischen Wüste auch bereits Tests mit konventionellem Sprengstoff durchgeführt haben. Nach dem 11. September 2001 ergaben Ermittlungen zudem, dass Al-Qaida ursprünglich einen Flugzeugabsturz auf ein AKW in den USA geplant hatte.[585] Gleichzeitig dachte der US-amerikanische Präsident George W. Bush bei seinem Kreuzzug gegen den Terrorismus und die von ihm definierte «Achse des Bösen» ebenfalls laut über den Einsatz von Atomwaffen nach, um die «Terroristen zu bekämpfen».[586]

Unmittelbar nach den Terroranschlägen vom 11. September 2001 sagte Wolfgang Jeschki, Direktor der HSK, in der Sendung *Rundschau* des Schweizer Fernsehens vom 12. September 2001, die Schweizer AKWs seien gegen Flugzeugabstürze gesichert.[587] 1986 hatte die HSK erstmals einen Versuch mit einem 20 Tonnen schweren Militärjet gemacht, der mit fünf Tonnen Treibstoff und einer Geschwindigkeit von 770 Stundenkilometer in eine Betonwand flog. Daraus folgerte sie dann, dass die Reaktorhülle mindestens 1,5 Meter dick sein müsse. Beim AKW Mühleberg betrug die Dicke im oberen Bereich jedoch bloss 15 Zentimeter und in der Wandmitte 60 Zentimeter. Nach 9/11 beschäftigte sich dann eine interdepartementale Arbeitsgruppe unter dem Namen «Sabotageschutz der schweizerischen Kernkraftwerke» mit der Möglichkeit eines vorsätzlichen Flugzeugabsturzes auf ein Schweizer AKW. Nachdem bereits am 5. September 2000 im Rahmen einer Protestaktion von Greenpeace Schweiz ein motorisierter Gleitschirm auf der Reaktorkuppel des AKW Mühleberg gelandet war, organisierte die Anti-AKW-Organisation am 5. September 2002 erneut eine «Notfallübung» beim AKW Beznau, um zu zeigen, dass eine kleine, entschlossene Terroristengruppe ohne grosse Schwierigkeiten in einem Schweizer AKW eine Kernschmelze auslösen könnte.[588] In der Militärzeitschrift *Schweizer Soldat* schlug daraufhin ein Oberst im Generalstab namens Dominik Brunner vor, das System Skyshield 35 – radargesteuerte Schnellfeuerkanonen, 35 Millimeter – zu installieren, das pro Sekunde 16 hochexplosive Granaten präzise verschiesst.[589] Am 15. Januar 2003 sagte der Genfer Strategieexperte Curt Gasteyger gegenüber den *Schaffhauser Nachrichten,* aus der Sicht der Terroristen handle es sich bei einem AKW um eines der «lohnendsten

Ziele» der Schweiz.[590] Auf die Frage «Welche Ziele sind besonders verletzlich?» antwortete SVP-Bundesrat und Vorsteher des Eidgenössischen Departements für Verteidigung, Bevölkerungsschutz und Sport (VBS), Samuel Schmid, in einem Interview vom 29. und 30. Januar 2003 im *Bieler Tagblatt*: «Jene, bei denen Angriffe schwere Schäden hervorrufen könnten, wie Kernkraftwerke.»[591] Im März 2003 veröffentlichte die HSK dann einen Bericht über die Sicherheit der Schweizer AKWs bei einem vorsätzlichen Flugzeugabsturz. Die HSK kam zum Schluss, dass «die Kernkraftwerke Gösgen und Leibstadt gegen einen Aufprall bei allen untersuchten Geschwindigkeiten so gut geschützt [sind], dass ein Durchstanzen der Reaktorgebäude nicht möglich ist.»[592] Bei den beiden älteren AKWs Beznau und Mühleberg hingegen könne «eine Beschädigung sicherheitstechnischer Einrichtungen innerhalb des Reaktorgebäudes durch eindringende Flugzeugteile nicht ganz ausgeschlossen werden».[593] Die Wahrscheinlichkeit für die Freisetzung von Radioaktivität aufgrund eines Flugzeugabsturzes sei aber auch in diesem Fall sehr niedrig.

Nach dem Super-GAU in Fukushima wurde 2012 vom ENSI eine Neubeurteilung der Gefahr von Flugzeugabstürzen eingeleitet. Die von der SES und von Greenpeace Schweiz in Auftrag gegebene Studie *Risiko Altreaktoren Schweiz* von Dieter Majer, dem ehemaligen Leiter der Abteilung Sicherheit kerntechnischer Einrichtungen des deutschen Bundesumweltministeriums, kam 2014 hingegen zum Schluss, dass die AKWs in der Schweiz gegen einen «gezielten und unfallbedingten Flugzeugabsturz von grossen Zivilflugzeugen (B747, A380)» nicht ausreichend geschützt seien.[594] Der ehemalige Swissair-Pilot Max Tobler hielt es ausserdem für ein leichtes Unterfangen, mit einem schweren Flugzeug, auch mit hoher Geschwindigkeit, in ein AKW zu fliegen. «Mit einem möglicherweise schweren Atomunfall als Folge.»[595] Max Tobler warf dem ENSI vor, dass «es in nuklearfreundlicher Art die Achillesferse der Reaktoren zu verbergen sucht».[596] Nebst den laufenden Reaktoren wären auch die Abklingbecken, in denen die abgebrannten Brennstäbe gekühlt werden, oder das Zwischenlager Zwilag beim PSI in Würenlingen, wo der hochaktive Abfall gelagert wird, mögliche Ziele für einen Terroranschlag. In einem parlamentarischen Vorstoss forderte SP-Nationalrat Beat Jans am 18. Dezember 2015 vom Bundesrat, das Szenario eines sukzessiven Aufpralls mehrerer Flugzeuge, die sich heute im Einsatz befinden, in den Sicherheitsnachweis der Schweizer AKWs aufzunehmen. Der Bundesrat lehnte die Motion mit dem Hinweis ab, die Aktualisierung der Studien zu vorsätzlichen Flugzeugabstürzen des ENSI seien noch nicht abgeschlossen.[597]

Nach den Terroranschlägen in Brüssel vom 22. März 2016 wurde bei den Ermittlungen nachträglich ebenfalls bekannt, dass die Terroristen im Vorfeld des Anschlags den Leiter des belgischen Kernforschungszentrums in Mol heimlich mit einer Videokamera überwacht hatten. Es wurde vermutet, dass die Terroristen vom belgischen Atomforscher radioaktives Material für den Bau einer schmutzigen Bombe erpressen wollten. Die nachgewiesene Verbindung von Terrorismus und Atomenergie machte dabei auch auf die Gefahr terroristisch motivierter Spionage, Sabotage, Drohnenangriffen und Cyberattacken aufmerksam. Es wurde schnell klar, dass die weltweit über 400 AKWs nur unzureichend gegen einen Terrorangriff etwa durch einen gezielten Flugzeugabsturz eines Kamikazepiloten mit einem Airbus A380 oder einer Boeing 747 geschützt sind. AKWs waren weltweit immer wieder von Spionage, Sabotage oder Erpressung betroffen oder gerieten ins Visier von Hackern. Im September 2010 schleusten der amerikanische und der israelische Geheimdienst den Computerwurm Stuxnet über einen USB-Stick ins iranische AKW Buschehr ein und legten dort Zentrifugen für die Anreicherung von Uran lahm. 2014 wurden zudem der südkoreanische AKW-Betreiber Hydro & Nuclear Power und 2016 das deutsche AKW Gundremmingen von einem Computerwurm heimgesucht.[598]

Die Internationale Atomenergie-Organisation (IAEO) stufte 2016 das Risiko eines terroristischen Attentats auf AKWs als sehr hoch ein. Nebst einem Terroranschlag auf ein AKW wäre auch denkbar, dass Terroristen eine schmutzige Bombe im Zentrum einer Grossstadt zünden würden. Das ABC-Labor in Spiez untersuchte Anfang 2017 im Auftrag des Bundesamts für Bevölkerungsschutz (BABS) dieses hypothetische Horrorszenario. In dem Szenario ging man davon aus, dass im Rucksack eines Terroristen vor dem Hauptbahnhof einer Schweizer Grossstadt eine schmutzige Bombe explodiert. Dabei würden zehn Terabecquerel Cäsium-137 mit fünf Kilogramm konventionellem Sprengstoff verstreut. Gemäss dem Szenario würde es 40 Tote, 55 Schwerverletzte, 100 mittelschwer und 1000 leicht Verletzte geben. Die Anwohner der direkten Umgebung müssten evakuiert und die Abteilungen der Spitäler, die mit den Opfern in Kontakt gekommen wären, saniert werden. Die umliegenden Liegenschaften würden ihren Wert verlieren, der Tourismus wäre von einem Umsatzrückgang betroffen, und es käme zu Demonstrationen enttäuschter Bürgerinnen und Bürger. «Das verheerende Potenzial einer radiologischen Bombe liegt nicht in ihrer direkten Zerstörungswirkung, sondern in den wirtschaftlichen Schäden. Dazu kommt die psychologische Wirkung auf die Bevölkerung, die das Vertrauen in die Behörden verliert», erklärte Mario Burger, Chef des Fachbereichs Physik am ABC-Labor in Spiez am 27. Juli 2017 gegenüber der *Neuen Zürcher Zeitung*.[599] Insgesamt bezifferte man die Schäden des Szenarios mit rund 13 Milliarden Schweizer Franken.

Fukushima 2011

Der Ausstieg aus der Atomenergie

Am 11. März 2011 wurde Japan von einem schweren Erdbeben getroffen. Der anschliessende Tsunami verwüstete weite Teile der japanischen Ostküste und führte zur schlimmsten Atomkatastrophe seit Tschernobyl. Japan zählt zu den mächtigsten Volkswirtschaften der Welt und ist weltweit bekannt für seine Hightech-Industrie. Umso grösser war der Schock, dass es in einem technisch hoch entwickelten Land in mehreren Reaktoren gleichzeitig zur Kernschmelze kommen konnte. Der Fukushima-Schock zeigte auch in der Schweiz Folgen. Nur wenige Wochen nach der Katastrophe, am 25. Mai 2011, beschloss der Bundesrat den schrittweisen Atomausstieg.

Am 11. März 2011 um 14.46 Uhr ereignete sich 130 Kilometer vor der japanischen Ostküste, 32 Kilometer tief im Meeresboden, ein gewaltiges Erdbeben. Mit der Stärke 9,1 auf der Momenten-Magnituden-Skala war es das stärkste Erdbeben, das in der Geschichte Japans je gemessen wurde. Fünfzig Minuten später rollte ein Tsunami heran. Als weisser Streifen kroch die tödliche Flut übers Meer, nahm Kraft auf, bevor die 10 bis 30 Meter hohen Wellen mit voller Wucht auf die Küste prallten. Die alles zermalmende Flutwelle wälzte sich übers Land und zerstörte die japanische Ostküste auf einer Länge von 500 Kilometern. Rund 19 000 Menschen starben wegen des Tsunamis. Ganze Städte verschwanden innerhalb weniger Minuten von der Landkarte. Das Epizentrum des Erdbebens lag dabei 163 Kilometer nordöstlich vom AKW Fukushima Daiichi entfernt.

Das AKW Fukushima Daiichi, das von 1967 bis 1970 gebaut worden war und 1971 seinen kommerziellen Betrieb aufgenommen hatte, bestand aus sechs Reaktorblöcken mit je einem Siedewasserreaktor mit einem Mark-I-Containment von General Electric. Nebst den Reaktoren befand sich in jedem Reaktorblock ein Abklingbecken zur Zwischenlagerung verbrauchter und neuer Brennelemente. Das Erdbeben löste im AKW die automatische Schnellabschaltung aus. Die Steuerstäbe wurden in die Reaktoren eingefahren, und die Kettenreaktion wurde gedrosselt. Wegen des Stromausfalls wurde der Betrieb auf die Notstromversorgung umgeschaltet. Um 15.35 Uhr trafen dann die 14 bis 15 Meter hohen Flutwellen mit voller Wucht auf das AKW, das mit einem Schutzwall von 5,7 Metern nur ungenügend gegen einen solchen Tsunami geschützt war. Die Flutwelle überschwemmte die zehn Meter über dem Meeresspiegel gelegenen Reaktorblöcke 1 bis 4 bis zu fünf Meter hoch und zerstörte die elektrische Steuerung des Kühlsystems. Um 15.41 Uhr fiel die Notkühlung aus. Die Dieselgeneratoren und die Notstrombatterien wurden von der Welle weggespült. Der Stromausfall führte zum Kontrollverlust, zur Überhitzung der Reaktoren und der Abklingbecken, zur Freisetzung von Wasserstoff in die Reaktorgebäude und schliesslich zur Kernschmelze in den Reaktoren 1 bis 3.

Der gleichzeitige Super-GAU in mehreren Reaktorblöcken war im Notfallplan nicht vorgesehen. Durch den Stromausfall war die Kühlung der Reaktoren und der Abklingbecken nicht mehr gewährleistet. Die Fahrzeuge, die neue Notstromgeneratoren heranschaffen sollten, kamen wegen Verkehrsstaus und versperrter Zufahrtswege aufgrund der Überschwemmungen und der Erbebentrümmer nicht ans Ziel. Da kein Kühlwasser mehr in die Reaktoren gepumpt werden konnte, verdampfte das noch vorhandene Wasser. Die Reaktoren gerieten ausser Kontrolle. Der Wasserstand sank ab, die Brennstäbe wurden freigelegt, erhitzten sich und begannen zu schmelzen. Im Reaktorblock 1 setzte die Kernschmelze bereits am 11. März gegen 18 Uhr ein. Am 13. März folgte die Kernschmelze im Reaktorblock 3 und am 14. März im Reaktorblock 2.[600]

Der Druck in den Sicherheitsbehältern stieg durch den Wasserdampf und die Bildung von Wasserstoff stark an. Um das Bersten des Containments zu verhindern, mussten die Gase ausströmen. Durch gezielte Druckentlastung der Reaktoren («venting») konnte eine Explosion im Innern verhindert werden, dafür gelangten radioaktive Stoffe in die Umwelt und wurden von den wechselnden Winden in verschiedene Himmelsrichtungen getragen. Vom 12. bis zum 15. März ereigneten sich in den Reaktorblöcken 1 bis 4 Wasserstoffexplosionen. Die Reaktorgebäude wurden durch die Explosionen schwer beschädigt. Die oberen Teile der Reaktorgebäude wurden weggesprengt. Der radioaktive Schutt wurde teilweise kilometerweit über das Gelände des AKWs geschleudert. Währenddessen setzten sich die Kernschmelzen in den Reaktoren fort, und Teile der geschmolzenen Brennstäbe liefen aus den Reaktorbehältern aus. Die Brennstäbe schmolzen wie Kerzen von oben nach unten und rutschten als glühender, zäher Teig auf den Boden des Reaktorbehälters. Im Reaktorblock 2 wurde durch die Explosion auch der Sicherheitsbehälter beschädigt. Im Reaktorblock 4, der wegen Wartungsarbeiten abgeschaltet war und dessen Brennelemente im Abklingbecken lagerten, war nach einer Explosion ein Feuer ausgebrochen. Ohne ein schützendes Dach lagen die Brennelemente im offenen Becken unter Schutt und Trümmern begraben und begannen sich zu erhitzen. Eine unkontrollierte Kettenreaktion in den rund 200 Tonnen Brennstoff hätte gemäss dem US-amerikanischen Atomingenieur Arnold Gundersen womöglich gegen 200 000 Menschen getötet. Japan wäre in zwei Hälften geteilt worden, und es hätte einen 50 Kilometer breiten Streifen quer über die Insel gegeben, sodass die Menschen nicht mehr von Norden nach Süden gekommen wären.[601]

Während der Druckentlastungen, der Wasserstoffexplosionen und der Brände stieg die Radioaktivität in der Umgebung des AKWs rapide an. Im Notfall-Kontrollraum von Fukushima Daiichi herrschte grosse Nervosität. Verzweifelt und hektisch wurde nach Lösungen gesucht. Aufgrund des Stromausfalls funktionierten in den Kontrollräumen die Messinstrumente, Anzeigen und Sensoren nicht. Die Füllstandsanzeigen des Wasserstands in den Reaktoren lieferten sogar falsche Informationen. Die Beleuchtung der Gebäude und die Kommunikation funktionierten ebenfalls nicht mehr. Die Betriebsmannschaft war «blind» geworden und tappte im Dunkeln, was den Zustand der drei Reaktoren betraf.[602] Die Radioaktivität im Reaktorgebäude und in den Kontrollräumen stieg weiter an. Für die Arbeiter vor Ort waren zu wenig Dosimeter und Schutzausrüstungen vorhanden, da auch diese durch den Tsunami weggespült worden waren.[603] Am 15. März mussten die rund 800 Arbeiter des AKWs aufgrund der hohen Radioaktivität vorübergehend evakuiert werden. Nur 50 Arbeiter – die «Fukushima 50» – blieben, um unter lebensgefährlichen Bedingungen die wichtigsten Notmassnahmen durchzuführen. Einige Tage später stiessen 140 Männer der Tokioter Feuerwehr hinzu.

Hubschrauber versuchten, Wasser aus dem Meer zu schöpfen, und schütteten es dann scheinbar planlos über den explodierten Reaktorblöcken aus. Die Feuerwehr begann, Meerwasser in die Reaktoren zu spritzen. Das Kühlwasser kam direkt mit der hochaktiven Schmelze in Berührung, verdampfte sofort oder sickerte in die Untergeschosse ab. Aus unzähligen Rissen und Lecks in den Containments und in den Abflusskanälen gelangte das hoch kontaminierte Wasser ins Meer. Anfangs flossen täglich 300 000 Liter verseuchtes Kühlwasser in den Pazifik und gelangten so in die Nahrungskette. Zur Eindämmung des Austritts radioaktiven Wassers ins Meer wurden Schächte und Rohre zubetoniert und mit Wasserglas abgedichtet. Die Entsorgung des verseuchten Wassers wurde bald zum grössten Problem. Die glühend heissen, geschmolzenen Brennstäbe mussten noch monatelang weiter mit Wasser gekühlt werden. Das kontaminierte Wasser wurde von der Betreiberfirma Tokyo Electric Power Company (Tepco) so weit möglich abgepumpt, auf dem Gelände in Tanks gelagert und anschliessend dekontaminiert. Wie viel Radioaktivität durch das verseuchte Kühlwasser ins Meer gelangte, ist nicht genau bekannt.[604]

Am 11. März um 19.03 Uhr rief die japanische Regierung den «nuklearen Notstand» aus. Regierungssprecher Yukio Edano sagte, die Lage sei ernst, aber es gebe keine Gefahr für die Bevölkerung. Um 20.50 Uhr hatten bereits 1900 Personen, die im Umkreis von zwei Kilometern wohnten, das Gebiet verlassen. Um 21.23 Uhr waren es bereits 6000 Personen aus einem Umkreis von drei Kilometern. Am 12. März um 5.44 Uhr wurde die Sperrzone auf einen Radius von zehn Kilometern mit 51 000 Personen ausgedehnt und um 18.25 Uhr auf 20 Kilometer mit 78 000 Personen. Am 13. März wurde über die 20-Kilometer-Sperrzone hinaus ein zehn Kilometer breiter Ring als «Evakuierungsbereitschaftszone» geschaffen. Die

Regierung bot den 62 000 Bewohnern aus dieser Zone Transporte an. Am 25. März empfahl die Regierung den noch verbliebenen Menschen innerhalb der 30-Kilometer-Zone eine freiwillige Evakuierung. Rund 150 000 Menschen wurden durch die atomare Katastrophe umgesiedelt. Krankenhäuser und Pflegeheime hatten grosse Probleme, geeignete Transportmittel und Unterkünfte zu finden. Sechzig Patienten starben durch Komplikationen während der Evakuierung. Andere Betroffene wurden versehentlich in hoch kontaminierte Gebiete evakuiert, da die Überwachung der Radioaktivität unmittelbar nach der Reaktorkatastrophe nicht funktionierte. Auf den verlassenen Bauernhöfen verwilderten die freigelassenen Rinder und Kühe, oder sie verhungerten und verdursteten, wenn sie angebunden blieben, und wurden von Schweinen oder streunenden Hunden gefressen. Die Fukushima-Flüchtlinge wurden erst in Notunterkünften untergebracht und anschliessend in Containersiedlungen einquartiert. Ausserhalb der 20-Kilometer-Sperrzone hatten vor allem Mütter oder Paare mit kleinen Kindern aus Sorge um ihre Kinder Fukushima verlassen und sich in anderen Landesteilen niedergelassen. 2017 lebten noch immer rund 100 000 Flüchtlinge in provisorischen Unterkünften.

Der Grenzwert für die Evakuierung wurde von der japanischen Regierung auf 20 Millisievert pro Jahr erhöht. Durch die Erhöhung der Grenzwerte sollten möglichst wenige Menschen evakuiert werden müssen. Bei einem tieferen Grenzwert hätten grosse Teile der Präfektur Fukushima geräumt werden müssen. Es wären noch mehr Land, Häuser und Jobs verloren gegangen. Wissenschaftler und Behörden versuchten zu beruhigen, indem sie behaupteten, die Strahlendosen ausserhalb der Evakuierungszone würden zu keinen gesundheitlichen Schäden führen. In Tschernobyl lag der Grenzwert ursprünglich bei 3,5 Millisievert pro Jahr. In der Schweiz liegt er für die Normalbevölkerung bei 1 Millisievert pro Jahr und für beruflich Strahlenexponierte bei 20 Millisievert pro Jahr. In Japan wurden alle Gebiete über 20 Millisievert pro Jahr zwangsevakuiert. Für Kinder wurde der Grenzwert ebenfalls auf 20 Millisievert pro Jahr erhöht, obwohl Embryos und Kleinkinder durch die radioaktive Strahlung besonders gefährdet sind. Aus Gebieten, die weniger belastet waren, konnten die Leute zwar freiwillig weggehen, erhielten aber keine Entschädigung.[605]

Der radioaktive Niederschlag in der näheren Umgebung verteilte sich auch in Japan sehr ungleichmässig, je nach Windrichtung, Niederschlagsmenge und Geländebeschaffenheit. Teilweise wurden auch Gebiete, die weit weg vom havarierten AKW lagen, stark verseucht. Unmittelbar nach dem

Reaktorunfall befürchtete man, dass auch die 225 Kilometer entfernte Hauptstadt Tokio betroffen sein könnte. In diesem Fall hätte man 30 Millionen Menschen evakuieren müssen, was unmöglich gewesen wäre. Günstige Winde verhinderten das Schlimmste. In der akuten Phase während der grössten Freisetzung von Radioaktivität nach dem 11. März wehten die Winde fast immer nordost- oder südostwärts auf den Pazifik. Ab dem 20. März drehte der Wind zwar nach Südwesten in Richtung Tokio, und es wurden erhebliche Niederschläge prognostiziert, glücklicherweise ging jedoch der radioaktive Fallout nicht über der Megacity Tokio nieder. Der grösste Teil des radioaktiven Niederschlags wurde auf den Pazifik hinaus geblasen. Innerhalb einer Woche zog die radioaktive Wolke von Fukushima rund um die Welt. Bis am 20. April ging etwa 19 Prozent des radioaktiven Fallouts über Japan nieder. Der grosse Rest kam über dem Pazifik herunter. Andere Länder bekamen höchstens zwei Prozent ab. In Japan konzentrierte sich der radioaktive Fallout hauptsächlich auf die 20-Kilometer-Sperrzone und eine in nordwestlicher Richtung daraus hervorgehende Fahne. Durch die Wasserstoffexplosion im Reaktorblock 2 am 15. März gelangten grosse Mengen an radioaktivem Cäsium-137 in die Umwelt. Da an diesem Tag Winde aus Südosten vorherrschten und starker Regen fiel, wurde das Gebiet nordwestlich des AKW Fukushima Daiichi bis in eine Entfernung von 50 Kilometern stark kontaminiert. Das für den atomaren Notfall entwickelte Computersystem SPEEDI (System for Prediction of Environment Emergency Dose Information), das die Strahlendosen errechnet und kombiniert mit den Wetterdaten vorhersagen kann, welche Gebiete durch den radioaktiven Fallout verseucht werden, lieferte bereits am 16. März die Daten für die Voraussage der Dosisangabe. Die japanische Atomaufsichtsbehörde Nuclear and Industrial Safety Agency (NISA) entschied sich jedoch, die Informationen nicht zu veröffentlichen, um eine Panik zu vermeiden.[606]

Die radioaktive Verseuchung des Meers machte die Fischerei in der Region unmöglich. Die Fischer wurden von Tepco anfangs für ihren radioaktiven Fang entschädigt, und die verseuchten Fische wurden wieder ins Meer gekippt. Die Region Fukushima war in Japan vor dem Atomunfall bekannt für ihre Landwirtschaft. Viele Bauern verloren durch den Reaktorunfall ihre Existenzgrundlage. Die landwirtschaftlichen Produkte aus der Präfektur Fukushima wurden nach dem Super-GAU kaum noch gekauft. Für Gemüse wie Spinat, Petersilie, Eisbergsalat und das Blattgemüse Kakina aus den Präfekturen Fukushima, Ibaraki, Tochigi und Chiba wurde vom Landwirtschaftsministerium ein Ernte- und Verkaufsverbot erlassen.⁶⁰⁷ Teilweise gelangten die Lebensmittel aus den kontaminierten Gebieten dennoch in den Handel. In den Geschäften wurde nach der Katastrophe auf jeder Verpackung der Herkunftsort der Lebensmittel angegeben. Vor dem Verkauf wurde ihre Radioaktivität gemessen: eine akribische, endlose Überwachung, die wie die atomare Katastrophe selbst von unabsehbarer Dauer ist. In den stark kontaminierten Gebieten wird die Landwirtschaft während Jahrzehnten unmöglich sein.

Die gesundheitlichen Folgen des Super-GAUs wurden sehr unterschiedlich bewertet, da es bei der radioaktiven Strahlung unmöglich ist, im Einzelfall einen direkten Zusammenhang zwischen der Strahlenbelastung und einer Krebserkrankung nachzuweisen. Ein Mensch kann einer relativ hohen Strahlendosis ausgesetzt sein, ohne danach an Krebs zu erkranken, ein anderer erkrankt schon bei einer viel geringeren Dosis. Die Anzahl der zusätzlichen Krebstoten aufgrund erhöhter Strahlenbelastung kann nur über einen längeren Zeitraum statistisch erfasst werden.⁶⁰⁸ Der Wissenschaftliche Ausschuss der Vereinten Nationen zur Untersuchung der Auswirkung der atomaren Strahlung (United Nations Scientific Committee on the Effects of Atomic Radiation, UNSCEAR) veröffentlichte 2013 einen Bericht, in welchem festgehalten wurde, dass bisher keine strahlungsbedingten Todesfälle oder akuten Erkrankungen beobachtet werden konnten.⁶⁰⁹ Der Bericht kam zum Schluss, dass der Reaktorunfall keine unmittelbaren gesundheitlichen Auswirkungen auf die Bevölkerung habe, weil die Menschen rechtzeitig evakuiert worden seien. «Im Endeffekt besagt die Studie, dass das Lebensrisiko der betroffenen Bevölkerung, an Krebs zu erkranken, nach Fukushima das gleiche ist wie vorher», sagte Wolfgang Weiss, der Vorsitzende von UNSCEAR.⁶¹⁰ Hohen Strahlenbelastungen mit effektiven Dosen von mehr als 100 Millisievert waren 167 Arbeiter ausgesetzt, bei 12 waren es sehr hohe Dosen von über 250 Millisievert. Die Weltgesundheitsorganisation (WHO) publizierte 2013 ebenfalls eine Studie, der zufolge ausserhalb der am stärksten betroffenen Gebiete keine erhöhten Krebsraten zu erwarten sind.⁶¹¹ Die psychologischen Effekte durch die Umsiedlung, die Angst vor der radioaktiven Strahlung (die sogenannte Strahlenphobie) und die Stigmatisierung der betroffenen Bevölkerung wurden als das grösste gesundheitliche Problem angesehen. Die Anti-Atom-Organisation IPPNW (International Physicians for the Prevention of Nuclear War) veröffentlichte 2016 ebenfalls einen Bericht, der bis zum Februar 2016 bereits 116 Krebsverdachtsfälle bei Kindern zählte und langfristig mit bis zu 66 000 zusätzlichen Krebsfällen infolge der atomaren Katastrophe rechnet.⁶¹²

Die gesundheitlichen Folgen des Super-GAUs in Fukushima werden erst in mehreren Jahrzehnten sichtbar werden. Mit Sicherheit werden sie insgesamt etwas weniger gravierend sein als in Tschernobyl, da in Japan durch die sofortige Evakuierung der Bevölkerung aus der unmittelbaren Umgebung des AKWs und durch die sukzessive Ausdehnung der Evakuierungszone die Anzahl der Menschen, die einer erhöhten radioaktiven Strahlung ausgesetzt waren, viel kleiner war.[613] In Tschernobyl kam es durch den Brand und die Explosion im Innern des Reaktors und aufgrund des fehlenden Containments zu einer noch viel grösseren Freisetzung von Radioaktivität. Im Gegensatz zu Tschernobyl ging in Fukushima zudem der grösste Teil des radioaktiven Niederschlags nicht auf dem Festland, sondern über dem Pazifik nieder.

Bereits einen Tag nach dem Unglück erklärte die japanische Atomaufsichtsbehörde NISA, der Kern von Reaktor 1 sei vermutlich geschmolzen. Am 14. März wurde eingeräumt, dass in den Reaktoren 1 bis 3 eine Kernschmelze «höchst wahrscheinlich» sei. Am 18. April bestätigte die NISA die Befürchtung, dass es in den Reaktoren 1 bis 3 zur vollständigen Kernschmelze gekommen war. Tepco, deren Erklärungen lange Zeit sehr vage und chaotisch waren und die jeweils die Annahme einer Kernschmelze empört zurückwies, akzeptierte den Befund Mitte Mai ebenfalls. In den Wochen und Monaten nach dem Super-GAU waren schätzungsweise 29 000 Ingenieure, Feuerwehrmänner, Bauarbeiter und Arbeiter von Transport- und Entsorgungsbetrieben im Einsatz.[614] Bei den Aufräumarbeiten wurden immer wieder Tagesarbeiter eingesetzt, die von Subunternehmen angestellt wurden und teilweise unter prekären und gefährlichen Bedingungen arbeiten mussten. Einige der dubiosen Arbeitsvermittler waren offenbar mit der japanischen Mafia Yakuza verbandelt. In den Reaktorgebäuden kamen auch Roboter zum Einsatz, da dort die radioaktive Strahlung lebensgefährlich war. Das Gelände des AKWs wurde mit einem türkisfarbenen Kunstharz besprüht, um den radioaktiven Staub zu binden. Bis Ende September erhielten die Reaktorblöcke eine Schutzhülle aus beschichtetem Kunststoff, die eine weitere Freisetzung von Radioaktivität in die Atmosphäre verhindern sollte. Am 16. Dezember 2011 erklärte Japans neuer Premierminister, Yoshihiko Noda, das AKW Fukushima Daiichi sei stabil heruntergefahren worden. Von einer Kaltabschaltung («cold shutdown»), bei welcher der Reaktor durch ein intaktes Kühlsystem auf unter 100 Grad Celsius heruntergekühlt wird, war man jedoch weit entfernt.[615] Über Jahre hinweg wusste man nicht einmal, wo sich die geschmolzenen Kerne befanden, die man kühlen sollte. Man spritzte einfach oben Wasser hinein, das dann unten irgendwo wieder auslief. Die geschmolzenen Reaktorkerne waren mittlerweile zu einer unförmigen, hochaktiven Masse erstarrt, die man irgendwann in kleine, transportierbare Teile wird zerlegen müssen. Bis am 5. November 2014 gelang immerhin die Bergung der Brennstäbe aus dem Abklingbecken in Reaktorblock 4. Der Rückbau der Ruine wird vermutlich über 40 Jahre dauern. Ein Monsterprojekt, das viele Milliarden verschlingen wird.

Auch die Dekontaminierung der verseuchten Gebiete wird mehrere Jahrzehnte dauern, und selbst dann wird es unmöglich sein, ganze Landstriche von der radioaktiven Strahlung zu säubern. Die Radioaktivität ist überall und wird nirgendwo sichtbar. Die Herausforderung bestand zunächst darin, die Gefahr zu orten, um sie dann einzudämmen und sich besser vor ihr schützen zu können. Wichtig war es, die Radioaktivität zu messen und Strahlenkarten zu erstellen, auf denen man sehen konnte, wo die Strahlung besonders hoch war. Bei den Dekontaminierungsarbeiten wurden die obersten Erdschichten von Feldern, Gärten und Kinderspielplätzen in mühseliger Kleinarbeit abgetragen. Die kontaminierte Erde wurde in schwarze Säcke verpackt und zu Hügeln aufgetürmt. Dächer, Wände und Strassen wurden mit Hochdruckreinigern abgespritzt und mit Besen und Bürsten notdürftig gereinigt. Die staatlichen Dekontaminierungsarbeiten konzentrierten sich auf Schulen, Parkanlagen und andere öffentliche Einrichtungen. Den radioaktiven Schleier, der sich nach der Katastrophe unsichtbar über die Landschaft gelegt hat, kann man auch mit dieser Sisyphusarbeit nicht ganz wegputzen. Waschen, Putzen und Schrubben helfen nur befristet. Durch den Wind und den Regen kehrt die Radioaktivität von den umliegenden Bergen, Wäldern und Feldern immer wieder in die Dörfer zurück. «Dieser Krieg ist weder laut noch blutig – er ist wie ein böser Geist, der unhörbar, unsichtbar ganze Landstriche annektiert, die Menschen vertreibt und sie nicht mehr wiederkehren lässt», schrieb die Journalistin Susan Boos in ihrem Buch *Fukushima lässt grüssen*.[616] Die Unmengen an radioaktivem Abfall, die bei der Dekontaminierung anfielen, wurden vorläufig provisorisch an etwa 54 000 Standorten, einschliesslich privater Gärten und Parks, zwischengelagert. Bis 2040 soll in der Sperrzone ein Atommüllendlager entstehen.[617]

Tepco bezahlte jedem Haushalt, der durch die japanische Regierung aus der 20-Kilometer-Sperrzone zwangsevakuiert worden war, eine erste Entschädigung von umgerechnet rund 10 000 Euro. Allein lebende Personen erhielten 7500 Euro. Tepco setzte insgesamt 8,9 Milliarden Euro ein, um die

«Dieser Krieg ist weder laut noch blutig – er ist wie ein böser Geist, der unhörbar, unsichtbar ganze Landstriche annektiert, die Menschen vertreibt und sie nicht mehr wiederkehren lässt.»
Susan Boos, Journalistin, 2012

betroffene Bevölkerung zu entschädigen.[618] Die Verluste für Land und Liegenschaften wurden jedoch bisher nicht vergütet. Die Zahlungen werden sich am Ende auf schätzungsweise rund 50 Milliarden Euro belaufen. Das japanische Parlament beschloss daher, einen Fonds einzurichten, der von der Regierung in einem ersten Schritt mit 18 Milliarden Euro ausgestattet wurde. Tepco, einst ein profitables Unternehmen, das zu den wichtigsten Geldgebern der Politik gehörte, war nun beinahe bankrott und vollständig vom Staat abhängig. Die immense Summe für die Entschädigungen konnte Tepco nicht mehr alleine aufbringen. Der Staat konnte die Firma aber auch nicht in Konkurs gehen lassen, da die Opfer ansonsten überhaupt keine Entschädigung mehr erhalten würden.[619] Auch die Dekontaminierung und der Wiederaufbau werden riesige Summen verschlingen. Die gesamten Kosten für die Bewältigung der dreifachen Katastrophe von Erdbeben, Tsunami und Reaktorunfall wurden auf 300 Milliarden Euro geschätzt. Die Katastrophe verursachte insgesamt exorbitante finanzielle sowie ökologische Schäden und menschliche Verluste.[620]

Bei der Analyse der Ursachen des Reaktorunfalls herrschte keine Einigkeit. Der durch das Erdbeben ausgelöste Tsunami wurde von der japanischen Regierung und von Tepco als alleinige Ursache des Super-GAUs angesehen. Die Flutwelle zerstörte die Notstromversorgung und machte damit die Kühlung der Reaktoren unmöglich. Ohne den Tsunami wäre das AKW intakt geblieben. Die automatische Schnellabschaltung funktionierte einwandfrei. Welche Schäden das Erdbeben an den Reaktoren verursacht hatte, konnte aufgrund der Zerstörung der Reaktoren im Nachhinein nicht mehr festgestellt werden.[621] Die parlamentarische Untersuchungskommission National Diet of Japan Fukushima Nuclear Accident Independent Investigation Commission (NAIIC) und die Anti-AKW-Organisation Citizens' Nuclear Information Center (CNIC) hielten es jedoch für durchaus möglich, dass schon das Erdbeben grössere Schäden an den Reaktoren verursacht hatte.[622] Falls das Erdbeben bereits zur Kernschmelze geführt hätte, wären alle AKWs in Japan mit diesem Problem konfrontiert. Ansonsten könnten die AKWs getrost wieder hochgefahren werden, da sie offenbar auch die schlimmsten Erdbeben problemlos überstehen können. Es würde ausreichen, die Tsunami-Wälle zu verstärken und die Notstromgeneratoren in Zukunft an einem garantiert trockenen Ort zu platzieren.[623]

Der unzureichende Schutz des AKW Fukushima Daiichi gegen den Tsunami wurde auf ein Versagen der Atomaufsichtsbehörde NISA und ein mangelhaftes Sicherheitsbewusstsein beim Betreiber Tepco zurückgeführt.[624] Die NISA war direkt dem Wirtschaftsministerium, dem Ministry of Economy, Trade and Industry (METI), unterstellt, das die Atomenergie förderte. Die Unabhängigkeit der Aufsichtsbehörde war damit nicht gewährleistet. Die Sicherheit des AKW Fukushima Daiichi wurde von der NISA nicht beziehungsweise nur oberflächlich überprüft. Bei Tepco hatte sich zudem eine Unternehmenskultur etabliert, die Fälschungen und Verschleierungen begünstigte. Als Unternehmen, das von höheren Profiten angetrieben war, wurden finanzielle Einsparungen auf Kosten der Sicherheit gefördert. Notwendige sicherheitstechnische Nachrüstungen, die teure Investitionen erfordert hätten, wurden unterlassen. Obwohl verschiedene Seismologieprofessoren an den Universitäten von Tokio, Kobe und Sendai seit vielen Jahren auf die hohe Wahrscheinlichkeit eines grossen Tsunamis an der nordjapanischen Küste aufmerksam gemacht hatten und Verbesserungen beim Bevölkerungsschutz und bei der Sicherheit der AKWs gefordert hatten, hatte Tepco selbst nach dem schweren Tsunami vor Indonesien im Jahr 2004 keine Verstärkung seiner Tsunami-Wälle in die Wege geleitet.[625] Die Notfallpläne waren mangelhaft, eine gleichzeitige Kernschmelze in mehreren Reaktoren war darin nicht berücksichtigt gewesen. Eine angemessene Überwachung der Radioaktivität war nach dem Super-GAU nicht möglich, da viele Messstationen durch das Erdbeben oder den Tsunami zerstört worden sind. Die Bevölkerung wurde deshalb über die zu erwartende Entwicklung der Strahlenbelastung und die Kontamination nur unzureichend oder zu spät informiert.[626]

Nach dem Abwurf der Atombomben auf Hiroshima und Nagasaki war die Atomtechnologie in Japan zunächst mit Tod und Vernichtung, mit Krieg und Apokalypse besetzt. Die US-amerikanische Propagandakampagne «Atoms for Peace» von Dwight D. Eisenhower erreichte 1955 jedoch auch Japan. In Tokio, Hiroshima und sechs anderen Städten wurde damals die Ausstellung über die friedliche Atomkraft gezeigt. Seit Mitte der 1950er-Jahre, dem Beginn des zivilen Atomzeitalters, bejahte Japan die friedliche Nutzung der Atomenergie und machte diese zum wichtigsten Grundpfeiler seiner Energiepolitik. Die Atomenergie versprach Japan langfristige Sicherheit für seine Industrialisierung und damit verbunden wirtschaftliches Wachstum und Wohlstand. Obwohl die beiden Atombomben auf Hiroshima und Nagasaki nicht entscheidend waren für den Ausgang des Zweiten Weltkriegs, realisierten die Japaner zudem, dass sie einem technologisch höher entwickelten Feind unterlegen waren. Die Aneignung der Atomenergie wurde zur nationalen Aufgabe erklärt. Gleichzeitig wurden die Herstellung, der Besitz und die Lagerung von Atomwaffen weiterhin klar abgelehnt.[627] Das erste kommerzielle AKW, das aus Grossbritannien importiert wurde, nahm in Japan 1966 seinen Betrieb auf. Ab Ende der 1960er-Jahre wurden dann völlig unbefangen massenhaft AKWs auf den japanischen Inseln aufgerichtet, obwohl der ganze japanische Archipel aufgrund des enorm hohen Risikos von Erdbeben und Tsunamis dafür denkbar ungeeignet ist. Die Akzeptanz der Atomenergie war in der Bevölkerung weitverbreitet, und die Atompolitik der Regierung wurde nie infrage gestellt. 2009 befürworteten zwei Drittel der Japaner die Nutzung der Atomenergie. Vor der Katastrophe in Fukushima waren in Japan 54 Atomreaktoren in Betrieb, zwei waren im Bau und zwölf weitere in Planung.

Nach dem Super-GAU in Fukushima Daiichi wurden im Juni 2011 30 der 54 Atomreaktoren abgeschaltet. Die Regierung hatte eine sofortige Abschaltung der AKWs in Risikogebieten angeordnet. Der Sicherheitsmythos, der in Japan über Jahrzehnte gepflegt worden war, war in Fukushima Daiichi pulverisiert worden. Die Regierung hatte die Gefahr durch Erdbeben und Tsunamis massiv unterschätzt. Das Vertrauen der Bevölkerung in die staatlichen Behörden, in die Wirtschaft und Technik war erschüttert. Am 10. April demonstrierten in Tokio erstmals 17 500 Menschen gegen die AKWs. Es folgten weitere Kundgebungen. Im Mai 2011 kündigte Premierminister Naoto Kan von der Demokratischen Partei (DPJ) eine Energiewende an. In Zukunft sollten Energiesparmassnahmen und erneuerbare Energien die beiden neuen Grundpfeiler von Japans Energiepolitik werden.[628] Nach dem Reaktorunfall, im Juni 2011, befürworteten 74 Prozent der Japaner den schrittweisen Atomausstieg. Am Gedenktag von Hiroshima im August 2011 sagte Premierminister Naoto Kan: «Ich bedaure zutiefst, dass ich an den Sicherheitsmythos der Atomkraft geglaubt habe.»[629] Anfang September 2011 trat er zurück. Ein Jahr später, am 14. September 2012, beschloss die japanische Regierung den Ausstieg aus der Atomenergie bis spätestens 2040. Wenige Tage später wurde der geplante Atomausstieg jedoch nach Protesten seitens der Industrie wieder eingeschränkt, da die Wirtschaft aufgrund des Imports von Öl, Kohle und Gas zu stark belastet würde. Die Regierung hielt zwar an der Energiewende fest, liess aber den Zeitpunkt für den Atomausstieg offen. 2015 gingen erstmals wieder zwei Atomreaktoren ans Netz. Der neue Premierminister Shinzo Abe von der Liberaldemokratischen Partei (LDP) erklärte daraufhin 2016, Japan könne aus wirtschaftlichen und klimatischen Gründen nicht auf die Atomenergie verzichten.[630]

> «Ich bedaure zutiefst, dass ich an den Sicherheitsmythos der Atomkraft geglaubt habe.»
> Naoto Kan, 11.8.2011

Katastrophenszenarien für die Schweiz

Was wäre, wenn es in der dicht besiedelten und kleinräumigen Schweiz zu einer atomaren Katastrophe wie in Tschernobyl oder in Fukushima kommen würde? Im Katastrophenfall könnten der Bundesstab ABCN und bei höchster Dringlichkeit die Nationale Alarmzentrale (NAZ) Massnahmen zum Schutz der Bevölkerung anordnen, dazu gehören der Aufenthalt im Schutzraum, die Einnahme von Jodtabletten, die vorsorgliche Evakuierung oder ein Ernte- und Weideverbot. Zum Zeitpunkt der Katastrophe in Fukushima war die NAZ, die auf dem Zürichberg untergebracht ist, während zehn Tagen rund um die Uhr im Einsatz. Aus den zahlreichen ungesicherten und widersprüchlichen Informationen, die anfangs teilweise nur auf Japanisch vorlagen, versuchte sich die NAZ ein Bild von der Lage vor Ort zu machen. Die Beurteilung der Ausdehnung, Zugrichtung und Dichte der vom AKW Fukushima Daiichi ausgehenden radioaktiven Wolke hatte dabei höchste Priorität. Die NAZ organisierte Jodtabletten, die über die Botschaft in Tokio an Schweizer Bürger in Japan abgegeben wurden, und stellte Merkblätter über mögliche Schutzmassnahmen bei erhöhter Radioaktivität zur Verfügung. Als der Wind ab dem 20. März Richtung Tokio drehte und bevorstehender Regen gemeldet wurde, drohte aufgrund der radioaktiven Wolke eine akute radiologische Gefahr für die japanische Metropole. Das Eidgenössische Departement des Äusseren (EDA) befürchtete deshalb Panik und Chaos in der Megacity und verlegte das Personal der Schweizer Botschaft von Tokio nach Osaka.[631]

Aufgrund der grossen Entfernung Japans von rund 10 000 Kilometern konnte eine Gefährdung der Bevölkerung in der Schweiz ausgeschlossen werden. Die radioaktive Wolke aus Fukushima erreichte zwar Ende März 2011 stark verdünnt die Schweiz; die in der Luft, im Regenwasser, im Gras, im Blattgemüse und in der Milch gemessenen Radionuklide, beispielsweise Jod-131, Cäsium-134 und Cäsium-137, waren aber für die Schweizer Bevölkerung aufgrund der geringen Dosen gesundheitlich unbedenklich.[632] Da keine direkte Gefährdung für die Schweiz bestand, wurde auf den Einsatz des gesamten Bundesstabs ABCN verzichtet. Wie der Super-GAU in Tschernobyl wurde aber auch der Reaktorunfall in Fukushima zum Anlass für eine Verbesserung des Strahlen- und Bevölkerungsschutzes. Am 4. Mai 2011 setzte der Bundesrat dafür eine interdepartementale Arbeitsgruppe zur Überprüfung der Notfallschutzmassnahmen bei Extremereignissen (IDA NOMEX) ein. Die Arbeitsgruppe, die sich aus Vertretern verschiedener

Bundesämter zusammensetzte, überprüfte die bereits bestehenden Notfallpläne und stellte zahlreiche Defizite und Mängel fest.[633] Die Überprüfung beinhaltete unter anderem die Bereitstellung von Personal und Material für den Notfalleinsatz, die Verpflichtung von Personen, die Einsatzbereitschaft und Durchhaltefähigkeit des Bundesstabs ABCN, die Ausfallsicherheit der Kommunikationsmittel und der Messsysteme zur Überwachung der Radioaktivität, die Alarmierung der Bevölkerung, die Verteilung der Jodtabletten, die Möglichkeit einer grossräumigen Evakuierung, die Aufnahme und Betreuung der evakuierten Personen, die Unterstützung der Kantone durch den Bund, die Kontrolle von Personen und Waren an der Grenze sowie die Zusammenarbeit mit Nachbarstaaten und internationalen Organisationen.

Bei der Überprüfung der Notfallplanung stellte sich heraus, dass die Schweiz auf einen Super-GAU à la Tschernobyl oder Fukushima nicht wirklich vorbereitet ist. «Die organisatorischen Vorkehrungen, damit für KKW-Ereignisse [Kernkraftwerkereignisse] die notwendigen Ressourcen (Personal und Material) auf Stufe Bund und Kantone bereitgehalten werden können, sind in der Schweiz mangelhaft.»[634] Die Arbeitsgruppe erarbeitete deshalb eine ganze Reihe von Empfehlungen zur Verbesserung des Strahlen- und Bevölkerungsschutzes. Das Eidgenössische Nuklearsicherheitsinspektorat (ENSI) verordnete am 1. Juni 2011 zudem als erste Sofortmassnahme die Einrichtung eines externen Notfalllagers. Die Betreiber der Schweizer AKWs mussten im aargauischen Reitnau, in einem ehemaligen Munitionsdepot der Schweizer Armee, ein Lager mit Notstromaggregaten, Treibstoff, Pumpen, Stromkabeln, Schläuchen, Borsäure, Feuerwehrausrüstung, Strahlenschutzanzügen und Messgeräten anlegen. Das Material sollte im Katastrophenfall mit Hubschraubern der Schweizer Armee zu den AKWs geflogen werden.[635] Ausgehend von den Empfehlungen der Arbeitsgruppe IDA NOMEX erarbeitete das Bundesamt für Bevölkerungsschutz (BABS) daraufhin bis am 23. Juni 2015 eine neue Notfallplanung für einen Super-GAU in der Schweiz.[636]

Im Laufe des Kalten Kriegs hatte die Schweiz während Jahrzehnten auf eine «vertikale» Evakuierung gesetzt. Im Zivilschutzbunker wollte man damals bei einem atomaren Angriff der Sowjetunion den Atomkrieg überleben. Bei der Explosion einer Atombombe wäre man in den Keller abgetaucht, hätte die radioaktive Wolke vorüberziehen lassen und wäre gut zwei Wochen später wieder hochgekommen. Nach der teilweisen Kernschmelze in Three Mile Island 1979 musste man erkennen, dass auch ein Unfall in einem AKW eine Bedrohung für die Bevölkerung darstellen kann. Erstmals wurden daraufhin Notfallpläne für den Schutz der Bevölkerung bei einem Reaktorunfall erarbeitet. Nach dem Super-GAU in Tschernobyl wurden dann 1993 zusätzlich Jodtabletten an alle Haushalte, Schulen und Betriebe im Umkreis von drei bis fünf Kilometern um die AKWs verteilt. 2004 wurde der Radius auf 20 Kilometer ausgedehnt und nach dem Super-GAU in Fukushima nochmals auf 50 Kilometer erweitert. 4,9 Millionen Menschen erhielten ab Ende Oktober 2014 vom Bundesamt für Gesundheit (BAG) eine Packung mit zwölf Jodtabletten.[637] Der Branchenverband Swissnuclear kritisierte die Ausweitung der Schutzzone, da seiner Ansicht nach im Unglücksfall die Zeit ausreichen würde, um die bisher zentral gelagerten Jodtabletten an die betroffene Bevölkerung zu verteilen.[638] Am 15. Oktober 2018 hiess das Bundesgericht schliesslich eine Beschwerde der AKW-Betreiber gut, die forderte, dass sie die Kosten für die Verteilung der Jodtabletten im Umkreis von 20 bis 50 Kilometern nicht tragen müssten.[639] Die Verteilung der Jodtabletten belief sich 2014 auf insgesamt 20,8 Millionen Franken. 6,8 Millionen Franken kostete die Verteilung an die Menschen im Umkreis von 0 bis 20 Kilometern. Für diese Kosten müssen weiterhin die AKW-Betreiber aufkommen. Der restliche Betrag bleibt nun nach dem Bundesgerichtsentscheid beim Verteidigungsdepartement hängen und wird damit letztlich auf die Steuerzahler abgewälzt werden. Eine beträchtliche Summe, wenn man bedenkt, dass die Jodtabletten alle zehn Jahre ersetzt werden müssen.

Gemäss *Strahlenschutzverordnung* regelt das «Dosis-Massnahmen-Konzept», was bei welcher Strahlendosis zu tun ist. Bei einer Strahlendosis von über 1 Millisievert sollen sich Kinder und Schwangere im Haus aufhalten, bei über 10 Millisievert müssen alle in den Keller oder in den Schutzraum, ab 30 Millisievert müssen Jodtabletten eingenommen und bei über 100 Millisievert muss die Gegend evakuiert werden. Das ENSI hat Zonen für den Notfallschutz erstellt: Die Zone 1 hat einen Radius von drei bis fünf Kilometern um das AKW, die Zone 2 einen von 20 Kilometern, und die Zone 3 bezeichnet die übrige Schweiz. Und wie viele Menschen leben in diesen Gefahrenzonen? In der Zone 1 sind es um das AKW Mühleberg 2475, um Gösgen 28 793 und um Beznau und Leibstadt 23 058. In der Zone 2 sind es um Mühleberg 551 570, um Gösgen 383 089 und um Beznau und Leibstadt 228 000, wobei allerdings die Evakuierungszone an der Grenze zu Deutschland aufhört.[640] Nach dem Super-GAU in Tschernobyl hat der Bevölkerungsschutz in der Schweiz erstmals eine Evakuierung der Zone 1 vorgesehen. In Tschernobyl wurde jedoch eine

30-Kilometer-Sperrzone um das havarierte AKW errichtet. Würde im AKW Beznau ein vergleichbarer Reaktorunfall geschehen, würde diese 30-Kilometer-Sperrzone mitten in der Stadt Zürich enden.[641]

Bereits 1990 haben die beiden Soziologen Hans-Peter Meier-Dallach und Rolf Nef in ihrer Studie *Grosskatastrophe im Kleinstaat* erstmals analysiert, was mit der Schweiz geschehen würde, wenn es im AKW Mühleberg zu einer ähnlichen Katastrophe wie in Tschernobyl käme. Bei Westwind und Regen müssten in den ersten sieben Tagen Burgdorf, Zollikofen, Münchenbuchsee und Wohlen bei Bern geräumt werden. In den darauffolgenden Tagen wären Muri, Zofingen, Bremgarten, die Stadt Bern und viele westlich von Bern liegende Gemeinden zu evakuieren. Der Kanton Bern würde 57 Gemeinden, 33 000 Wohnungen und 31 000 Arbeitsplätze verlieren. Die Autobahn A1 zwischen Bern und Zürich wäre unterbrochen. Insgesamt müssten über 2,6 Millionen Menschen zwischen Bern und dem Bodensee umgesiedelt werden. «Selbst bei larger Interpretation der geltenden Schutznormen sind innerhalb von 30 Tagen nach dem Reaktorunfall 900 000 Menschen umzusiedeln – ohne Hoffnung auf baldige Rückkehr und in einer aufs Äusserste angespannten Situation.»[642]

Nach dem Super-GAU in Fukushima hat die Journalistin Susan Boos in ihrem Buch *Fukushima lässt grüssen* von 2012 nachgezeichnet, wie man in der Schweiz mit einer Atomkatastrophe umzugehen gedenkt. Am Beispiel des AKW Leibstadt versuchte sie, sich vorzustellen, was geschehen würde, käme es in der Schweiz zu einer vergleichbaren Reaktorkatastrophe. Dafür sprach sie mit Kim Kuhn, dem Chef des Regionalen Führungsorgans (RFO) Aare-Rhein des Kantons Aargau, der bei einem Reaktorunfall im AKW Leibstadt für die Evakuierung der Bevölkerung zuständig wäre. «Würde in Leibstadt ein Unfall passieren wie in Tschernobyl, da fehlte nachher eine ganze Region. Dieses Gebiet würde es auf der Landkarte nachher nicht mehr geben – hinunter bis nach Basel und in den Schwarzwald hinein. Da darf man sich nichts vormachen.»[643] Weiter sagte er: «Wenn in Leibstadt wirklich ein Unfall mit grosser Freisetzung stattfinden würde – dann würde man einen Zirkel darum ziehen und sagen: Da geht niemand mehr rein, um den Leuten zu helfen. Wir werden sie dem Schicksal überlassen. Wir können nur denen helfen, die aus eigenen Kräften herauskommen.»[644] Und er meinte: «Es ist brutal, sich einzugestehen, dass man nichts mehr machen kann, aber wenn ein solches Ereignis passiert, ist man hilflos.»[645]

Nach dem Super-GAU in Fukushima kam das BABS zur Einsicht, dass bei einer solchen atomaren Katastrophe auch in der Schweiz grossräumiger evakuiert werden müsste.[646] Die Evakuierungszone wurde entsprechend auf die Zone 2 ausgedehnt. Die Reaktorkatastrophen in Tschernobyl und Fukushima haben jedoch gezeigt, dass sich die radioaktive Wolke nicht an die Zonenpläne hält und sie je nach Luftdruck, Windgeschwindigkeit und Windrichtung in viel weiterer Entfernung niedergehen kann. Eine Standardlösung für die Bewältigung eines Reaktorunfalls bleibt daher eine Illusion. In Japan war beispielsweise die Evakuierung von Städten in 40 Kilometern Entfernung notwendig, und bei ungünstigem Wetter wäre auch die 225 Kilometer entfernte Hauptstadt Tokio betroffen gewesen. Im Vergleich mit der Ukraine und mit Japan ist die Schweiz zudem rund um die AKWs viel dichter besiedelt. Die Hauptstadt Bern mit dem Bundeshaus und der ganzen Verwaltung inklusive dem BABS befindet sich ebenfalls in der 20-Kilometer-Zone des AKW Mühleberg. «Die Schweiz ist nicht vorbereitet auf eine grossräumige Evakuierung. Die Vorstellung, dass die Bundeshauptstadt oder das Wirtschaftszentrum Zürich evakuiert werden müsste, wird nun seit bald 30 Jahren (seit dem Unfall von Tschernobyl) bewusst verdrängt und unterdrückt», schrieb Stefan Füglister, der Atomexperte von Greenpeace Schweiz, im Februar 2013.[647]

Eine Studie der ETH Zürich von 2013 simulierte mithilfe von Computerprogrammen, wie eine grossräumige Evakuierung bei einem Super-GAU im AKW Gösgen aussehen könnte.[648] Auf der Grundlage dieser Studie des Instituts für Verkehrsplanung und Transportsysteme erarbeitete das BABS bis am 1. Juni 2016 einen Plan für eine grossräumige Evakuierung.[649] «Wir erwarten, dass rund zwei Drittel im eigenen Auto wegfahren», sagte Alexander Krethlow vom BABS am 5. Juli 2014 gegenüber der Zeitung *Der Bund*.[650] Das BABS ging davon aus, dass der weitaus grösste Teil der betroffenen Bevölkerung bei einem Alarm innerhalb von 24 Stunden die zu evakuierende Zone selbstständig verlassen und sich selbst eine Unterkunft bei Verwandten, Bekannten, in Ferienhäusern oder -wohnungen organisieren würde. Diejenigen, welche kein Auto besitzen, könnten die Strahlenzone auch mit dem öffentlichen Verkehr verlassen. «Dieser wird so normal wie möglich funktionieren», sagte Alexander Krethlow.[651] Laut Strahlenschutzverordnung könnten die Verkehrsbetriebe und Fahrer zum Einsatz verpflichtet werden. Nur wer sich selbst nicht zu Fuss fortbewegen kann, also alle alten, kranken und pflegebedürftigen Menschen, müsste evakuiert werden. Falls eine rechtzeitige Evakuierung der Spitäler, Altersheime, Psychiatrien, Behindertenheime und Gefängnisse nicht möglich wäre, würden die Patienten und Insassen «in die Keller ihrer Institutionen gebracht».[652] Nach dem Motto «Rette sich, wer kann!» setzt das BABS bei der Evakuierung auf die Eigenverantwortung der Bevölkerung und den Überlebenswillen der Menschen. Bei einem Super-GAU im AKW Mühleberg wäre es unmöglich, die Städte Bern, Biel, Murten, Freiburg und Neuenburg komplett zu evakuieren.

Bei einer Reaktorkatastrophe müsste der Bund Hunderttausende Menschen evakuieren. Wie das gehen soll, weiss niemand. Eine vorsorgliche grossräumige Evakuierung würde vom Bundesrat angeordnet, aber auch nur unter einer Bedingung: «Der Werkbetreiber muss verbindlich zusichern können, wie lange es dauert, bis Radioaktivität in die Umgebung entweicht», sagte Alexander Krethlow.[653] Erfolgt die Freisetzung der Radioaktivität unkontrolliert oder schneller als geplant, gilt nach wie vor die Devise: sofort runter in den Keller oder in den Schutzraum. Evakuiert wird dann erst, wenn die radioaktive Wolke vorbeigezogen ist. Bei einem Super-GAU müssen die zuständigen Behörden aber erst einmal begreifen, dass das Unmögliche tatsächlich eingetreten ist. In Tschernobyl und in Fukushima haben die Betreiber und die Behörden die betroffene Bevölkerung nicht richtig oder erst zu spät informiert, weil sie zunächst selbst nicht wahrhaben wollten, wie ernst die Lage wirklich war, oder sie verschwiegen die Strahlenbelastung aus Furcht, eine Panik auszulösen.[654] Wenn niemand weiss, was los ist, denkt aber auch niemand daran, Jod zu schlucken, sich in den Keller oder in den Schutzraum zu begeben oder so schnell wie möglich aus der Strahlenzone zu fliehen. Es ist auch fraglich, ob alle Bewohner den Sirenenalarm hören würden. Zudem würden vermutlich nur wenige wie vorgesehen Radio hören, wenn die Sirenen aufheulen. Die meisten Menschen würden wohl erst mal nach Infos googeln und ihre Liebsten anrufen. Ab Herbst 2017 würde deshalb das BABS im Fall einer Reaktorkatastrophe die Bevölkerung auch via Smartphones und Social Media informieren.[655]

Theoretisch ist die Schweiz einigermassen gut auf eine atomare Katastrophe vorbereitet. Diverse Verordnungen schreiben exakt vor, was zu tun ist, wenn der Super-GAU passiert. Nach dem Reaktorunfall in Fukushima wurde die Notfallplanung nochmals verbessert. Trotzdem wäre ein schwerer Atomunfall mit all seinen Folgen kaum beherrschbar. Nach einer solchen Katastrophe herrscht bei der betroffenen Bevölkerung erstmals Chaos und Panik und bei den zuständigen Behörden Überforderung und Hilflosigkeit. «Bevor die Katastrophe da ist, glaubt man, sie abwenden zu können – danach ist es für die Prophylaxe zu spät», schrieb die Journalistin Susan Boos.[656] Wenn die Katastrophe eintritt, nimmt sie zudem meistens eine andere Gestalt an, als man erwartet hat. Auf die schlimmstmögliche Katastrophe kann man sich nicht vorbereiten. Wohin die Betroffenen langfristig umgesiedelt würden, weiss beispielsweise keiner. «Was tun wir mit den Leuten, was tun wir mit ihnen, wenn die Evakuierung Wochen oder Jahre dauert? Das ist alles noch nicht zu Ende gedacht», sagte Kim Kuhn, der Chef des RFO Aare-Rhein des Kantons Aargau.[657]

Es gibt auch keine konkrete Vorstellung, wie die Dekontaminierung der verstrahlten Zone vonstattengehen sollte. Wer räumt in der Schweiz bei einer Reaktorkatastrophe am Ende auf? Die Sowjetunion schickte nach dem Super-GAU in Tschernobyl zwischen 600 000 und 800 000 Liquidatoren zum Aufräumen in die Strahlenzone. Den Liquidatoren wurde der Einsatz befohlen. Das war zwar menschenverachtend, aber effektiv, um die Katastrophe einzudämmen.[658] Wer sind die Schweizer Liquidatoren? Mit dieser Frage beschäftigte sich wenige Tage nach dem Super-GAU in Fukushima am 24. März 2011 das Wissenschaftsmagazin *Einstein* des Schweizer Fernsehens.[659] Die Reporter gingen der Frage nach, wer bei einem Reaktorunfall im AKW Mühleberg in der Strahlenzone zum Einsatz kommen würde. Die Betriebsfeuerwehr des AKW Mühleberg zählte damals 90 Mann. Bräuchte es Verstärkung, würden die 80 Berufsfeuerwehrleute der Stadt Bern zum Einsatz kommen. Wenn die Berner Feuerwehr nicht ausreichen würde, müsste der Regierungsstatthalter Bern-Mittelland weiteres Personal aufbieten. Gemäss *Strahlenschutzverordnung* könnte der Bundesrat jeden zwingen, in der Strahlenzone Dienst zu leisten, auch Zivilisten. Feuerwehren aus anderen Kantonen und die Katastrophenhilfstruppen der Armee kämen vermutlich zum Einsatz. Wer aber im Ernstfall wirklich in die Strahlenzone gehen müsste, ist nirgends festgelegt. Das Chaos wäre vorprogrammiert. «Es gibt kein Szenario, welches das zu Ende denkt und sagt, wer räumt was, wann auf. Eine solche Katastrophe überfordert zunächst einmal alle Organisationen, die in einer ersten Phase zum Einsatz kommen», sagte Christian Fuchs, Informationschef der NAZ. Am 7. Juni 2011 stellte die Berner Nationalrätin der Grünen, Franziska Teuscher, dem Bundesrat die Frage, wo er die Liquidatoren rekrutieren würde. SVP-Bundesrat Ueli Maurer, Vorsteher des Eidgenössischen Departementes für Verteidigung, Bevölkerungsschutz und Sport (VBS), antwortete, gemäss *Strahlenschutzverordnung* seien das «alle Personen und Unternehmen, die für Arbeiten zur Verhinderung einer weiteren Kontamination der Umgebung herangezogen werden können. Zu denken ist dabei in erster Linie an die Belegschaft des betroffenen Werks, aber auch an Angehörige der Partnerorganisation des

Bevölkerungsschutzes und der Armee oder an Mitarbeiter von Baugeschäften oder Transportunternehmen.»[660]

Der Austritt von hochaktivem Wasser ins Meer in Fukushima führte zur Erkenntnis, dass auch bei einem Super-GAU in einem Schweizer AKW das Trinkwasser verseucht werden könnte. Bei einem Ausfall der Kühlsysteme müsste das Kühlwasser ins Reaktorinnere und in die Lagerbecken mit den Brennelementen gepumpt werden, um eine Kernschmelze zu verhindern. Die Kontamination von Trinkwasser wurde bisher in der Schweiz bei den Sicherheitsüberprüfungen des ENSI nicht berücksichtigt. Das Risiko einer radioaktiven Verseuchung des Trinkwassers wurde in der bisherigen Notfallplanung unterschätzt. Das deutsche Umweltforschungsinstitut Öko-Institut e. V. entwarf deshalb im Auftrag des Trinationalen Atomschutzverbands in Basel 2014 ein Szenario, das analysierte, was passieren würde, wenn bei einem Super-GAU in den AKWs Beznau, Gösgen oder Leibstadt radioaktives Wasser in die Aare oder den Rhein austräte.[661] In allen Städten, die aus dem Rhein oder der Aare ihr Trinkwasser beziehen, müsste die Trinkwasserversorgung sofort eingestellt werden. Nach einer Stunde würde das verseuchte Wasser Aarau erreichen, das Trinkwasser aus der Aare bezieht. In Basel, das sein Trinkwasser aus dem Rhein gewinnt, wäre radioaktives Wasser aus dem AKW Leibstadt nach 14 Stunden. Bei Westwind und gleichzeitigem Regen würden auch der Zürichsee und der Bodensee verseucht, und die Trinkwasserversorgung der Region Zürich und der deutschen Grenzregionen wären davon betroffen. Bei einem Super-GAU im AKW Mühleberg würden der Bielersee und in der Folge der Neuenburger- und der Murtensee kontaminiert. Der Bundesrat äusserte sich am 21. November 2012 wie folgt dazu: «Diese Studie geht von einer extrem unwahrscheinlichen Unfallsequenz aus und überschätzt die möglichen radiologischen Auswirkungen. Die schweizerischen Kernkraftwerke verfügen im Gegensatz zu den Fukushima-I-Reaktoren über eine Reihe von Sicherheitseinrichtungen zur Verhinderung von Kernschmelzunfällen sowie zusätzliche Barrieren zur Rückhaltung von Radioaktivität und Systeme zur Beherrschung und Linderung der Folgen von Kernschmelzunfällen. Diese wurden in der erwähnten Studie nicht berücksichtigt.»[662] Das ENSI forderte die AKW-Betreiber jedoch nach der Katastrophe in Fukushima auf, neuerdings auch die Freisetzung von Radioaktivität in die Flüsse und den Umgang mit grossen Mengen von kontaminiertem Wasser in ihre Sicherheitskonzepte einzuplanen.[663]

Der Super-GAU in Fukushima hat einen wirtschaftlichen Schaden von schätzungsweise 150 bis 200 Milliarden

Euro verursacht. Eine Schätzung der totalen Kosten der Reaktorkatastrophe gab es jedoch weder von der japanischen Regierung noch vom Betreiber Tepco. Eine genaue und verlässliche Zahl der gesamten Kosten für die Entschädigung, die Dekontaminierung, den Abriss der Atomruine und die Entsorgung der radioaktiven Abfälle gibt es nicht. Die Bewältigung dieser Katastrophe wird sich jedoch noch über viele Jahrzehnte hinziehen. Die Kostenschätzungen waren daher äusserst spekulativ. Bis im März 2016 hatte Tepco jedoch bereits rund 50 Milliarden Franken für die Entschädigung ausbezahlt, rund 30 Milliarden Franken für die Dekontaminierung ausgegeben und weitere 15 Milliarden Franken für den Abriss der Atomruine reserviert. Das waren also insgesamt bereits rund 95 Milliarden Franken, und dieses Geld wird für die Bewältigung der Katastrophe mit Sicherheit nicht ausreichen.[664] Tepco ging nur nicht pleite, weil der Staat den Energiekonzern mit Milliardenbeträgen stützte. Am Ende wird in Japan die Rechnung also vom Stromverbraucher und vom Steuerzahler bezahlt. In der Schweiz wäre das nicht anders. Die Versicherung für die AKWs wird ebenfalls grösstenteils vom Staat gedeckt. Gemäss Kernenergiehaftpflichtgesetz müssen in der Schweiz die AKW-Betreiber für Schäden von insgesamt rund 1,8 Milliarden Schweizer Franken aufkommen. Würde ein Schaden diese Summe überschreiten, so haftet der AKW-Betreiber zuerst mit seinem ganzen Vermögen. Wäre die Schadensumme dann immer noch nicht gedeckt, müsste der Bund einspringen.

Bis in die 1970er-Jahre behaupteten die Befürworter der Atomenergie, ein Super-GAU in einem AKW sei praktisch unmöglich, die Technik sei absolut sicher, und wenn es doch einmal zu einem schweren Unfall kommen sollte, dann ereigne sich dies höchstens einmal alle 10 000 Jahre. Mit den Reaktorkatastrophen in Tschernobyl 1986 und Fukushima 2011 kam es innerhalb von nur 25 Jahren jedoch gleich zwei Mal zu einem Super-GAU. Das Restrisiko ist grösser, als bisher angenommen. Nach der Katastrophe in Fukushima versuchten verschiedene Forscher, die Wahrscheinlichkeit eines erneuten Super-GAUs abzuschätzen. Jos Lelieveld, Direktor am Max-Planck-Institut für Chemie in Mainz, analysierte 2012 zusammen mit seinem Forscherteam die Laufzeiten aller AKWs der Welt sowie die bisher aufgetretenen Kernschmelzen und errechnete daraus, dass schwere Reaktorunfälle etwa einmal in 10 bis 20 Jahren auftreten können.[665] In Westeuropa wären bei einer Kernschmelze rund 28 Millionen Menschen betroffen, in Südasien 34 Millionen Menschen und im Osten der USA und in Ostasien 14 bis 21 Millionen Menschen. Die Hälfte der radioaktiven Partikel ginge zudem weiter als 1000 Kilometer vom havarierten Reaktor nieder. Um die Gefahr einer radioaktiven Verstrahlung erheblich zu reduzieren, genüge daher ein Atomausstieg in einem Land nicht, dieser müsse vielmehr international koordiniert werden. Didier Sornette und Spencer Wheatley vom Chair of Entrepreneurial Risks an der ETH Zürich und Benjamin Sovacool von der University of Sussex haben 2016 anhand einer statistischen Analyse ebenfalls versucht herauszufinden, wann es zum nächsten Super-GAU kommen könnte.[666] Nach einer Auswertung aller bisher öffentlich bekannten atomaren Störfälle in AKWs kamen sie zum Schluss, dass die Wahrscheinlichkeit von Katastrophen wie in Tschernobyl und in Fukushima unterschätzt wird. Die Risikoforscher gingen davon aus, dass sich eine Reaktorkatastrophe wie in Tschernobyl und in Fukushima ein bis zwei Mal pro Jahrhundert und eine teilweise Kernschmelze wie in Three Mile Island einmal alle 10 bis 20 Jahre ereignen könnten. «Der nächste Atomunfall könnte viel früher geschehen oder schlimmer sein, als der Öffentlichkeit bewusst ist», meinte Benjamin Sovacool.[667]

Die Befürworter der Atomenergie verwiesen nach dem Super-GAU in Fukushima gerne auf eine Studie von Stefan Hirschberg, Gerard Spiekerman und Roberto Dones vom PSI aus dem Jahr 1998.[668] Die damals vom Bundesamt für Energie (BFE) in Auftrag gegebene Studie kam nämlich zum Schluss, dass die Atomenergie im Vergleich zu Kohle, Öl, Gas und Wasserkraft die ungefährlichste Energieform mit den weitaus wenigsten Todesfällen sei. In ihrer Analyse aller grösseren Unfälle, die sich seit 1970 weltweit bei der Gewinnung von Energie zugetragen hatten, errechneten die Forscher, welche finanziellen Schäden und menschlichen Verluste die verschiedenen Energieträger gemäss statistischer Wahrscheinlichkeit pro Gigawattjahr verursachen. Am meisten Todesopfer im Verhältnis zur Stromproduktion fordere die Kohle, gefolgt von Öl und Gas. In der Dritten Welt, wo es gelegentlich zu Dammbrüchen mit Tausenden von Toten komme, sei die Wasserkraft relativ gefährlich, während sie in den westlichen Industrieländern ziemlich sicher sei. Am sichersten sei jedoch die Atomenergie, die zusammen mit der Wasserkraft aufgrund des geringen CO_2-Ausstosses zudem die ökologischste Energieform sei. Allerdings berücksichtigte die Studie als einzigen Atomunfall den Super-GAU in Tschernobyl und ging in ihren Berechnungen dabei von gerade einmal 31 Todesfällen aus.

Das Risiko der Altreaktoren

Der Super-GAU in Fukushima entfachte auch die Diskussionen um die Sicherheit der Schweizer AKWs wieder neu. CVP-Bundesrätin Doris Leuthard, die Vorsteherin des Eidgenössischen Departements für Umwelt, Verkehr, Energie und Kommunikation (UVEK), beauftragte unmittelbar nach den Ereignissen in Japan das ENSI, die Sicherheit der Schweizer AKWs erneut zu überprüfen. Das ENSI verfügte daher am 18. März 2011, dass die AKW-Betreiber in der Schweiz die Sicherheit ihrer Anlagen für Erdbeben und Hochwasser nochmals überprüfen müssten. ENSI-Direktor Hans Wanner sagte am 27. März 2011: «Im Lichte der Ereignisse in Japan müssen wir auch die Kombination von Erdbeben und Hochwasser genau anschauen.»[669] Der Reaktorunfall in Fukushima habe zudem gezeigt, dass bei einem Ausfall der Kühlung die Abklingbecken ebenfalls zum Sicherheitsproblem werden könnten. Am 9. Juli 2012 erklärte das ENSI, dass in den Schweizer AKWs die Kühlung der Reaktoren und der Abklingbecken auch bei extremen Erdbeben und Hochwassern, die sich einmal alle 10 000 Jahre ereignen, gewährleistet sei.

Auch die Europäische Union (EU) beschloss am 25. März 2011, alle ihre 143 AKWs einer freiwilligen Sicherheitsüberprüfung zu unterziehen. Die Schweizer AKWs nahmen auf Verfügung des ENSI ebenfalls an diesem «EU-Stresstest» teil. Die Experten der Organisation der Atomaufsichtsbehörden der EU-Staaten (ENSREG) besuchten daraufhin Ende März 2012 das AKW Beznau. Sie stellten den Schweizer AKWs ein gutes Zeugnis aus. Diese erfüllten in allen Bereichen die internationalen Sicherheitsstandards.[670] «Im Rahmen des Stresstests zeigten die Schweizer Kernkraftwerke hohe Sicherheitsmargen und eine starke Robustheit», sagte Bojan Tomic, der Leiter der ENSREG-Sicherheitsüberprüfung.[671] Das ENSI bescheinigte den Schweizer AKWs im internationalen Vergleich ebenfalls eine hohe Sicherheit. «Der EU-Stresstest, dessen internationale Überprüfung im Frühling 2012 abgeschlossen wurde, aber auch die Erdbebennachweise, zu denen das ENSI im Sommer 2012 Stellung nahm, haben gezeigt, dass die Kernkraftwerke auch im internationalen Vergleich einen hohen Sicherheitsstandard aufweisen.»[672]

Das Nuklearforum, die Lobbyorganisation der Schweizer Atomindustrie, wertete das Ergebnis des EU-Stresstests und den Erdbebennachweis des ENSI als einen Beleg dafür, dass ein Reaktorunfall wie in Fukushima in der Schweiz unmöglich sei. «Die erneute Untersuchung der Schweizer Kernkraftwerke belegt, dass in unseren Anlagen alles das vorhanden ist, was in Japan zur Beherrschung des Unfalls fehlte – weil in der Schweiz die dafür nötigen Systeme von Anfang an eingebaut wurden oder vor Jahren nachgerüstet worden sind.»[673] Die Auswirkungen der Strahlenbelastung für die Bevölkerung in Fukushima seien zudem überbewertet worden. «Bis heute wurden bei den Menschen in der betroffenen Region und beim Kraftwerkspersonal keine Anzeichen für gesundheitliche Beeinträchtigungen festgestellt.»[674] Irene Aegerter, langjährige Vizedirektorin und Kommunikationschefin des Verbandes Schweizerischer Elektrizitätswerke (VSE), schrieb 2015 in der *Weltwoche*: «Es wird für viele zynisch klingen, aber Fukushima hat unter dem Strich gezeigt, wie sicher eigentlich Kernenergie ist – und wie sehr die Bedrohung von vielen überschätzt wird. GAU heisst ‹grösster anzunehmender Unfall›. In Fukushima hatten wir erstmals nicht nur einen, sondern gleich einen dreifachen GAU. Trotzdem ist kein Mensch wegen der Strahlung gesundheitlich geschädigt oder gar getötet worden.»[675]

Ursächlich für den Reaktorunfall in Fukushima seien zu niedrige Tsunami-Schutzwälle, ungeschützte Notstrom-Dieselaggregate und freistehende Brennstofftanks gewesen. Die Schweizer AKWs würden jedoch über zahlreiche Sicherheitssysteme verfügen, die in Fukushima Daiichi nicht vorhanden gewesen seien. Gebunkerte Notstandssysteme würden eine automatische Abschaltung und Notkühlung der Reaktoren garantieren, selbst wenn das AKW durch ein extremes Hochwasser überflutet, durch ein massives Erdbeben erschüttert oder durch einen gezielten Flugzeugabsturz oder Terrorangriff beschädigt werden würde und der Kontrollraum nicht mehr zugänglich wäre. Gefilterte Druckentlastungsventile würden verhindern, dass bei einer Druckentlastung radioaktive Stoffe aus dem Containment entweichen können. Wasserstoff-Rekombinatoren würden Explosionen verhindern, sollte sich Wasserstoff bilden, indem dieser abgebaut werde, bevor er explodieren kann. Diese zusätzlichen Sicherheitsvorkehrungen würden in der Schweiz eine atomare Katastrophe unmöglich machen.

Der Atomphysiker Bruno Pellaud, der von 1993 bis 1999 stellvertretender Generaldirektor der Internationalen Atomenergie-Organisation (IAEO) und von 2001 bis 2009 Präsident des Nuklearforums war, veröffentlichte 2012 das Buch *Nucléaire: relançons le débat*, in dem er ebenfalls erklärte, die Schweizer AKWs würden im Vergleich mit dem AKW Fukushima Daiichi über zahlreiche zusätzliche Sicherheitsvorkehrungen verfügen.[676] Die eklatanten Sicherheitsmängel in Japan seien in vielen europäischen Ländern, in Skandinavien, Deutschland, Frankreich oder der Schweiz undenkbar. Nach dem Super-GAU in Fukushima habe die Schweiz im Mai

> «Es wird für viele zynisch klingen, aber Fukushima hat unter dem Strich gezeigt, wie sicher eigentlich Kernenergie ist – und wie sehr die Bedrohung von vielen überschätzt wird.»
> Irene Aegerter, ehem. Vizedirektorin des VSE, 2015

2011 über das EDA eine Initiative für die Schaffung verbindlicher internationaler Sicherheitskontrollen durch die IAEO lanciert. Die Bemühungen seien aber gescheitert, da die Regierungen der USA, Russlands, Irans und Pakistans jegliche Einmischung in ihre nationale Souveränität ablehnten. Die Gefahr der radioaktiven Strahlung werde massiv überschätzt. In Fukushima habe es keinen einzigen Todesfall gegeben. Die Strahlenschutzexperten der internationalen Gesundheitsorganisationen ICRP, WHO und UNSCEAR würden nach objektiven, wissenschaftlichen Kriterien strenge Grenzwerte festlegen, die gesundheitlich völlig unbedenklich seien, während die militanten AKW-Gegner mit irreführenden und spekulativen Behauptungen argumentieren würden. Die natürliche Strahlung in Brasilien (Minas Gerais), Indien (Kerala) und im Iran (Ramsar) sei teilweise höher als in der Sperrzone von Fukushima, ohne dass sich dort eine statistisch relevante Zunahme der Häufigkeit von Krebs, Leukämie oder anderen Krankheiten ergeben habe. Selbst in der Schweiz würde an gewissen Orten im Jura und im Tessin Radongas aus der Erdkruste entweichen, mit durchschnittlich 10 bis 20 Millisievert im Jahr, wie in Fukushima. Bei einer geringen Dosis habe die radioaktive Strahlung einen positiven Effekt auf die Gesundheit. In der Schweiz wäre der Bruch eines Staudamms ein viel grösseres Risiko, da in einem solchen Fall mit zahlreichen Opfern und einer massiven Überflutung und Zerstörung von Gebäuden und Infrastruktur gerechnet werden müsse. Die Schweizer AKWs seien sicher, doch um die Sicherheit noch weiter zu erhöhen, sei in Zukunft auch der Bau unterirdischer AKWs denkbar, wofür die Schweiz besonders gut geeignet sei, da sie über langjährige Erfahrung im Tunnelbau verfüge.

Die Anti-AKW-Organisationen haben demgegenüber die Sicherheit der Schweizer AKWs immer wieder infrage gestellt. Im Fokus der AKW-Gegner standen dabei vor allem die alten Reaktoren in Beznau und Mühleberg. Dieter Majer, der ehemalige Leiter der Abteilung Sicherheit kerntechnischer Einrichtungen des deutschen Bundesumweltministeriums, hat 2014 im Auftrag der Schweizerischen Energie-Stiftung (SES) und von Greenpeace Schweiz die Studie *Risiko Altreaktoren Schweiz* verfasst.[677] Die AKWs Beznau und Mühleberg, die Ende der 1960er- und Anfang der 1970er-Jahre gebaut wurden, gehörten mittlerweile weltweit zu den ältesten Reaktoren. Die fortschreitende Alterung dieser AKWs werde zunehmend zum Sicherheitsrisiko, da Versprödung, Korrosion, Ermüdung, Verschleiss, Abnutzung und Zersetzung die Reaktoren gefährdeten. Darüber hinaus sind auch die Einbauten und Nebenanlagen eines AKWs wie die Umwälzschleifen, die Reaktorpumpen und die Rohrleitungen von der fortschreitenden Alterung betroffen. Die ununterbrochene Neutronenstrahlung, der erhöhte Druck und hohe Temperaturen würden den Reaktordruckbehälter auf Dauer schwächen. Durch den Temperaturschock bei einer Notkühlung könnte der Reaktordruckbehälter bersten. Der Reaktor würde dann wie eine zu heiss gekochte Wurst aufplatzen. Die Altersschäden seien oft nicht sichtbar, daher könne der Zeitpunkt des Versagens kaum vorausgesehen werden. Nachrüstungen seien nur bedingt möglich, da der Reaktordruckbehälter und das Containment nicht ersetzt werden können. In Deutschland seien nur wenige Monate nach der Katastrophe von Fukushima die mit den AKWs Beznau und Mühleberg vergleichbaren Altreaktoren aus Sicherheitsgründen endgültig stillgelegt worden.

Horst-Michael Prasser, Professor für Kernenergiesysteme an der ETH Zürich, sagte am 16. September 2015 in der Sendung *Rundschau* des Schweizer Fernsehens, neue AKWs seien zehnmal besser gegen eine Kernschmelze abgesichert als ältere Reaktoren. «Sie können niemals in Beznau eine Einrichtung einbauen, die einen eventuell auftretenden Kern, der geschmolzen ist, sicher auffängt und abkühlt. Das geht nicht bei den Altanlagen. Da brauchen sie eine neue.»[678] Bei einigen neueren Reaktortypen wird unterhalb des Containments ein «Core-Catcher» eingebaut, eine Art Wanne unterhalb des Reaktors, die bei einem Super-GAU das geschmolzene Brennmaterial aus dem Reaktorkern auffängt und damit verhindert, dass die hochaktive Schmelze ausläuft, sich durch den darunter liegenden Beton frisst und das Grundwasser kontaminiert. Das Auffangbecken besteht aus einer speziellen Beton-Keramik-Mischung und einer Fläche zum Kühlen der Kernschmelze. Einige Reaktoren der sogenannten dritten Generation wurden mit solchen «Kernfängern» ausgestattet. Die Schweizer AKWs gehören jedoch zur zweiten Generation und verfügen noch nicht über einen solchen «Core-Catcher». Eine Nachrüstung käme einem Neubau gleich und ist aus ökonomischen Gründen nicht möglich.

Bei einer Ultraschall-Untersuchung im AKW Beznau wurden 2015 im Reaktordruckbehälter 925 Löcher oder Risse im Stahl gefunden. Der Sprecher des AKW-Betreibers Axpo, Antonio Sommavilla, sagte dazu am 16. Oktober 2015 in der Nachrichtensendung *10vor10* des Schweizer Fernsehens: «Das sind keine Löcher, das sind auch keine Risse – das sind Unregelmässigkeiten im Material.»[679] Die Axpo war überzeugt, dass die Materialfehler im Stahl nicht erst während des Betriebs, sondern bereits 1965 bei der Herstellung in der französischen Schmiede Société des Forges et Ateliers du Creusot entstanden waren. Bei den metallurgischen Analysen zeigte sich, dass es sich bei den Einschlüssen um Aluminiumoxid handelte. Die Axpo musste nachweisen, dass die Materialfehler keinen Einfluss auf die Sprödigkeit des Stahls haben und den Reaktordruckbehälter nicht zusätzlich zur normalen Alterung schwächen. Zu diesem Zweck liess die Axpo 2016 den betroffenen Ring C des Reaktordruckbehälters in der englischen Schmiede Sheffield Forgemasters, gestützt auf die Herstellungsdokumente, nach dem genau gleichen Rezept wie das Original nachbauen. Die Zähigkeit des Stahls wurde dann mittels Dehnungs- und Bruchtests geprüft.[680] AKW-Gegner forderten trotzdem eine endgültige Abschaltung des AKW Beznau, da der Reaktor offensichtlich alt und marode geworden sei. Der Reaktordruckbehälter, das Herzstück eines jeden Reaktors, sei offensichtlich miserabel geschmiedet worden.[681] Das Problem sei, dass man nicht genau messen könne, wie mürbe der Reaktordruckbehälter bereits geworden sei. Die Versprödung des Materials durch die thermische und radiologische Belastung während 47 Betriebsjahren könne man nicht einfach durch eine Replika simulieren.[682] Am 6. März 2018 gab das ENSI jedoch bekannt, dass das AKW Beznau den Betrieb wieder aufnehmen könne, da die Aluminiumoxid-Einschlüsse keine negativen Auswirkungen auf die Bruchfestigkeit des Reaktordruckbehälters hätten.

Die Anti-AKW-Organisationen kritisierten zudem, dass das AKW Beznau – das auf einer Insel in der Aare steht – nur unzureichend vor Hochwasser geschützt sei. Wenige Kilometer oberhalb des AKW Beznau fliessen die Aare, die Reuss und die Limmat zusammen. Ein Ingenieursbüro berechnete für die Axpo das Szenario eines extremen Hochwassers, das sich einmal alle 10 000 Jahre ereignet, und kam zum Schluss, dass die Aare in diesem Fall beim AKW Beznau 4250 Kubikmeter Wasser pro Sekunde führen würde. Heini Glauser, Ingenieur aus Windisch im Kanton Aargau, glaubte nicht, dass das AKW Beznau einem solchen Hochwasser standhalten würde. Er verwies auf eine Hochwassermarke bei der alten Steinbrücke in Brugg, die aus dem Jahr 1852 stammt. Im Stadtarchiv fand er historische Dokumente, die belegen, dass die Aare bereits damals mindestens so viel Wasser brachte. Von einem noch schlimmeren Hochwasser berichten die historischen Quellen im Jahr 1480. Damals sei sogar die Brugger Vorstadt überflutet worden. Heini Glauser schätzte, dass damals bei der Beznau über 6000 Kubikmeter Wasser pro Sekunde geflossen seien. Bei einem wirklich starken Hochwasser würde die Aare viel mehr Wasser führen, als das Ingenieursbüro und damit die Axpo annehmen würden.[683]

Die Klimahistoriker Christian Pfister und Oliver Wetter von der Universität Bern haben ebenfalls anhand einer Auswertung historischer Quellen extreme Hochwasser in der Schweiz bis ins Mittelalter zurück untersucht.[684] Vor dem Jahr 1700 habe es mindestens sechs Mal katastrophale Fluten gegeben, bei denen sich über 6000 Kubikmeter Wasser pro Sekunde im Rhein durch die Stadt Basel gewälzt haben dürften. Das gewaltigste aller Schweizer Hochwasser sei jenes von 1480 gewesen. Laut dem Berner Chronisten Diebold Schilling setzte damals am 1. August ein sintflutartiger Regen ein, der drei Tage anhielt. Hunderte Menschen ertranken im Mittelland in den Fluten. Andere flüchteten auf die Hausdächer. Entlang des Rheins wurden die Brücken zerstört, und in Deutschland wuchs der Rhein auf eine Breite von drei bis vier Kilometern an. Die Pegelstände der Schweizer Seen und Flüsse würden jedoch erst seit rund 200 Jahren gemessen. Niemand wisse, welche Hochwasser sich in den letzten 10 000 Jahren ereignet haben. Wer bloss die Fluten der vergangenen 200 Jahre einberechne, wie das die AKW-Betreiber und das ENSI getan hätten, unterschätze das gewaltige Zerstörungspotenzial der Natur.[685]

Beim AKW Mühleberg stellte sich dabei die Frage, ob die 90 Jahre alte Staumauer beim Wohlensee 1,3 Kilometer oberhalb des Reaktors einem schweren Erdbeben standhalten würde. Bricht der Staudamm, wäre die Notkühlung des AKW Mühleberg aufgrund der Flutwellen und der Verstopfungen durch Schlamm, Treibgut, Geröll und Schutt akut gefährdet. Die Gefährdung der Schweizer AKWs durch Erdbeben wurde von der Hauptabteilung für die Sicherheit der Kernanlagen (HSK), der damaligen Aufsichtsbehörde, von 1999 bis 2004 im «Pegasos»-Projekt untersucht. Der mythisch anmutende Name, der an das geflügelte Pferd aus der griechischen Sage erinnert, stand für den technokratischen Titel «Probabilistische Erdbebengefährdungsanalyse für die KKW-Standorte in der Schweiz».[686] Die Studie kam zum Ergebnis, dass das Risiko von Erdbeben bisher massiv unterschätzt worden war. Die Gefahr eines schweren Atomunfalls, insbesondere bei den alten AKWs Beznau und Mühleberg, sei markant höher als bisher angenommen. Vor dem «Pegasos»-Projekt rechnete man beim schlimmsten Erdbeben mit einer Bodenbeschleunigung von etwa 0,15 g-Kraft, was zu leichten Schäden an Gebäuden mit guter Bauweise führen kann. Die «Pegasos»-Studie kam jedoch zum Schluss, dass mit einer Bodenbeschleunigung von 0,39 g-Kraft gerechnet werden müsse, was zu beträchtlichen Schäden auch an stabilen Gebäuden führen kann. Nachdem diese Resultate bei den AKW-Betreibern heftige Proteste ausgelöst hatten, lancierte Swissnuclear, der Branchenverband der Schweizer Atomindustrie, im September 2008 mit «Pegasos Refinement» ein Nachfolgeprojekt, das die Werte wieder nach unten korrigierte. Das «Pegasos-Refinement»-Projekt ging nun von einer Bodenbeschleunigung von 0,24 g-Kraft aus, was genau der Erdbebenstärke entspricht, die der Wohlensee-Staudamm voraussichtlich aushalten würde.[687] Auf die Frage, ob es angemessen sei, dass die AKW-Betreiber selbst die Erdbebenstärke definieren können, antwortete das ENSI angeblich: «Es ist Aufgabe einer Aufsichtsbehörde, Nachweise zu prüfen, nicht Nachweise zu erstellen.»[688] Das Basler Erdbeben von 1356 verursachte eine Bodenbeschleunigung von 0,3 bis 0,5 g-Kraft. Stünde das AKW Mühleberg direkt im Epizentrum eines solchen Erdbebens, käme es zum Dammbruch am Wohlensee und aufgrund der Überflutung zu einem Ausfall der Notkühlung und zur Kernschmelze im Reaktor.[689]

Beim AKW Mühleberg sorgten auch die Risse im Kernmantel immer wieder für Diskussionen. Die 1990 festgestellten Risse wurden 1996 durch Zuganker stabilisiert. Der Kernmantel befindet sich im Inneren des Reaktordruckbehälters und hat dort die Funktion, die Lage der Brennelemente und der Steuerstäbe beim Abschalten des Reaktors stabil zu halten und den Kühlwasserfluss zu lenken. Ein Bruch des Kernmantels könnte dazu führen, dass der Reaktor wegen einer Verkeilung der Steuerstäbe nicht mehr abgeschaltet werden kann.[690] Ein Gutachten der technischen Prüforganisation TÜV Nord Ensys Hannover GmbH, das im Auftrag der HSK im Dezember 2006 erstellt wurde, kam zum Schluss, dass die Stabilität der Zuganker bei einem Störfall nicht uneingeschränkt vorausgesetzt werden kann. Das Gutachten wurde lange Zeit unter Verschluss gehalten. Im Rahmen einer Beschwerde gegen die unbefristete Betriebsbewilligung des AKW Mühleberg beim Bundesverwaltungsgericht stützten sich die Kläger zum Teil auch auf dieses Gutachten. Am 1. März 2012 gab das Bundesverwaltungsgericht der Beschwerde recht und befand, dass das AKW Mühleberg zu viele Sicherheitsdefizite aufweise und deshalb im Juni 2013 abgeschaltet werden müsse.[691] Das Bundesgericht sprach sich am 28. März 2013 jedoch für eine unbefristete Betriebsbewilligung des AKW Mühleberg aus und hob das Urteil des Bundesverwaltungsgerichts am 11. April 2014 wieder auf.[692] Jürg Aerni und Jürg Joss von der Anti-AKW-Organisation Fokus Anti-Atom, die seit Jahren die Abschaltung des AKW Mühleberg forderten, sagten am 16. September 2014 gegenüber dem *Journal B*: «Zur Zeit weiss niemand, wie viele neue Risse es gibt, wie lang und wie tief sie sind und wie schnell sie wachsen.»[693]

Nach der Katastrophe in Fukushima forderte das ENSI von der BKW am 26. September 2011 für den Langzeitbetrieb des AKW Mühleberg ein verbessertes Konzept, das die Sicherheit des Kernmantels langfristig gewährleisten könne.[694] Am 29. Oktober 2013 entschied der Verwaltungsrat der BKW daraufhin, dass er aus betriebswirtschaftlichen Gründen keine weiteren Investitionen in die Sicherheit mehr machen wolle und das AKW Mühleberg 2019 stilllegen werde. Die Kosten für eine Ersetzung des Kernmantels wurden von Walter Wildi, dem ehemaligen Präsidenten der Kommission für die Sicherheit der Kernanlagen (KSA), auf ungefähr eine halbe Milliarde geschätzt.[695] Warum für einen Betrieb bis 2019 weniger Investitionen in die Sicherheit nötig seien als für eine Laufzeit bis 2027, umschrieb der Verwaltungsratspräsident der BKW und BDP-Nationalrat Urs Gasche gegenüber Radio SRF wie folgt: «Wenn es in einem Haus durchs Dach regnet, das sie in zwei Jahren abreissen wollen, dann können sie es mit einer Blache abdecken und haben Ruhe. Wenn sie es aber ihren Kindern vererben wollen, dann brauchen sie ein neues Ziegeldach.»[696] ENSI-Direktor Hans Wanner betonte zwar: «Die verkürzte Laufzeit entbindet die Mühleberg-Betreiberin jedoch nicht davon, weiter in die Sicherheit des Kernkraftwerks zu investieren.»[697] Trotzdem akzeptierte das ENSI am 27. Januar 2015, dass die BKW den Kernmantel nicht mit zusätzlichen Stabilisierungsmassnahmen absichern musste.[698]

Die Unabhängigkeit des ENSI wurde von den AKW-Gegnern immer wieder infrage gestellt. Die Verflechtung von Politik, Betreibern und Aufsicht sei auch in der Schweiz ein Problem. Die HSK, die Vorgängerorganisation des ENSI, war noch dem Bundesamt für Energie (BFE) unterstellt, das die Atomenergie förderte. Eduard Kiener, der von 1977 bis 2001 dem BFE als Direktor vorstand, war ein vehementer Verfechter der Atomenergie. Um die Unabhängigkeit der Aufsichtsbehörde sicherzustellen, wurde 2008 die HSK vom BFE abgetrennt und das ENSI gegründet. Von AKW-Gegnern wurde trotzdem wiederholt der Verdacht geäussert, dass zwischen Personen, die für das ENSI tätig sind, und solchen, die in der Atomindustrie arbeiten, enge Kontakte bestehen, weshalb nicht von Unabhängigkeit gesprochen werden könne. Am 21. September 2012 äusserte sich der Bundesrat in seiner Stellungnahme zur Anfrage von Christian van Singer, dem Waadtländer Nationalrat der Grünen, zu den Vorwürfen.[699] Der Bundesrat erklärte, er wähle zwar die Mitglieder und das Präsidium des ENSI-Rates, deren Einstellung zur Atomenergie sei aber nicht ausschlaggebend. Die Wahl des Direktoriums und der Geschäftsleitung des ENSI liege in der Verantwortung des ENSI-Rates. Das ENSI lasse sich zudem regelmässig durch externe Expertinnen und Experten der IAEO überprüfen.

Bei Fragen zur Sicherheit der Schweizer AKWs verwies der Bundesrat jeweils darauf, dass das ENSI die dafür zuständige Aufsichtsbehörde sei. Die Reaktoren würden in der Schweiz so lange betrieben, wie sie sicher seien, wobei das ENSI entscheide, bis wann dies der Fall sei. Die EVP-Nationalrätin Maja Ingold äusserte im Parlament folgende Kritik dazu: «Das ENSI wird sich verständlicherweise immer der Optimierung der bestehenden Sicherheitskonzepte widmen, ohne diese grundsätzlich infrage zu stellen. Schliesslich war es ja in den letzten Jahren an ihrer Erarbeitung beteiligt. Der Entscheid, ob ein Kernkraftwerk nach vierzig Jahren noch betrieben werden darf, muss daher in den Händen des Bundesrates liegen.»[700] Die AKW-Gegner kritisierten zudem, die Betreiber würden dem ENSI regelmässig unvollständige Nachrüstkonzepte abliefern und damit Zeit schinden, um notwendige Investitionen hinauszuzögern. Die notwendigen Nachrüstungen würden daher viel zu spät erfolgen, weil das ENSI den AKW-Betreibern zu lange Fristen gewähre. In seinen Medienmitteilungen würde das ENSI sich selbst und den AKW-Betreibern stets eine herausragende Qualität attestieren. Das ENSI zelebriere lieber den internationalen Vergleich und stelle sich selbst und den Schweizer AKWs im Vergleich mit dem Ausland die besten Zeugnisse aus, anstatt restriktivere Sicherheitsnormen durchzusetzen. «Der Mythos, dass in der Schweiz alles viel sicherer und zuverlässiger abläuft als anderswo, ist in der Gesellschaft nach wie vor stark präsent. Er wird in Nuklearfragen durch Betreiber, Aufsicht und vor allem auch Politiker mit Vorliebe gepflegt und weiter genährt», schrieb Stefan Füglister, der Atomexperte von Greenpeace Schweiz, im Februar 2013.[701]

Auch nach dem Super-GAU in Fukushima wurde in der Schweiz am AKW der Zukunft weitergeforscht. Im Auftrag des BFE verfasste das PSI im Oktober 2012 die Studie *Bewertung aktueller und zukünftiger Kernenergietechnologien*, wobei die zukünftigen Reaktoren der dritten und vierten Generation für ihre «wirtschaftliche und ökologische Effizienz» gegenüber «den meisten erneuerbaren Energien» gelobt wurden. «Die Politik kann sich ja auch einmal irren», meinte Horst-Michael Prasser, Professor für Kernenergiesysteme an der ETH Zürich am 8. Dezember 2014 in der Nachrichtensendung *10vor10* des Schweizer Fernsehens.[702] Daher sei es gut, wenn das nötige Fachwissen vorhanden sei. Seit dem Jahr 2002 ist die Schweiz am internationalen Forschungsverbund Generation IV International Forum beteiligt, dessen Ziel es ist, bis 2030 einen neuen Reaktortyp zu entwickeln,

> «Der Mythos, dass in der Schweiz alles viel sicherer und zuverlässiger abläuft als anderswo ist in der Gesellschaft nach wie vor stark präsent. Er wird in Nuklearfragen durch Betreiber, Aufsicht und vor allem auch Politiker mit Vorliebe gepflegt und weiter genährt.»
> Stefan Füglister, Greenpeace Schweiz, 2013

der ökonomischer und sicherer ist als alle bisherigen AKWs und zudem deutlich weniger radioaktive Abfälle produziert. Die «Reaktoren der vierten Generation» seien so konstruiert, dass es gar nicht mehr zu einer Kernschmelze kommen könne. «Man spricht von inhärenter Sicherheit, da aus physikalischen und materialtechnischen Gründen eine Kernschmelze gar nicht mehr möglich ist», sagte Wolfgang Kröger, Leiter des Risk Center der ETH Zürich, am 7. Mai 2017 gegenüber der *Neuen Zürcher Zeitung*.[703] Bei Reaktoren der dritten Generation, wie sie in Frankreich (Flamanville), Finnland (Olkiluoto) oder Grossbritannien (Hinkley Point) gebaut werden, ist nach Wolfgang Kröger eine Kernschmelze noch einmal alle 500 000 Jahre zu erwarten. Bei einer Kernschmelze sei jedoch nur bei einem Prozent mit einer grossen Freisetzung von Radioaktivität zu rechnen, womit die Kontamination einer breiteren Umgebung noch etwa alle 50 Millionen Jahre vorkäme. Bei den Reaktoren der vierten Generation sei die Sicherheit zudem nochmals deutlich höher.

Dieses Versprechen absoluter Sicherheit wurde aber von den AKW-Gegnern hinterfragt. Die Reaktoren der dritten Generation würden zwar über einige zusätzliche Sicherheitsvorkehrungen verfügen, wie beispielsweise einen «Core-Catcher», um die geschmolzenen Reaktorkerne aufzufangen, ein Restrisiko bleibe trotzdem bestehen. Der Bau der Reaktoren in Flamanville und Olkiluoto sei zudem massiv verzögert worden und habe zu ausufernden Kosten geführt, während in Hinkley Point immense staatliche Subventionen notwendig seien, um den Reaktor zu bauen und anschliessend rentabel zu betreiben. Die Reaktoren der vierten Generation wie beispielsweise der «Kugelhaufenreaktor» oder der «Flüssigsalzreaktor» befänden sich vorläufig noch in einem Entwicklungsstadium. China entwickle zwar bereits einen Prototyp, die Reaktoren seien aber noch Jahrzehnte von einem kommerziellen Betrieb entfernt. Es sei ohnehin ungewiss, ob diese Reaktoren aufgrund der hohen Kosten wegen der verschärften Sicherheitsanforderungen jemals wirtschaftlich betrieben werden könnten. Das Restrisiko einer Freisetzung von Radioaktivität bleibe weiter bestehen, und es werde auch weiterhin radioaktiver Atommüll produziert.[704]

Der schrittweise Ausstieg aus der Atomenergie

Unmittelbar nach dem Super-GAU in Fukushima sistierte CVP-Bundesrätin Doris Leuthard am 16. März 2011 die Baugesuche für neue AKWs. Die Betreiber Alpiq, Axpo und BKW wollten in

Gösgen, Beznau und Mühleberg die alten AKWs durch mindestens zwei Neubauten ersetzen. Am 25. März 2011 beschloss der Bundesrat daraufhin während einer Klausursitzung den schrittweisen Atomausstieg. Energieministerin Doris Leuthard verkündete noch am selben Tag vor den Medien den Entschluss des Bundesrates und sprach von einem «historischen Tag» für die Schweiz. Nach dem Super-GAU in Fukushima müsse das Restrisiko neu beurteilt werden, gerade für ein dicht bevölkertes Land wie die Schweiz. Die bestehenden AKWs würden am Ende ihrer Betriebszeit nicht ersetzt werden, sie könnten aber weiterlaufen, solange sie sicher seien. Für den Ausstieg gebe es keine fixe Jahreszahl. Der Bundesrat gehe von einer Betriebsdauer von 50 Jahren aus. Damit müssten das AKW Beznau 1 2019, Beznau 2 und Mühleberg 2022, Gösgen 2029 und Leibstadt 2034 abgeschaltet werden.[705]

Nach Fukushima konnte der Atomausstieg erstmals durch eine Mehrheit von Mitte-Links im Parlament durchgesetzt werden. Im Bundesrat hatten die vier Frauen (Simonetta Sommaruga SP, Micheline Calmy-Rey SP, Eveline Widmer-Schlumpf BDP und Doris Leuthard CVP) ihre drei bürgerlichen Kollegen (Johann Schneider-Ammann FDP, Didier Burkhalter FDP und Ueli Maurer SVP) überstimmt. Von den politischen Parteien forderten die SP, die Grünen und die Grünliberalen den sofortigen Atomausstieg. Die beiden bürgerlichen Mitte-Parteien CVP und BDP sprachen sich ebenfalls für einen Atomausstieg aus, jedoch ohne fixe Laufzeiten. Doris Leuthard, die den Atomausstieg verkündete, wurde als Energieministerin zur politischen Schlüsselfigur. Von den AKW-Gegnern bis dahin wegen ihres früheren Engagements in der Lobbyorganisation Nuklearforum als «Atom-Doris» verspottet, kündigte sie am 25. Mai 2011 überraschend das Ende der Atomenergie in der Schweiz an.

Franziska Teuscher, die Nationalrätin der Grünen, hatte bereits am 18. März 2011 im Parlament eine Motion eingereicht, in welcher der Bundesrat dazu aufgefordert wurde, bis im Sommer 2011 ein Szenario für den schrittweisen Ausstieg aus der Atomenergie vorzulegen. Am 14. April 2011 folgten dann die beiden bürgerlichen Mitte-Parteien CVP und BDP mit zwei weiteren, ähnlich lautenden Motionen.[706] Die bestehenden AKWs sollten zwar weiter betrieben werden können, sofern sie sicher seien, der Zeitpunkt für deren Stilllegung solle aber im Gesetz verbindlich festgelegt werden. Der Bundesrat empfahl die Annahme der Motionen, allerdings ohne eine fixe Laufzeit für die AKWs. Die drei Motionen der Grünen, der BDP und der CVP wurden vom Nationalrat am 8. Juni 2011 und vom Ständerat am 28. September 2011 angenommen.

Der Super-GAU in Fukushima prägt auch den Wahlkampf für die Parlamentswahlen im Herbst 2011 und sorgte dabei in der Schweizer Politik kurzfristig für ähnliche Emotionen wie die EU- oder die Migrationspolitik. Während sich die Grünen, die Grünliberalen, die SP, die CVP und die BDP für den Atomausstieg aussprachen, wurde dieser insbesondere von der SVP abgelehnt. Die FDP liess unmittelbar nach Fukushima verlauten, sie prüfe den Atomausstieg, sprach sich dann aber wenige Wochen später für ein Moratorium statt für einen Ausstieg aus.[707] Im Kampf um die Gunst der Wählerinnen und Wähler entzündete sich vor den Parlamentswahlen sogar zwischen der SP und den Grünen eine Polemik. SP-Präsident Christian Levrat sagte am 25. März 2011 in einem Interview in der *Aargauer Zeitung:* «Mittelfristig sind wir die einzige Partei, welche die Schweiz auf seriöse Art von der Abhängigkeit von Atomenergie befreien kann.»[708] Und SP-Vizepräsidentin Jacqueline Fehr behauptete an einer Pressekonferenz: «Die SP ist die älteste Anti-AKW-Partei der Schweiz.»[709] Darauf reagierte der Nationalrat der Grünen, Daniel Vischer, verärgert. Er sprach von einer «Geschichtsfälschung»: «Ich war 1975 auf dem Gelände des Kernkraftwerks Kaiseraugst und habe dort nur wenige Sozialdemokraten gesehen.»[710] Bei den Parlamentswahlen vom 23. Oktober 2011 gehörten die Grünliberalen und die BDP zu den Gewinnern, die SVP, die FDP, die CVP und auch die Grünen zu den Verlierern.

Die Debatte um den Atomausstieg polarisierte auf beiden Seiten des politischen Spektrums. Während die AKW-Gegner auf der links-grünen Seite einen sofortigen Atomausstieg forderten, polemisierten die Befürworter der Atomenergie auf der Rechten gegen die Energiewende. Die Relativierung und Verharmlosung der Fukushima-Katastrophe gehörte dabei ebenfalls dazu. Der Journalist Alex Baur veröffentlichte am 13. März 2013 in der *Weltwoche* eine Reportage über Fukushima, in welcher er behauptete, die Folgen des Super-GAUs seien masslos übertrieben worden. «Zwei Jahre nach dem ‹grössten anzunehmenden Unfall› kann man erstmals anhand konkreter Fakten einigermassen abschätzen, womit schlimmstenfalls zu rechnen ist. Todesopfer oder Schwerverletzte, so viel steht fest, waren bislang keine zu beklagen. Gemäss einer kürzlich veröffentlichten Studie der WHO ist auch kaum mit gesundheitlichen Langzeitfolgen zu rechnen.»[711] Markus Somm, der Chefredaktor der *Basler Zeitung,* schrieb daraufhin am 5. Oktober 2013: «In Fukushima sind nach wie vor sehr wenige Menschen an Verstrahlung gestorben, und es ist unwahrscheinlich, dass es in Japan deswegen zu noch mehr Todesfällen kommt: Wenn das die Folgen eines der zweifellos schlimmsten Atomunfälle der Geschichte sind, dann darf man feststellen: Solche Risiken sind tragbar.»[712]

Der Super-GAU in Fukushima wirkte sich in der Schweizer Bevölkerung zunächst negativ auf die Beurteilung der Atomenergie und die Sicherheit der Schweizer AKWs aus. Die Angst vor einer Atomkatastrophe schnellte im Jahr 2011 massiv in die Höhe, nahm dann aber in den darauffolgenden Jahren sukzessive wieder ab. Zwei Jahre nach der Reaktorkatastrophe war der Super-GAU beinahe wieder in Vergessenheit geraten. Der «Fukushima-Effekt» war verpufft. Die Ergebnisse der Meinungsumfragen divergierten jedoch teilweise ziemlich stark. 2012 kam eine Befragung des Instituts für Publizistikwissenschaft und Medienforschung an der Universität Zürich im Auftrag des ENSI zum Ergebnis, dass bei einer Mehrheit der Schweizer Bevölkerung die Atomkatastrophe in Fukushima zu einem Vertrauensverlust bezüglich der Sicherheit der AKWs und einer Verringerung der Akzeptanz der Atomenergie geführt habe.[713] 63 Prozent der Befragten lehnten demnach die Atomenergie ab, während sie 28 Prozent befürworteten. Das Markt- und Sozialforschungsinstitut GFS Zürich kam im November 2013 dann in einer im Auftrag der Aduno Gruppe und des WWF realisierten Meinungsumfrage zum Schluss, dass sich das Umweltbewusstsein der Schweizer Bevölkerung nach der Katastrophe von Fukushima nicht nachhaltig verändert habe.[714] Die Angst vor einem Super-GAU habe beinahe wieder das Niveau von vor Fukushima erreicht. Hielten 2010 noch 32 Prozent die Risiken der Atomenergie für tragbar, sank der Wert im Jahr 2011 auf nur 17 Prozent, stieg aber 2012 wieder auf 20 Prozent und 2013 auf 23 Prozent. Eine im Auftrag von Swissnuclear, dem Branchenverband der Atomindustrie, durchgeführte Umfrage von Demoscope kam 2013 zum Schluss, dass 74 Prozent der Befragten von der Sicherheit der Schweizer AKWs überzeugt seien.[715]

Nach der Katastrophe in Fukushima hatte CVP-Bundesrätin Doris Leuthard die Sicherheit der Bevölkerung zur obersten Priorität erklärt. Im Verlauf der politischen Debatte erhielten dann ökonomische Überlegungen ein immer grösseres Gewicht, und die Sicherheit der Bevölkerung rückte allmählich wieder in den Hintergrund, wie Stefan Füglister von Greenpeace Schweiz im Februar 2013 bemerkte: «Wurde unmittelbar nach der Katastrophe die Sicherheit der Bevölkerung als oberstes Gebot hervorgehoben – etwa an der Medienkonferenz am 13. März 2011 von Bundesrätin Leuthard (‹Sicherheit hat in der ganzen Kernenergiepolitik immer die oberste Priorität›) –, musste diese Maxime im Laufe der Ausstiegsdebatte ökonomischen Kalkulationen (Schadenersatzzahlungen, Steuereinbussen der Eigentümerkantone), wirtschaftlichen Argumenten (Versorgungssicherheit) und politischen Ränkespielen weichen.»[716] Der Polit-Geograf Michael Hermann kommentierte den Verlauf der Atomdebatte in einem Interview mit dem Schweizer Radio und Fernsehen SRF am 11. März 2014 wie folgt: «Die zeitliche Distanz zum Ereignis führt zwangsläufig zu einer Verwässerung der politischen Positionen. Kurz nach der Katastrophe wollte die Schweiz das letzte Kernkraftwerk 2034 vom Netz nehmen, mittlerweile wurde dieser Zeitpunkt weit nach hinten verschoben. Es ist nicht auszuschliessen, dass die Schweiz wieder Atomkraftwerke baut. Dafür ist der politische Wille für alternative Energie hierzulande zu wenig ausgeprägt.»[717] Michael Kohn, der frühere «Atompapst» der Schweiz, sagte am 22. Dezember 2015 gegenüber der *Neuen Zürcher Zeitung,* der Umstand, dass lange Laufzeiten für die bestehenden AKWs durchgesetzt werden können, sei ein Zeichen für die Aufweichung des 2011 aufgegleisten Atomausstiegs. Der zuvor geplante Bau neuer AKWs sei aber jetzt noch «für zwanzig Jahre» vom Tisch.[718]

Um die Laufzeit der bestehenden AKWs auf 45 Jahre zu begrenzen, lancierten die Grünen am 19. Mai 2011 die Volksinitiative «Für den geordneten Ausstieg aus der Atomenergie». Am 16. November 2012 wurde die Initiative mit 107 533 gültigen Unterschriften eingereicht. Der Bundesrat empfahl, die Atomausstiegsinitiative abzulehnen, und stellte ihr als indirekten Gegenvorschlag die sogenannte Energiestrategie 2050 gegenüber. Für die bestehenden AKWs sollten demnach keine maximalen Laufzeiten gesetzt werden. Am 4. September 2013 verabschiedete der Bundesrat seine Botschaft zum ersten Massnahmenpaket der Energiestrategie 2050. Während Grüne, Grünliberale und die SP die Atomausstiegsinitiative befürworteten, lehnten SVP, FDP, CVP und BDP sie ab. Der Nationalrat debattierte in der Wintersession 2014 über die Initiative und empfahl mit 120 zu 71 Stimmen, diese abzulehnen. Gleichzeitig sprach er sich aber dafür aus, die Laufzeit der ältesten AKWs auf 60 Jahre zu beschränken. Beznau 1 müsse im Jahr 2029 und Beznau 2 im Jahr 2031 abgeschaltet werden. Nach 40 Jahren könnten die AKWs weitere zehn Jahre laufen, wenn das ENSI das Sicherheitskonzept der AKW-Betreiber für diesen Zeitraum bewilligt. Nach Ablauf der Frist könnten die AKW-Betreiber dem ENSI dann erneut ein Sicherheitskonzept für weitere zehn Jahre vorlegen.

Grüne, SP und Grünliberale forderten eine Begrenzung der Laufzeiten und machten insbesondere auf das Risiko der Altreaktoren aufmerksam. Die AKW-Betreiber hätten vor dem Super-GAU in Fukushima selbst gesagt, die alten AKWs seien zu unsicher und müssten nach 50 Jahren ersetzt werden. Nach der Reaktorkatastrophe wollten sie nun die gleichen AKWs 60 oder 70 Jahre weiterlaufen lassen. Je schlechter es den Energieunternehmen wirtschaftlich gehe, desto weniger würden sie in die Sicherheit der laufenden AKWs investieren, was zu einem gravierenden Sicherheitsproblem werden könne. Durch den unbefristeten Weiterbetrieb der Altreaktoren würde die Schweiz zu einem gefährlichen Experimentierfeld. Das Risiko eines Super-GAUs sei niemals auszuschliessen, wie die Katastrophe in Japan auf tragische Weise bewiesen habe. Ein Atomunfall hätte in der kleinräumigen und dicht besiedelten Schweiz verheerende Auswirkungen. Die Atomenergie sei eine Technologie, die nicht sicher beherrschbar sei, da trotz allen Vorkehrungen und Berechnungen immer wieder schwerwiegende und tödliche Unfälle und Katastrophen passieren. Ohne eine Beschränkung der Laufzeiten würde der Atomausstieg auf halbem Weg stecken bleiben, da die alten Reaktoren dann bis zum Sankt-Nimmerleins-Tag weiterlaufen könnten.

Die bürgerlichen Parteien in der Mitte, die CVP und die BDP, und vor allem jene rechts der Mitte, die FDP und die SVP, lehnten die Atomausstiegsinitiative der Grünen ab. Die CVP und die BDP waren gegen eine Beschränkung der Laufzeit auf 45 Jahre, während die FDP und die SVP den Atomausstieg grundsätzlich ablehnten. Die CVP argumentierte, es brauche Zeit, um die erneuerbaren Energien aufzubauen, die nötige Energieeffizienz zu erreichen und die Speicherung von Strom zu verbessern. Die Abschaltung der AKWs nach 45 Jahren würde zu Versorgungslücken führen, den Import von französischem Atom- oder deutschem Kohlestrom notwendig machen und damit die Abhängigkeit vom Ausland verstärken. Die FDP sprach sich mehrheitlich gegen einen Atomausstieg aus. Es würden Schadensersatzklagen drohen. Der Atomausstieg sei zudem ein Technologieverbot. Der EU-Stresstest 2012 habe gezeigt, dass die Schweizer AKWs zu den sichersten in Europa gehörten. Beim Ausbau der erneuerbaren Energien sei mit dem Widerstand der Umweltverbände zu rechnen. Die Energiewende führe zu massiven Subventionierungen und zu einer Regulierungsflut. Die SVP war die einzige Partei, die von Anfang an den Atomausstieg konsequent abgelehnt hatte. Auch kritisierte sie das Technologieverbot und den Stromimport aus dem Ausland, der zu massiven Preissteigerungen führen würde. Die Atomenergie sei zudem CO_2-frei und damit ein ökologisch sinnvoller Ersatz für die fossilen Energieträger.

Bei den Parlamentswahlen am 18. Oktober 2015 kam es dann zu einem «Rechtsrutsch», bei dem vor allem die SVP massiv zulegte, aber auch die FDP Sitze gewann, während die

Grünliberalen, die Grünen, die SP und die BDP eine schmerzliche Niederlage einstecken mussten. Der Ständerat beriet darauf in der Herbstsession 2015 die Atomausstiegsinitiative und lehnte diese mit 32 zu 13 Stimmen ab. Darüber hinaus lehnte er auch die Beschränkung der Laufzeit auf 60 Jahre sowie die Verpflichtung der AKW-Betreiber zu einem langfristigen Sicherheitskonzept der über 40 Jahre alten Reaktoren ab. Der Nationalrat, in dem die SVP und die FDP nun eine Mehrheit hatten, folgte in der Herbstsession 2016 dem Entscheid des Ständerats. Damit kam es zu einer Aufweichung des Atomausstiegs durch eine Mehrheit von Mitte-Rechts.

Im Abstimmungskampf wurde die Atomausstiegsinitiative von den Grünen, der SP, den Grünliberalen, der EVP, der CSP, von Greenpeace Schweiz, der Schweizerischen Energie-Stiftung (SES), den Gewerkschaften, dem Wirtschaftsverband Swisscleantech und von einer Allianz von rund 40 Umwelt- und Anti-AKW-Organisationen unterstützt. Das Komitee «Nein zur Ausstiegsinitiative» wurde von der SVP, der FDP, der CVP, der BDP, dem Wirtschaftsdachverband Economiesuisse, dem Schweizerischen Gewerbeverband und den Lobbyorganisationen der Atomindustrie unterstützt. Der Bundesrat empfahl, die Initiative abzulehnen. Der Nationalrat lehnte die Initiative mit 134 zu 59 Stimmen bei 2 Enthaltungen, der Ständerat mit 32 zu 13 Stimmen ab. Am 27. November 2016 kam die Atomausstiegsinitiative zur Abstimmung und wurde von der Stimmbevölkerung mit 54,2 Prozent abgelehnt. Die Kantone Basel-Stadt, Basel-Landschaft, Jura, Neuenburg, Waadt und Genf nahmen die Initiative an, alle anderen Kantone lehnten sie ab. Die grösste Zustimmung erreichte die Initiative mit 60,5 Prozent im Kanton Basel-Stadt, die geringste Zustimmung mit 31,9 Prozent im Kanton Schwyz.

Die Energiestrategie 2050

Als die CVP-Bundesrätin Doris Leuthard am 25. Mai 2011 den schrittweisen Ausstieg aus der Atomenergie verkündete, präsentierte sie gleichzeitig auch die neue Energiestrategie 2050, welche Massnahmen beinhaltete, um die Energieeffizienz zu steigern und die erneuerbaren Energien auszubauen. Am 4. September 2013 verabschiedete der Bundesrat seine Botschaft zum ersten Massnahmenpaket der Energiestrategie, das anschliessend im National- und im Ständerat im Zeitraum von 2014 bis 2016 in einer der längsten Debatten der letzten Jahrzehnte diskutiert wurde. Die Energiedebatte, bei der es um eine

Totalrevision des Energiegesetzes ging, wurde zu einem historischen Wendepunkt in der Schweizer Energiepolitik. Nebst dem schrittweisen Atomausstieg beschloss das Parlament die Förderung der neuen erneuerbaren Energien wie Sonne, Wind, Biomasse und Geothermie. Über die «Kostendeckende Einspeisevergütung» (KEV) sollte den Produzentinnen und Produzenten in den ersten Jahren ein Preis garantiert werden, der sich an ihren Produktionskosten orientieren würde. Die traditionell wichtige Wasserkraft sollte ebenfalls gefördert werden, indem Wasserkraftwerke eine Prämie erhalten würden, wenn sie mit dem Stromverkauf ihre Kosten nicht decken könnten. Weiter wurden finanzielle Anreize für energetische Gebäudesanierungen geschaffen, um die Energieeffizienz zu steigern. Hauseigentümerinnen und Hauseigentümer erhielten so den Anreiz, alte Gebäude energetisch zu sanieren.

Im Jahr 2011 sah die Stromproduktion in der Schweiz wie folgt aus: 54 Prozent Wasserkraft, 40 Prozent Atomenergie, 4 Prozent andere, 2 Prozent erneuerbare Energien. Im Jahr 2050 sollte die Stromproduktion gemäss Energiestrategie 2050 wie folgt aussehen: 56 Prozent Wasser, 30 Prozent erneuerbare Energien, 10 Prozent Gaskombi-Kraftwerke, 4 Prozent Wärme-Kraft-Koppelungen. Um den Wegfall des Atomstroms zu kompensieren und eine Versorgungslücke zu verhindern, müsse die Schweiz schlimmstenfalls vorübergehend auf die fossile Stromproduktion durch vier bis sechs Gaskombi-Kraftwerke ausweichen. Der Ausbau der Wasserkraft sollte insbesondere durch eine Optimierung der bestehenden Werke erfolgen. Pumpspeicherwerke, die den Strom durch Hinaufpumpen von Wasser speichern können, seien entscheidend, um die vom Wetter abhängigen Schwankungen in der Produktion der erneuerbaren Energien, insbesondere der Windparks und der Fotovoltaikanlagen, auffangen zu können. Nebst der Förderung der erneuerbaren Energien wollte der Bundesrat aber auch die Stromnetze ausbauen und mithilfe intelligenter Netze («Smart Grids») die Erzeugung, Verteilung, Speicherung und den Verbrauch der elektrischen Energie optimieren und dadurch die Energieeffizienz steigern. Durch Vorschriften sollten ausserdem der Energieverbrauch im Verkehr und bei den Elektrogeräten weiter gesenkt werden. Laut Energiestrategie 2050 sollten bis 2035 pro Kopf 43 Prozent weniger Energie und 13 Prozent weniger Strom verbraucht werden.

Für die Linken und die Grünen war die Energiewende längst überfällig. Die Ideen dazu würden bereits seit den 1970er-Jahren existieren. Die erneuerbaren Energien seien viel zu lange vernachlässigt worden. Der ehemalige SP-Nationalrat Rudolf Rechsteiner sagte beispielsweise am 28. März 2011 in der Zeitschrift *Beobachter*: «Die erneuerbaren Energien wurden von den Stromkonzernen jahrelang unterschätzt und teils gezielt diffamiert.»[719] Beat Jans, SP-Nationalrat, meinte in der Nationalratsdebatte am 1. Dezember 2014: «Die Zeichen stehen auf ‹erneuerbar›. Das schleckt heute keine Geiss mehr weg. Der riesige Atomkonzern Areva ist pleite. E.ON, der grösste Energiekonzern Europas, setzte bisher auf Atom, Kohle, Gas und hat beschlossen, künftig nur noch in erneuerbare Energien zu investieren. Fühlen Sie doch, woher der Wind weht! Der Wind in der Wirtschaft hat gedreht, die Wende ist vollzogen. Die Frage ist noch, ob wir dabei sind oder ob wir nicht dabei sind.»[720] SP-Nationalrat Roger Nordmann, der bereits 2010 ein Buch zur Energiewende veröffentlicht hatte, sagte am 12. Dezember 2014 in der *Arena* im Schweizer Fernsehen: «Wir haben eine solide Wasserkraft, aber wir haben alte AKWs. Deshalb müssen wir sowieso neu investieren, sonst fallen wir in die Abhängigkeit vom Ausland oder erleiden Pannen wie in der Ukraine. Jetzt ist der Moment, in dem wir investieren müssen.»[721] Und Bastien Girod, Nationalrat der Grünen, sagte in der Nationalratsdebatte am 30. September 2016: «Seit Jahren, Jahrzehnten, ja seit unserer Gründung haben wir Grünen diese Massnahmen gefordert. Man muss sagen, es ist langsam Zeit. Mittlerweile haben zahlreiche Länder in Europa genau diese Massnahmen längst eingeführt. Ich will die Euphorie nicht bremsen, aber bezüglich Energiewende sind wir Schlusslicht in Europa, und wir werden auch mit dieser Reform höchstens ins Mittelfeld vorstossen.»[722]

Die Befürworter der Energiewende erhielten teilweise auch Unterstützung von Wissenschaftlern. Rolf Wüstenhagen, Professor für Erneuerbare Energien am Institut für Wirtschaft und Ökologie an der HSG St. Gallen, äusserte die Überzeugung, dass die Energiewende möglich sei, wenn die eingeschlagene Energiepolitik konsequent weiterverfolgt werde. Am 28. März 2011 sagte er in der Zeitschrift *Beobachter*: «Ich gehe davon aus, dass mit verstärkten Anstrengungen ein kompletter Ersatz der Kernenergie durch erneuerbare Energien bereits 2030 gelingen kann.»[723] Konstantinos Boulouchos, Professor am Institut für Energietechnik der ETH Zürich, meinte ebenfalls, die Schweiz sei technologisch bestens gerüstet, um den Atomausstieg und den Ersatz fossiler Energieträger zu erreichen. Eine Studie vom Power Systems Laboratory der ETH Zürich kam 2014 zudem zum Schluss, dass es mithilfe der Pumpspeicherkraftwerke und der Speicherseen möglich sei, die Schwankungen der Wind- und Sonnenenergie auszugleichen.[724] Die Energiestrategie 2050 sei technisch machbar, doch die Schweiz bleibe auf Importe aus dem Ausland angewiesen. Jürg Rohrer,

Leiter der Forschungsgruppe Erneuerbare Energien an der Zürcher Hochschule für Angewandte Wissenschaften (ZHAW), verfasste 2016 im Auftrag der SES eine Studie, die zum Schluss kam, dass die Energiestrategie 2050 knapp 2000 neue Stellen schaffen werde, während ein vollständiger Ersatz der AKWs bis 2029, wie es die Atomausstiegsinitiative anstrebte, 5000 bis 6000 neue Stellen bringen würde.[725]

Demgegenüber schrieb der Atomphysiker Bruno Pellaud, der ehemalige stellvertretende Generaldirektor der IAEO und Präsident des Nuklearforums, in seinem Buch *Nucléaire: relançons le débat* von 2012, die Atomenergie sei der Garant für den Wohlstand Europas. Die Energiestrategie 2050 führe zu Ineffizienz, Marktverzerrung und Planwirtschaft, zu Zwangsreduktionen, endlosen Subventionen und einer ausufernden Bürokratie. «Dabei wird uns vorgegaukelt, dass Hunderttausende neuer Arbeitsplätze entstehen, wenn schlecht qualifizierte ausländische Arbeitskräfte Abermillionen chinesischer Solarpanels auf unseren Dächern befestigen.»[726] Das idyllische Bild, dass Dutzende von Haushalte von einem einzigen Windrad auf der Wiese nebenan versorgt würden, sei illusorisch. Der Strombedarf der Schweizer Wirtschaft könne durch die erneuerbaren Energien nie gedeckt werden, wenn der Wind ständig abfalle oder sich die Sonne hinter den Wolken verstecke. Die rund 1000 benötigten Windräder würden zudem die Landschaft verschandeln. In den Gebieten im Jura und im Wallis mit ihren dafür prädestinierten Hängen würde sich die betroffene Bevölkerung vehement dagegen wehren. Für die Produktion von Solarpanels und Windturbinen würden seltene Erden aus China wie Neodym benötigt. Bei der Entsorgung dieser Solarpanels würden auch hochgiftige Substanzen wie Cadmium anfallen. Die Pumpspeicherkraftwerke würden ebenfalls nie ausreichen, um die Versorgungslücken der wetterabhängigen erneuerbaren Energien zu überbrücken. Ganze Täler im Mittelland und in den Voralpen müssten geflutet werden. Demgegenüber würde ein einziges AKW Millionen von Haushalten permanent mit günstigem Strom versorgen. Vom Rohstoff Uran seien weltweit noch genügend Reserven vorhanden, sogar in der Schweiz gebe es im Wallis in den Regionen Nendaz-Siviez und Salvan-Marécottes Uranvorkommen, ansonsten sei auch eine Verwendung von Thorium als Brennstoff möglich, wovon es weltweit noch grössere Reserven gebe. Schliesslich sei die CO_2-Bilanz des Atomstroms viel besser als jene aller anderen Energieträger, was für den Klimawandel letztlich entscheidend sei.

Die Förderung der erneuerbaren Energien und der Energieeffizienz wurde gemäss Energiestrategie 2050 über den Netzzuschlag finanziert, den Haushalte und Unternehmen bezahlen müssen. Dieser wurde von 1,5 auf 2,3 Rappen je Kilowattstunde erhöht. Ein Haushalt mit vier Personen und durchschnittlichem Stromverbrauch würde gemäss dem Bundesrat mit der Erhöhung des Netzzuschlags rund 40 Franken mehr pro Jahr als heute bezahlen müssen. CVP-Bundesrätin Doris Leuthard kündigte am 1. Dezember 2014 an, dass in einem zweiten Massnahmenpaket zur Energiestrategie 2050 der Übergang vom Förder- zu einem Lenkungssystem geregelt werden solle. Die bürgerlichen Parteien CVP, BDP, FDP, aber auch die Grünliberalen forderten, dass die Förderung der erneuerbaren Energien zeitlich befristet werden müsse. Investitionsbeiträge dürften bis spätestens 2030 ausbezahlt werden. Die Grünliberalen hatten bereits am 15. Juni 2011 die Volksinitiative «Energie- statt Mehrwertsteuer» lanciert. Die Initiative wollte eine Steuer auf nicht erneuerbare Energien wie Öl, Gas, Kohle oder Uran einführen und gleichzeitig die Mehrwertsteuer abschaffen. Martin Bäumle, Präsident der Grünliberalen, meinte: «Die Initiative ist der Königsweg für die Umsetzung der Energiewende: wirksam, liberal, ohne Subventionen und bürokratische Regulierungen.»[727] Der Bundesrat lehnte die Initiative als ein gefährliches finanzpolitisches Experiment ab. Die Abschaffung der Mehrwertsteuer würde zu sehr hohen Energiepreisen führen, was insbesondere Haushalte mit tiefen Einkommen übermässig belasten würde. Die Initiative wolle die Energiewende mit der Brechstange herbeiführen. Das Parlament lehnte die Initiative ebenfalls ab, der Nationalrat mit 171 zu 27 Stimmen ohne Enthaltungen, der Ständerat mit 40 zu 3 Stimmen bei 2 Enthaltungen. Am 8. März 2015 kassierte die Volksinitiative der Grünliberalen mit 92 Prozent Nein-Stimmen eine historische Niederlage.

Die Kosten der Energiewende waren in der politischen Debatte um die Energiestrategie 2050 der zentrale Streitpunkt zwischen den Befürwortern und den Gegnern. Während der Bundesrat für einen durchschnittlichen Haushalt von vier Personen von Mehrkosten von 40 Franken pro Jahr ausging, schätzten die Gegner der Energiestrategie 2050 die Kosten für die Energiewende viel höher ein.[728] SVP-Nationalrat Albert Rösti ging in der Nationalratsdebatte am 1. Dezember 2014 von zwei Milliarden Franken pro Jahr aus, was verteilt auf eine Familie mit zwei Kindern etwa 1000 Franken ausmache. Er verwies dabei auf eine Studie von Silvio Borner, emeritierter Wirtschaftsprofessor der Universität Basel, und Bernd Schips, einst Leiter der Konjunkturforschungsstelle der ETH Zürich.[729] Deren Studie habe gezeigt, dass die erneuerbaren Energien in den nächsten Jahren Investitionen von deutlich über

100 Milliarden Franken erfordern würden. Monika Rühl, Direktorin des Wirtschaftsdachverbands Economiesuisse, sagte daraufhin am 13. März 2015 in der Sendung *Arena* im Schweizer Fernsehen: «Wir gehen von 100 Milliarden Franken für die Energiestrategie 2050 aus. Wenn man das umbricht auf eine einzelne Familie, kann das Zusatzkosten verursachen von bis zu 1500 Franken pro Jahr.»[730] In der Nationalratsdebatte vom 30. September 2016 sagte SVP-Nationalrat Albert Rösti: «Die Energiestrategie 2050 ist zu einer reinen Geldumverteilungsmaschinerie geworden, aus der leider bereits weite Kreise der Wirtschaft nicht mehr rausfinden. In sozialistischer Manier hat man grosse Unternehmungen, Bautechnikfirmen, Wasserwirtschaft, Berggebietskantone und viele mehr so eingeseift, dass sie die grossen Linien des Erfolgsmodells Schweiz aus den Augen verloren haben. Noch einmal: Die Zeche bezahlen nicht die eben Genannten, die von Ihnen entschädigt werden, sondern mit jährlich über 3000 Franken die kleinen Familien und Haushalte.»[731] In der Referendumskampagne schätzte die SVP am 7. Oktober 2016 die Kosten für die Energiestrategie 2050 für die nächsten 30 Jahre auf rund 200 Milliarden Franken, was umgerechnet auf einen Haushalt mit vier Personen jährlich 3200 Franken höhere Kosten verursachen würde.[732]

Am 7. Oktober 2016 ergriff die SVP das Referendum gegen die Revision des Energiegesetzes. Nebst den steigenden Kosten führe die Energiestrategie 2050 zu mehr Bürokratie, zu einer «sozialistischen» Planwirtschaft, zu mehr Regulierungen, Vorschriften und Verboten, zum Verlust von Arbeitsplätzen und Wohlstand sowie zu einer Verschandelung der Landschaft. Albert Rösti meinte in der Nationalratsdebatte am 1. Dezember 2014: «Die Schweiz ist hinsichtlich ihrer Wirtschaftsleistung ein Erfolgsmodell. Ein wesentlicher Teil dieses Erfolgs sind die liberalen Marktordnungen. Mit der Energiestrategie 2050 verlassen wir aber diesen Pfad der Tugend, indem mit einem ganzen Bündel von finanziellen Anreizen, Subventionen, Geboten und Verboten eine Planwirtschaft aufgebaut wird, mit unabsehbaren Folgen.»[733] Toni Brunner, SVP-Nationalrat und -Parteipräsident, äusserte in der Nationalratsdebatte vom 1. Dezember 2014 die Befürchtung, dass es in der Schweiz wegen der Energiestrategie zu Versorgungsengpässen und Rationierungen kommen werde. «Was gut tönt, bringt neue Regulierungen, Zwangsmassnahmen und Verbote. Was bis jetzt unvorstellbar war, wird plötzlich salonfähig: Man wird in diesem Land mit dieser Strategie noch Energierationierungen erleben. Was wir nur aus Drittweltländern gekannt haben, das wird jetzt, mit dieser Politik, auch bei uns Realität werden.»[734] Hansjörg Knecht, SVP-Nationalrat, bezweifelte in der Natio-

«Was bis jetzt unvorstellbar war, wird plötzlich salonfähig: Man wird in diesem Land mit dieser Strategie [Energiestrategie 2050] noch Energierationierungen erleben. Was wir nur aus Drittweltländern gekannt haben, das wird […] auch bei uns Realität werden.» Toni Brunner, SVP-Präsident, 2014

nalratsdebatte vom 9. Dezember 2014, dass die Atomenergie durch die erneuerbaren Energien ersetzt werden könne. «So ist der Beitrag der Geothermie an die künftige Stromversorgung aufgrund der bisher gescheiterten Projekte infrage gestellt; auch die in die Windenergie gesetzten Hoffnungen schmelzen aufgrund der Widerstände der Regionen dahin; und mit Fotovoltaik kann die Versorgung nicht ausreichend sichergestellt werden, da das Problem der Speicherung nicht gelöst ist.»[735]

Alle politischen Parteien ausser der SVP lehnten das Referendum ab. Während sich Grüne, SP, Grünliberale, CVP und BDP klar für die Energiestrategie 2050 aussprachen, war insbesondere die FDP tief gespalten. Im Parlament unterstützte die FDP-Fraktion die Energiestrategie 2050 im Nationalrat mit 17 zu 13 Stimmen bei 1 Enthaltung und im Ständerat mit 10 zu 1 Stimmen bei 1 Enthaltung. Die Konferenz der kantonalen Parteipräsidien sprach sich mit 14 zu 13 Stimmen knapp für die Energiestrategie aus. Bei der Delegiertenversammlung am 4. März 2017 stimmten dann 175 dafür und 163 dagegen. Als Befürworter der Energiestrategie sprach sich insbesondere FDP-Ständerat Ruedi Noser aus. Ein Ja schaffe die Voraussetzungen dafür, dass Innovation im Energiebereich gefördert werde und dass die Schweizer Unternehmen von der Energiewende profitieren könnten. Ein Nein hingegen führe zurück «in den ideologischen Schützengraben».[736] Doris Fiala, FDP-Nationalrätin, erklärte als entschiedene Gegnerin der Energiestrategie: «Dieses Gesetz steht in fundamentalem Widerspruch zu unserer marktwirtschaftlichen Wirtschaftsordnung.»[737] Sie wies darauf hin, dass die FDP-Fraktion die Energiestrategie zu Beginn der parlamentarischen Debatte noch zurückweisen wollte. «Aus Angst vor dem Zeitgeist» habe die Fraktion die Meinung geändert und habe sich vom «Honigtopf der Subventionen» verführen lassen.[738]

Vonseiten der Wirtschaft setzte sich insbesondere der Wirtschaftsverband Swisscleantech für die Energiestrategie 2050 ein. Nick Beglinger, Gründer von Swisscleantech, war das Aushängeschild der grünen Wirtschaft; als Vorkämpfer für nachhaltige Energien lobbyierte er für den Atomausstieg und die Energiewende. Ähnlich gespalten wie die FDP war auch der Wirtschaftsdachverband Economiesuisse, der die Energiestrategie 2050 über Jahre hinweg zusammen mit der SVP und der FDP bekämpft hatte, schliesslich aber keine Parole für die Abstimmung fassen konnte, da sich die Mitglieder des Dachverbands nicht einig waren. Während die Industrie höhere Energiekosten befürchtete, hoffte die Baubranche, von der Energiewende zu profitieren. Swissmem, Swiss Plastics, Swissoil, Swissmechanic, Gastrosuisse, Scienceindustries und der Baumeisterverband schlossen sich zu einem «Wirtschaftskomitee gegen das Energiegesetz» zusammen, während der Gewerbeverband, der Bauernverband und bauenschweiz, die Dachorganisation der Schweizer Bauwirtschaft, die Energiestrategie befürworteten. In der Elektrizitätswirtschaft unterstützte der Verband Schweizerischer Elektrizitätsunternehmen (VSE) die Vorlage, ebenso wie die nationale Netzgesellschaft Swissgrid, während der Dachverband Schweizer Verteilnetzbetreiber für eine Ablehnung plädierte. Die Energiekonzerne Alpiq, Axpo und BKW wehrten sich zunächst gegen ein Verbot von Neubauten für ihre geplanten AKWs. Bei einer ersten Aussprache mit CVP-Bundesrätin Doris Leuthard am 22. März 2011 soll vor allem der damalige Alpiq-Chef Giovanni Leonardi an den Neubauplänen festgehalten haben, während Axpo-Chef Heinz Karrer den Bau neuer AKWs aufgrund der veränderten politischen Situation nach Fukushima für unrealistisch hielt.[739] Am 12. Oktober 2016 zogen die Alqiq, Axpo und BKW schliesslich ihre Rahmenbewilligungsgesuche zurück, die sie 2008 beim Bund eingereicht hatten.[740] Während der Energiedebatte lobbyierten sie im Parlament gegen eine Laufzeitbeschränkung der bestehenden AKWs und gegen das Langzeitbetriebskonzept des ENSI, gleichzeitig erhofften sie sich aber auch Subventionen für ihre aufgrund der tiefen Preise auf dem europäischen Strommarkt unrentabel gewordenen Wasserkraftwerke.

Bei der Volksabstimmung am 21. Mai 2017 wurde das sogenannte Energiegesetz dann mit 58,2 Prozent Ja-Stimmen relativ deutlich angenommen. Die Kantone Glarus, Schwyz, Aargau und Obwalden stimmten dagegen, alle anderen Kantone dafür. Die Westschweiz stimmte deutlich für das Energiegesetz. Die grösste Zustimmung erhielt die Energiestrategie 2050 mit 73,5 Prozent im Kanton Waadt. In der Deutschschweiz waren es vor allem die Städte, welche die Energiewende befürworteten. Die geringste Zustimmung fand die Vorlage mit 43,7 Prozent im Kanton Glarus. Im Unterschied zur Atomausstiegsinitiative der Grünen stimmten diesmal die beiden Mitte-Parteien CVP und BDP mehrheitlich für das Energiegesetz und verhalfen damit der Vorlage zum Durchbruch. Die SVP, die Urheberin des Referendums, hatte hingegen Mühe, ihre Anhängerschaft zu mobilisieren. Die fehlende Unterstützung durch die FDP und den Wirtschaftsdachverband Economiesuisse dürfte ebenfalls zum schlechten Resultat beigetragen haben. Von den Medien wurde die Energiestrategie 2050 ausser von der *Weltwoche,* der *Basler Zeitung* und der *Neuen Zürcher Zeitung* ebenfalls grossmehrheitlich befürwortet. Mit dem Ja zum Energiegesetz beschloss die Schweizer Stimmbevölkerung den schrittweisen Ausstieg aus der Atomenergie. Die Abstimmung war auch ein politischer Sieg für die CVP-Bundesrätin Doris Leuthard. Politologe Claude Longchamp sagte nach der Abstimmung: «Doris Leuthard war die Erste, die nach Fukushima gesagt hat, wir müssten aus der Kernenergie aussteigen. Auf diesem langen Weg von 2011 bis 2017 war die Energieministerin immer im Zentrum, wenn es um die Energiestrategie ging. Später wird man ihren Namen sicher mit dieser Abstimmung in Verbindung bringen.»[741]

Strahlendes Erbe

Die Entsorgung
der radioaktiven
Abfälle

Während Jahrzehnten wurde das Problem des Atommülls verdrängt. Von 1969 bis 1982 liess die Schweiz ihren Atommüll bedenkenlos im Meer versenken. Mit der Gründung der Nagra 1972 begann die Suche nach einem geeigneten Standort für ein Endlager in der Schweiz. Dies stellte sich als schwieriger heraus als erwartet, vor allem weil sich in der betroffenen Bevölkerung Widerstand regte. Am Wellenberg im Kanton Nidwalden zeigte sich, dass die Errichtung eines Endlagers mit der direkten Demokratie in Konflikt geraten kann. Die Entsorgung des Atommülls ist bis heute ein ungelöstes Problem.

Die Gefahren der radioaktiven Strahlung für den Menschen waren den Wissenschaftlern von Anfang an bekannt. Bereits am 5. November 1945, anlässlich der konstituierenden Sitzung der Studienkommission für Atomenergie (SKA), hatte Professor Paul Scherrer auf das Problem aufmerksam gemacht: «Sehr unangenehm ist die Tatsache, dass beim Zerfall des Uran-235 Spaltprodukte entstehen, welche sehr stark radioaktiv sind […]. Mit den Mengen, die bis jetzt in den grossen Anlagen anfallen, könnten im Kriegsfall grosse Landstrecken unbewohnbar gemacht werden. Man sieht, dass die Vernichtung dieser Stoffe direkt ein Problem ist.»[742] Die anfangs auch als «Atomaschen» bezeichneten radioaktiven Abfälle wurden im wissenschaftlichen Diskurs der Nachkriegszeit lange Zeit unterdrückt, da eine eingehende Beschäftigung mit der Problematik womöglich die zivile Nutzung der Atomenergie infrage gestellt hätte.[743]

Die kollektive Verdrängung des Problems ging mit dessen Verharmlosung und Bagatellisierung vonseiten der Wissenschaft einher. Werner Heisenberg, einer der bedeutendsten Physiker des 20. Jahrhunderts und eine treibende Kraft in der deutschen Atompolitik nach 1945, sagte 1955: «Was den Atommüll betrifft, so genügt es, ihn in einer Tiefe von drei Metern zu vergraben, um ihn vollkommen unschädlich zu machen.»[744] «Bloss weg mit dem Müll», von diesem Prinzip waren damals alle «Entsorgungsfantasien» geprägt. Die Suche nach einem Endlager wurde anfangs von fantastischen Spekulationen und utopischen Vorstellungen begleitet, die eine verblüffende Nähe zur Science-Fiction aufwiesen. Einer der Ansätze war sogar, den Atommüll ins Weltall zu schiessen. Die Idee wurde jahrelang ernsthaft geprüft. Mit Raketen sollten die abgebrannten Brennelemente in den Weltraum oder auf die Sonne katapultiert werden. Die Kosten wären immens gewesen und die Explosion einer Rakete beim Start hätte verheerende Folgen gehabt, da dadurch die Radioaktivität über die Atmosphäre auf dem ganzen Globus verteilt worden wäre.[745] Ansonsten, so dachte man, könnte auch ein Weltraumlift, wenn er dereinst erfunden werden sollte, den Atommüll ins All bringen. Der deutsche Physiker Bernhard Philberth schlug 1956 vor, den Atommüll aus Flugzeugen auf das Eis der Antarktis oder über Grönland abzuwerfen.[746] Im Zeitalter der Klimaerwärmung und der schmelzenden Eiskappen erwies sich auch diese Entsorgungsidee rückblickend als ziemlich fatal.

Das «friedliche» Atom war ein Kind der Bombe. Die militärische und die zivile Nutzung der Atomenergie waren von Anfang an eng miteinander verbunden. Im Kalten Krieg blieb die Atomtechnologie stets ein gut gehütetes militäri-

> «Sehr unangenehm ist die Tatsache, dass beim Zerfall des Uran-235 Spaltprodukte entstehen, welche sehr stark radioaktiv sind […]. Man sieht, dass die Vernichtung dieser Stoffe direkt ein Problem ist.»
> Paul Scherrer, Physiker, 1945

sches Geheimnis. Die Atomindustrie umgab eine durch diese Politik des Verschweigens geschaffene undurchsichtige Heimlichtuerei, während das Problem der Entsorgung des Atommülls mit einem Schleier des Vergessens bedeckt wurde. Die am stärksten radioaktiv verseuchten Orte der Erde waren die Atombombenfabriken des Kalten Kriegs. Die kontaminierten Gebiete sind teilweise noch heute militärisch hermetisch abgeschottete Sperrzonen. Die Hanford Test Site am Columbia River im Südosten des US-Bundesstaats Washington, wo 1943 im Rahmen des «Manhattan-Projekts» unter strengster Geheimhaltung eine Plutoniumfabrik für den Bau der ersten Atombombe errichtet wurde, ist heute die verseuchteste Gegend der westlichen Hemisphäre. Der Atommüll aus der Atombombenproduktion wurde dort nach dem Krieg einfach in die Erde gekippt, in der Hoffnung, dass er dadurch zu einem unerheblichen Problem werden würde. Das Kühlwasser aus den Reaktoren wurde in den Columbia River geleitet. Seit 2001 wird in Hanford die grösste Dekontaminationsaktion der Welt durchgeführt, um den Atommüll sicher zu entsorgen. In der sowjetischen Atombombenfabrik Majak in der Oblast Tscheljabinsk bei Kyschtym im Ural, wo das Plutonium für die erste sowjetische Atombombe produziert wurde, kam es am 29. September 1957 zum bisher grössten jemals bekannt gewordenen militärischen Atomunfall. Heute gilt Majak als der radioaktiv verseuchteste Ort unseres Planeten. Der Atommüll aus der Plutoniumproduktion wurde dort in den ersten Jahren ebenfalls einfach in den Fluss Tetscha oder in den Karatschai-See geleitet.

Während der Genfer Atomkonferenz 1955 beschäftigten sich bereits ein Dutzend Beiträge mit der Problematik. Die langfristige Nutzung der Atomenergie wurde dabei von den Wissenschaftlern ausdrücklich an die Lösung des Abfallproblems geknüpft. Verschiedene heutige Strategien der Entsorgung können bis in jene Zeit zurückverfolgt werden. So stand bereits damals die Verfestigung der radioaktiven Abfälle in speziellen Gläsern oder Keramikgranulationen wie auch die geologische Lagerung des Atommülls in unterirdischen Kavernen in Salz, Ton oder Granit zur Debatte.[747] Die beiden US-amerikanischen Ingenieure Abel Wolman und Arthur E. Gorman äusserten während der Genfer Atomkonferenz 1955 aufgrund der langen Halbwertszeiten der radioaktiven Isotope erstmals Zweifel an der technischen Machbarkeit eines Endlagers.[748] Der französische Physiker Charles-Noël Martin bemerkte, dass man mit den Atombomben und den Atomreaktoren vor vollendete Tatsachen gestellt worden sei und es jetzt nur noch darum ginge, mit den unliebsamen Folgen fertigzuwerden.[749]

Der US-amerikanische Strahlenbiologe Walter D. Claus gab zu bedenken, dass bei einer Endlagerung der radioaktiven Abfälle an der Erdoberfläche die Lagerungsgebiete zu keinem anderen Zweck mehr gebraucht werden könnten.[750] Die Weltgesundheitsorganisation (WHO) fasste daraufhin im Juni 1956 die Errichtung internationaler Sperrzonen zur Endlagerung ins Auge.[751] Anlässlich der zwei Jahre später stattfindenden zweiten Genfer Atomkonferenz 1958 berichtete die *Neue Zürcher Zeitung* am 13. Dezember 1958: «In 42 Jahren wird die Menge radioaktiver Abfälle – gemäss Schätzungen des Weltbedarfs für friedlich genutzte Atomkraft für das Jahr 2000 – jedes Jahr 40 000 Hektaren Land als ‹Abfallgrube› erfordern, und dies nur dann, wenn die Methode der Beseitigung zur Anwendung kommt, die gegenwärtig als die raumsparendste zu gelten hat: Das Einschmelzen der Spaltprodukte in Glas.»[752]

In der Schweiz datieren die ersten Richtlinien des Eidgenössischen Gesundheitsamts (EGA) aus dem Jahr 1955. Sie empfahlen das Vergraben oder die Lagerung fester Abfälle in Deponien sowie die Verdünnung flüssiger Abfälle und deren Abgabe in die Kanalisation.[753] Bis Anfang der 1960er-Jahre wurden die schwach- und mittelaktiven Abfälle aus der Forschung, der Industrie und den Spitälern einfach in der Kehrichtabfuhr oder über die Abwässer entsorgt.[754] Möglicherweise werde «die Beantwortung der Frage, ob die Atomasche in technisch einwandfreier Weise unschädlich gemacht oder gar nutzbringend verwertet werden kann, über die Art der künftigen Anwendung der Atomenergie entscheiden», hatte der Bundesrat noch 1957 in seiner Botschaft zum Verfassungsartikel zur Atomenergie und zum Strahlenschutz geschrieben.[755] In der Botschaft vom 26. April 1957 stand auch: «Eine Aufgabe von bedeutender Tragweite besteht in der Aufstellung von Vorschriften über die Beseitigung unverwertbarer Spaltprodukte (sogenannte radioaktive Abfälle, auch ‹Atomaschen› genannt).»[756] In der Nationalratsdebatte vom 18. September 1957 wies SP-Nationalrat Fritz Giovanoli als Einziger auf das Problem des Atommülls hin: «Es wird zu diskutieren sein, wohin man mit den Spaltprodukten gehen soll, die bei der Herstellung der Atomenergie entstehen.»[757] In der Nationalratsdebatte vom 23. September 1959 zum Atomgesetz erkundigte er sich zudem danach, ob tatsächlich Pläne bestünden, «in der Schweiz ausländische Atomfriedhöfe zu erstellen».[758] In seiner Antwort erklärte Bundesrat Max Petitpierre, dass eine gesetzliche Regelung des Problems zurzeit nicht sehr dringend sei.[759] Zudem gab er bekannt, die Kommission für die Überwachung der Radioaktivität (KUeR) – die 1956 zur Überwachung des durch die Atombombentests verursachten radioaktiven Fallouts geschaffen wurde – damit zu beauftragen, in der Schweiz nach Endlagerstätten zu suchen. Die KUeR hat diesen Auftrag jedoch nie ausgeführt.[760] Am 23. Dezember 1959 wurde das Atomgesetz vom Parlament verabschiedet. Die Entsorgung der radioaktiven Abfälle blieb darin unerwähnt. Mit dem Atomgesetz von 1959 profitierte die Atomindustrie also nicht nur von der Beschränkung der Haftung und der Förderung der Forschung und Ausbildung, sondern auch vom Verzicht des Bundes, die Frage der Entsorgung des Atommülls gesetzlich zu regeln.[761]

In der Bewilligung des Eidgenössischen Post- und Eisenbahndepartements vom Juni 1960 für den Betrieb der beiden Forschungsreaktoren Saphir und Diorit durch das Eidgenössische Institut für Reaktorforschung (EIR) stand die Auflage: «Feste radioaktive Abfälle sind gemäss den Bestimmungen der Strahlenschutzverordnung zu verpacken und so lange auf dem Areal der Anlage zu lagern, bis sie auf den in der Verordnung vorgesehenen zentralen Lagerplatz überführt werden können.»[762] Die gleiche Auflage galt für die beiden Forschungsreaktoren an den Universitäten Basel und Genf. Die *Strahlenschutzverordnung* von 1963 verpflichtete die Betriebe, in denen radioaktive Abfälle anfielen, diese an das EGA abzuliefern. Wie die endgültige Entsorgung der radioaktiven Abfälle erfolgen sollte, wurde jedoch nicht geregelt. Das EDI erhielt den Auftrag, Stapelplätze für die Lagerung des Atommülls zu errichten. Gemäss *Strahlenschutzverordnung* führte das EGA ab 1963 jährlich Sammelaktionen für die schwach- bis mittelaktiven Abfälle durch. Zuerst sollte ein erstes Lager für schwachaktive Abfälle im Schmidwald bei Langenthal errichtet werden. Die beiden betroffenen Gemeinden Reisiswil und Melchnau befürchteten aber eine Verseuchung ihres Grundwassers und lehnten das Projekt ab.[763] Nach dem Scheitern dieses Projekts wurden die radioaktiven Abfälle provisorisch in einem leeren Munitionsdepot des Eidgenössischen Militärdepartements (EMD) bei Starrkirch im Wilerwald bei Olten und ab 1967 in einem Unterstand auf dem Flugplatz Frutigen zwischengelagert.[764]

Diese unbefriedigenden Provisorien bewogen den Bund 1967 dazu, in der Gemeinde Lossy ein neues Zwischenlager für die schwachaktiven Abfälle zu planen.[765] In seiner Botschaft zum Lagerprojekt von Lossy vom 21. Februar 1968 stellte der Bundesrat bezüglich der hochaktiven Abfälle fest: «Derartige Abfälle gibt es in der Schweiz nicht und wird es auch mindestens in der nächsten Zukunft nicht geben.»[766] Die Ankündigung des Zwischenlagers löste Anfang 1968 in der Gemeinde Lossy trotzdem eine Welle des Protests aus.[767] Am 21. Januar 1969 kam es dann im Versuchsatomkraftwerk Lucens zu einer teilweisen Kernschmelze, bei welcher die Reaktorkaverne radioaktiv verstrahlt wurde. Die ohnehin bereits kontaminierte Kaverne in Lucens bot sich geradezu als ein Lager für alle in der Schweiz anfallenden radioaktiven Abfälle an. 1971 wurde deshalb die Errichtung eines zentralen Zwischenlagers in Lucens geplant. Die Atomindustrie und der Bund kamen 1972 überein, eine Genossenschaft als Trägerin des geplanten Zwischenlagers zu gründen. Im gleichen Jahr 1972 wurde das Projekt jedoch aufgrund des aufkeimenden politischen Widerstands in der Gemeinde Lucens und wegen der ablehnenden Haltung des Kantons Waadt wieder sistiert. Am 4. Dezember 1972 erfolgte dennoch die Gründung der Nationalen Genossenschaft für die Lagerung radioaktiver Abfälle (Nagra), deren Auftrag mit «der Errichtung und dem Betrieb von Lagern für radioaktive Abfälle und der dazu notwendigen Anlagen» umschrieben wurde.[768] Mitglieder der Nagra waren die NOK, BKW, Energie de l'Ouest Suisse (EOS), Motor-Columbus, Elektrowatt und Aare Tessin (Atel). Der Bund war zunächst durch das Bundesamt für Energiewirtschaft (BFE) vertreten, später nahm das Bundesamt für Gesundheitswesen (BAG) den Genossenschaftssitz ein. Präsident der Verwaltung wurde Max Thut, Direktor der Bauabteilung der NOK. Die administrativen Arbeiten wurden anfangs ebenfalls an die NOK delegiert. Erst 1977 schuf die Nagra in Baden eine eigene Geschäftsstelle und wählte den Physiker Hans Issler zum Geschäftsleiter.[769]

Versenkungen im Nordatlantik

Während Jahrzehnten wurden die Weltmeere zur Entsorgung des Atommülls genutzt. Die radioaktiven Abfälle wurden dabei in Betonfässer eingeschlossen und ins Meer geworfen. «Verklappung» nannte man das, weil die Schiffe nur eine Klappe öffnen mussten, um die Fässer loszuwerden. Die USA taten dies im Pazifik, die Sowjetunion ebenfalls im Pazifik, aber auch im Arktischen Ozean, die Europäer im Atlantik und in der Nordsee und die italienische Mafia im Mittelmeer. Die Atomindustrie favorisierte diese Strategie der Verdünnung im Meer, da der lästige Atommüll bei dieser Entsorgung möglichst kostengünstig und auf Nimmerwiedersehen «aus der Welt geschafft» wurde. Die USA hatten erstmals 1946 radioaktive Abfälle im nordöstlichen Pazifik versenkt, etwa 80 Kilometer vor der Küste Kaliforniens.[770] Die Sowjetunion versenkte mindestens drei Atom-U-Boote und 14 Atomreaktoren von solchen U-Booten und Eisbrechern mitsamt den hochaktiven Brennstäben sowie

17 000 Container und 19 Frachter mit radioaktiven Abfällen im Arktischen Ozean. Auch Grossbritannien praktizierte die «Verklappung» im grossen Stil. Der am britischen Atomwaffenzentrum in Harwell beschäftigte deutsch-britische Atomphysiker Eugen Glueckauf hatte bereits während der Genfer Atomkonferenz 1955 empfohlen, die radioaktiven Abfälle verdünnt ins Meer fliessen zu lassen oder in Behältern in der Tiefsee zu versenken.[771] Ein Teil der flüssigen radioaktiven Abfälle aus der britischen Wiederaufbereitungsanlage in Windscale (heute Sellafield) wurde schon damals, trotz der Bedenken hinsichtlich der Anreicherung der radioaktiven Stoffe in den marinen Lebewesen, durch Rohrleitungen in die Irische See geführt.[772]

Ab 1969 bot sich auch der Schweiz die Gelegenheit, sich an dieser ausgesprochen günstigen Entsorgungspraxis zu beteiligen. Die Europäische Kernenergieagentur organisierte ab 1969 im Nordatlantik die Versenkung radioaktiver Abfälle. Die Versenkung im Meer wurde durch die London Dumping Convention (heute: Londoner Konvention) international geregelt. Allerdings waren die Versenkungen im Meer von Anfang an umstritten. Deutschland, Frankreich, Italien und Schweden verzichteten 1974 freiwillig auf die «Verklappungen». Belgien, Grossbritannien, die Niederlande, die USA und die Schweiz machten weiter. Bis 1992 hatten gemäss einem Inventar der Internationalen Atomenergie-Organisation (IAEO) insgesamt neun europäische Staaten 222 723 Fässer mit 114 726 Tonnen radioaktiver Abfälle im Nordatlantik und im Ärmelkanal versenkt.[773] Die Schweiz belegte mit ihrer umstrittenen Entsorgungsstrategie im Nordatlantik den zweiten Platz hinter Grossbritannien. 7420 Fässer mit einem Gewicht von 5321 Tonnen versenkte sie zwischen 1969 und 1982 an drei Standorten in rund 4000 Metern Tiefe im Nordatlantik. Die schwach- bis mittelaktiven Abfälle stammten zunächst aus der Forschung, der Industrie und den Spitälern, die das EGA an den jährlichen Sammelaktionen konzentrierte, sowie im Verlauf der 1970er-Jahre zunehmend auch aus den AKWs Beznau und Mühleberg. Insgesamt stammten 17 Prozent der radioaktiven Abfälle aus dem Zwischenlager des EGA, 40 Prozent aus den AKWs und 43 Prozent aus dem EIR. Nach offiziellen Angaben handelte es sich bei den in Beton oder Asphalt eingegossenen Fässern fast ausnahmslos um schwach- und mittelaktive Abfälle. Allerdings ist die Dokumentation der IAEO lückenhaft, oft fehlen die Angaben zu den Abfallmengen, zur effektiven Radioaktivität und den exakten Abwurfstellen. Das Inventar der IAEO basierte auf der freiwilligen Meldung der Mitgliedstaaten. Der versenkte

Atommüll aus den Atombombenprogrammen wurde in der Statistik nicht erfasst. Zumindest aus der britischen Atombombenproduktion wurden aber auch hochaktive Abfälle im Meer entsorgt.

Spektakuläre Aktionen der Umweltschutzorganisation Greenpeace lenkten Anfang der 1980er-Jahre die öffentliche Aufmerksamkeit auf diese umstrittene Entsorgungsstrategie. Der politische Widerstand nahm zu, und 1983 gelang es auf Druck mehrerer Länder wie Spanien, Portugal und Irland, im Rahmen der Londoner Konvention ein Moratorium zu beschliessen. Von 1980 bis 1995 führte die Kernenergieagentur Nuclear Energy Agency (NEA) der Organisation for Economic Co-operation and Development (OECD) ein Forschungsprojekt über die Auswirkungen der Versenkungen im Nordatlantik durch. Die Wissenschaftler analysierten die Wasser- und Sedimentproben sowie Meeresorganismen aus der Umgebung der abgeworfenen Fässer und schätzten in Modellrechnungen, wie sich die radioaktiven Substanzen im Meerwasser verteilten und wie stark sie weltweit Mensch und Umwelt belasten könnten.[774] Die Schweiz beteiligte sich ebenfalls an dem Forschungsprojekt und konzentrierte sich auf Fragen des Aufsteigens freigesetzter Radionuklide von den Sedimenten in das darüber liegende Meerwasser. Im Auftrag der Nagra beteiligte sich damals der Westschweizer Ozeanologe François Nyffeler mit einem Schweizer Forschungsteam an der Untersuchung im Nordatlantik. Die NEA kam zum Schluss, dass keine radiologischen Folgen aus den Versenkungen im Meer resultieren würden.[775] SVP-Bundesrat Adolf Ogi sagte daher in einer Antwort auf eine Anfrage des parteilosen Nationalrats Herbert Maeder am 18. März 1991: «Umfassende wissenschaftliche Abklärungen im Versenkungsgebiet haben gezeigt, dass die versenkten Abfälle zu keiner Gefährdung von Lebewesen geführt haben. Für bestimmte Abfälle kann die Versenkung im Meer gegenüber der Endlagerung in geologischen Schichten Sicherheitsvorteile aufweisen. Es wäre deshalb falsch, heute aus politischen Gründen endgültig auf die Möglichkeit der Meeresversenkung zu verzichten.»[776] Es dauerte bis 1993, bis die Versenkungen im Meer endgültig gestoppt wurden und ein verbindliches Verbot in der Londoner Konvention verankert werden konnte.

Immer wieder hatten in der Vergangenheit Fischer Atomfässer in ihren Netzen. Die Fässer waren inzwischen rostig, aufgeplatzt und leer, der strahlende Inhalt war längst ausgewaschen. Man musste also davon ausgehen, dass auch der radioaktive Abfall aus der Schweiz, der während Jahren im Nordatlantik versenkt wurde, frei im Ozean herumschwamm.⁷⁷⁷ Manfred Ladwig und Thomas Reutter vom deutschen Südwestrundfunk (SWR) machten sich 2013 auf die Suche nach den atomaren Altlasten vor Europas Küsten und gingen in ihrer Fernsehdokumentation *Versenkt und vergessen – Atommüll vor Europas Küsten* der Frage nach, was aus den Atommüllfässern geworden war.⁷⁷⁸ In einem unbemannten Tauchgang mit einem Mini-U-Boot dokumentierten sie im Ärmelkanal die schwer lädierten Fässer mit Atommüll. Umweltschutzorganisationen und Politiker forderten daraufhin, dass die Fässer gehoben würden.

Der Ozeanologe François Nyffeler sagte am 12. Juni 2013 gegenüber dem Politmagazin *Rundschau* des Schweizer Fernsehens, der Atommüll lagere im Atlantik weitab von der Biosphäre an einem relativ sicheren Ort. Die Deponie, in der auch Schweizer Atommüll lagerte, sei mit jener im seichten Ärmelkanal nicht zu vergleichen. «Im Ärmelkanal ist das ganz anders, denn hier haben sie Strömungen. Hier in hundert Metern Tiefe gibt es biologische Aktivität. Es kann hier effektiv Probleme geben, aber um das zu klären, müsste man diese Fässer untersuchen.»⁷⁷⁹ Kleinere Schäden an den Fässern hielt er für unbedeutend. «Ich würde sagen, die Risiken sind praktisch inexistent im Vergleich zur natürlichen Strahlung und zu den Nachwirkungen der Atombombenversuche der 1950er- und 1960er-Jahre. Und es ist auch lächerlich im Vergleich zu dem, was Wiederaufbereitungsanlagen in Frankreich und Grossbritannien heute an flüssigen Abfällen in geringer Tiefe ins Meer einleiten.»⁷⁸⁰ Tatsächlich werden bis heute flüssige radioaktive Abfälle von den Wiederaufbereitungsanlagen in La Hague und Sellafield über Rohrleitungen in den Ärmelkanal und in die Irische See geleitet. Trotzdem gab François Nyffeler zu verstehen: «Wissen Sie, im Nachhinein weiss man immer mehr. Man macht etwas und erst dann merkt man, dass es nicht gut war. Das gibt es überall.»⁷⁸¹ Walter Rüegg, der ehemalige Chefphysiker der Schweizer Armee, verglich in der *Weltwoche* vom 17. Juli 2013 die Auswirkungen des Atommülls im Ozean mit der radioaktiven Belastung von Heilwasser in Kurorten wie Ischia (Italien) oder Bad Gastein (Österreich), in dem aus gesundheitlichen Gründen gebadet wird. «Wenn die Schweizer Atommüllfässer im Meer allmählich zerfallen, dürfte die Radioaktivität selbst in unmittelbarer Nähe der Fässer kaum jene des Heilwassers in solchen Kurorten erreichen.»⁷⁸²

Marcos Buser, Geologe und unabhängiger Endlagerexperte, meinte demgegenüber in der *Rundschau:* «Eine solche Praxis ‹Aus den Augen, aus dem Sinn›, einfach ins Meer kippen, das ist aus heutiger Sicht einfach skandalös.»⁷⁸³ Die Versenkung schwach- und mittelaktiver Abfälle stelle vermutlich heute keine unmittelbare globale Gefahr dar, die Auswirkungen auf die Umwelt müssten jedoch genauer erforscht werden. «Es erodiert vor sich hin, es gibt Korrosion im salzhaltigen Meerwasser und es gibt biologische Aktivität. Alle diese drei Faktoren führen dazu, dass dieses Inventar irgendwann einmal freigesetzt wird, ob das nun nach ein paar Jahrzehnten oder ein paar Jahrhunderten ist, das müsste man untersuchen.»[784] Der deutsche Atomphysiker Sebastian Pflugbeil meinte, dass eine vollständige Bergung der Atommüllfässer ohnehin praktisch unmöglich sei. «Ich sehe nur, dass niemand eine schlüssige Idee hat und dass wir mit einer schlechten Lösung leben müssen und endlose Generationen nach uns auch. Das ist halt der Preis für die letzten Jahrzehnte mit Kernkraftwerken. Das wird ein teurer Spass.»[785]

Die Wiederaufbereitung abgebrannter Brennelemente

Die Wiederaufbereitung bezweckt die Abtrennung von Uran und Plutonium aus den abgebrannten Brennelementen. Diese Praxis wurde ursprünglich für den militärischen Zweck der künstlichen Erzeugung von bombentauglichem Plutonium entwickelt, das in der Natur nur extrem selten vorkommt. Später wurde das gewonnene Plutonium auch in Mischoxid-Brennelementen (MOX) für Leichtwasserreaktoren weiterverwendet. Die Schweiz beteiligte sich ab 1966 zusammen mit elf anderen europäischen Staaten an der Wiederaufarbeitungsanlage für radioaktiven Brennstoff Eurochemic im belgischen Mol. In der Wiederaufbereitungsanlage, die bis 1974 in Betrieb war, wurden die abgebrannten Brennelemente der Forschungsreaktoren des EIR, des Versuchsatomkraftwerks Lucens sowie des AKW Beznau weiterverarbeitet. Der Schweizer Chemiker Rudolf Rometsch, der nach 1945 zunächst für den Basler Pharmakonzern Ciba ein Labor für Radioisotope aufgebaut hatte, wurde 1959 Leiter der Forschungsabteilung der Eurochemic und war anschliessend von 1964 bis 1969 geschäftsführender Direktor der Wiederaufbereitungsanlage. Anschliessend war er stellvertretender Generaldirektor der IAEO in Wien und danach von 1978 bis 1988 Präsident der Nagra.

Die Produktion von Plutonium war im Vergleich zur Anreicherung von Uran, die damals extrem aufwendig war, eine relativ günstige Möglichkeit, zu spaltbarem Material für den Bau einer Atombombe zu kommen. In der Schweiz wurde Ende der 1950er-Jahre ebenfalls über den Bau einer Plutoniumbombe nachgedacht. Daher war man in der Schweiz auch am damals in den USA und in Grossbritannien entwickelten neuen Reaktortyp Schneller Brüter interessiert, der grosse Mengen von Plutonium produziert. Am 14. September 1963 deutete Urs Hochstrasser, der damalige Delegierte für Fragen der Atomenergie, in einem Vortrag an der Delegiertenversammlung des Schweizerischen Handels- und Industrievereins in Zürich an, dass das Schweizer Atomprogramm langfristig auf die Brütertechnologie ausgerichtet werden solle.[786] Im Oktober 1965 beauftragte der Bundesrat Urs Hochstrasser mit der Suche nach Uranvorkommen und den Abklärungen zur Urananreicherung und der Physik des Schnellen Brüters. Gleichzeitig sollten Fachleute für die Probleme der A-Waffentechnik ausgebildet werden. In den 1970er-Jahren schwärmte auch die Atomindustrie von der Technologie des Schnellen Brüters. Mit der Bruttechnologie könne mehr Brennstoff produziert werden, als während des Betriebs verbraucht werde. Der Traum vom geschlossenen Brennstoffkreislauf, der als eine Art Perpetuum mobile grenzenlos Energie erzeugt, wurde nach der Ölkrise von 1973 zu einem neuen Mythos des Atomzeitalters. Der Brutreaktor symbolisierte den alten Menschheitstraum der unendlichen Verfügbarkeit kostenloser Energie. Die Schnellen Brüter sollten das Öl ersetzen und galten als die Lösung für das weltweite Energieproblem. Die damalige Prophezeiung, dass bis zur Jahrtausendwende weltweit über 500 solcher Brutreaktoren betrieben würden, hat sich nicht bewahrheitet.[787] Das Versprechen grenzenloser Energie stellte sich einmal mehr als eine Fata Morgana heraus.[788]

Ab 1963 waren die britische Wiederaufbereitungsanlage in Sellafield (früher Windscale) an der Irischen See in der Grafschaft Cumbria in Nordwestengland und ab 1966 die französische Wiederaufbereitungsanlage in La Hague im Nordwesten der Normandie kommerziell in Betrieb. Als die Eurochemic im belgischen Mol 1974 geschlossen wurde, schickte die Schweiz ihre abgebrannten Brennelemente in die Wiederaufbereitungsanlagen nach La Hague und Sellafield. Frankreich und Grossbritannien waren damals aufgrund ihrer Atombombenprogramme an der Gewinnung von Plutonium interessiert. Die MOX-Brennelemente aus den Wiederaufbereitungsanlagen kamen in den AKWs Beznau und Gösgen zum Einsatz. Die ersten Verträge der Schweizer AKW-Betreiber mit den Wiederaufbereitungsanlagen sahen keine Rücknahme der hochaktiven Abfälle durch die Schweiz vor.[789] Das war für die Atomindustrie in der Schweiz natürlich komfortabel, da sie sich nicht selbst um eine Endlagerung der hochaktiven Abfälle kümmern musste. Rudolf Rometsch, der spätere Präsident der

Nagra, fasste die damalige Situation an einer Tagung des VSE im Juni 1973 wie folgt zusammen: «Was die Schweiz anbetrifft, so hätte ich das ‹Abfallproblem› wesentlich rosiger darstellen können. In absehbarer Zeit werden nur Kernkraftwerke als Produzenten radioaktiver Abfälle auftreten. Der ganze übrige Brennstoffzyklus, insbesondere die chemische Aufbereitung, bei der der Löwenanteil an hochaktiven Abfällen entsteht, wird in anderen Ländern durchgeführt, d. h. wir exportieren das Problem, falls es eines gibt.»[790]

Der US-amerikanische Präsident Jimmy Carter verfolgte ab 1976 eine strikte Politik der Nichtverbreitung von Atomwaffen. In einer Offerte vom Oktober 1977 bot die US-Regierung der Schweiz an, ihre abgebrannten Brennelemente zu übernehmen, um eine weitere Verbreitung waffenfähigen Plutoniums zu verhindern. Der Bundesrat wollte jedoch damals an der Strategie der Wiederaufbereitung und damit an der Brütertechnologie festhalten und schlug das Angebot aus.[791] Ende der 1970er- und Anfang der 1980er-Jahre kam es dann zu einer Neuregelung der Verträge mit der französischen Cogema und der British Nuclear Fuel Limited, den beiden Betreibern der Wiederaufbereitungsanlagen in La Hague und Sellafield. Faktisch waren die neuen Verträge ein Diktat der französischen und britischen Wiederaufarbeitungsanlagen, denen sich die AKW-Betreiber in der Schweiz beugen mussten. Die Verträge sahen einerseits eine Finanzierung der Aufarbeitung und die Übernahme sämtlicher Kosten für Forschungs- und Entwicklungsarbeiten sowie der Zwischenlagerung, Aufarbeitung und Verfestigung durch die AKW-Betreiber vor. Schliesslich verpflichteten sich die AKW-Betreiber zu einer allfälligen Rücknahme der Abfälle nach 1992. Der Bund musste den französischen und britischen Regierungen zudem eine Garantieerklärung abgeben, dass er von sich aus nichts gegen eine Rücknahme der hochaktiven Abfälle unternehmen werde. «In einem Notenaustausch von 1978 zwischen der Schweiz und Frankreich wird die Rücknahme der Abfälle oder, wenn es nicht zur Wiederaufarbeitung kommen sollte, die Rücknahme der unbehandelten abgebrannten Brennelemente geregelt. Ein entsprechender Notenaustausch besteht seit 1979 beziehungsweise seit 1983 auch zwischen der Schweiz und Grossbritannien», gab der Bundesrat in einer Stellungnahme im Nationalrat am 21. September 2001 bekannt.[792] Charles McCombie, der von 1979 bis 1997 als Endlagerexperte für die Nagra tätig war, erinnerte sich 2015 wie folgt daran zurück: «In der Schweiz dachten wir, wir bräuchten kein Endlager, weil wir Verträge zur Wiederaufbereitung hatten, laut denen der hochaktive Atommüll nicht zurückkehren sollte. Aber in den 1970er-Jahren änderte sich das. Die Schweiz war nun mit der Rückkehr des hoch radioaktiven Mülls konfrontiert.»[793] Das Ende der Versenkungen im Meer 1982 und die Pflicht zur Rücknahme des Atommülls aus den Wiederaufbereitungsanlagen in La Hague und Sellafield ab 1992 machten eine Lösung des Problems der Entsorgung radioaktiver Abfälle in der Schweiz dringlicher.

Ab 1987 begannen die AKW-Betreiber mit der Planung eines zentralen Zwischenlagers in Würenlingen. Nachdem die Gemeinde Würenlingen dem Bau des Zwischenlagers 1989 knapp zugestimmt hatte, gründeten die AKW-Betreiber 1990 die Zwilag AG (Zwischenlager Würenlingen AG). Die Bauarbeiten begannen 1996, als die kommunale Baubewilligung vorlag. Im April 2000 erfolgte dann die offizielle Einweihung des Zwilag.[794] Seither ist das Zwilag der Ort, an dem der gesamte Atommüll der Schweiz untergebracht werden soll, bis man ein Endlager gebaut hat. Das Zwilag sieht aus wie ein Kunstwerk und ist hermetisch abgeriegelt wie ein Hochsicherheitsgefängnis.[795] Ferngesteuerte Wägelchen bringen wie von Geisterhand die strahlende Fracht an ihren Bestimmungsort. Im Behältergebäude stehen die Castoren mit den abgebrannten Brennelementen aus den Schweizer AKWs. Der gesamte Schweizer Atommüll umfasst rund 100 000 Kubikmeter, was ungefähr dem Volumen der Zürcher Bahnhofshalle entspricht. Zehn Prozent davon ist hochaktiv. Er konzentriert 99 Prozent der Radioaktivität. Das Zwilag ist so ausgelegt, dass es nicht nur den Atommüll aufnimmt, der beim Betrieb der AKWs entsteht, sondern auch jenen nach der Stilllegung und dem Rückbau.[796] Findet man keine Lösung für die Endlagerung des Atommülls, könnte dieser Ort zum ewigen Provisorium werden.

Ursprünglich wurden die radioaktiven Abfälle im EIR für die Entsorgung präpariert, das heisst verbrannt oder verpresst und anschliessend in Fässer einbetoniert. Bei der sogenannten Konditionierung werden die festen und flüssigen radioaktiven Abfälle in eine Matrix – beispielsweise Zement oder Bitumen – gegossen und anschliessend in Behälter, in Stahlfässer oder Betoncontainer verpackt. Die hochaktiven Abfälle wurden in den Wiederaufbereitungsanlagen La Hague und Sellafield in Glaskokillen eingeschmolzen. Diese weisen eine langfristige chemische Beständigkeit gegenüber Wasser auf und machen den radioaktiven Abfall besser transportierbar und länger haltbar. Anschliessend wurden die verglasten radioaktiven Abfälle für den Transport und die Zwischenlagerung in Castorbehälter aus Edelstahl verpackt und mit der Eisenbahn in die Schweiz zurückgeschickt.[797] Heute werden die in feste Blöcke einbetonierten, zementierten oder eingeschmolzenen und verglasten Abfälle auch im Zwilag verpackt. Als «heisse Zelle» wird dabei ein hermetisch abgeschirmter Raum bezeichnet, in dem die hochaktiven Brennelemente per Fernsteuerung umgeladen werden. Im Plasmaofen, einem roten Ungetüm mit einer bis zu 20 000 Grad Celsius heissen Flamme, wird der Atommüll in Glas eingeschmolzen.

Ohne eine Plutoniumswirtschaft für die Atomwaffenproduktion oder eine Brütertechnologie ergab die Wiederaufbereitung der abgebrannten Brennelemente keinen Sinn mehr. Als das Schweizer Atombombenprogramm 1988 kurz vor dem Ende des Kalten Kriegs endgültig begraben wurde und sich abzeichnete, dass sich die Brütertechnologie nicht durchsetzen würde, verlor die Wiederaufbereitung der abgebrannten Brennelemente für die Atomindustrie in der Schweiz an Bedeutung, zumal die neuen Verträge mit den Wiederaufbereitungsanlagen ab 1992 eine Rücknahme des Atommülls erforderlich machten. Am 31. Mai 1998 sagte daher Serge Prêtre, der damalige Direktor der Hauptabteilung für die Sicherheit der Kernanlagen (HSK), gegenüber dem *SonntagsBlick*: «Es gibt kaum sachliche Gründe, die für die Fortführung der heutigen Wiederaufbereitung sprechen. Die Wiederaufbereitung dient der Produktion von Plutonium. Das verwendet man für einen schnellen Brüter oder zum Bau von Atombomben. Beides steht nicht zur Diskussion.»[798] Gleichzeitig wuchs der politische Widerstand gegen die gefährlichen Atommülltransporte in die Wiederaufbereitungsanlagen. Umweltschutzorganisationen protestierten zudem gegen die Einleitung radioaktiver Abfälle ins Meer.[799] Ende April 1998 war bekannt geworden, dass in den Jahren 1997 und 1998 bei den Atommülltransporten nach La Hague und vermutlich auch nach Sellafield kontaminierte Züge beziehungsweise Lastwagen eingesetzt worden waren. Das Bundesamt für Energie (BFE) sistierte daraufhin am 8. Mai 1998 sämtliche Eisenbahn- und Strassentransporte für abgebrannte Brennelemente.[800] 2001 beantragte der Bundesrat in seiner Botschaft zum Kernenergiegesetz ein Verbot der Wiederaufbereitung. Das Parlament lehnte ein komplettes Verbot ab, beschloss aber ein zehnjähriges Moratorium für die Ausfuhr abgebrannter Brennelemente. Das Moratorium trat am 1. Juli 2006 in Kraft. In der Botschaft zum ersten Massnahmenpaket der Energiestrategie 2050 schlug der Bundesrat 2013 erneut ein Verbot der Wiederaufarbeitung vor. Im National- und im Ständerat wurde das Moratorium verlängert, aber auf Vorschlag der FDP nur um vier statt um zehn Jahre. Die SVP wollte demgegenüber die Ausfuhr und die Wiederaufbereitung von Brennelementen wieder erlauben.[801]

Falsche Versprechungen

1973 trat die Nagra dem Konsortium Untertagespeicher bei, das von der Swissgas, der Erdölwirtschaft und den Vereinigten Schweizerischen Rheinsalinen gegründet worden war, um ein unterirdisches Lager für flüssige und gasförmige Kohlenwasserstoffe und radioaktive Abfälle zu suchen. Die hochaktiven Abfälle sollten nun in einem geologischen Endlager in einer Tiefe von 600 bis 2500 Meter entsorgt werden. In den unterirdischen Stollen und Felskavernen sollten die einbetonierten Fässer für die Ewigkeit gestapelt werden. Der einzige plausible Weg, wie die Radioaktivität ein Endlager verlassen kann, ist fliessendes Wasser. Die eingelagerten Abfälle dürfen daher auf keinen Fall mit dem Grundwasser in Berührung kommen, da sonst die Gefahr besteht, dass die Aussenwelt kontaminiert wird. Als geeignete Wirtsgesteine für ein geologisches Tiefenlager wurden insbesondere Salz, Anhydrit, Granit oder Ton angesehen. Das Konsortium konzentrierte sich zunächst auf Salz, bevor sich das Interesse hin zu Anhydrit verschob, da in der Schweiz keine grösseren Salzvorkommen gefunden werden konnten. Heinrich Jäckli, Geologieprofessor an der ETH Zürich, empfahl der Nagra 1973 die Anhydritvorkommen in Airolo im Kanton Tessin, in Montet bei Bex im Kanton Waadt und in Wabrig im Kanton Aargau. In Airolo und Bex führte die Nagra daraufhin von 1973 bis 1975 erste Sondierbohrungen durch.[802] In Airolo hatte sich die Nagra über die Elektrowatt AG ein Grundstück gekauft, wo die ersten Bohrungen durchgeführt wurden. Im Sommer 1974 sollten die Untersuchungen auf das nahe gelegene Val Canaria ausgedehnt werden. Die betroffenen Gemeinden wurden nicht richtig über das Vorhaben informiert. Die undurchsichtige Informationspolitik trug der Nagra daher bereits damals den Vorwurf der Geheimniskrämerei ein. In den beiden Gemeinden Airolo und Bex stiess die Nagra auf heftigen Widerstand, da die Bevölkerung befürchtete, dass die Sondierbohrungen direkt zu einem Endlager führen würden. Als die Nagra am 23. Dezember 1975 die Sondiergesuche für das Val Canaria und den Wabrig sowie am 30. April 1976 für Le Montet im Kanton Waadt, Stübelen im Kanton Bern und Glaubenbüelen im Kanton Obwalden einreichte, hatte sie bei den betroffenen Gemeinden bereits ihre Glaubwürdigkeit eingebüsst.[803]

Nach der Besetzung von Kaiseraugst 1975 begannen die Anti-AKW-Organisationen mit der Sammlung von Unterschriften für die Volksinitiative «zur Wahrung der Volksrechte und der Sicherheit beim Bau und Betrieb von Atomanlagen». Die Volksinitiative verlangte einen Bedarfsnachweis für AKWs, Mitspracherechte für die Bevölkerung und die Entsorgung des

Atommülls. Durch die Besetzung von Kaiseraugst 1975 wurde das Problem des Atommülls zu einem zentralen Streitpunkt in der Debatte um die Atomenergie. Die Politik stand zunehmend unter Druck und musste reagieren. Der Bund und die AKW-Betreiber realisierten, dass sie das Problem nicht länger vor sich herschieben konnten. Am 28. November 1975 gründeten sie einen Koordinationsausschuss für radioaktive Abfälle (KARA), der dem Eidgenössischen Amt für Energiewirtschaft unterstand und der erstmals ein Konzept für die Entsorgung des Atommülls in der Schweiz erarbeitete. Im Jahresbericht der KARA stand dann 1976: «Nach heutiger Sicht sollte ab ca. 1985 für den in der Schweiz produzierten schwach- und mittelradioaktiven Abfall mindestens ein Lager betriebsbereit sein.»[804] Für die hochaktiven Abfälle sollte bis 1985 ebenfalls ein Standort gefunden werden. Die Schweizerische Vereinigung für Atomenergie (SVA) stellte 1976 fest, dass die Dringlichkeit der Entsorgung des Atommülls lange Zeit unterschätzt worden war.[805] Bei einer Sitzung mit Vertretern der Elektrizitätswirtschaft sagte im August 1977 SP-Bundesrat Willi Ritschard, der damalige Vorsteher des Eidgenössischen Verkehrs- und Energiewirtschaftsdepartements (EVED): «Im Vordergrund aller Probleme stehen in der Öffentlichkeit die Bedenken wegen der Entsorgung. Sie bildet Gegenstand der meisten Beschwerden. Das Problem ist hochgespielt worden. Dessen Lösung ist für den Bau weiterer Kernkraftwerke entscheidend.»[806]

Das EIR erarbeitete bis im Dezember 1977 ein *Leitbild zu einem schweizerischen Entsorgungskonzept*. Darin wurden erstmals auch Bedenken bezüglich der Realisierung eines Endlagers geäussert: «Durch ein Lager von radioaktivem Abfall wird vorab das Wasser gefährdet. Angesichts der komplizierten Geologie der Schweiz und angesichts der Tatsache, dass die Schweiz in Zukunft vermehrt als Trinkwasserquelle und -reservoir für weite Teile Europas dienen könnte, dürfte es auch im Interesse unserer Nachbarn sein, dass die Abfälle an einem geeigneten Ort ausserhalb der Schweiz beseitigt werden. Dies den Nachbarstaaten nahezulegen und einer multinationalen Lösung den (heute versperrten) Weg zu ebnen, ist eine vordringliche Aufgabe der politischen Instanzen.»[807] Man hätte das Problem des Atommülls damals gerne weiterhin ins Ausland exportiert. Das EIR wies denn auch auf die Schwierigkeiten bei der Suche nach einem Endlager hin. «Welche Sicherheitsanforderungen – für welche Zeiträume – an ein solches Lager gestellt werden müssen, das hängt einerseits von der Lage und den Konstruktionsmerkmalen des Lagers selbst ab, andererseits aber in starkem Masse von der Risikobereitschaft der betroffenen Bevölkerung.»[808]

Unter der Leitung von Peter Stoll, dem Direktor der BKW, hatten die AKW-Betreiber bis am 9. Februar 1978 den Bericht *Die nukleare Entsorgung in der Schweiz* erarbeitet.[809] Am 10. Februar 1978 forderte daraufhin LdU-Nationalrat Franz Jaeger, dass für die Erteilung von Betriebsbewilligungen für AKWs «die dauernde und sichere Entsorgung und Endlagerung der aus Atomanlagen stammenden radioaktiven Abfälle sichergestellt sind».[810] Am 14. April 1978 präsentierten die AKW-Betreiber der Öffentlichkeit ihr Konzept für die Entsorgung des Atommülls in der Schweiz. Der Bericht liess keinen Zweifel an der Machbarkeit eines Endlagers aufkommen: «Aufgrund der heutigen Kenntnisse steht fest, dass für jeden Endlagertyp mindestens eine geeignete Gesteinsformation vorhanden ist.»[811] Das Problem des Atommülls sollte gemäss den AKW-Betreibern bis 1985 gelöst werden. Bis Ende 1985 sollten ein Endlager für schwach- und mittelaktive Abfälle gebaut und gleichzeitig auch ein Standort für die Endlagerung der hochaktiven Abfälle gefunden sein.

Bereits 1972 hatte Jean-Paul Buclin, der ehemalige Direktor des Versuchsatomkraftwerks in Lucens, behauptet, die Entsorgung des Atommülls sei technisch gelöst und warte nur noch auf eine politische Lösung. «Le problème des déchets radioactifs n'est donc pas d'ordre technique, mais avant tout de nature politique et sociale.»[812] Im Abstimmungskampf zur Atominitiative von 1979 wurde diese plakative Parole von den AKW-Betreibern wieder aufgegriffen. In der Broschüre der BKW, *Entstehung, Behandlung und Lagerung radioaktiver Abfälle,* stand: «Wissenschaftlich ist das Problem der Endlagerung radioaktiver Abfälle weitgehend gelöst. Gestützt auf die bereits vorliegenden praktischen Teilerfahrungen sind die Fachleute weltweit davon überzeugt, dass das Problem der Endlagerung einwandfrei gelöst werden kann. Aus den bisherigen Erfahrungen sind keine Tatsachen bekannt geworden, die die Brauchbarkeit geeigneter geologischer Formationen für die Endlagerung in Frage stellen.»[813] In der Hauszeitung der Brown, Boveri & Cie. (BBC) war 1978 ebenfalls zu lesen: «Das Problem der Beseitigung radioaktiver Abfälle ist technisch gelöst […]. Die Diskussion um die Entsorgung ist – das muss ganz klar gesagt sein – kein Fechtboden für wissenschaftliche Auseinandersetzungen. Die grossen Widerstände wurzeln denn auch im politischen und psychologischen Bereich. Die in Frage kommenden Gemeinden fürchten, dass auf ihrem Territorium so etwas wie Atombomben eingelagert werden, die Jahrtausende bewacht werden müssen.»[814]

Am 15. Februar 1978 setzte der Bundesrat unter der Leitung von Eduard Kiener, dem Direktor des BFE, eine bundesinterne Arbeitsgruppe für die nukleare Entsorgung (AG-NEB) ein. Am gleichen Tag beauftragte der Bundesrat das EVED, die bisherigen und zukünftigen AKW-Betreiber «in rechtsgenügender Form darauf aufmerksam zu machen, dass die Werke stillzulegen sind, wenn das Abfallproblem bis Mitte der achtziger Jahre nicht gelöst ist».[815] Am 29. September 1978 bewilligte das EVED das AKW Gösgen mit der Auflage, bis 1985 ein Projekt vorzulegen, das die sichere Entsorgung an einem konkreten Standort nachweisen könne.[816] Als indirekter Gegenvorschlag zur Volksinitiative formulierte der Bundesrat schliesslich am 6. Oktober 1978 einen Bundesbeschluss, der das Atomgesetz von 1959 revidierte und dabei zentrale Anliegen der Anti-AKW-Bewegung aufnahm. Als Voraussetzung für den Bau neuer AKWs wurde nun die Entsorgung des Atommülls verlangt. «Die Rahmenbewilligung wird nur erteilt, wenn die dauernde und sichere Entsorgung und Endlagerung der aus der Anlage stammenden radioaktiven Abfälle gewährleistet ist.»[817] Am 22. Dezember 1978 erhielten auch die AKWs Beznau 1 und 2 sowie Mühleberg die Auflage, die sichere Entsorgung der radioaktiven Abfälle gewährleisten zu können. Demzufolge würde «die Betriebsbewilligung dahinfallen, wenn bis zum 31. Dezember 1985 kein Projekt vorliegt, welches für die sichere Entsorgung und Endlagerung der aus der Anlage stammenden radioaktiven Abfälle Gewähr bietet, und wenn bis dahin die Stilllegung und der allfällige Abbruch des Werkes nicht gewährleistet ist».[818] Im Vorfeld der Abstimmung vom 18. Februar 1979 wurde zur Besänftigung der Opposition das Versprechen abgegeben, dass die in Betrieb stehenden AKWs abgestellt würden, sollte die «Gewähr für die dauernde, sichere Entsorgung und Endlagerung» bis Ende 1985 nicht erbracht werden. SP-Bundesrat Willi Ritschard sagte es damals ganz deutlich: «Gewähr wird bestehen, wenn für alle Abfallarten ausgearbeitete, standortgebundene Projekte mit Sicherheitsberichten und Grundsatzgutachten vorliegen. Auch die nicht unter den Bundesbeschluss fallenden Kernkraftwerke müssen bis 1985 die ‹Gewähr› nachweisen können: andernfalls wird der Bund diesen Kraftwerken die Betriebsbewilligung entziehen.»[819]

Der Glaube an die technische Machbarkeit eines Endlagers stützte sich damals auf die diffusen Zukunftserwartungen einer unter Druck geratenen Atomindustrie. Der Zeitplan des Projekts «Gewähr» erwies sich sehr bald als eine eklatante Fehleinschätzung. Erst allmählich wurde klar, welch schwierige Aufgabe es zu lösen galt.[820] Anfang der 1980er-Jahre versuchte der Nagra-Präsident Rudolf Rometsch das Problem des Atommülls weiter herunterzuspielen. An einer Veranstaltung in Hägendorf im Kanton Solothurn, wo eine Sondierbohrung

> «Wenn die Abfälle so verpackt sind, wie dies die Nagra tut, nehme ich sie unter mein Bett.»
> Rudolf Rometsch, Präsident der Nagra, 1980

stattfinden sollte, sagte er Anfang 1980: «Wenn die Abfälle so verpackt sind, wie dies die Nagra tut, nehme ich sie unter mein Bett.»[821] In der Zeitschrift Smog meinte er Anfang 1981: «Radioaktive Abfälle im Endlager sind wie tote Schlangen, daran hat sich noch niemand vergiftet.»[822] Die Nagra liess damals in der Öffentlichkeit mit ihrem Zweckoptimismus überhaupt keine Zweifel an der technischen Machbarkeit eines Endlagers aufkommen und bezeichnete im Mai 1980 die Möglichkeiten, an den Bohrstandorten günstige Gesteinsformationen zu finden, bereits als «phantastisch».[823]

Mit dem Projekt «Gewähr» wollte die Nagra beweisen, dass der Granit der Schweizer Alpen für ein Endlager geeignet sei. Zu dessen Erforschung und Erprobung als Wirtsgestein für den Atommüll gründete die Nagra im Dezember 1979 das Felslabor Grimsel, das von Mai 1983 bis Juni 1984 gebaut wurde. Das kristalline Gestein in der Nordschweiz sollte für das Endlager anhand von Sondierbohrungen geprüft werden. Die Nagra ging davon aus, dass der Granit unter der Nordschweiz homogen war, eine Vorstellung, die sich schon bald als unzutreffend erwies. 1980 reichte die Nagra die Gesuche für die Bohrungen in zwölf Gemeinden in den Kantonen Solothurn (Hägendorf und Niedergösgen), Aargau (Birrhard, Böttstein, Hornussen, Kaisten, Leuggern, Riniken, Schafisheim), Zürich (Bachs, Weiach) und Schaffhausen (Siblingen) ein. Bereits bei den ersten Bohrungen in Weiach und in Riniken zeigte sich, dass die geologischen Formationen im Untergrund komplexer waren als ursprünglich angenommen. Die Nagra entdeckte die Existenz des Permokarbontrogs zwischen Bodensee und Jura, der den Granit der Nordschweiz auf einer Länge von 40 Kilometern und einer Breite von 10 Kilometern durchschnitt. Sowohl unterhalb als auch südlich des Permokarbontrogs lag das kristalline Grundgebirge zu tief für den Bau eines Endlagers. Die Vorstellung eines grossräumigen, homogenen und unzerklüfteten Granitmassivs musste aufgegeben werden. Die Bohrungen in den Gemeinden, die über dem Permokarbontrog lagen, ergaben keinen Sinn mehr. Das Grundgebirge war auch in grosser Tiefe von Klüften, Brüchen und Gängen durchzogen und zudem wasserführend. Die Hoffnung, dass dort ein sicheres Endlager für den hochaktiven Atommüll gebaut werden konnte, löste sich in Luft auf.

In der Folge konzentrierte sich die Nagra vorerst auf die Suche nach einem Standort für die schwach- und mittelaktiven Abfälle. Im März 1982 veröffentlichte sie dazu eine Liste mit 20 potenziellen Lagerstandorten. Im Dezember 1983 reichte sie dann drei Gesuche für die Bohrungen ein, und zwar für den Oberbauenstock (Mergel) in der Gemeinde Bauen im Kanton Uri, für den Piz Pian Grand (Granit) in den Gemeinden Mesocco und Rossa im Kanton Graubünden und für den Bois de la Glaive (Anhydrit) in der Gemeinde Ollon im Kanton Waadt. Die Nagra stiess jedoch mit ihrem Vorhaben in allen Standortgemeinden auf eine ablehnende Haltung und teilweise auch auf heftigen Widerstand. Als sie am 4. Januar 1989 beim Bundesrat den Bau von Sondierstollen an den drei Standorten Oberbauen, Bois de la Glaive und Piz Pian Grand beantragte, rückten im idyllischen Waadtländer Winzerdorf Ollon die Weinbauern mit Mistgabeln und Jauchewagen aus und spritzten die Forscher der Nagra mit brauner Gülle ab, sodass der damalige SVP-Bundesrat Adolf Ogi am 11. Dezember 1989 im Nationalrat die mahnenden Worte an die Bürgerinnen und Bürger der Gemeinde Ollon richten musste: «Der Bundesrat ruft die Bevölkerung von Ollon mit Nachdruck auf, die Arbeiten zu tolerieren und Ruhe zu bewahren.»[824] Der aufkeimende Widerstand in der Bevölkerung und die konsequente Ausnutzung der Einsprachemöglichkeiten führten zu weiteren Verzögerungen.

Bereits Anfang der 1980er-Jahre war klar geworden, dass der Zeitplan des Projekts «Gewähr» illusorisch war. Der Geologe Marcos Buser erinnerte sich später: «Den Standortnachweis erbringen, innerhalb von fünf Jahren, erwies sich als unlösbare Aufgabe. Daher begann man die Anforderungen herunterzuschrauben. Jahr für Jahr korrigierte man sie einfach immer weiter nach unten, und am Ende hatte man nur noch ein Modell als Nachweis dafür, dass die Sicherheit gewährleistet wäre. Um die Atomkraftwerke, die diese Auflage hatten, weiterbetreiben zu können.»[825] Es zeigte sich, dass die Drohung des Bundesrates, den AKW-Betreibern die Betriebsbewilligungen zu entziehen, nur ein leeres Versprechen war. Der Begriff «Gewähr» wurde in den frühen 1980er-Jahren sukzessive ausgehöhlt, und die Interpretationen der gesetzlichen Bestimmungen wurden immer verschwommener und unverbindlicher. Der Nachweis der sicheren Entsorgung, so wurde nun verkündet, sei lediglich ein Etappenziel in einem langfristigen Prozess.[826] Rudolf Trümpy, der Vorsitzende der AGNEB, lobbyierte seit dem Sommer 1983 bei den bürgerlichen Parteien für eine Fristverlängerung. FDP-Nationalrat Franz Steinegger reichte daraufhin am 27. September 1983 eine entsprechende Interpellation ein, doch der Bundesrat hielt damals eine Fristverlängerung noch für verfrüht. Am 7. Oktober 1983 legte CVP-Nationalrat Beda Humbel eine zweite Interpellation nach. Michael Kohn, Verwaltungsratspräsident der Motor-Columbus, bezeichnete den drohenden Entzug der Betriebsbewilligung in einem Interview in der *Schweizer Illustrierten* vom 21. Januar 1984 als «das Damoklesschwert, das über uns hängt».[827] Eduard Kiener, Direktor des BFE, erklärte daraufhin am 5. Juni 1984 in der *Weltwoche:* «Uns ist der Termin nicht so wichtig wie die Seriosität der Aussage. Das war immer so. Man muss auch sehen, wie der Termin zustande kam: 1978 überlegten wir, so etwa fünf Jahre, bis 1983, müssen wir als Zeitspanne einsetzen, und dann gaben wir noch zwei Jahre dazu. Der Termin war wirklich über den Daumen gepeilt; die Aufgabe war zu neuartig, als dass man den Zeitbedarf im Voraus genauer hätte ermitteln können. Allzulange wollten wir auch nicht Zeit geben, um Druck auszuüben. Als der Termin feststand, war die Elektrizitätswirtschaft auch sofort bereit, das 200-Millionen-Programm aufzustellen.»[828] Am 17. September 1984 erklärte SVP-Bundesrat Leon Schlumpf schliesslich im Ständerat: «Ein rahmenbewilligungsreifes Projekt ist bis Ende 1985 nicht gefordert.»[829] Ein Jahr später verfügte der Bundesrat auf Antrag des EVED am 4. September 1985 die Fristverlängerung.

Zur gleichen Zeit, als sich die Fristverlängerung für das Projekt «Gewähr» immer mehr aufdrängte, forcierten auch die AKW-Betreiber und die Nagra ihre publizistische Kampagne. Die SIK veröffentlichte am 10. April 1984 im *Tages-Anzeiger* ein Inserat mit dem Titel «Ja, wir hinterlassen den künftigen Generationen radioaktive Abfälle. Wahrscheinlich werden sie uns dafür einmal dankbar sein.»[830] Der letzte Abschnitt des Inserats schloss mit der Bemerkung: «Wir können die künftigen Generationen nicht fragen, was für sie das kleinere Übel ist: Geringe Mengen radioaktiver Abfälle, ausserhalb ihres Lebensraumes sicher versorgt, oder eine geplünderte, öde Welt. Aber diese Frage erübrigte sich ja wohl auch.»[831] Im Januar 1985 reichte die Nagra bei den Bundesbehörden ihren achtbändigen Bericht zum Projekt «Gewähr» ein. Der Sicherheitsnachweis – hiess es – sei erbracht. Der Widerstand gegen ein Endlager wurde damals von den Befürwortern der Atomenergie zur irrationalen «psychologischen» Angst erklärt, und die AKW-Gegner wurden der «Atompanik» und der «Atomhysterie» bezichtigt. Die *Neue Zürcher Zeitung* schrieb am 25. März 1987 unter dem Titel *Das Scheinproblem der radioaktiven Abfälle: Zur Entstehung eines Mythos in unserer Zeit:* «Wir lächeln heute über den Hexenwahn vergangener Jahrhunderte, doch ist im Lauf der letzten Jahrzehnte ein mindestens ebenso absurder Mythos entstanden. Die im Zusammenhang mit den radioaktiven Abfällen entstandene Folklore widerspricht nämlich sowohl der Naturwissenschaft wie der Logik. Dennoch werden unter dem Einfluss dieser neuen Mythologie schwerwiegende wirtschaftliche, juristische und politische Entscheide getroffen.»[832]

Im Juni 1987 kam die AGNEB dann zum Schluss: «Auch wenn mit dem Projekt Gewähr 1985 der erwartete Nachweis der sicheren Entsorgung erst teilweise erbracht werden konnte, sieht die AGNEB keine Gründe, welche für einen Entzug der Betriebsbewilligung der bestehenden Kernkraftwerke sprechen würden.»[833] Auf der Grundlage dieser Beurteilung traf der Bundesrat im Juni 1988 den Entscheid: «Für hochaktive Abfälle und die aus der Wiederaufbereitung stammenden langlebigen alphahaltigen Abfälle ist der Sicherheitsnachweis ebenfalls erbracht. Noch nicht erbracht ist der Standortnachweis für diese Abfälle, das heisst der Nachweis von genügend ausgedehnten Gesteinskörpern mit den erforderlichen Eigenschaften.»[834] Weiter hiess es im Bundesbeschluss: «Bis zum Entscheid des Bundesrates über den Standortnachweis bleiben die Betriebsbewilligungen der bestehenden Kernkraftwerke in Kraft.»[835] Die Nagra hatte also theoretisch den Nachweis erbracht, dass sowohl der schwach- wie der hochaktive Atommüll in der Schweiz sicher entsorgt werden könnte, nur konnte dafür der geeignete Standort noch nicht gefunden werden. Der Granit in der Nordschweiz hatte sich aufgrund des Permokarbontrogs für das Endlager als ungeeignet herausgestellt. Der Bundesrat ordnete daher weitere geologische Untersuchungen an und beauftragte die Nagra damit, auch in anderen Gesteinsarten nach einem geeigneten Standort zu suchen. Dafür wurde die Betriebsbewilligung der AKWs von der Entsorgung des Atommülls abgekoppelt. Charles McCombie, der damalige wissenschaftliche Leiter der Nagra, erinnerte sich später: «Der grösste Kritikpunkt war: ‹Ihr habt uns keinen Standort benannt.› Auf Deutsch nennt man das ‹Standortnachweis›. Das ist der Nachweis eines Endlagerortes. ‹Also geht los und erfüllt diesen letzten Teil des Projekts.› Ich habe kein Problem damit. Wenn du so willst, war es aber ein Erfolg, denn sie schalteten die Atomkraftwerke nicht ab.»[836] Der Atomindustrie ging es demnach mit dem Projekt «Gewähr» primär darum, die drohende Abschaltung der AKWs zu verhindern, und erst zweitrangig um eine sichere Entsorgung des Atommülls.

Widerstand am Wellenberg

Überall, wo die Nagra zu bohren begann, stiess sie auf Widerstand. Offensichtlich war niemand bereit, ein Endlager für Atommüll vor seiner Haustüre zu akzeptieren. Die Angst vor Unfällen und Lecks liess bei der betroffenen Bevölkerung die Emotionen hochgehen. Die Sorge vor der Unbewohnbarkeit ganzer Landstriche, sollte etwas schiefgehen, führte teilweise zu heftigen Reaktionen. «Natürlich ist das Problem auch rein psychologisch, wenn die Leute wissen: 500 Meter unter meinem Haus ist ein Endlager für hoch radioaktiven Atommüll. Das sind schon Fragen, die eine neue Dimension aufwerfen», meinte der Geologe Marcos Buser.[837] Überall dort, wo die Nagra eine Region zum potenziellen Standort für ein Endlager erklärte, regte sich Widerstand. So auch im Kanton Nidwalden, wo die Nagra 1986 den Wellenberg in der Gemeinde Wolfenschiessen als Endlager für die schwach- und mittelaktiven Abfälle anvisierte. Im gleichen Jahr wurde dort ein Komitee für die Mitsprache des Nidwaldner Volkes bei Atomanlagen (MNA) gegründet, das noch im selben Jahr eine Volksinitiative einreichte, die verlangte, dass Stellungnahmen der kantonalen Regierung zu Atomanlagen von der Landsgemeinde abgesegnet werden müssten. 1987 stimmte die Landsgemeinde der Volksinitiative zu und lehnte 1988 das Sondiergesuch der Nagra ab. 1990 wurde dann eine Verfassungsinitiative angenommen, die auch den Bau eines Sondierstollens der Bewilligung durch die Landsgemeinde unterstellte. Die Nagra reichte dagegen beim Bundesgericht Beschwerde ein, doch das Bundesgericht hiess im Herbst 1993 die Verfassungs- und Gesetzesänderungen gut, womit sich der Kanton Nidwalden de facto ein Mitspracherecht erstritten hatte, um über ein Endlager am Wellenberg zu entscheiden.[838]

Im April 1991 forderte Ulrich Fischer, FDP-Nationalrat und ehemaliger Direktor der Kernkraftwerk Kaiseraugst AG, in einer Motion, die Bewilligungsverfahren für Endlager zu vereinfachen und zu beschleunigen. Der SVP-Bundesrat und damalige Energieminister Adolf Ogi unterstützte das Vorhaben, da er die Beschwerdemöglichkeiten gegen die Nagra ebenfalls einschränken wollte, um endlich ein Endlager bauen zu können. Anfang 1993 ging die entsprechende Vorlage für eine Teilrevision der Kernenergiegesetzgebung, die den inoffiziellen Titel «Lex Wellenberg» trug, in die Vernehmlassung. Die Umwelt- und Energiekommission des Nationalrats legte das Gesetz dann aber wegen des politischen Widerstands vorerst auf Eis und erklärte später, man wolle die Beschleunigung des Verfahrens bei der anstehenden Totalrevision des Atomgesetzes regeln.[839] Im Juni 1993 hatte die Nagra bekannt gegeben, dass der Wellenberg ihr favorisierter Standort für ein Endlager für schwach- und mittelaktive Abfälle sei. Im Mai 1994 offerierte die Nagra der Gemeinde Wolfenschiessen eine einmalige Entschädigung von drei Millionen Franken und einen jährlichen Zustupf von 300 000 Franken bis zur Baubewilligung Auch der Kanton Nidwalden sollte eine einmalige Entschädigung von 2,3 Millionen Franken erhalten, und ihm wurden während 40 Jahren Stromkosten erlassen. Die AKW-Betreiber gründeten die Genossenschaft für nukleare Entsorgung Wellenberg (GNW), reichten im Juni 1994 beim Bund das Gesuch für die Rahmenbewilligung für das Endlager Wellenberg ein und stellten im September 1994 beim Kanton Nidwalden ein Konzessionsgesuch. In den Diskussionen sorgte insbesondere die Frage für Aufregung, wie lange die AKW-Betreiber für ein Endlager verantwortlich seien. Im Dezember 1994 liess Auguste Zurkinden, der Chef der Sektion radioaktive Abfälle der HSK, an einer Veranstaltung verlauten: «Nachdem das Endlager verschlossen ist, gilt es nicht mehr als Atomanlage.»[840] Damit wären die AKW-Betreiber nach dem Verschluss von allen weiteren Verpflichtungen entbunden. Der Nidwaldner Regierungsrat befürwortete im Januar 1995 das Rahmenbewilligungsgesuch und stellte die Erteilung der kantonalen Konzession für die Nutzung des Untergrunds in Aussicht. Am 25. Juni 1995 lehnte die Nidwaldner Bevölkerung jedoch das Rahmenbewilligungsgesuch und die Erteilung der Konzession erneut mit rund 52 Prozent ab. Die Gemeinde Wolfenschiessen stimmte den beiden Vorlagen mit rund 55 Prozent zu. Durch die Verweigerung der Konzession war das Endlager im Wellenberg damit endgültig blockiert.

Der Bundesrat kommentierte ein Jahr später, am 28. August 1996, im Nationalrat die Nidwaldner Abstimmung wie folgt: «Der ablehnende Volksentscheid in Nidwalden zur Konzessionserteilung für den Bau eines Endlagers stellt für die Arbeiten im Hinblick auf die Entsorgung der radioaktiven Abfälle in der Schweiz einen Rückschlag dar. Nicht nur der Standort Wellenberg wird dadurch infrage gestellt. Obschon das 1994 in Kraft getretene Strahlenschutzgesetz festlegt, dass die in der Schweiz anfallenden radioaktiven Abfälle grundsätzlich im Inland beseitigt werden müssen, könnten in jedem potentiellen Standortkanton Sondierarbeiten und der Bau eines Endlagers in ähnlicher Weise verunmöglicht werden.»[841] Der Bundesrat wollte deshalb den Wellenberg als Standort für ein Endlager nicht aufgeben: «Was den Wellenberg anbelangt, muss der Entscheid des Nidwaldner Volkes respektiert werden; dies schliesst jedoch weitere Volksabstimmungen zu einem späteren Zeitpunkt nicht aus.»[842] Im Januar 2001 reichte dann die GNW bei der Nidwaldner Kantonsregierung erneut ein Konzessionsgesuch für einen Sondierstollen ein. Doch auch am 22. September 2002 lehnte die Nidwaldner Bevölkerung die vom Regierungsrat erteilte Konzession mit 58 Prozent ab. Die Gemeinde Wolfenschiessen hatte wieder mit 56 Prozent zugestimmt. Das Scheitern des Wellenberg-Projekts nach einer Jahrzehnte dauernden Standortsuche war für die Nagra ein schwerer Rückschlag. Die AKW-Betreiber beschlossen die Aufgabe des Projekts, und der Bundesrat erklärte in einer Stellungnahme im Nationalrat vom 26. Februar 2003: «Mit dem Nein vom 22. September 2002 hat sich die Nidwaldner Bevölkerung gegen den Sondierstollen und damit gegen weitere Untersuchungen am Wellenberg ausgesprochen. Damit wird es im Wellenberg kein SMA-Lager geben.»[843]

Die Nidwaldner Abstimmung hatte direkte Auswirkungen auf die Revision des Kernenergiegesetzes, die sich 2002 in der parlamentarischen Beratung befand und am 21. März 2003 beschlossen wurde. Das Parlament hob in der Revision des Atomgesetzes nämlich das kantonale Veto gegen ein Endlager zugunsten eines fakultativen Referendums auf. Damit war es nun möglich, dass die Schweizer Stimmbevölkerung eine Gemeinde in einer Referendumsabstimmung zur Errichtung eines Endlagers zwingen könnte. Charles McCombie, der ehemalige wissenschaftliche Leiter der Nagra, sagte dazu: «In der Schweiz gibt es keine Freiwilligkeit. Das kantonale Vetorecht wurde abgeschafft. Was die Schweiz jetzt hat, ist ein nationales Vetorecht. Das ist ein echter Witz. Das hat überhaupt keine Auswirkungen in einem föderalen System, wie wir es hier haben. Wenn ein Standort ausgewählt wurde, und die lokale Gemeinde und der lokale Kanton sind dagegen, wird dasselbe wie in Amerika passieren. Wenn das ganze Land abstimmt, sind sie ziemlich schnell überstimmt.»[844] Mit der Abschaffung des kantonalen Vetos wurde ein Konflikt geschaffen zwischen föderaler Mitbestimmung und direkter Demokratie auf nationaler Ebene, der letztlich nicht lösbar ist.

Die Einschränkung der demokratischen Mitspracherechte beschwor gleichzeitig die Angst vor einem «zweiten Kaiseraugst» herauf, mit Massendemonstrationen, Blockaden, Geländebesetzungen, Strassenschlachten, Scharmützeln und Polizeieinsätzen. Nach der Revision des Atomgesetzes von 2003 drängte sich auch in der Schweiz die Frage auf, ob ein Endlager gegen den Willen der Bevölkerung überhaupt erzwungen werden könnte. Sollte ein Endlager tatsächlich gegen den Widerstand der betroffenen Bevölkerung auch mit Gewalt durchgesetzt werden, zum Beispiel mit Enteignungen, gewaltsamen Räumungen und Bauarbeiten unter Polizei- und Militärschutz? Der Bundesrat antwortete auf eine entsprechende Anfrage von Franziska Teuscher, Nationalrätin der Grünen, am 2. Juli 2003: «Der Einsatz von Militär und Polizei zur Durchsetzung einer Lösung dieses Problems gegen den Willen der betroffenen Bevölkerung entspricht nicht Schweizer Tradition und steht für den Bundesrat nicht zur Diskussion.»[845] Allerdings gab er auch zu bedenken: «Unabhängig vom politischen Widerstand gegen einen möglichen Standort ist die langfristige Sicherheit von Mensch und Umwelt das oberste Ziel der nuklearen Entsorgung.»[846] Das Dilemma besteht darin, dass für die Entsorgung des Atommülls der sicherste Ort gefunden werden muss, ihn aber niemand bei sich haben will. Alle finden, dass es natürlich ein Endlager geben müsse, nur nicht bei uns. Fragt man die betroffene Bevölkerung, wird sie nie zustimmen, dass auf ihrem Boden ein Endlager gebaut wird. Die Suche nach einem Endlager verträgt sich daher nur schlecht mit der Demokratie.

Da die gesellschaftliche Akzeptanz eine Voraussetzung für ein Endlager ist, entwickelte das Bundesamt für Energie (BFE) nach dem Scheitern des Wellenberg-Projekts ein breit angelegtes Partizipationsverfahren, in das alle Gemeinden, die in den ausgewählten Standortgebieten liegen, mit einbezogen werden sollten. Neu wurde dieses Verfahren nicht mehr von der Nagra, sondern unter Federführung des Bundes geführt. Ohne die Unterstützung der Bevölkerung wäre jeder Standort zum Scheitern verurteilt. Im Mitwirkungsverfahren wurden in jedem potenziellen Standortgebiet Regionalkonferenzen eingerichtet, in denen die betroffenen Gemeinden ihre Wünsche und ihre Kritik einbringen konnten. Die regionale Partizipation sollte aber den tatsächlichen Entscheid über den Bau eines Endlagers nicht tangieren. Die Mitsprache umfasst den Standort und die Gestaltung der Oberflächenanlagen. Vordergründig können zwar alle mitreden, aber entscheiden dürfen sie am Ende nicht. Käme es zu einer nationalen Referendumsabstimmung, würde die betroffene Gemeinde wahrscheinlich überstimmt. Das politische System der Schweiz stösst hier an seine Grenzen. Charles McCombie sagte später: «Jetzt hört man die Regierung sagen: ‹Wir werden mit den Leuten reden.› Sie nennen das ‹Partizipation›. Ich war kürzlich bei einer Veranstaltung von ortsansässigen Bauern. Einer der Bauern fragte: ‹Was passiert, wenn wir partizipieren, aber nicht zustimmen?› Der Regierungssprecher antwortete: ‹Wir können lange diskutieren im Partizipationsverfahren.› Der Bauer sagte: ‹Was ist, wenn wir immer noch nicht zustimmen?› Der Sprecher klopfte auf den Tisch und sagte: ‹Jemand muss entscheiden.›»[847] Jean-Jacques Fasnacht, Arzt in Benken im Zürcher Weinland und Co-Präsident der Widerstandsorganisation KLAR! Schweiz, bezeichnete das Partizipationsverfahren deshalb als eine «Farce», als «Oppositionsfolklore» und «Scheindemokratie».[848] Der Geologe Marcos Buser meinte: «Eine Bevölkerung kann ein Endlager nicht akzeptieren, wenn sie keine Mitbestimmungsrechte bezüglich der Sicherheit hat.»[849]

Die Produktion von Atomenergie wird oft von der Frage der Entsorgung des Atommülls getrennt. Man möchte gerne «billigen» Atomstrom konsumieren, aber kein Endlager für die radioaktiven Abfälle beherbergen. Diese Art von «Schizophrenie» kam auch im Kanton Nidwalden zum Vorschein. Auch die Nidwaldnerinnen und Nidwaldner wollten Atomstrom, aber keinen Atommüll. Im September 2010 kam dort eine Energieinitiative der SP zur Abstimmung, die verlangte, dass der Kanton Nidwalden nach einer Frist von 30 Jahren keinen Atomstrom mehr beziehen würde. 64 Prozent lehnten die Energieinitiative ab. Am 13. Februar 2011 stimmte der Kanton Nidwalden dann erneut über die Vernehmlassung zum «Sachplan geologischer Tiefenlager» ab, mit dem das BFE nun einen Standort für ein Endlager finden wollte. Der Nidwaldner Regierungsrat verlangte, dass der Wellenberg aus der Liste der möglichen Tiefenlager-Standorte für schwach- und mittelaktive Abfälle gestrichen werde. 79,7 Prozent stimmten diesmal gegen ein Endlager im Wellenberg. Als der Wellenberg dann im November 2011 bei der Nagra wieder auf der Liste der möglichen Standorte auftauchte, schlug dies im Kanton Nidwalden ein wie eine Kriegserklärung. Die Volksentscheide gelten im Innerschweizer Urkanton als sakrosankt. Damit hatten die Nidwaldnerinnen und Nidwaldner nicht gerechnet, sie glaubten nach den vier gewonnenen kantonalen Volksabstimmungen 1988, 1995, 2002 und 2011, den Kampf endlich gewonnen zu haben.

Der Bundesrat rechtfertigte das Vorgehen im Nationalrat am 13. März 2012 wie folgt: «Ein wichtiger staatspolitischer Grundsatz ist zudem die Gleichbehandlung der Kantone. Mit demselben Recht wie der Kanton Nidwalden auf seine kantonalen Abstimmungen verweist, könnten sich andere Kantone auf Verfassungs- oder Gesetzesabstimmungen im Zusammenhang mit Atomanlagen berufen und ein Ausscheiden ihrer Standortgebiete verlangen. Die Entsorgung der radioaktiven Abfälle ist jedoch eine nationale Aufgabe und kann nur gelöst werden, wenn sie als solche verstanden wird.»[850] Der Nidwaldner SVP-Nationalrat Peter Keller meinte hingegen am 16. März 2012: «Mit dem neuen Kernenergiegesetz wurde unser föderalistischer Staatsaufbau auf den Kopf gestellt und die Nidwaldner Bevölkerung rückwirkend von oben entmündigt. Damit wurde auch die direkte Demokratie, als wohl wichtigste politische Klammer der Schweiz, ausgehebelt, nur weil vorliegende Volksentscheide nicht den Erwartungen des Bundes entsprachen. Dies ist ein staatspolitisches Vorgehen, das nicht Schule machen darf und korrigiert werden muss.»[851] Der Kanton Nidwalden reichte daraufhin im Parlament eine Standesinitiative ein, um das Vetorecht wieder einzuführen. Der Nationalrat stimmte der Vorlage im Herbst 2013 überraschend mit 111 zu 68 Stimmen zu. Der Ständerat lehnte die Initiative jedoch mit 23 zu 17 Stimmen ab. Der Wellenberg blieb vorerst eine «Reserveoption», die Nagra schlug Anfang 2015 allerdings vor, den Standort zurückzustellen, und Ende 2016 empfahl auch das ENSI, den Wellenberg «aus sicherheitstechnischen Gründen» nicht weiterzuverfolgen. Kritiker monierten, der Entscheid sei politisch motiviert, da man sich nicht noch einmal mit den zornigen Innerschweizern anlegen wolle.[852] Am 10. Juni 2018 wurde im Kanton Nidwalden erneut abgestimmt. 89 Prozent forderten diesmal, dass der Wellenberg definitiv von der Reserveliste für ein Endlager gestrichen werde.

Das Scheitern am Wellenberg hat die Suche nach einem Endlager um Jahrzehnte zurückgeworfen. Peter Steiner, Präsident des MNA, der das Endlager am Wellenberg während 30 Jahren bekämpfte, sagte am 1. Februar 2015 gegenüber dem Schweizer Radio: «Ich glaube, im Grossen und Ganzen haben wir die Sache richtig gemacht. Was ich im Rückblick auch noch sagen darf, wir haben auf rechtlicher Seite gekämpft und wir haben mit demokratischen Mitteln gekämpft. Glücklicherweise kommen wir damit ans Ziel. Es sieht so aus. Ich stelle aber fest, dass andere mögliche Standorte, wo die Mistgabel hervorgenommen wurde, wo brachial vorgegangen wurde, sehr viel schneller zum Ziel gekommen sind. Das ist schon ein bisschen komisch im Nachhinein. Also ich frage mich manchmal im Nachhinein, hätten wir nicht besser und effektvoller von Anfang an brachial eingegriffen und gesagt, ‹so geht das nicht›, mit Blockaden und und und. Das ist schon ein bisschen deprimierend. Ich bin froh, dass wir auf unserem rechtlichen und demokratischen Weg dieses Ziel erreichen konnten. Gewalt ist nicht das, was mir irgendwie nahesteht.»[853] Als der Kanton Schaffhausen Anfang 2013 ebenfalls mit einer Standesinitiative das Vetorecht verlangte, meinte der SVP-Kantonsrat Samuel Erb: «Wir können nicht den sichersten Standort für ein Endlager verlangen und diesen dann gleichzeitig mit einem Vetorecht bekämpfen.»[854] CVP-Bundesrätin und Energieministerin Doris Leuthard gab bei einer Veranstaltung in der Gemeinde Feuerthalen im Kanton Zürich im September 2013 ebenfalls zu bedenken: «Jedes Parlament würde seine Regierung beauftragen, Gebrauch zu machen vom Vetorecht. Was ist dann die Lösung? Ins Ausland mit den Abfällen?»[855] Den AKW-Gegnern wurde wiederholt der Vorwurf gemacht, Fundamentalopposition zu betreiben und letztlich jeden Standort zu bekämpfen. Käthi Furrer, Co-Präsidentin der Widerstandsorganisation KLAR! Schweiz, meinte hingegen: «Widerstand zwingt die Nagra, wirklich die besten Lösungen zu finden.»[856]

«Jedes Parlament würde seine Regierung beauftragen, Gebrauch zu machen vom Vetorecht. Was ist dann die Lösung? Ins Ausland mit den Abfällen?» Bundesrätin Doris Leuthard, 2013

Atommüllexporte nach Russland

Mit den Versenkungen im Nordatlantik von 1969 bis 1982 praktizierte die Schweiz während Jahren den Export ihres Atommülls. Zudem sahen die ersten Verträge mit den Wiederaufbereitungsanlagen in La Hague und Sellafield ebenfalls keine Rücknahme des Atommülls vor, bis die Verträge Ende der 1970er-, Anfang der 1980er-Jahre geändert wurden und die radioaktiven Abfälle ab 1992 wieder in die Schweiz zurückkehrten. Die Schweiz konnte sich so während einiger Jahre von ihrer Verantwortung freikaufen. Auch später hielt der Bund am Export des Atommülls als einer Option fest. 1979 bot Argentinien, dessen Militärjunta ein Jahr zuvor ein eigenes Atombombenprogramm gestartet hatte, der Schweiz Verhandlungen über eine Endlagerung der radioaktiven Abfälle an, da es an der Extraktion von Plutonium aus den abgebrannten Brennstäben interessiert war. Am 24. Januar 1984 erhielt die Schweiz ein ähnliches Angebot von der Volksrepublik China, die ebenfalls abgebrannte Brennelemente übernehmen wollte, um ihr Atombombenprogramm zu intensivieren.[857] Den Atommüll wollte China dann in den Wüsten Taklamakan oder Gobi entsorgen. Eduard Kiener, Direktor des BFE, erklärte am 14. Juni 1985 vor dem Schweizerischen Energie-Konsumenten-Verband, die Endlagerung radioaktiver Abfälle aus der Schweiz in China stehe gegenwärtig nicht zur Diskussion. Gleichzeitig buhlten in China deutsche, französische, amerikanische und japanische Firmen um Aufträge beim Bau neuer AKWs. Dabei hoffte auch die Sulzer AG auf Aufträge, und die Beratungsfirma Swiss Power Consultants war an den Geschäftsverhandlungen beteiligt.[858] Am 12. November 1986 wurde zwischen der Schweiz und der Volksrepublik China dann ein Abkommen unterzeichnet, das den Austausch von «Nukleargütern» für friedliche Zwecke ermöglichen sollte. Roland Naegelin, der Direktor der HSK, sagte daraufhin am 12. Januar 1987 im Politmagazin *Rundschau* des Schweizer Fernsehens, den Bund interessiere nicht, was mit den radioaktiven Abfällen der Schweiz im Ausland geschehe, wichtig sei nur die Sicherheit der AKWs in der Schweiz. Der Ständerat stimmte dem Abkommen mit China am 10. Dezember 1987, der Nationalrat am 22. Juni 1988 zu. Am 22. November 1989 erklärte der Bundesrat jedoch, er sei von den AKW-Betreibern informiert worden, die Verhandlungen mit China über die allfällige Übernahme radioaktiver Abfälle aus der Schweiz seien suspendiert worden.

Charles McCombie, der von 1979 bis 1997 für die Nagra tätig war und von den AKW-Gegnern auch «McZombie» genannt wurde, initiierte 1998 das erste internationale Endlagerprojekt, «Pangea», das hochaktiven Atommüll aus aller Welt in der australischen Steppe vergraben wollte. In Süd- und Westaustralien entdeckte man grosse Gebiete, die nicht mehr als fünf Meter Höhenunterschied in einem Radius von 100 Kilometern aufweisen. An diesen Orten gibt es keine Faltungen oder tektonischen Platten, die die Erdoberfläche zerreissen oder topografische Veränderungen verursachen könnten. Es sind Orte, an denen sich das Wasser kaum bewegt und die zu den flachsten Gegenden der Welt gehören. Charles McCombie sah darin den Schlüssel zu einem hoch isolierten Standort für den Atommüll. Mit seinem Endlagerprojekt wollte er die globale Sicherheit verbessern und die Endlagerung gleichzeitig als Geschäftsmodell etablieren. Die Hauptfinanzierung kam von der staatlichen Firma British Nuclear Fuel Limited, aber auch die Schweizer Atomindustrie finanzierte mit. In einem Werbevideo wurde das «Pangea-Projekt» wie folgt angepriesen: «Natürlich geht das Schicksal dieses Materials alle etwas an. Und Pangea ist eine Organisation, die sichere und globale Lösungen vorantreiben will. Ein Spezialschiff bringt Behälter zu einem Spezialhafen in Australien. Die Schiffe haben viele Sicherheitseinrichtungen, die sie extrem sicher machen. Sobald sie abgeladen sind, werden die Behälter mit einem speziellen Zug mehrere hundert Kilometer zum Endlager transportiert. Schädliche Materialien können an diesem Ort niemals austreten.»[859] Als die Umweltschutzorganisation Friends of the Earth an das Video gelangte und es veröffentlichte, brach in Australien ein Sturm der Entrüstung los. Paul Gilding, Direktor von Greenpeace Australien, sagte damals an einer Konferenz: «Dieser Vorschlag wird der Welt nicht helfen, ein unlösbares Problem zu lösen, das auf unglücklichen Umständen basiert. Dahinter stehen wohlhabende Länder, Grossbritannien und die Schweiz, die durch gravierende Fehlentscheidungen Massen von Atommüll produziert haben, den sie nicht bei sich entsorgen können, weil ihre Bevölkerung auch nicht dumm ist. Sie haben das Problem geschaffen. Lösen sie es. Falls wir ihnen helfen können, packen wir gerne mit an. Wir haben schlaue Wissenschaftler und Techniker, die weltweit führend in der nuklearen Entsorgung sind. Und wir sind stolz auf sie. Wir sind ihnen gerne dabei behilflich, den Atommüll möglichst sicher zu lagern, in ihrer eigenen Erde.»[860]

Auch der Bundesrat schien Ende der 1990er-Jahre einem Export des Atommülls nicht abgeneigt zu sein. Am 26. November 1997 sagte er beispielsweise in einer Stellungnahme im Nationalrat: «Internationale Lösungen für Endlager hochradioaktiver Abfälle könnten sowohl aus sicherheitstechnischen als auch aus ökonomischen Überlegungen durchaus sinnvoll sein. Aufgrund der geringen Volumen der hochradioaktiven Abfälle dürften zum Beispiel für ganz Europa zwei bis drei Lager genügen.»[861] 1999 setzte sich dann Franz Hoop, Brennstoffeinkäufer der Elektrizitätsgesellschaft Laufenburg, als Erster dafür ein, Atommüll aus der Schweiz nach Russland zu exportieren. Zusammen mit Herbert Bay, Brennstoffeinkäufer der NOK, führte er diesbezüglich Verhandlungen mit dem russischen Energieministerium Minatom. Die Schweizer AKW-Betreiber wollten damals 2000 Tonnen hochaktiven Atommüll nach Russland abschieben. Im Herbst 2000 verhandelte Hans Achermann, Geschäftsleitungsmitglied der Elektrizitätsgesellschaft Laufenburg, die damals das AKW Leibstadt betrieb, mit Russland über das Thema Leasing von Mischoxid-Brennelementen (MOX), welche in Russland hergestellt, in den Schweizer AKWs eingesetzt und nach Gebrauch wieder nach Russland zurückgeschickt werden sollten. Die russische Duma hob im Dezember 2000 das Importverbot für ausländischen Atommüll auf, da sie offenbar ein gutes Geschäft mit dem Atommüll aus dem Westen witterte. Ein Milliardengeschäft, dessen Volumen auf rund 30 Milliarden Euro geschätzt wurde.[862]

Am 10. Juni 2001 berichtete die *SonntagsZeitung* darüber, dass Uran und Plutonium aus abgebrannten Brennstäben aus den Schweizer AKWs via die Wiederaufbereitungsanlagen in La Hague und Sellafield nach Russland exportiert würden.[863] SP-Nationalrat Rudolf Rechsteiner stellte am 21. Juni 2001 im Parlament die Frage: «Wie begegnet der Bundesrat der Gefahr, dass Atommüll, der unter der Etikette Aufarbeitung nach Russland weitergeliefert wird, definitiv dort verbleibt und angesichts der grassierenden Korruption unsachgemäss gelagert wird (‹aus den Augen aus dem Sinn›)?»[864] Der Bundesrat sagte in seiner Stellungnahme vom 21. September 2001, dass in Russland im Auftrag von Siemens Brennelemente aus Uran hergestellt würden. Das Uran stamme aus der Wiederaufbereitung in La Hague und sei aus abgebrannten Brennelementen der Schweizer AKWs zurückgewonnen worden. Einem Export von Atommüll nach Russland könne einstweilen aber nicht zugestimmt werden. Das BFE erklärte dazu, «der Weiterexport von Kernbrennstoffen schweizerischer Kernkraftwerke aus einer Wiederaufbereitungsanlage in einen Drittstaat, zum Beispiel zwecks Herstellung von MOX- oder WA-Brennstoffen, unterliegt nicht der Zustimmung durch die schweizerischen Behörden».[865] Und weiter: «Da wir über das Kernmaterial schweizerischer Kernkraftwerke, das sich im Ausland befindet, nicht Buch führen, haben wir auch keine Angaben, wie viel

Schweizer WA-Uran sich in Russland befindet und aus welchen Anlagen dieses Material stammt.»[866]

Bei der Wiederaufbereitung werden die abgebrannten Brennelemente zunächst während rund fünf Jahren in einem Abklingbecken abgekühlt. Wenn sie das Abklingbecken verlassen, werden sie zerschnitten und in einem Bad aus Salpetersäure aufgelöst. Dieses Vorgehen ermöglicht es, die verschiedenen Bestandteile der Brennstäbe voneinander zu trennen. Am Ende bleiben 95 Prozent Uran, 1 Prozent Plutonium und 4 Prozent Endmüll übrig. Die Wiederaufbereitung lässt die Radioaktivität also nicht verschwinden, sondern konzentriert sie im Endmüll, der extrem gefährlich ist, da er 99 Prozent der Radioaktivität enthält. Dieser Endmüll wird in flüssigem Glas eingeschmolzen und kommt in die Endlagerung. Das Plutonium hingegen kann wiederverwertet werden, entweder als spaltbares Material für Atomwaffen oder als neuer Brennstoff für AKWs, indem das Plutonium mit Uran gemischt wird, woraus die Mischoxid-Brennelemente (MOX) entstehen. 95 Prozent des Materials aus den abgebrannten Brennelementen ist Uran, das ebenfalls wieder angereichert und in Brennstoff umgewandelt werden kann. Allerdings können bei der Anreicherung des Urans nur 10 Prozent wiederverwendet werden, die restlichen 90 Prozent sind ebenfalls radioaktiver Abfall. Ab 1990 hatte Russland in der kerntechnischen Anlage Tomsk-7 bei Sewersk in Sibirien das Uran aus den abgebrannten Brennelementen der Wiederaufbereitungsanlage La Hague angereichert. Der radioaktive Abfall, der dabei während der Anreicherung des Urans entstand, blieb in Tomsk-7 und wurde dort notdürftig unter freiem Himmel gelagert.[867] Mit grosser Wahrscheinlichkeit gelangte in dieser Zeit über die Wiederaufbereitungsanlagen La Hague und Sellafield auch Uran und Plutonium aus den abgebrannten Brennelementen der Schweizer AKWs nach Russland. Nebst der unsachgemässen «Entsorgung» des Atommülls an der Erdoberfläche, ohne besonderen Schutz, bedeutete dabei auch dessen Transport quer durch Europa ein kaum kalkulierbares Risiko.

Franz Hoop, der Brennstoffeinkäufer der Elektrizitätsgesellschaft Laufenburg, der sich 1999 als Erster für einen Export des Atommülls nach Russland einsetzte, gründete 2001 das Nuclear Disarmament Forum (NDF) in Zug. Später wurde der Russe Andrei Bykow Geschäftsführer der Firma, die unter dem Deckmantel einer «wohltätigen» Organisation im Rohstoffhandel mit Uran, Öl und Gas agierte. Die NDF gab vor, Plutonium aus russischen Atomwaffen in Form von MOX-Brennelementen für westliche AKWs nutzbar zu machen und so das spaltbare Material dem Schwarzmarkt zu entziehen, bevor es in die Hände von Terroristen gelange. Das Zauberwort der Firma hiess dabei «MOX-Leasing», das heisst, durch die Rückgabe der abgebrannten MOX-Brennelemente nach Russland sollte die Entsorgung des Atommülls aus den westlichen AKWs ebenfalls gewährleistet werden. Für einigen Wirbel in der Öffentlichkeit sorgte Andrei Bykow, als er im Herbst 2002 im Casino Zug einige Friedenspreise an Prominente verteilte. Michail Gorbatschow und Bischof Desmond Tutu traten an der Preisverleihung auf, nicht aber Wladimir Putin, der vom NDF ebenfalls einen Friedenspreis erhielt. Der Zuger Regierungsrat und der Stadtpräsident von Zug lehnten eine Teilnahme an der Promotionsveranstaltung ab.[868] Später geriet Andrei Bykow, der offenbar in verschiedene dubiose Geschäfte verstrickt war, auch ins Visier der Justiz, da der deutsche Energiekonzern EnBW von ihm wegen nicht eingehaltener Verträge im Zeitraum von 2001 bis 2008 rund 130 Millionen Euro zurückforderte.[869]

Der Bundesrat betonte immer wieder, dass er an dem international anerkannten Prinzip festhalten werde, wonach jene Generationen, die den Nutzen aus der Atomenergie ziehen, dafür sorgen, dass die entstehenden radioaktiven Abfälle sicher und dauerhaft beseitigt werden. Ausserdem schreibe das Atomgesetz vom 21. März 2003 vor, dass der Atommüll grundsätzlich in der Schweiz, in geologischen Tiefenlagern, entsorgt werden müsse. Allerdings liess das revidierte Atomgesetz ein «Hintertürchen» für den Export des Atommülls offen, indem dafür ausnahmsweise eine Bewilligung erteilt werden könnte, sofern der Empfängerstaat dem Import zustimmt und über ein dem internationalen Stand von Wissenschaft und Technik entsprechendes Endlager verfügt. Der Bundesrat hatte sich damit die Option eines Exports offengehalten, auch wenn er in der politischen Debatte immer wieder betonte, der Atommüll solle in der Schweiz entsorgt werden. Der Export war ein Tabu, aber irgendwie schien es doch verlockend zu sein, das Problem auf diese Weise zu lösen. Die SVP hat daraus nie einen Hehl gemacht und deshalb auch immer wieder den Export des Atommülls gefordert. Vor den Parlamentswahlen 2011, am 26. August 2011, sagte der SVP-Chefstratege Christoph Blocher in einem Interview in der *Neuen Zürcher Zeitung:* «Ein Atomendlager ergibt dort Sinn, wo die geologischen Gegebenheiten optimal sind und so die Sicherheit für die Bevölkerung garantiert wird. Da es im Ausland genügend Interesse für gute Atomendlagerstätten gibt, die dankbar für solche Abfälle wären, würde ich mich dafür einsetzen, dass die gesetzliche Bestimmung, wonach die Lagerung in der Schweiz erfolgen muss, geändert wird.»[870] Am 5. März 2015 machte SVP-Nationalrat Maximilian

Reimann einen parlamentarischen Vorstoss, in dem er forderte, dass im Atomgesetz die Entsorgung im Ausland einer solchen in der Schweiz gleichwertig gegenübergestellt werde. «Es ist wohl unbestritten, dass eine Lagerstätte fernab dichter Besiedelung weniger Ängste und Widerstand in der Standortbevölkerung hervorruft als in dicht besiedelten Räumen», lautete sein Argument.[871]

Die Suche nach einem Endlager geht weiter

Der Atommüll muss weg, auch wenn ihn niemand haben will. Unabhängig davon, ob man für oder gegen die Atomenergie ist, muss der radioaktive Abfall irgendwann, irgendwo entsorgt werden. An der Notwendigkeit eines Endlagers zweifelt kaum jemand. Denn wenn es kein Endlager gibt, dann ist das Endlager überall. Das Problem ist aber damit keineswegs gelöst, sondern nur weiter verteilt. Nichts tun ist auch ein Risiko. Zuerst wollte man den Atommüll verdünnen und verteilen, dann kam man darauf, ihn doch besser zu sammeln, zu konzentrieren und zusammenzuhalten. Heute gilt es als Konsens, die radioaktiven Abfälle in Endlagern tief unter die Erde zu versorgen. Die Radioaktivität kann aber nicht einfach vernichtet werden. Sie strahlt weiter, auch wenn sie vergraben wird. Bis heute existiert weltweit noch kein einziges Endlager für hochaktive Abfälle. 350 000 Tonnen davon stapeln sich inzwischen in den Zwischenlagern, und jedes Jahr wächst der Müllberg um 10 000 Tonnen weiter an. Die abgebrannten Brennelemente lagern in den weltweit rund 450 Abklingbecken meistens relativ ungeschützt. Vom Atommüll geht daher eine viel grössere Gefahr aus als gemeinhin angenommen. Der hochaktive Abfall muss für mindestens eine Million Jahre von allem Leben ferngehalten werden. Eine Million Jahre, das ist verglichen mit einem Menschenleben ein unermesslicher Zeitraum, der unser Vorstellungsvermögen sprengt. Das hört sich tatsächlich nach Science-Fiction an. Der Homo sapiens existiert gerade einmal seit rund 200 000 Jahren, vor 12 000 Jahren ging die letzte Eiszeit zu Ende, vor 10 000 Jahren trampelten die letzten Mammuts über die Erde, und vor 5000 Jahren sind in Ägypten die Pyramiden gebaut worden.[872] Der Zeitraum, in dem der Mensch die Atomenergie für die Produktion von elektrischem Strom genutzt hat, ist dagegen nur ein Wimpernschlag in der Geschichte. Über 40 000 Generationen nach uns werden mit dem Atommüll leben müssen, ob sie wollen oder nicht, ohne dass sie selbst jemals etwas davon haben werden.

In verschiedenen Ländern weltweit werden derzeit erste Endlager für hochaktive Abfälle geplant, für schwach- und mittelaktive Abfälle sind an verschiedenen Orten bereits Tiefenlager in Betrieb. Finnland und Schweden sind bei der Planung eines Endlagers für hochaktive Abfälle bisher am weitesten gekommen und gelten deshalb im Rest der Welt als Vorbilder. Die beiden skandinavischen Nachbarn setzen auf Granit. Auf der finnischen Halbinsel Olkiluoto nahe der Ortschaft Eurajoki am Bottnischen Meerbusen wird seit dem Jahr 2004 am weltweit ersten Endlager für hochaktive Abfälle gebaut. Gleich daneben wird der erste Europäische Druckwasserreaktor (EPR) hochgezogen. Rund 400 Meter unter dem Boden der Ostsee sollen in Olkiluoto 6000 Kupferbehälter deponiert werden. 2023 soll das Endlager in Betrieb gehen. Umweltschützer befürchten jedoch, dass bei einem unterirdischen Leck die ganze Ostsee verstrahlt werden könnte. In Schweden wurde in der Gemeinde Östhammar an der Ostküste, unweit des AKW Forsmark, eine Ortschaft gefunden, die sich bereit erklärte, den hochaktiven Atommüll bei sich aufzunehmen. Die Gemeinde Oskarshamn hätte das Endlager ebenfalls gerne haben wollen und wurde mit umgerechnet 300 Millionen Franken darüber hinweggetröstet, dass sie darauf verzichten musste.[873] In Deutschland wurden im ehemaligen Salzbergwerk Asse in Niedersachsen zwischen 1967 und 1978 rund 125 000 Fässer mit schwachaktiven und 1300 Fässer mit mittelaktiven Abfällen eingelagert. In das unterirdische Labyrinth von 20 Kilometern Länge drang jedoch Wasser ein, das anfing, den Salzstock wegzufressen, sodass dieser in sich zusammenzustürzen drohte. 2009 übernahm das Bundesamt für Strahlenschutz schliesslich das Lager Asse und versprach, die abgesoffenen Fässer wieder aus den unterirdischen Stollen zu holen. 1977 entschied die deutsche Bundesregierung unter Helmut Schmidt zudem, den Salzstock Gorleben in Niedersachsen zum Endlager für den hochaktiven Atommüll zu machen. Nach den immer heftiger werdenden Protesten wurden die geologischen Untersuchungen in Gorleben 2016 abgebrochen, und es wurde eine neue bundesweite Suche für ein Endlager gestartet.

In Frankreich wurde der hochaktive Atommüll bisher in La Hague, Macoule und Cadarache zwischengelagert. In den Départements Meuse und Haute-Marne soll ab 2017 in einer Tiefe von 500 Metern unter dem Boden im Ton ein Endlager entstehen, das 2030 in Betrieb gehen soll. Wie die Schweiz setzt Frankreich ebenfalls auf wasserundurchlässige Tonschichten. In den USA wurde seit 1978 die Entsorgung des hochaktiven Atommülls im vulkanischen Tuff des Yucca-Gebirges auf dem ehemaligen Atombombentestgelände Nevada Test Side geprüft. US-Präsident George W. Bush entschied 2002, im Yucca Mountain ein Endlager für hochaktiven Atommüll zu bauen, obwohl sich unmittelbar neben dem Berg ein junger Vulkan befindet. US-Präsident Barack Obama stoppte daraufhin das Endlagerprojekt 2009 und beauftragte eine Kommission, Empfehlungen für das weitere Vorgehen zu erarbeiten. Die Kommission empfahl die geologische Tiefenlagerung. In Carlsbad im US-Bundesstaat New Mexico wurde seit 1980 ein Endlager für schwach- und mittelaktiven Abfall gebaut und 1999 in Betrieb genommen. Das Endlager befindet sich jedoch inmitten von Ölfeldern. In Grossbritannien lagert der Atommüll hauptsächlich in der Wiederaufbereitungsanlage Sellafield. Ein Standort für ein Endlager konnte bisher noch nicht gefunden werden. Japan ist seit Jahren auf der Suche nach einer Gemeinde, die sich freiwillig bereit erklärt, den Atommüll zu beherbergen. In Russland soll im Nishnje-Kansker-Gebirgsmassiv in der Region Krasnojarsk in Sibirien und in China in der Wüste Gobi ein Endlager entstehen.

Der Basler Filmemacher Edgar Hagen hat zusammen mit dem Endlagerexperten Charles McCombie in seinem Dokumentarfilm *Die Reise zum sichersten Ort der Erde* von 2015 verschiedene dieser Orte in den USA, in Grossbritannien, Schweden, Deutschland, Japan und China besucht. Am Ende seiner Reise bemerkte er: «Ich habe hoch radioaktive Abfälle gesehen, die ziellos durch die Welt irren. Ich habe gesehen, wie man mit Technik und Wissenschaft versucht, Sicherheit zu schaffen. Ich habe gesehen, wie man mit Strategien und Marketing versucht, Sicherheit zu versprechen. Den sichersten Ort der Erde, habe ich den gesehen?»[874] Die Vorstellung, es gebe für ein Endlager den besten Standort, ist eine Illusion. Wer weiss denn heute, wie die Erde in einer Million Jahren aussehen wird? Bei den Dreharbeiten zum Dokumentarfilm traf Edgar Hagen Ju Wang, den Direktor des Endlagerprogramms der Volksrepublik China, der ihm folgende chinesische Weisheit mit auf den Weg gab: «Wenn man ein Haus baut, darf man die Toilette nicht vergessen. Die Erzeugung von Atomenergie und die Endlagerung sind miteinander verbunden. Man kann nicht einfach ein Atomkraftwerk bauen, ohne die Entsorgung des Atommülls zu berücksichtigen.»[875] Nach 1945 ist aber genau das passiert. In vielen Ländern wurde eine Atomindustrie aufgebaut, ohne die Entsorgung des Atommülls zu bedenken. Das böse Erwachen kam erst später. Der deutsche Philosoph Robert Spaemann machte in seinem Buch *Nach uns die Kernschmelze* von 2011 auf dieses ethische Problem aufmerksam, indem er feststellte, dass mit dem Einstieg in die Atomener-

«Wenn man ein Haus baut, darf man die Toilette nicht vergessen. Die Erzeugung von Atomenergie und die Endlagerung sind miteinander verbunden. Man kann nicht einfach ein Atomkraftwerk bauen, ohne die Entsorgung des Atommülls zu berücksichtigen.»
Ju Wang, Direktor Endlagerprogramm VR China, 2015

gie unumkehrbare Entscheidungen getroffen wurden, die auch noch unzählige spätere Generationen belasten werden. Der Atommüll ist ein Faktum, das auch durch den Atomausstieg nicht mehr aus der Welt geschafft werden kann.[876]

In der Schweiz ging die Suche nach einem Endlager weiter. Nachdem sich bereits in den frühen 1980er-Jahren während der geologischen Untersuchungen zum Projekt «Gewähr» gezeigt hatte, dass der Granit in der Nordschweiz von einem Permokarbontrog überlagert wird und zu stark zerklüftet ist, um sich als Wirtsgestein für ein Endlager zu eignen, beauftragte der Bundesrat die Nagra 1988, auch in anderen Gesteinsarten nach einem Standort für ein Endlager für hochaktive Abfälle zu suchen. Ende der 1980er-Jahre rückten in der Schweiz die Tongesteine in den Vordergrund. Im Mont Terri nördlich von St. Ursanne im Kanton Jura wurde in einem Tunnel der Autobahn A16 300 Meter unter der Erdoberfläche ein Felslabor gebaut und 1996 in Betrieb genommen, um die Eigenschaften des Opalinustons für die Endlagerung abzuklären. Der Kanton Jura verlangte, dass eine unabhängige Instanz das Felslabor leiten müsse, deshalb unterstand es zunächst dem Patronat des Bundesamts für Wasser und Geologie, und ab 2006 war das Bundesamt für Landestopografie (swisstopo) für das Felslabor verantwortlich. Erster Direktor wurde Peter Heitzmann, 2002 übernahm Marc Thury, und 2005 ging die Leitung an Paul Bossart. Im Felslabor wurden die Erhöhung der Temperatur durch die radioaktiven Abfälle, die Festigung des Gesteins, die Korrosion der Stahlbehälter und die Verbreitung der radioaktiven Stoffe im Untergrund erforscht.[877] Der Opalinuston hatte sich während Jahrmillionen gebildet, als der Schlamm des Jurameers zusammengepresst wurde. In der Endlagerforschung wird nach einem Material gesucht, in dem die Zeit stillsteht und sie bis in die Unendlichkeit ausdehnt. «Im Opalinuston rütteln die Menschen am Tor zur Ewigkeit, um es aufzustossen und gleich wieder zu schliessen», schrieb der Journalist Helmut Stadler.[878]

1998 entschied die Nagra, für den Entsorgungsnachweis dem Opalinuston die erste Priorität einzuräumen. Dieser hat nämlich die Fähigkeit, Risse selbst wieder zu schliessen, während im Granit ein Riss ewig ein Riss bleibt. Durch die Risse fliesst Wasser, mit dem die radioaktiven Stoffe nach draussen gelangen könnten. «Im Gegensatz zu Granit gibt es im Opalinuston viel weniger Schwierigkeiten mit Wasser, weil das Wasser dort nicht fliessen kann und daher eingeschlossen, also stagnant ist», erklärte Paul Bossart, Leiter des Felslabors Mont Terri.[879] Der Bundesrat charakterisierte die Eigenschaften des Opalinuston in einer Stellungnahme vom 6. Dezember

2010 wie folgt: «Der homogen ausgebildete, äusserst feinkörnige Opalinuston mit seinem hohen Tonmineralgehalt weist eine sehr geringe hydraulische Durchlässigkeit auf. Der in der Nordschweiz vorliegende Opalinuston mit einer Mächtigkeit von rund hundert Metern besitzt ein sehr hohes Rückhaltevermögen für radioaktive Stoffe, was die Wahl dieser Gesteinsformation als bevorzugtes Wirtsgestein rechtfertigt.»[880] Bei der Einlagerung im Fels sollen die radioaktiven Abfälle durch verschiedene technische und geologische Sicherheitsbarrieren von der Umwelt isoliert werden: durch den Einschluss der Radionuklide in eine Glasmatrix, durch Behälter aus Stahl, Kupfer oder Keramik, durch das Füllmaterial Bentonit und schliesslich durch das Wirtsgestein selbst. Das Füllmaterial Bentonit entsteht durch die Verwitterung vulkanischer Asche und hat die Eigenschaft, viel Wasser aufnehmen zu können, da es quellfähig ist. Bentonit-Lager gibt es auf der griechischen Insel Milos, aber auch in Tschechien, Kasachstan und den USA.

Die Nagra konzentrierte sich ab 1994 auf das Gebiet im Zürcher Weinland in den Gemeinden Benken, Marthalen, Trullikon, daneben wurden aber auch der Bözberg im Kanton Aargau zwischen Brugg und dem Fricktal sowie die Region Nördlich Lägern an der Grenze zwischen den Kantonen Aargau und Zürich als mögliche Standorte für ein Endlager in Betracht gezogen. Das Zürcher Weinland wurde als Standortgebiet für den Entsorgungsnachweis bevorzugt, während der Bözberg und Nördlich Lägern als Reserveoptionen weitergezogen wurden. 2006 anerkannte der Bundesrat, dass der Entsorgungsnachweis von der Nagra erbracht worden sei. 2008 legte er in einem *Sachplan geologische Tiefenlager* ein schrittweises Auswahlverfahren für den Standort des Endlagers fest. Ende der 1970er-Jahre hatten der Bund und die Atomindustrie noch mit der Inbetriebnahme eines Endlagers vor dem Jahr 2000 gerechnet. Gemäss heutiger Planung soll ein Endlager für die schwach- und mittelaktiven Abfälle im Jahr 2050 und für die hochaktiven Abfälle im Jahr 2060 in Betrieb gehen. Die Tiefe des Lagers sollte einerseits Schutz vor langfristiger Erosion gewähren, andererseits sollte der Druck möglichst gering sein, sodass ein Endlager weder zu hoch noch zu tief gebaut werden darf. Der Zugang zum Endlager gibt ebenfalls Anlass zu Diskussionen. Die Nagra schlug vor, eine etwa fünf Kilometer lange Rampe zu bauen, um mit grossen Fahrzeugen die bis zu 30 Tonnen schweren Stahlbehälter ins Endlager zu fahren. Allerdings, so gab der Geologe Marcos Buser zu bedenken, würden dabei diverse Wasser führende Gesteinsschichten durchquert, womit ein direkter Wasserpfad ins Endlager angelegt werde. Viel klüger wäre es, wenn senkrechte Schächte gebaut würden, um den Untergrund möglichst nicht zu stören. Die Nagra schlug zudem bereits Standorte für die Oberflächenanlagen vor, bevor klar war, wo das Endlager in der Tiefe zu liegen kommen würde. Wassereinbrüche, Korrosion der Behälter und die Bildung explosiven Wasserstoffs wurden als weitere Gefahren beim Bau eines Endlagers erkannt.

SP-Bundesrat Moritz Leuenberger hatte bereits Mitte der 1990er-Jahre einen «Energie-Dialog Entsorgung» initiiert und zu diesem Zweck die Expertengruppe Entsorgungskonzepte für radioaktive Abfälle (EKRA) eingesetzt. Die EKRA kam 1998 zum Schluss, dass die geologische Endlagerung die einzige Methode sei, um die radioaktiven Abfälle langfristig sicher zu entsorgen. Der gesellschaftlichen Forderung nach einer Überwachung und Kontrolle des Endlagers trug sie Rechnung, indem sie vorschlug, eine Rückholbarkeit der Abfälle zu gewährleisten. Die Frage, ob ein Endlager besser endgültig verschlossen werden solle oder nicht, wurde kontrovers diskutiert. Das Prinzip der «passiven» Sicherheit sah vor, das Endlager endgültig zu versiegeln. Heinz Sager, der Sprecher der Nagra, meinte 2005: «Ein Endlager ist ein Jahrhundertbauwerk, das lange offen steht und bewacht wird. Es müsste nun einen Mechanismus geben, der es selbstständig verschliesst, wenn die Menschen, die es bewachen sollten – wegen Krieg oder Seuchen –, nicht mehr dazu in der Lage sind.»[881] Und er fügte hinzu: «Es gibt einen Mechanismus, der zum Beispiel eine Bombe zündet, etwa wenn ein Jahr lang ein bestimmter Knopf nicht mehr gedrückt wird, weil die Leute, die das Lager bewachen sollten, nicht mehr da sind.»[882] Einige Befürworter der Rückholbarkeit hofften zudem auf den Fortschritt der Transmutationstechnik, welche möglicherweise dereinst die radioaktiven Abfälle neutralisieren könnte, indem langlebige in kurzlebige Radionuklide umgewandelt würden. Falls die Wissenschaft in der Zukunft Wege finden könnte, den Atommüll unschädlich zu machen, so müsste man ihn doch zurückholen können.

Das Endlager muss auch vor der Unberechenbarkeit des Menschen geschützt werden. Wird sich der Mensch vom Endlager eine Million Jahre lang fernhalten? Oder kommen irgendwann Terroristen oder Plünderer, die das radioaktive Material für dunkle Zwecke missbrauchen wollen? Historisch betrachtet ist es praktisch ausgeschlossen, dass es über einen Zeitraum von mehreren Hunderttausend Jahren an einem bestimmten Ort eine politisch stabile Gesellschaft geben wird. Friedenszeiten sind leider nicht der Normalfall in der Geschichte. Auch die besten Wissenschaftler können nicht wissen, was in dieser Zeit mit dem eingegrabenen Atommüll geschehen wird. Eine Voraussage der Zukunft ist schlichtweg unmöglich. Ebenso wie die Rückholbarkeit wird auch die Frage kontrovers diskutiert, ob ein Endlager markiert werden soll, um die zukünftigen Zivilisationen zu warnen. Viele befürchten, durch die Warnungen würde die Neugierde der Menschen bloss noch mehr angestachelt. Die Warnung an den ägyptischen Pyramiden, die Toten dürften nicht gestört werden, haben die Archäologen unserer modernen Zivilisation ebenfalls nicht davon abgehalten, in die Grabkammern einzudringen und diese zu plündern. Was werden die Archäologen der Zukunft machen? Es stellt sich zudem die Frage: In welcher Sprache oder mit welchen Symbolen kann man die Menschen der Zukunft warnen?[883] Die Pyramiden der alten Ägypter sind noch keine 5000 Jahre alt, doch ihre Hieroglyphen wurden erst im 19. Jahrhundert entschlüsselt. Die Frage der Markierung von Endlagern wird heute zwischen den Fachleuten international kontrovers diskutiert. Der Geologe Marcos Buser verfasste 2010 im Auftrag des Bundesamts für Energie (BFE) eine *Literaturstudie zum Stand der Markierungen von geologischen Tiefenlagern,* in der er vorschlug, ein Endlager an der Erdoberfläche mit Zehntausenden oder sogar Millionen von Tonscherben zu markieren, auf denen Warnzeichen wie Totenschädel oder Strahlenzeichen geformt werden.[884]

Marcos Buser trat im Juni 2012 aus Protest aus der Kommission für Nukleare Sicherheit (KNS) zurück, da er als unabhängiger Experte mit seiner Kritik an den Endlagerplänen der Nagra bei den Bundesbehörden kein Gehör fand.[885] Als er die Verfilzung zwischen dem ENSI, dem BFE und der Nagra öffentlich anprangerte, wurde er in jenen Kreisen zur Persona non grata erklärt, und es gab den Versuch, ihn öffentlich zu diffamieren.[886] «Das BFE will eine gelenkte, keine freie Diskussion über die Nagra-Endlagerpläne», sagte der Geologe Walter Wildi, der langjährige Präsident der KNS.[887] «Meine Fachkritik versteht man als Sabotage am Sachplanverfahren. Wer die Pläne von Nagra und BFE kritisiert, wird als Störenfried angesehen.»[888] Der Versuch, die kritischen Stimmen zum Schweigen zu bringen, schüre in der Bevölkerung das Misstrauen. Thomas Flüeler, der damals im Zürcher Baudepartement für die beiden Regionalkonferenzen im Zürcher Weinland und in Nördlich Lägern zuständig war, sagte: «Ich finde es falsch, dass die Kritik von unabhängigen Fachleuten wie Walter Wildi und Marcos Buser nicht einfach aufgenommen und ins Verfahren integriert wird.»[889] Weiter sagte er: «Denn letztlich macht jede sachliche Kritik doch den ganzen Entscheidungsprozess und das Endlagerprojekt nur besser. Anders wird man das Vertrauen einer regionalen Bevölkerung für den Bau eines Endlagers nie gewinnen.»[890]

Am 7. Oktober 2012 veröffentlichte die *Sonntags-Zeitung* ein angebliches «Geheimpapier» der Nagra, eine als vertraulich klassifizierte interne Aktennotiz. Das interne Dokument erweckte den Eindruck, dass es sich bei dem Standortauswahlverfahren um ein abgekartetes Spiel handelte und bereits entschieden war, wo dereinst das Endlager entstehen sollte. Gemäss der Aktennotiz resultierte Benken als Endlager für die hochaktiven Abfälle und der Bözberg als Standort für die schwach- und mittelaktiven Abfälle. Die Nagra bestritt vehement, dass in dem internen Papier bereits Entscheidungen vorweggenommen worden seien, die der Bundesrat erst 2014 oder 2015 treffen sollte. Das Dokument beschreibe nur eines von vielen möglichen Szenarien und diene dazu, die nötigen personellen und finanziellen Ressourcen zu berechnen.[891] Die Veröffentlichung des Dokuments sorgte in den betroffenen Standortregionen für heftige Kritik. SVP-Ständerat Hannes Germann erklärte: «Das ganze Auswahlverfahren erscheint als Alibiübung.»[892] Jürg Grau, Präsident der Regionalkonferenz Nordostschweiz und SVP-Gemeindepräsident in Feuerthalen, sagte: «Wenn tatsächlich bereits feststeht, wo die Endlager gebaut werden, weiss ich nicht, wofür wir in der Regionalkonferenz noch arbeiten.»[893] Verena Strasser, SVP-Gemeindepräsidentin von Benken, sprach von einem Scherbenhaufen. «Und das ausgerechnet jetzt, wo wir auf einem guten Weg waren, gemeinsam eine Lösung zu finden.»[894] Markus Kägi, Zürcher SVP-Regierungsrat und kantonaler Baudirektor, meinte, es sei «völlig inakzeptabel», bereits einzelne Standorte auszuschliessen, bevor alle gleich intensiv geprüft worden seien. Jean-Jacques Fasnacht, Co-Präsident des Vereins KLAR! Schweiz, sagte: «Das Papier bestätigt uns nun, dass wir nur Marionetten in einem Pseudoverfahren sind.»[895]

Die Unabhängigkeit der Nagra wurde von Kritikerinnen und Kritikern immer wieder infrage gestellt, da sie von den Schweizer AKWs finanziert wird. Es dürfe nicht sein, dass die AKW-Betreiber selbst das Endlager bauen und definieren, wie dessen Sicherheit gewährleistet werden könne. In einem parlamentarischen Vorstoss kritisierten die beiden SP-Nationalräte Hans-Jürg Fehr und Max Chopard-Acklin am 20. März 2013: «Es gibt kaum eine öffentliche Aufgabe von grösserer Bedeutung als die sichere Entsorgung der radioaktiven Abfälle. Die Erfüllung dieser Aufgabe ist vom Gesetzgeber einer privaten Institution übertragen worden, der Nationalen Genossenschaft für die Lagerung radioaktiver Abfälle (Nagra). Die Genossenschafter sind neben dem Bund ausschliesslich die AKW-Betreiber selbst. Diese zu grosse Nähe von Abfallproduzenten und Entsorgungsfirma erweist sich zunehmend als gravierender Nachteil. Die Interessen der Atomwirtschaft sind nicht zwangsläufig die Interessen der Bevölkerung, schon gar nicht dann, wenn es um die Entsorgung der radioaktiven Abfälle geht.»[896] Die beiden SP-Nationalräte forderten deshalb eine Verstaatlichung der Nagra, um diese einer demokratischen Kontrolle zu unterstellen. Der Bundesrat entgegnete, in Schweden und Finnland seien ebenfalls die Abfallverursacher für die Endlagerprojekte verantwortlich, während in Deutschland der Staat für die Entsorgung zuständig sei. In Schweden und Finnland seien die Endlagerprojekte jedoch bereits weit fortgeschritten, während in Deutschland die Entsorgung politisch umstritten sei. In der Schweiz seien die AKW-Betreiber zudem grösstenteils im Besitz der Kantone und insofern bereits heute in öffentlicher Hand.

Am 30. Januar 2015 schlugen der Bund und die Nagra als Ergebnis des Einigungsverfahrens das Zürcher Weinland und den Bözberg im Kanton Aargau als bevorzugte Standorte für ein Endlager vor. An beiden Standorten gebe es eine mächtige Tonschicht, die genug tief liege und auch von Gesteinen umgeben werde, die eine gute Barriere bilden würden. Die Gefahr eines Erdbebens sei aufgrund der geologischen Stabilität ebenfalls gering. «Zürich Nordost und Jura Ost erfüllen für ein Lager für hochaktive Abfälle und für ein Lager für schwach- und mittelaktive Abfälle die sicherheitstechnischen Vorgaben am besten. Die undurchlässigen Gesteinsschichten, welche die radioaktiven Abfälle sicher einschliessen, liegen dort in optimaler Tiefe, sind geschützt gegen Erosion, langfristig stabil und genügend gross», erklärte Thomas Ernst, der Geschäftsleiter der Nagra.[897] An beiden Standorten haben sich allerdings bereits vor Jahren regionale Widerstandsorganisationen formiert, welche die Endlagerpläne der Nagra bekämpfen werden. In Benken im Zürcher Weinland entstanden bereits 1994, als die ersten Probebohrungen durchgeführt wurden, die beiden Vereine Bedenken (Bewegung gegen eine Atommülldeponie in Benken) und IGEL (Interessengemeinschaft Energie und Lebensraum), die sich 2003 zum Verein KLAR! Schweiz zusammengeschlossen haben. In der Region Bözberg wurde 2010 der Verein KAIB (Kein Atommüll im Bözberg) gegründet. Markus Fritschi, stellvertretender Vorsitzende der Geschäftsleitung der Nagra, gab sich trotzdem optimistisch, dass ein sicheres Endlager an den vorgesehenen Standorten gebaut werden könne. «Ich glaube, dass mit einem guten Verfahren, in dem man transparent ist, wo man alle Resultate offen auf den Tisch legt, am Ende vielleicht nicht Freude herrscht, vielleicht auch nicht Akzeptanz herrscht, aber eine gewisse Duldung und eine gewisse Einsicht in die Notwendigkeit eines solchen Tiefenlagers auch in einer Region vorhanden ist. Ich bin da zuversichtlich, aber es ist ein beschwerlicher Weg. Man muss sich der Diskussion stellen, man muss offen sein, transparent sein und ganz aktiv den Dialog suchen.»[898] Michael Aebersold, Leiter der Sektion Entsorgung radioaktive Abfälle des BFE, meinte: «Für mich ist die Erkenntnis wichtig, es ist nicht das Problem der Nagra, diese Abfälle zu entsorgen, und auch nicht des BFE, sondern die Gesellschaft ist gefragt, die diese Kernenergie genutzt hat. Wir können über die Kernenergie streiten, ich bin auch überzeugt, die braucht es nicht für die Energieerzeugung, und die Gentechnologie braucht es auch nicht, um Nahrungsmittel zu produzieren, aber bei den Abfällen stellt sich die Frage nicht, wir haben die und wir müssen für die eine langfristig sichere Lösung suchen und realisieren, und das wird noch 50 oder 100 Jahre dauern, aber wir bleiben dran.»[899]

Der Rückbau der alten AKWs

Wie demontiert man ein AKW bis zur grünen Wiese, damit dort nachher wieder Kühe weiden können? Der Rückbau eines AKWs ist ein komplexer, langwieriger und riskanter Prozess mit zahlreichen offenen Fragen. Beim Rückbau gibt es grundsätzlich zwei Optionen: den sogenannt direkten Rückbau oder den sicheren Einschluss. Entweder man beginnt sofort mit dem Rückbau, oder man wartet zuerst einige Jahrzehnte, bis die radioaktive Strahlung abgeklungen ist, und reisst das AKW erst dann ab. Beim direkten Rückbau beginnt man sofort nach dem Abtransport der Brennelemente. Der Nachteil ist, dass die Radioaktivität noch relativ hoch ist, was besondere Sicherheitsvorkehrungen erfordert und die Demontage erschwert. Der Vorteil beim direkten Rückbau ist hingegen, dass die Erfahrung des Personals vor Ort und die noch vorhandene Infrastruktur genutzt werden können. In seltenen Fällen kommt auch eine dritte Option zum Einsatz, bei der das radioaktive Material an Ort und Stelle bleibt und durch einen «Sarkophag» aus Beton von der Umwelt abgeschirmt wird. Bei einem Druckwasserreaktor ist der Rückbau einfacher, da weniger Räumlichkeiten radioaktiv verseucht sind. Der Rückbau eines Siedewasserreaktors ist aufwendiger, weil er nur über einen Wasserkreislauf verfügt, wodurch auch die Turbine und der Kondensator kontaminiert werden.[900]

Nach dem Betrieb werden die abgebrannten Brennelemente zunächst zum Abkühlen in ein Abklingbecken verschoben. Nach rund fünf Jahren werden sie dann ins Zwischen lager abtransportiert. 99 Prozent des radioaktiven Inventars verschwindet damit aus dem AKW und mit ihm auch das Restrisiko eines atomaren Super-GAUs. Dies ist die Voraussetzung für den Beginn des eigentlichen Rückbaus. Das AKW wird nun ausgeweidet, von innen nach aussen. Stück für Stück wird der Reaktor in seine Einzelteile zerlegt. Zuerst werden die kontaminierten Komponenten aus dem Reaktorgebäude entfernt, dazu gehören der Reaktordruckbehälter und der Betonmantel rund um den Druckbehälter. Übrig bleibt die leere Hülle, die Gebäudestruktur, die nun auf Radioaktivität überprüft und wenn nötig gereinigt wird. Nach der Herkulesaufgabe kommt die Sisyphusarbeit: die Dekontamination sämtlicher Baustrukturen und deren radiologische Messung zur Freigabe für den Abriss.[901] Das heisst: reinigen, abschleifen, wegfräsen und zersägen der kontaminierten Oberflächen. Dabei entstehen radioaktives Abwasser und radioaktiver Staub. Zum Schutz vor der radioaktiven Strahlung finden gewisse Arbeiten ferngebedient statt. Die Zerlegung des hochaktiven Druckbehälters geschieht unter Wasser mittels Videokamera und Joystick. Ansonsten geschieht die Handarbeit in ganz speziellen, astronautenhaften Schutzanzügen und in abgeschirmten, isolierten Zelten, die an Quarantänen zur Eindämmung ansteckender Seuchen erinnern, wobei die Arbeiter zellenweise vorgehen und die radioaktiv verstrahlten Komponenten und Räume Stück für Stück, Zentimeter für Zentimeter dekontaminieren. Als die AKWs gebaut wurden, dachte noch niemand an den Rückbau. Die Installationen wurden daher auch nicht so verbaut, dass ein Rückbau einfach wäre.

Die Herausforderung für den Strahlenschutz der Arbeiter ist enorm, denn das Risiko von Verstrahlungen bei Pannen und Unfällen muss minimiert werden. Um die Strahlenbelastung für die Arbeiter zu reduzieren, werden auch Roboter eingesetzt. Bis der Rückbau eines AKW grösstenteils automatisiert ist, wird es allerdings noch lange dauern. «Es steckt alles noch in den Kinderschuhen», sagte Patrick Kern, der am Karlsruher Institut für Technologie (KIT) an der Entwicklung eines Roboters mitwirkte, der dank Saugnäpfen die Wände hochklettert und dort die radioaktiv kontaminierten Oberflächen mit einem Laser abträgt.[902] «Automatisiert, ferngesteuert und standardisiert» – so sollte in Zukunft der Rückbau der AKWs ablaufen. Die Robotertechnik wird sich durchsetzen, aber das braucht Zeit. Heute muss noch sehr viel Handarbeit geleistet werden. Rohre müssen zerlegt, Wände abgekratzt und Bauteile von radioaktiven Substanzen gereinigt werden. Das ist Arbeit von Menschen, und wo Menschen arbeiten, da kann auch etwas schiefgehen. Sabine von Stockar von der Schweizerischen Energie-Stiftung (SES) sagte am 16. Dezember 2015 im Schweizer Radio, die schwierigste Herausforderung beim Rückbau eines AKW sei vermutlich die Tatsache, dass der Prozess hochkomplex ist, sehr langwierig und man Menschen oder Firmen in die Verantwortung nehmen muss, die eigentlich kein Interesse mehr daran haben. «Es handelt sich hier klar um eine Aufräumerei, die sowieso kommt, das muss man machen, egal ob man aus der Kernenergie aussteigt oder nicht. Man muss es sowieso machen, aber man muss aufräumen, es ist mühsam, es ist gefährlich zum Teil, es ist langwierig und es kostet sehr viel Geld und man muss dafür sorgen, dass man in diesem Kontext doch noch die Leute oder die Experten dazu motivieren kann, etwas zu machen. Wer räumt schon gerne auf?»[903]

«Sobald das Werk stillsteht, kostet es nur noch», sagte Suzanne Thoma, die Konzernchefin der BKW, welche mit dem AKW Mühleberg ab 2020 das erste Schweizer AKW zurückbauen wird. Die AKW-Betreiber sind daran interessiert, den Rückbau so schnell und kostengünstig wie möglich durchzuführen. Der Rückbau ist aber eine langwierige, gefährliche und teure Millimeterarbeit. Die Behörden müssen deshalb die AKW-Betreiber in die Pflicht nehmen, die aufwendigen Arbeiten sorgfältig zu erledigen, um die Sicherheit gewährleisten zu können. Nur noch ein kleiner Teil der Arbeitnehmer wird für den Rückbau gebraucht, und diejenigen, die übrig bleiben, müssen ihren eigenen Arbeitsplatz demontieren, das heisst, sie sägen am Ast, auf dem sie sitzen. Es ist keine leichte Aufgabe, die Angestellten dafür zu motivieren. Nachwuchs zu finden, der sich nicht mit dem Aufbau, sondern mit dem Abbau einer Technologie beschäftigen will, ist ebenfalls kein leichtes Unterfangen. Der drohende Fachkräftemangel könnte zu einem Problem werden, denn in Europa stehen zurzeit etwa 150 AKWs, die irgendwann rückgebaut werden müssen. Gut möglich, dass irgendwann einmal in Europa, wenn die Mittel knapper werden, ein Wanderproletariat von ungelernten Zeitarbeitern entsteht, das von Rückbau zu Rückbau zieht und als moderne Nomaden des Atomzeitalters mit befristeten Arbeitsverträgen die alten AKWs abwrackt.[904] Durch die Freimessung und das Rezyklieren des kontaminierten Bauschutts soll das Volumen des Atommülls weitmöglichst reduziert werden. Die Ängste in der Bevölkerung sind jedoch auch nach dem Abschalten eines AKWs nicht verschwunden. So gibt es die Befürchtung, dass dekontaminiertes Eisen nach dem Rückbau wiederverwertet und dann etwa als rezykliertes Leitungsrohr in einem neu gebauten Kindergarten oder als Bratpfanne eingesetzt werden könnte und dort unbemerkt weiterstrahlt. Darüber hinaus gibt

«Es handelt sich hier klar um eine Aufräumerei, die sowieso kommt, das muss man machen, egal ob man aus der Kernenergie aussteigt oder nicht. […] Wer räumt schon gerne auf?»
Sabine von Stockar, Atomexpertin der SES, 2015

es Befürchtungen bezüglich der Sicherheit der Transporte, der Abklingbecken, der Deponien, den Kaminfiltern und dem radioaktiven Staub, der beim Abriss entsteht.

Der erste Atomreaktor, der in der Schweiz zurückgebaut wurde, war das Versuchsatomkraftwerk Lucens, wo es am 21. Januar 1969 zu einer teilweisen Kernschmelze gekommen war, bei welcher die Reaktorkaverne radioaktiv verstrahlt wurde. Es dauerte bis 1995, um die Anlage zu dekontaminieren und zu demontieren sowie Teile der Kaverne mit Beton vollzupumpen. 200 Fässer mit schwach- und mittelaktivem Abfall sowie sechs knapp 100 Tonnen schwere Behälter mit den geschmolzenen hochaktiven Brennelementen wurden damals ins Zwischenlager Zwilag nach Würenlingen abtransportiert. Das PSI in Würenlingen begann 1991 mit dem Rückbau des Forschungsreaktors Diorit; 1994 bewilligte der Bundesrat die Stilllegung, die nicht ganz problemlos verlief, da beim Aufschneiden der Rohrleitungen Asbest auftauchte, wodurch der Abbruch mehrere Monate unterbrochen werden musste. Bei den radiologischen Messungen wurde zudem festgestellt, dass die 2,5 Meter dicke Betonwand des Zylindermantels viel stärker verstrahlt war als ursprünglich gedacht. Bis 25 Zentimeter tief war die radioaktive Strahlung in den Beton eingedrungen, der mit einem Bohrer entkernt werden musste. Der Rückbau des Forschungsreaktors Saphir wurde ab 1998 vom PSI geplant, 2000 vom Bundesrat bewilligt, 2002 begannen die Bauarbeiten, die bis Ende 2008 dauerten. Im Jahr 2011 wurde schliesslich der dritte Forschungsreaktor Proteus, der 1968 in Betrieb gegangen war, zurückgebaut. Mit dem Rückbau der Forschungsreaktoren leistete das PSI wichtige Pionierarbeit, da die gemachten Erfahrungen und die dabei selbst entwickelten Dekontaminierungs- und Konditionierungsverfahren nun auch beim Rückbau der kommerziellen AKWs weiterverwendet werden können.[905] An der Universität Basel wurde der Forschungsreaktor AGN-211-P ab 2014 zurückgebaut und das waffenfähige Uran in die USA verschifft. Ein Neubau stand an, eine neue Betriebsbewilligung wäre notwendig gewesen, und es war kaum denkbar, dass der Reaktor wieder mitten in einem Wohnquartier bewilligt worden wäre. Zudem hatte sich der Forschungsschwerpunkt des physikalischen Instituts von der Atomphysik zur Nanowissenschaft verlagert und der Forschungsreaktor wurde nicht mehr gebraucht.[906] Am 29. Oktober 2013 entschied schliesslich der Verwaltungsrat der BKW, das AKW Mühleberg 2019 stillzulegen. Am 18. Dezember 2015 reichte die BKW daraufhin beim Eidgenössischen Departement für Umwelt, Verkehr, Energie und Kommunikation (UVEK) das Gesuch ein.[907] Die BKW rechnet für den Nachbetrieb mit 319 und für die Stilllegung mit 487 Millionen Franken. Rund 200 Mitarbeiter werden während 15 Jahren damit beschäftigt sein, das AKW Stück für Stück auseinanderzubauen. 2024 will die BKW die abgebrannten Brennelemente ins Zwischenlager transportieren, damit ab 2025 dann der eigentliche Rückbau des AKWs beginnen kann. Er wird bis 2034 dauern.

Sascha Gentes, der Inhaber des bisher einzigen Lehrstuhls für den Rückbau von AKWs vom KIT, rechnet mit Kosten von rund einer Milliarde Euro und einer Dauer von 10 bis 15 Jahren pro AKW.[908] Die Kosten sind tatsächlich die Gretchenfrage. Beim Rückbau der AKWs und bei der Entsorgung des Atommülls muss mit unvorhergesehenen und unangenehmen Überraschungen gerechnet werden. Bei einem derart riesigen, hochkomplexen Projekt sind zeitliche Verzögerungen und Kostenüberschreitungen vorprogrammiert. «Es ist selten so, dass ein Haus plötzlich billiger wird, wenn man baut, als wie man es vorgesehen hat. Und ich denke, da werden wir noch böse Überraschungen erleben», meinte Sabine von Stockar von der SES. Bei der neuen Eisenbahn-Alpentransversale Neat kam es ebenfalls zu massiven Kostenüberschreitungen. Es sei deshalb wichtig, dass bei den Kostenschätzungen genügend Reserven eingeplant werden. In der Schweiz legten die AKW-Betreiber erstmals Ende 1980 eine Kostenschätzung für die Stilllegung vor. Damals rechneten sie mit 200 Millionen Franken für den Rückbau. Diese Kostenschätzung diente dazu, die Beiträge festzulegen, die sie in den vom Bundesbeschluss zum Atomgesetz geforderten und 1983 etablierten Stilllegungsfonds einzahlten. Die ersten Erfahrungen aus dem Ausland zeigten jedoch, dass der Rückbau der AKWs und die Entsorgung des Atommülls deutlich höhere Kosten verursachen als ursprünglich angenommen. Im Jahr 2000 etablierte der Bundesrat einen Entsorgungsfonds für die Endlagerung des Atommülls. Gemäss dem Atomgesetz gilt in der Schweiz das Verursacherprinzip, das heisst, die AKW-Betreiber bezahlen für die Stilllegung und Entsorgung. Falls die Gelder in den beiden Fonds nicht ausreichen, haften alle AKW-Betreiber solidarisch. Erst dann muss der Bund einspringen.

Die Kostenschätzung für den Stilllegungs- und Entsorgungsfonds wird alle fünf Jahre von Swissnuclear, dem Branchenverband der AKW-Betreiber, gemacht. Auf der Grundlage dieser Kostenschätzung, die vom ENSI überprüft wird, werden anschliessend die Beiträge der AKW-Betreiber berechnet. Die Anti-AKW-Organisationen wie die SES und Greenpeace Schweiz machten immer wieder darauf aufmerksam, dass ein Interessenkonflikt bestehe, wenn die AKW-Betreiber die Kosten für den Rückbau und die Entsorgung selbst berechnen könnten. Das Risiko massiver Kostenüberschreitungen werde auf die Bevölkerung abgewälzt. Am 26. November 2014 erklärte schliesslich auch die Eidgenössische Finanzkontrolle (EFK): «Fehlende Ressourcen beim Stilllegungs- und Entsorgungsfonds stellen ein hohes finanzielles Risiko für den Bund dar.»[909] Die EFK kam zum Schluss, dass die Beiträge der AKW-Betreiber bisher auf einem idealen Szenario berechnet worden waren, während sämtliche Risiken, die zu einer Kostensteigerung führen könnten, nicht berücksichtigt worden waren. Zudem kritisierte die EFK den Einfluss der AKW-Betreiber auf die beiden Fonds und empfahl, diese in eine rechtlich selbstständige und von unabhängigen Vertretern geführte öffentliche Einrichtung zu überführen. «Der Strom wurde in den letzten Jahren tendenziell zu günstig verkauft. Damit muss die nächste Generation dereinst für die Kosten aus der heutigen Geschäftstätigkeit [der AKWs] aufkommen.»[910] Der Bundesrat verlangte daraufhin im Oktober 2015 für die nächste Kostenstudie 2016 einen Sicherheitszuschlag von 30 Prozent. Die AKW-Betreiber Alpiq, Axpo und BKW drohten mit Klagen. «Sollten die Anlagen der Betreiber nicht berücksichtigt werden, kann es zu rechtlichen Auseinandersetzungen kommen», sagte Kurt Rohrbach, Präsident des Verbands Schweizerischer Elektrizitätsunternehmen (VSE).[911] Obwohl die Kosten für die Stilllegung und Entsorgung in den letzten Jahrzehnten kontinuierlich gestiegen waren, wollten die AKW-Betreiber Ende 2016 für die nächsten fünf Jahre nur noch ein Drittel ihrer bisherigen Beiträge bezahlen. Die Begründung lautete, der Bau eines Endlagers für hochaktive Abfälle verzögere sich um weitere 10 Jahre, jener für mittelaktive Abfälle um 15 Jahre, sodass in dieser Zeit mit zusätzlichen Zinserträgen zu rechnen sei.[912] Ausserdem rechneten die Betreiber beim Rückbau der AKWs nur bis zur «braunen Wiese», das heisst, sie wollten die Gebäudestrukturen der AKWs nach der Entfernung des Reaktors und der Dekontamination einfach stehen lassen. Von Gesetzes wegen sei das finanzierende Ziel aber die «grüne Wiese», also der Rückbau aller Strukturen, erklärte schliesslich Raymond Cron, der Präsident des Stilllegungs- und Entsorgungsfonds.[913] Als unabhängige Experten die Wahrscheinlichkeit von Kostenüberschreitungen ebenfalls höher einschätzten, legte das UVEK die Gesamtkosten am 12. April 2018 schliesslich auf 24,581 Milliarden Franken fest.[914]

Am 7. März 2016 veröffentlichte die *Basler Zeitung* ein *Public Affairs Konzept 2016*, das der Lobbyist Dominique Reber von Hirzel.Neef.Schmid.Konsulenten in Zürich am 25. Februar 2016 zuhanden der Geschäftsleitung des Energiekonzerns Alpiq verfasst hatte.[915] Für die AKWs sah das Konzept vor, dass sie «in einer Auffanggesellschaft zusammengefasst und einem staatlichen Eigner übergeben werden».[916] Es müsse gelingen, die Angelegenheit zu einem volkswirtschaftlichen Problem zu machen. Die Alpiq müsse von den politischen Meinungsführern ähnlich wie die UBS nach der Finanzkrise 2008 als «too big to fail» angesehen werden. Bei den Medien brauche es «Supporter», welche «Politiker als Helden ins Zentrum stellen», statt die Probleme der Alpiq zu thematisieren. FDP-Nationalrat Christian Wasserfallen, der sich in der Energiedebatte als ein eloquenter Befürworter der Atomenergie profiliert hatte, sagte zu diesen Forderungen einer Verstaatlichung des in eine finanzielle Schieflage geratenen Energiekonzerns: «Man hat jahrelang fette Gewinne eingestrichen, und jetzt, wo es in dreissig Jahren mal Gegenwind gibt, soll einfach die hohle Hand gemacht werden. Das finde ich nicht richtig.»[917] Während Jahrzehnten hiess es, die AKW-Betreiber würden die Kosten für die Entsorgung des Atommülls selbst bezahlen. Doch nun, angesichts der schnell schrumpfenden Ressourcen der in Bedrängnis geratenen Energiekonzerne, erscheint das auf einmal als fraglich. Wenn die AKW-Betreiber in Konkurs gehen sollten und dereinst das Geld für den Rückbau und die Entsorgung nicht mehr ausreicht, spätestens dann wird die «staatliche Auffanggesellschaft» wieder zum Thema werden.

Ausblick

Die Lösung des Energieproblems ist eine der grossen Herausforderungen des 21. Jahrhunderts. Heute werden immer noch über zwei Drittel des weltweiten Energiebedarfs mit fossilen Energien gedeckt. Die Reserven der fossilen Brennstoffe Kohle, Gas und Öl reichen nur noch etwa 200 Jahre. Gleichzeitig hält das Bevölkerungswachstum an, und bis 2050 dürften rund zehn Milliarden Menschen auf der Erde leben. Die Verbrennung der fossilen Energien führt zum Anstieg von Kohlenstoffdioxid (CO_2) in der Atmosphäre, was den Treibhauseffekt verstärkt und die globale Erwärmung beschleunigt. Der Klimawandel wiederum führt zum Anstieg des Meeresspiegels, zur Gletscherschmelze, zur Verschiebung von Klimazonen, zur Veränderung von Biosphären und Lebensräumen, zu extremen Unwettern, Überschwemmungen, Erdrutschen, Stürmen und Dürren, zur Ausbreitung von Parasiten und tropischen Krankheiten sowie zu zunehmender Migration und damit verbunden zu sozialen und politischen Konflikten. Das CO_2 in der Atmosphäre muss dringend reduziert werden. Die Atomenergie wäre eine Alternative. Ist der Gedanke, die fossilen Brennstoffe allein durch erneuerbare Energien zu ersetzen, insofern eine Wahnvorstellung?

Die Energiewende, also der Übergang von den fossilen Energieträgern und der Atomenergie zu einer nachhaltigen Energieversorgung durch erneuerbare Energien, wird eine enorme Herausforderung. Der Anteil der erneuerbaren Energien am globalen Energiebedarf ist heute noch relativ klein, aber deren Potenzial ist nicht einmal annähernd ausgeschöpft. Weltweit betrachtet ist auch der Anteil der Atomenergie an der ganzen Energieversorgung marginal. Er liegt unter fünf Prozent, mit einer langfristig sinkenden Tendenz. Die Blütezeit der Atomindustrie ist längst vorbei. Der Neubau und der Weiterbetrieb der alternden AKWs werden teurer, die erneuerbaren Energien dagegen immer billiger. In vielen Ländern wie beispielsweise in China, Indien oder Russland, die heute noch neue AKWs bauen, spielen militärische Interessen eine entscheidende Rolle.[918]

Die Bevölkerungsexplosion und das Ziel des permanenten Wirtschaftswachstums bedrohen auf lange Sicht das Wohlergehen der Menschheit. Aufgrund der begrenzten Rohstoffe und der unabsehbaren Folgen des Klimawandels stehen wir heute an einem Wendepunkt der Geschichte: Wenn die Menschheit überleben will, muss sie ihren Umgang mit der Natur grundlegend überdenken. Wir können nicht nochmals während 200 Jahren die Ressourcen der Erde plündern. Die Schweiz definierte die Energiestrategie 2050 und setzte sich damit ein ehrgeiziges Ziel: Die Atomenergie mit ihrem Anteil von 40 Prozent an der Stromproduktion bis zum Jahr 2050 durch erneuerbare Energien zu ersetzen, ist keine einfache Aufgabe. «Wir müssen uns nur von der Vorstellung lösen, die Wende sei wie der kurze Dreh einer Omelette oder einer Rösti», meinte der frühere SP-Bundesrat und Energieminister Moritz Leuenberger.[919] Die Energiewende ist ein jahrzehntelanger Prozess, ein Generationenprojekt.

Seit der Antike träumt die Menschheit davon, wie Prometheus das Feuer der Sonne auf die Erde zu holen. Der alte Menschheitstraum von einer sicheren, sauberen und unerschöpflichen Energiequelle lebt heute in der Kernfusion weiter. Am 1. November 1952 gelang mit der Zündung der ersten amerikanischen Wasserstoffbombe «Ivy Mike» die erste grosse Kernfusion. Die Explosion war so immens, dass die pazifische Insel Elugelab augenblicklich verdampfte. Nachdem die Kraft der Sonne in ihrer zerstörerischen Form auf der Erde entfesselt worden war, wollte man sie – wie die Kernspaltung – zähmen und auch für friedliche Zwecke nutzbar machen. Heute noch weckt die Kernfusion die Hoffnung, das globale Energieproblem in einigen Jahrzehnten für immer lösen zu können. Aus unbegrenzt verfügbaren, billigen Rohstoffen soll grenzenlos Energie erzeugt werden. Die Rohstoffknappheit als Ursache aller Kriege soll beseitigt und die Menschheit von Armut, Kriegen und Umweltverschmutzung befreit werden. Bei der Kernfusion verschmelzen die Wasserstoff-Isotope Deuterium und Tritium zu Helium, wobei ungeheure Energien freigesetzt werden. Im Gegensatz zur Kernspaltung kann es bei der Kernfusion aber keinen Super-GAU geben. Es fällt kaum Atommüll an, der für lange Zeit sicher entsorgt werden muss, und es wird auch kein das Klima belastendes CO_2 freigesetzt.

Seit Jahrzehnten wird deshalb an einem Fusionsreaktor geforscht. Erste kleine Fusionen im Labor sind tatsächlich bereits gelungen. Ein Fusionskraftwerk, das Strom ins Netz liefert, ist aber noch Zukunftsmusik. Der Traum ist bis heute Science-Fiction geblieben. Bis jetzt hat man noch keine positive Energiebilanz erreicht. Noch immer wird bei den Fusionsreaktoren mehr Energie hineingegeben, als man zurückgewinnt. Von einer kommerziellen Nutzung ist man Jahrzehnte entfernt. 2005 beschlossen die EU zusammen mit Indien, Japan, Südkorea, Russland, China und den USA, im südfranzösischen Cadarache den Forschungsreaktor ITER zu bauen. Das 15-Milliarden-Projekt ist eines der grössten Experimente der Menschheitsgeschichte. Es soll beweisen, dass mit der Fusion tatsächlich Strom produziert werden kann. Das Ziel ist, bis 2050 ein funktionierendes Fusionskraftwerk zu haben. Die Schweiz ist mit dem Swiss Plasma Center der EPFL Lausanne und über ihre Mitgliedschaft bei der EURATOM ebenfalls am

Projekt beteiligt und steckt jährlich 20 bis 25 Millionen Franken in die Forschung. Ob die Versprechungen dereinst tatsächlich eingelöst werden können, steht gegenwärtig allerdings noch in den Sternen.[920]

Fest steht heute nur eines: Die Menschheit muss in absehbarer Zeit eine Lösung für das Energieproblem finden, ansonsten droht ein Kollaps der Weltwirtschaft und damit verbunden eine bisher noch nie dagewesene humanitäre Katastrophe. Die fossilen Energien sind begrenzt, die Weltbevölkerung wächst weiter, und der Klimawandel wird unabsehbare Folgen zeitigen. Seit Anfang der 1970er-Jahre sind die ökologischen Probleme, die durch die Industrialisierung und die Globalisierung ausgelöst werden, bekannt. Die Ideen für die Energiewende durch die Steigerung der Energieeffizienz und die Förderung der erneuerbaren Energien liegen ebenfalls seit Jahrzehnten vor. Deren Umsetzung ist nur eine Frage des politischen Willens. Ohne finanzielle Investitionen, Anreize und staatliche Regulierungen wird es nicht gehen. Die Speicherung der Energie muss weiterentwickelt und die Stromnetze müssen ausgebaut werden. Zum ökologischen Nulltarif wird auch die Energiewende nicht verwirklicht werden können. Für die Produktion von Solarpanels werden seltene Rohstoffe gebraucht, bei deren Entsorgung fallen hochgiftige Substanzen an. Es gibt kein Paradies auf Erden, auch mit der Energiewende nicht.

Die Gegner der Energiewende kritisieren die staatlichen Subventionen und verschweigen dabei, dass die Atomindustrie ebenfalls während Jahrzehnten massiv subventioniert und sämtliche Risiken stets auf den Staat abgewälzt wurden. Die Atomenergie ist zwar eine geniale Technologie, aber sie ist gefährlich. Der Mensch ist unberechenbar, teilweise von irrationalen Instinkten getrieben und deshalb unfähig, die Sicherheit der AKWs vollständig zu garantieren. Die Wahrscheinlichkeit eines Super-GAUs mag zwar gering sein, dessen Auswirkungen wären jedoch derart verheerend, dass die Atomenergie politisch nicht verantwortet werden kann. Ganze Landstriche würden für Menschen unbewohnbar. Die gesundheitlichen Folgen eines Reaktorunfalls sind nicht absehbar. Die radioaktiven Strahlen lösen Krebs und diverse andere Krankheiten aus und führen zu genetischen Veränderungen, die sich über mehrere Generationen auswirken können. Die Entsorgung des Atommülls ist zudem bis heute weiterhin ungelöst. Die radioaktiven Abfälle werden während rund einer Million Jahre weiterstrahlen und damit für die Menschen gefährlich bleiben.

Bilddokumente
1945–2017

Hiroshima nach dem Abwurf der Atombombe vom 6. August 1945.

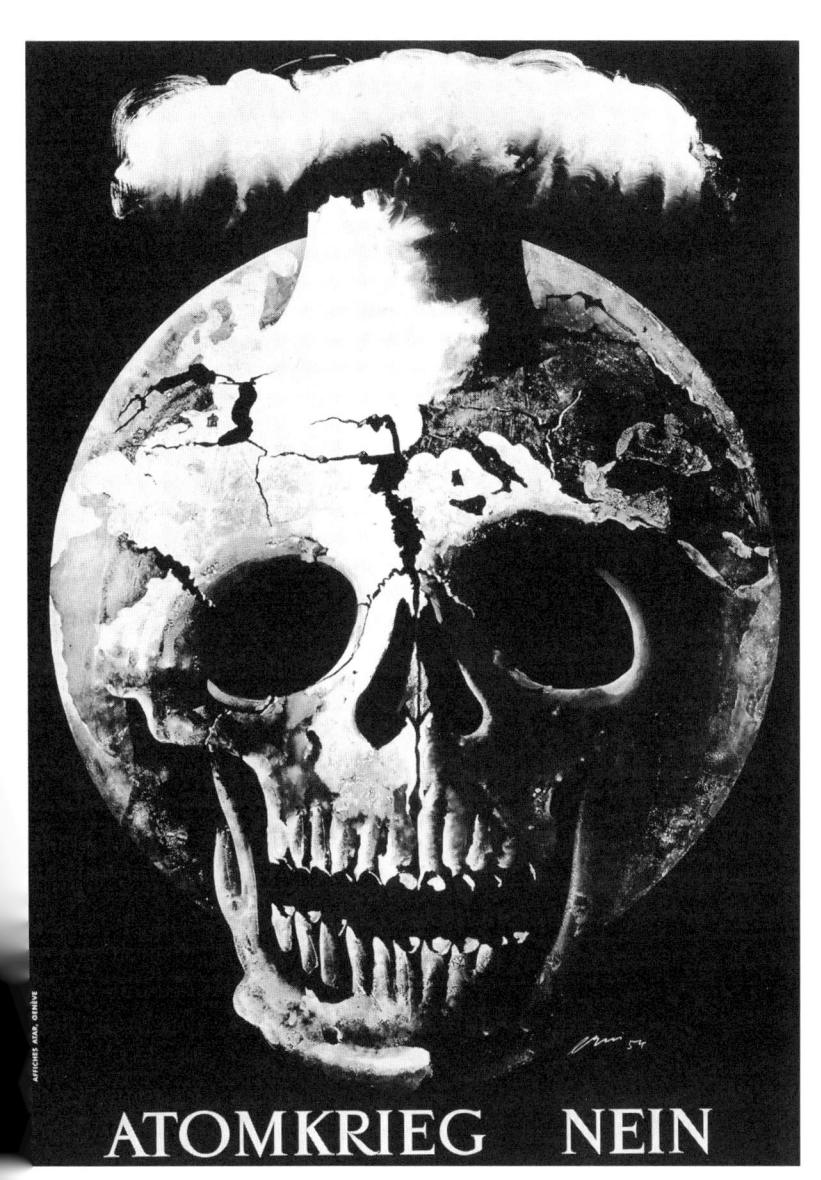

Plakat «Atomkrieg – Nein» von Hans Erni aus dem Jahr 1954 für die Schweizerische Friedensbewegung. Siehe Seite 90.

Paul Scherrer an der ETH Zürich, um 1955.

Plakat «Atoms for Peace» von Erik Nitsche für die Genfer
Atomkonferenz 1955 im Auftrag von General Dynamics.

Ein US-amerikanisches Transportflugzeug bringt 1955 den Forschungsreaktor Saphir zur Atomkonferenz «Atoms for Peace» nach Genf.

Im Banne des «Atomiums»: Die Expo 1958 in Brüssel feiert die unerschöpfliche Energiequelle.

Erster Spatenstich zur Reaktor AG in Würenlingen, 1956. In der Mitte Paul Scherrer mit der Schaufel.

Plakat von Cioma Schönhaus zur Atomwaffeninitiative 2 der Schweizerischen Bewegung gegen die atomare Aufrüstung (SBgaA) von 1962.

Jugendliche in Zürich demonstrieren gegen die atomare Aufrüstung der Schweiz, 6. August 1960.

Friedrich Dürrenmatt: *Zorniger Schweizer Atombombe werfend*, vermutlich frühe 1960er-Jahre. Siehe Seite 85.

Gilles Rotzetter: *Atomic Pilgrim,* 2017. Öl auf Leinwand. Siehe Seite 92.

Bundesrat Paul Chaudet (vordere Reihe, dritter von links) vor einem Mirage, April 1964.

Friedrich Dürrenmatt: *Mirage-Affäre,* 1973. Siehe Seite 85.

«Die Grossen und die Kleinen und ihr Atomsperrvertrag».
Karikatur aus der Satirezeitschrift *Der Nebelspalter*, 1968.

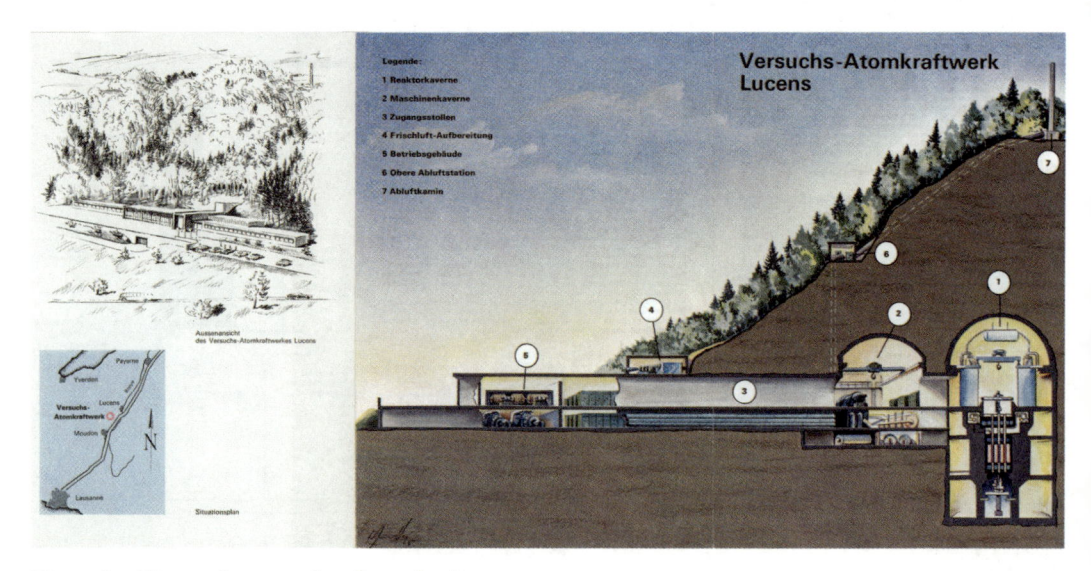

Plan des Versuchsatomkraftwerks Lucens.

Ein Angestellter betritt nach dem Atomunfall in Strahlenschutzkleidung die Reaktorkaverne in Lucens, 1969.

Armierung des Reaktorgebäudes in Beznau.

Kaiseraugst

Der Aushub hat begonnen

Atomkraftwerkgelände besetzt!

Wir fordern:
Demokratischen Volksentscheid!
Meteorologische Oberexpertise!
Gesamtenergie-Konzeption
ohne vollendete Tatsachen!

Gewaltfreie **A**ktion **K**aiseraugst

Plakat der Gewaltfreien Aktion Kaiseraugst anlässlich der Besetzung des Baugeländes des geplanten Atomkraftwerks Kaiseraugst, 1975.

Besetzung des Baugeländes des geplanten Atomkraftwerks Kaiseraugst, April 1975.

Aernschd Born vor dem Atomkraftwerk Gösgen, 1976.

Demonstration auf dem Baugelände des geplanten Atomkraftwerks Kaiseraugst, der zerstörte Informationspavillon im Hintergrund, 31. Oktober 1981.

Plakat von Pierre Brauchli zur Atomschutzinitiative von 1979.
Siehe Seite 182.

Plakat von Bernard Schlup zur Atomschutzinitiative 1979.
Siehe Seite 182.

Plakat von Bernard Schlup zur Atomschutzinitiative im Kanton Bern vom 13./14. Juni 1981. Siehe Seite 182.

Demolierter Strommast der NOK bei Fläsch im Kanton
Graubünden im November 1981.

Das Atomkraftwerk Tschernobyl nach der Reaktorkatastrophe, April 1986.

Ein Pressefotograf schützt sich anlässlich des Tschernobyl-Gedenkmarschs in Gösgen von 1986 mit einer Gasmaske.

«Aber Herbert, du hast doch gesagt, unsere Neutralität schützt uns vor allem da draussen! –»

«... und Sie sind sicher, junger Mann, dass dies die neue Frühlingsmode ist?»

«Tschernobyl und die Folgen». Karikatur aus der Satirezeitschrift *Der Nebelspalter*, 1986.

Atommüll

Rapport eines müden Langstreckenfahrers betreffend seine erfolglose Giftfässer-Absatzaktion:

«Absolut kein Verständnis im In- und Ausland für unsere Exportbedürfnisse, Chef – ich habe alles wieder mit heimgebracht –»

«Atommüll». Karikatur aus der Satirezeitschrift *Der Nebelspalter*, 1988.

Plakat der Sozialdemokratischen Partei (SP) zur Volksinitiative «Für einen Ausstieg aus der Atomenergie» vom 23. September 1990.

Cornelia Hesse-Honegger: *Weichwanze Miridae in der Nähe des Atomkraftwerks Gösgen*, 1988. Aquarell auf Papier.

Das Zwischenlager Zwilag in Würenlingen, Kanton Aargau.

Plakat der Umweltschutzorganisation Greenpeace zu den beiden Volksinitiativen «Strom ohne Atom» und «MoratoriumPlus» vom 18. Mai 2003.

Plakat der Abstimmung für die Bewilligung eines neuen Atomkraftwerks in Mühleberg im Kanton Bern vom 13. Februar 2011.

Plakat der Gegner zur Atomausstiegsinitiative der Grünen von 2016.

Chronologie
1938–2018

17. Dezember 1938	Entdeckung der Kernspaltung durch Otto Hahn und Fritz Strassmann.
2. August 1939	Brief von Albert Einstein an den US-Präsidenten Franklin D. Roosevelt.
2. Dezember 1942	Enrico Fermi gelingt die erste nukleare Kettenreaktion.
16. Juli 1945	Die erste amerikanische Atombombe wird im Rahmen des Trinity-Tests gezündet.
6./9. August 1945	Abwurf der Atombomben über Hiroshima und Nagasaki.
15. August 1945	Kaiser Hirohito verkündet die bedingungslose Kapitulation Japans.
5. November 1945	Gründung der Studienkommission für Atomenergie (SKA).
5. Februar 1946	Bundesrat Karl Kobelt beauftragt die SKA mit der Entwicklung einer Schweizer Atombombe.
4. April 1949	Gründung der Nato.
29. August 1949	Die erste sowjetische Atombombe wird gezündet.
27. Januar 1950	Der deutsche Physiker Klaus Fuchs wird als sowjetischer Spion enttarnt.
25. Juni 1950	Beginn des Koreakriegs.
3. Oktober 1952	Grossbritannien zündet seine erste Atombombe.
1. November 1952	Zündung der ersten amerikanischen Wasserstoffbombe.
1953	Schweiz erhält von Grossbritannien zehn Tonnen Natururan aus Belgisch-Kongo.
12. August 1953	Zündung der ersten sowjetischen Wasserstoffbombe.
8. Dezember 1953	US-Präsident Dwight D. Eisenhower lanciert die Propagandakampagne «Atoms for Peace».
1. März 1954	Der grösste amerikanische Atombombentest, «Bravo», findet auf dem Bikini-Atoll statt.
27. Juni 1954	Das weltweit erste AKW geht in Obninsk in der Sowjetunion ans Stromnetz.
1. März 1955	Gründung der Reaktor AG in Würenlingen.
14. Mai 1955	Gründung des Warschauer Pakts.
8.–20. August 1955	Genfer Atomkonferenz.
29. November 1956	Beginn der Suez-Krise.

4. November 1956	Niederschlagung des Ungarn-Aufstands.
17. November 1956	Rückzug der Chevallier-Initiative.
12. April 1957	Die Gruppe Göttinger Achtzehn protestiert gegen die Aufrüstung der Bundeswehr mit Atomwaffen.
17. Mai 1957	Inbetriebnahme des Forschungsreaktors Saphir in Würenlingen.
29. Juli 1957	Gründung der International Atomic Energy Agency (IAEO) in New York. Verwaltungssitz ist Wien.
29. September 1957	Atomunfall in der sowjetischen Atomanlage Majak.
4. Oktober 1957	Der sowjetische Satellit Sputnik erreicht erstmals eine Erdumlaufbahn.
8. November 1957	Grossbritannien zündet seine erste Wasserstoffbombe.
7. April 1958	In London findet der erste Ostermarsch aus Protest gegen die atomare Aufrüstung statt.
17. April bis 19. Oktober 1958	Expo 58 in Brüssel, an der u. a. das «Atomium» zu sehen ist.
18. Mai 1958	Gründung der Schweizerischen Bewegung gegen atomare Aufrüstung (SBgaA).
11. Juli 1958	Erklärung des Schweizer Bundesrates zur Atombewaffnung.
24. Mai 1959	Annahme des Zivilschutzartikels in der Schweizer Bundesverfassung.
13. Februar 1960	Frankreich zündet seine erste Atombombe.
1. Juni 1960	Das Bundesgesetz über die friedliche Verwendung der Atomenergie und den Strahlenschutz tritt in Kraft.
26. August 1960	Inbetriebnahme des Forschungsreaktors Diorit in Würenlingen.
28. Dezember 1960	Der Bundesrat schlägt dem Parlament den Kauf von 100 Mirage-Fliegern vor.
18. Juli 1961	Gründung der Nationalen Gesellschaft zur Förderung der industriellen Atomtechnik (NGA).
16. August 1961	Beginn des Mauerbaus in Berlin.
30. Oktober 1961	Zündung der sowjetischen Wasserstoffbombe «Zar».
1. April 1962	Ablehnung der Initiative für ein Atomwaffenverbot mit 65,5 % Nein-Stimmen.
1. Juli 1962	Spatenstich für den Bau des Versuchsatomkraftwerks in Lucens.

1. Oktober 1962	Bundesgesetz über den Zivilschutz tritt in Kraft.
22. Oktober 1962	Ultimatum John F. Kennedys an Nikita Chruschtschow.
28. Oktober 1962	Abzug der sowjetischen Raketen aus Kuba.
20. November 1962	Ende der Kubakrise mit Aufhebung der amerikanischen Seeblockade.
26. Mai 1963	Atominitiative II der SP wird mit 62,2 % Nein-Stimmen abgelehnt.
5. August 1963	Unterzeichnung des Atomteststoppvertrags durch die Sowjetunion, die USA und Grossbritannien.
7. Februar 1964	Die NOK entscheidet sich für den Import eines amerikanischen Reaktors.
26. Februar 1964	Der Bundesrat lässt die Möglichkeit unterirdischer Atombombentests in der Schweiz abklären.
2. September 1964	Schlussbericht der PUK zur Mirage-Affäre wird veröffentlicht.
23. September 1964	Parlament beschliesst eine Reduktion von 100 auf 57 Flugzeuge.
16. Oktober 1964	China zündet seine erste Atombombe.
6. Juni 1966	Neukonzeption der militärischen Landesverteidigung.
28. November 1966	Bundesrat Paul Chaudet kündigt nach Mirage-Debakel den Rücktritt an.
8. Mai 1967	Sulzer AG verkündet Austritt aus der Schweizer Reaktorentwicklung.
17. Juni 1967	China zündet seine erste Wasserstoffbombe.
29. Januar 1968	Im Versuchsatomkraftwerk Lucens wird der erste Atomstrom der Schweiz produziert.
1. Juli 1968	Unterzeichnung des Atomsperrvertrags durch die Sowjetunion, die USA und Grossbritannien.
24. August 1968	Frankreich zündet seine erste Wasserstoffbombe.
1969–1982	Die Schweiz versenkt radioaktive Abfälle im Nordatlantik.
21. Januar 1969	Atomunfall im Versuchsatomkraftwerk Lucens.
1. September 1969	Inbetriebnahme des AKW Beznau I.
27. November 1969	Unterzeichnung des Atomsperrvertrags durch die Schweiz.

11. August 1971	Der Bundesrat genehmigt die Zivilschutzkonzeption.
15. März 1972	Inbetriebnahme des AKW Beznau II.
6. November 1972	Inbetriebnahme des AKW Mühleberg.
4. Dezember 1972	Gründung der Nationalen Genossenschaft für die Lagerung radioaktiver Abfälle (Nagra).
18. Mai 1974	Indien zündet seine erste Atombombe.
1. April 1975	Besetzung des Baugeländes des geplanten AKWs Kaiseraugst.
26. Oktober 1976	Eröffnung des grössten zivilen Bunkers der Schweiz im Autobahntunnel Sonnenberg in Luzern.
9. März 1977	Ratifikation des Atomsperrvertrags durch die Schweiz.
25. Juni 1977	Bei der «Schlacht um Gösgen» stehen 2500 Demonstranten 950 Polizisten gegenüber.
6. Oktober 1978	Bundesbeschluss zum Atomgesetz.
18. Februar 1979	Atominitiative wird mit 51,2 % Nein-Stimmen abgelehnt.
19. Februar 1979	Sprengung des Informationspavillons in Kaiseraugst.
28. März 1979	Atomunfall im AKW Three Mile Island bei Harrisburg im US-Bundesstaat Pennsylvania.
19./20. Mai 1979	Brandanschlag auf das Auto von Michael Kohn.
1. November 1979	Inbetriebnahme des AKW Gösgen.
12. Dezember 1979	Nato-Doppelbeschluss.
8. Januar 1980	Verhaftung der Anarchisten René Moser und Marco Camenisch.
5. Dezember 1981	Friedensdemo in Bern mit über 35 000 Teilnehmenden.
22. Oktober 1983	500 000 Menschen demonstrieren in Bonn für Frieden und Abrüstung.
12. August 1984	Brandanschlag auf das Ferienhaus von Nagra-Präsident Rudolf Rometsch.
23. September 1984	Atominitiative wird mit 55 % Nein-Stimmen abgelehnt.
15. Dezember 1984	Inbetriebnahme des AKW Leibstadt.
1986	Bundesrat lässt einen neuen geheimen Bunker namens «K20» bei Kandersteg bauen.
26. April 1986	Super-GAU in Tschernobyl.

29./30. April 1986	Die radioaktive Wolke erreicht die Schweiz.
21. Juni 1986	30 000 Personen demonstrieren in Gösgen gegen die Atomenergie.
3. September 1986	Der Bundesrat verhängt ein Fischfangverbot über den Luganersee.
1. November 1986	Grossbrand in Schweizerhalle.
27. November 1986	Die Nagra plant ein Endlager für radioaktive Abfälle im Wellenberg im Kanton Nidwalden.
8. Dezember 1987	Unterzeichnung des INF-Vertrags zwischen den USA und der Sowjetunion über den Abbau der Kurz- und Mittelstreckenraketen.
2. März 1988	SVP-Nationalrat Christoph Blocher verkündet das Aus für das AKW Kaiseraugst.
1. November 1988	Bundesrat gibt den Status der Schweiz als atomare Schwellenmacht offiziell auf.
9. November 1989	Fall der Berliner Mauer.
23. September 1990	Die Moratoriums-Initiative wird mit 54,5 % Ja-Stimmen angenommen, die Atomausstiegsinitiative der SP mit 47,1 % Ja-Stimmen abgelehnt.
25. Dezember 1991	Ende der Sowjetunion.
1993	Bewohnern im Umkreis von vier Kilometern um Schweizer AKWs werden erstmals Jodtabletten verteilt.
1. Oktober 1994	Strahlenschutzgesetz tritt in Kraft.
28. Mai 1998	Pakistan zündet seine erste Atombombe.
27. April 2000	Einweihung des Zwischenlagers Zwilag in Würenlingen.
11. September 2001	Terroranschläge auf das World Trade Center und das Pentagon in den USA.
21. März 2003	Revision des Schweizer Atomgesetzes.
18. Mai 2003	Die Initiative «Strom ohne Atom» wird mit 66,3 % und die «Moratorium-Plus»-Initiative mit 58,4 % Nein-Stimmen abgelehnt.
4. Februar 2004	Abdul Qadeer Khan erklärt, dass er Nordkorea, Libyen und dem Iran technische und materielle Hilfe für den Bau von Atomwaffen lieferte.
8. Oktober 2004	Urs Tinner wird in Deutschland verhaftet und am 30. Mai 2005 an die Schweiz ausgeliefert.

28. Juni 2006	Der Bundesrat anerkennt den Entsorgungsnachweis der Nagra.
9. Oktober 2006	Nordkorea zündet seine erste Atombombe.
21. Februar 2007	Der Bundesrat plant den Bau von mindestens zwei neuen AKWs in der Schweiz.
2. April 2008	Der Bundesrat genehmigt den «Sachplan geologische Tiefenlager».
5. April 2009	Barack Obama bekennt sich in einer Rede in Prag zu einer Welt ohne Atomwaffen.
11. März 2011	Super-GAU in Fukushima.
16. März 2011	CVP-Bundesrätin Doris Leuthard sistiert die Baugesuche für neue AKWs.
25. März 2011	Der Bundesrat beschliesst den schrittweisen Atomausstieg.
8. Juni/ 28. September 2011	Der Nationalrat stimmt dem Atomausstieg am 8. Juni 2011, der Ständerat am 28. September 2011 zu.
29. Oktober 2013	Die BKW entscheidet sich für die Stilllegung des AKW Mühleberg ab 2019.
4. September 2013	Der Bundesrat verabschiedet Botschaft zum ersten Massnahmenpaket der Energiestrategie 2050.
22. Januar 2014	Der Bundesrat weitet den Radius für die Verteilung der Jodtabletten auf 20 Kilometer um die AKWs aus.
1. Juni 2016	Das BABS legt erstmals einen Plan für eine grossräumige Evakuierung bei einem Super-GAU vor.
27. November 2016	Die Atomausstiegsinitiative der Grünen wird mit 54,2% Nein-Stimmen abgelehnt.
21. Mai 2017	Das neue Energiegesetz wird mit 58,2% Ja-Stimmen angenommen.
6. Oktober 2017	Die Internationale Kampagne zur Abschaffung von Atomwaffen (ICAN) erhält den Friedensnobelpreis.
8. Mai 2018	Donald Trump kündigt das Atomabkommen mit dem Iran.
15. August 2018	Der Bundesrat beschliesst, den Atomwaffenverbotsvertrag vorerst nicht zu unterzeichnen.
21. Oktober 2018	Donald Trump kündigt den INF-Vertrag über das Verbot atomarer Mittelstreckenraketen.

Anhang

Anmerkungen

1. Wells, H. G.: *Befreite Welt.* Wien 1985. S. 32. (Engl. Originalausgabe: *A world set free: a story of mankind.* London 1914).
2. Payk, Marcus M.: Hochgespannte Erwartung. H. G. Wells' Utopie einer «befreiten Welt» am Vorabend des Grossen Kriegs. In: Zeithistorische Forschungen, 11, 2014, Göttingen 2014, S. 145ff.; Strub, Erik: Soddy, Wells und die Atombombe. Eine literarische Fiktion aus physikalischer Sicht. In: *Physik Journal,* Nr. 7, 2005, Weinheim 2005, S. 47ff.
3. von Schirach, Richard 2014, S. 69ff.
4. How uncertain was he? In: *The New York Times,* 14.3.1993; Dawidoff, Nicholas 1995; Baur, Alex: Scherrers Geheimnis. In: *Die Weltwoche,* Nr. 32, 2011, S. 43f.
5. Karlsch, Rainer: Hitlers Bombe. Die geheime Geschichte der deutschen Kernwaffenversuche. München 2005.
6. von Hammerstein, Konstantin: Wir Hundesöhne. In: Die Bombe. Das Zeitalter der nuklearen Bedrohung. In: *Spiegel Geschichte,* Nr. 4, 2015, S. 19.
7. Coulmas, Florian 2010, S. 22ff.
8. Ebd. S. 50.
9. Stöckli, Alfred; Müller, Roland 2008, S. 101ff.
10. Wildi, Tobias 2003, S. 25.
11. Wunder und Wahnsinn. In: *National-Zeitung,* 11./12.8.1945.
12. Stückelberg, Ernst Carl Gerlach: Was ist intranukleare Energie? Das Prinzip der Uranbombe. In: *Neue Zürcher Zeitung,* 15.8.1945.
13. Huber, Otto; Preiswerk, Peter: Energiegewinnung durch Atomkernreaktionen. In: *Neue Zürcher Zeitung,* 19.8.1945.
14. v. Falkenstein, Rainer 1997, S. 231.
15. Geheimes Schreiben der KTA an EMD vom 4.9.1945. Schweizerisches Bundesarchiv. BAR E 27 19038, Bd. 1.
16. Tribelhorn, Marc: Der Traum von der Schweizer Atombombe. In: *Neue Zürcher Zeitung,* 23.7.2018.
17. Pellaud, Bruno 1992, S. 37.
18. Stöckli, Alfred; Müller, Roland 2008, S. 106.
19. Scherrer, Paul: Atomenergie – Die physikalischen und technischen Grundlagen. In: *Neue Zürcher Zeitung,* 28.11.1945.
20. Prof. Dr. Bruno Bauer, Abteilung für Elektrotechnik der ETH Zürich; Prof. Dr. Paul Huber, Physikalische Anstalt der Universität Basel; Prof. Dr. A. Jaquerod, Physikalisches Institut der Universität Neuenburg; Prof. Dr. P. Karrer, Chemisches Institut der Universität Zürich; Vizedirektor M. Kaufmann, Bundesamt für Industrie, Gewerbe und Arbeit; Direktor F. Lusser, Amt für Elektrizitätswirtschaft; Prof. Dr. A. v. Muralt, Physiologisches Institut der Universität Bern; Prof. Dr. E. Stückelberg, Physikalisches Institut der Universität Genf.
21. Wildi, Tobias 2003, S. 37.
22. Richtlinien für die Arbeiten der SKA auf militärischem Gebiet (geheim). 5.2.1946. Schweizerisches Bundesarchiv. BAR E 27, 19039, Bd. 3.
23. Hug, Peter 1998, S. 81.
24. Ebd. S. 235; Wildi, Tobias 2003, S. 39.
25. Schweizerisches Bundesarchiv. Sten. Bull. StR 1946, S. 273.
26. Ebd. S. 267.
27. Ebd. S. 271.
28. Ebd. S. 271ff.
29. Ebd. S. 271ff.
30. Ebd. S. 1039ff.
31. Stöckli, Alfred; Müller, Roland 2008, S. 79.
32. Ebd. S. 111f.
33. Fetscher, Iring: Joseph Goebbels im Berliner Sportpalast 1943: «Wollt ihr den totalen Krieg?». Hamburg 1998.
34. Uhlmann, Ernst: Totale Landesverteidigung. In: *Allgemeine schweizerische Militärzeitschrift ASMZ.* 125. Jahrgang, Nr. 5, 1959, S. 323ff.
35. Hug, Peter 1998, S. 235f.
36. Braun, Peter: Der Schweizerische Generalstab. Von der Reduitstrategie zur Abwehr. Die militärische Landesverteidigung der Schweiz im Kalten Krieg. 1945–1966. Baden 2006. S. 756.
37. Richtlinien für die Arbeiten der SKA auf militärischem Gebiet (geheim). 5.2.1946. Schweizerisches Bundesarchiv. BAR E 27, 19039, Bd. 3.
38. Metzler, Dominique Benjamin 1997, S. 129.
39. Aktennotiz über Besprechung mit Paul Scherrer. 8.8.1946. Schweizerisches Bundesarchiv. BAR E 27 19038 Bd. 1.
40. EPD an Eidgenössische Militärverwaltung. 15.11.1946. Schweizerisches Bundesarchiv. BAR E 27 19038 7.
41. Paul Scherrer an Direktion der Eidgenössischen Militärverwaltung. 29.11.1946. Schweizerisches Bundesarchiv. BAR E 27 19038 7.
42. EPD an Karl Kobelt. 24.7.1947. Schweizerisches Bundesarchiv. BAR E 27 19043.
43. Ebd.
44. Schweizerisches Generalkonsulat in München an das EMD. 22.4.1949. Schweizerisches Bundesarchiv. BAR E 27 19043.
45. Braun, Peter a. a. O. S. 759; Metzler, Dominique Benjamin 1997, S. 133.
46. EPD an Bundesrat über die Verwendung der Uranreserve des Bundes. 2.4.1958. Schweizerisches Bundesarchiv BAR E 5001(F) 1970/4 70.10: Braun, Peter a. a. O. S. 761.
47. Aktennotiz über die Konferenz vom 14. Januar 1960 in der Kriegstechnischen Abteilung Bern betreffend der Verwendung der Uranreserve. 16.1.1960. Schweizerisches Bundesarchiv. BAR E 5560(C) 1975/46 86.
48. Ebd. S. 3; Peter Braun a. a. O. S. 762.
49. v. Falkenstein, Rainer 1997, S. 291.
50. Boos, Susan 1999, S. 27.
51. de Quervain, Francis; Hügi, Theo: Arbeitsausschuss für die Untersuchung schweizerischer Mineralien und Gesteine auf Atombrennstoff und seltene Elemente. In: Krethlow, Alfred (Hrsg.): Bericht über die Tätigkeit der Schweizerischen Studienkommission für Atomenergie von 1946–1958. Basel 1960. S. 63.
52. Huber, Paul: Physikalische Anstalt der Universität Basel. In: Krethlow, Alfred (Hrsg.) a. a. O. S. 29; Boos, Susan 1999, S. 22.
53. Tätigkeitsbericht über Uranprospektion. Schweizerisches Bundesarchiv. BAR 5560(C) 1975/46 82.
54. Bericht des EMD an die Geschäftsprüfungskommission des Nationalrates, Frage Nr. 1: Wie weit sind die Studien betreffend eine eventuelle Atombewaffnung der schweizerischen Armee gediehen? 19.3.1960. Schweizerisches Bundesarchiv. BAR E 5560 (C) 1975/46 48.
55. Wollenmann, Reto 2004, S. 27f., 32, 162.
56. Wildi, Tobias 2003, S. 72.
57. Sontheim, Rudolf: Nuklearwaffen. In: *Neujahrsblatt der Feuerwerker-Gesellschaft.* Zürich 1959, S. 27.
58. Kollert, Roland 1994, S. 374. Metzler, Dominique Benjamin 1997, S. 157.
59. Huber, Susanne: Die Schweiz und die «PSI-Atombomben»: Warum besass die Schweiz überhaupt waffenfähiges Plutonium? In: *Aargauer Zeitung,* 8.3.2016.
60. Kuhn, Werner et al. In: Alfred Krethlow (Hrsg.) a. a. O. S. 30ff.
61. Wildi, Tobias 2003, S. 45, 50f.
62. Marti, Sibylle 2017, S. 72.
63. Schweizerisches Bundesarchiv. BAR E 7170B, 1968/105, 141.
64. Ebd.
65. Schweizerisches Bundesarchiv. BAR E 7170B, 1968/105, 57.
66. Marti, Sibylle 2017, S. 104.
67. Marti, Sibylle 2015a, S. 228ff.
68. Archiv SNF. Gesuch Nr. 58. Gesuch für Forschungsarbeiten im Strahlenbiologischen Laboratorium vom 10.2.1958.
69. Marti, Sibylle 2017, S. 109.
70. Stöver, Bernd 2007, S. 195.
71. Boos, Susan: Das grosse Schweigen. Die gesundheitlichen Folgen von Tschernobyl. In: Jaeggi, Peter (Hrsg.) 2011, S. 234.
72. Füglister, Stefan; Jaeggi, Peter: Majak: «Die verseuchteste Zone der Erde». In: Peter Jaeggi (Hrsg.) 2011, S. 183ff.
73. Loderer, Benedikt 2012, S. 203.
74. Neval, Daniel Alexander 2003, S. 630.
75. Buomberger, Thomas 2017, S. 41.
76. Studer, Brigitte: Antikommunismus. In: Historisches Lexikon der Schweiz. 23.3.2009; Imhof, Kurt 2010, S. 81f.; Westad, Odd Arne 2018, S. 34.
77. Neval, Daniel Alexander 2003, S. 625.
78. Marti, Sibylle 2014, S. 208.
79. Buomberger, Thomas 2017, S. 287.
80. Tanner, Jakob 1997, S. 314.
81. Marti, Sibylle 2014, S. 223.
82. Uhlmann, Ernst: Krieg mit Atomwaffen. In: *Allgemeine Schweizerische Militärzeitschrift ASMZ,* 10, 1954, S. 726f.
83. Wollenmann, Reto 2004, S. 34, 55.
84. Tanner, Jakob 1987, S. 92f.
85. Kreis, Mariel: «You Hit me Baby – like an Atomic Bomb». Bizarre Bombensongs. Schweizer Radio un

86 Tanner, Jakob 1997, S. 94.
87 Bericht des Eidgenössischen Militärdepartements an den Bundesrat betreffend die Beschaffung von Atomwaffen für unsere Armee vom 31.5.1958. Schweizerisches Bundesarchiv BAR E 9500.52 (-) 1984/122 13.
88 Loderer, Benedikt 2012, S. 213.
89 Richner, Andreas 1996.
90 Tribelhorn, Marc 2015, S. 106.
91 Ebd.
92 Marti, Sibylle 2015, S. 245ff.
93 Protokoll der Sitzung der LVK vom 29.11.1957. Schweizerisches Bundesarchiv. BAR E 9500.52, 1984/122, 12, 585.
94 Protokoll der Sitzung der LVK vom 29.11.1957. Schweizerisches Bundesarchiv. BAR E 9500.52, 1984/122, 12, 587.
95 Ebd.
96 Buomberger, Thomas 2017, S. 138.
97 *Gazette de Lausanne*, 5.3.1958; Heiniger, Markus 1980, S. 30.
98 Tanner, Jakob 1987, S. 98.
99 Erklärung des Bundesrates vom 11.7.1958 zur Frage der Beschaffung von Atomwaffen für unsere Armee. Schweizerisches Bundesarchiv. BAR E 5560(C), 197546, 80, 2.
100 Fuhrer, Hans Rudolf; Wild, Matthias 2010, S. 337.
101 EMD an den Vorsteher des EPD. Schweizerisches Bundesarchiv. BAR E 5001 (G) 1986/107 2.
102 Protokoll der Sitzung des Bundesrates vom 5.4.1960. Schweizerisches Bundesarchiv. BAR E 5001 (G) 1986/107 2.
103 Peter Braun a. a. O. S. 811ff.; Flury-Dasen, Eric 2004, S. 132ff.
104 Epple-Gass, Ruedi 1994, S. 147ff.
105 Maas, Kathrin: Der Pazifist und die Bombe. In: Die Bombe. Das Zeitalter der nuklearen Bedrohung. *Spiegel Geschichte*, Nr. 4, 2015, S. 23.
106 Calaprice, Alice (Hrsg.): Einstein sagt. Zitate, Einfälle, Gedanken. München 1997. S. 239.
107 Anders, Günther: Die Antiquiertheit des Menschen. Band 1: Über die Seele im Zeitalter der zweiten industriellen Revolution. München 1956.
108 Jungk, Robert (Hrsg.): Off Limits für das Gewissen. Der Briefwechsel zwischen dem Hiroshima-Piloten Eatherly und Günter Anders. Hamburg 1961.
109 Kalberer, Guido: «Was alle treffen kann, das betrifft uns alle». Der Philosoph Günther Anders hat vor einem halben Jahrhundert hellsichtig vor den Gefahren der Atomtechnologie gewarnt. In: *Tages-Anzeiger*, 25.3.2011.
110 Adenauer, Konrad. Erinnerungen. Stuttgart 1965–1968. Bd. 3. 1955–1959. S. 296. Ebenso in: *Der Spiegel*, 17.4.1957, S. 8.
111 Lorenz, Robert: Protest der Physiker. Die «Göttinger Erklärung» von 1957. Bielefeld 2011. S. 32.
112 Zank, Wolfgang: Adenauers Schachspiel mit den Atomwaffen. In: *Die Zeit*, 25.4.1997.
113 *Schweizerische Metall- und Uhrenarbeiter-Zeitung*, 24, 11.6.1958.
114 v. Falkenstein, Rainer 1997, S. 245.
115 Jungk, Robert 1956.
116 Frisch, Max: Ignoranz als Staatsschutz. In: *NZZ Geschichte*, Nr. 3, Oktober 2015, S. 21.
117 Brassel, Ruedi; Leuenberger, Martin: Willi Kobe. Pazifist, Sozialist und Pfarrer. Eine Lebensgeschichte der Friedensbewegung. Luzern 1994.
118 Vogelsanger, Peter: Die Verantwortung der Kirche in der Atomfrage. In: *Reformatio*, Nr. 7, 1957.
119 Loderer, Benedikt 2012, S. 209.
120 *Neue Zürcher Zeitung*, 23.8.1961.
121 *Neue Zürcher Zeitung*, 26.3.1962.
122 Heiniger, Markus 1980, S. 91f.
123 *Neue Zürcher Zeitung*, 27.5.1963.
124 Tanner, Jakob 2018, S. 86.
125 Archiv für Zeitgeschichte (AfZ). VSWW-Archiv/71. Mappe Ostermarsch 1966.
126 Archiv für Zeitgeschichte (AfZ). SAD-Dokumentation. Dossier 434. Komitee für eine starke Landesverteidigung. Vertrauliche Orientierung. Ostermarsch 1966. 15.3.1966. S. 3.
127 Ebd.
128 Greiner, Bernd 2010, S. 70.
129 Ebd. S. 62.
130 Ebd. S. 103f.
131 Ebd. S. 108.
132 Ebd. S. 109.
133 Ebd. S. 78f.
134 *Bulletin d'information* No. 17/62. La crise de Cuba. 23.10.1962. Schweizerisches Bundesarchiv. BAR E 5560 (D) 1996, 188, Bd. 225.
135 Telegramm Nr. 49. 23.10.1962. Schweizerisches Bundesarchiv. BAR E2001E 1976, 17, 2327.
136 e-Dossier: Die Schweiz und die Kubakrise. Diplomatische Dokumente der Schweiz Dodis. www.dodis.ch/de/thematic-dossiers/50-jahre-kubakrise
137 Greiner, Bernd 2010, S. 122.
138 Braun, Peter a. a. O. S. 743.
139 Studie des EPD vom 25.5.1959. Schweizerisches Bundesarchiv. BAR 5560 (C) 1975/46 80.
140 Schürmann, Roman: Helvetische Jäger. Dramen und Skandale am Militärhimmel. Zürich 2009. S. 142.
141 Ebd. S. 143.
142 Ebd. S. 145; Braun, Peter a. a. O. S. 952.
143 Protokoll der Sitzung des Bundesrates vom 28.2.1964. Schweizerisches Bundesarchiv. BAR E1003 1994 26 2.
144 Ebd.
145 *Neue Zürcher Zeitung*, 27.5.1964.
146 Zeller, René: Der Mirage-Skandal. In: *Neue Zürcher Zeitung*, 16.6.2014; Mijuk, Gordana: Zu hoch hinaus. In: *NZZ am Sonntag*, 3.1.2016.
147 Buomberger, Thomas 2017, S. 150.
148 Mirage-Beschaffung, Zusatzkredite. Entwurf zu einer Botschaft. Mitbericht des Eidg. Finanz- und Zolldepartementes vom 25.3.1964. Schweizerisches Bundesarchiv. BAR E2001 E-01 1998 199 2.
149 Mijuk, Gordana a. a. O.
150 Buomberger, Thomas 2017, S. 151; Braun, Peter a. a. O. S. 955, 967.
151 Wollenmann, Reto 2004, S. 48.
152 Ebd. S. 165.
153 Braun, Peter a. a. O. S. 958.
154 Schürmann, Roman a. a. O. S. 152f.; Loderer, Benedikt 2012, S. 208.
155 Schürmann, Roman a. a. O. S. 152f.
156 Senn, Hans: Réduit. In: Historisches Lexikon der Schweiz (HLS). Version vom 20.8.2010. http://www.hls-dhs-dss.ch/textes/d/D8696.php
157 Loderer, Benedikt 2012, S. 202.
158 Zivilschutz, 1968/5, S. 100.
159 Engler, Hans: Die Zivilschutzorganisation in der Schweiz. Bern 1970. S. 46.
160 Tribelhorn, Marc: Notvorräte für das Nuklearinferno. In: ders. (Hrsg.): Die Schweiz als Ereignis. 50 Episoden aus der jüngeren Geschichte. Zürich 2017. S. 153.
161 Buomberger, Thomas 2017, S. 249.
162 Tanner, Jakob 1988, S. 84.
163 Ebd. S. 65.
164 Auf der Maur, Jost 2017, S. 112.
165 Schregenberger, Katrin: Zürichs Doppelleben im Untergrund. In: *Neue Zürcher Zeitung*, 23.10.2012.
166 von Matt, Peter: Die tintenblauen Eidgenossen. Über die literarische und politische Schweiz. München 2001. S. 134.
167 Heierli, Werner: Der Schutzraum als Überlebensinsel. In: *Schutz + Wehr* 34 (1968), Nr. 9/10, S. 120ff.
168 Berger Ziauddin, Silvia 2015a, S. 78, 81.
169 Tribelhorn, Marc a. a. O. S. 154.
170 Ebd. S. 156.
171 Buomberger, Thomas 2017, S. 276.
172 Zivilschutz, 1966/3, S. 59.
173 Tanner, Jakob 1988, S. 99.
174 Ebd. S. 105.
175 Buomberger, Thomas 2017, S. 272.
176 Ebd. S. 278f.
177 Meier, Martin: Von der Konzeption 71 zum Zivilschutz 95. Schweizer Zivilschutz zwischen Sein und Schein. Universität Freiburg, 2007. S. 117.
178 Kreuzer, Konradin: Der Schweizerische Zivilschutz – ein Beitrag zum Krieg. In: Hans A. Pestalozzi (Hrsg.): Rettet die Schweiz, schafft die Armee ab. Bern 1982. S. 135.
179 Kreuzer, Konradin: Zivilschutz in einem Atomkrieg. In: Die Überlebenden werden die Toten beneiden. Ärzte warnen vor dem Atomkrieg. Materialien des Hamburger «Medizinischen Kongress zur Verhinderung des Atomkrieges» vom 19./20.9.1981. Köln 1982. S. 63ff.
180 Kreuzer, Konradin: Die Bunkerschweiz. In: *Arch+*, Oktober 1983, S. 26ff.
181 Berger Ziauddin, Silvia 2015a, S. 84f.
182 Marti, Sibylle 2017a, S. 157ff.
183 Ebd. S. 162.
184 Ebd. S. 70; Auf der Maur, Jost 2017, S. 111.
185 Buomberger, Thomas 2017, S. 307ff.
186 Eric Hobsbawm: Das Zeitalter der Extreme. Weltgeschichte des 20. Jahrhunderts. München 1995. S. 307.

187 Reto Wollenmann 2004, S. 63.
188 Ebd. S. 98, 102.
189 Ebd. S. 90f.
190 Ebd. S. 102.
191 Loderer, Benedikt 2012, S. 211.
192 Braun, Peter a. a. O. S. 135.
193 Wollenmann, Reto 2004, S. 141.
194 Ebd. S. 81, 98, 167f.
195 Boos, Susan a. a. O. S. 34.
196 Ebd. S. 33f.
197 de Rougemont, Denis: Über die Atombombe. Wien 1948. S. 49f. (Franz. Originalausgabe: Lettres sur la bombe atomique. Paris 1946).
198 Ebd. S. 104.
199 Frisch, Max: Die Chinesische Mauer. Eine Farce. In: ders.: Sämtliche Stücke. Frankfurt a. M. 1995. S. 143.
200 Max Frisch-Archiv. Notizheft H. 51. Schütt, Julian: Max Frisch. Biographie eines Aufstiegs: 1911–1954. Frankfurt a. M. 2012. S. 362.
201 Frisch, Max: Wir hoffen. Dankesrede. Friedenspreis des Deutschen Buchhandels 1976. S. 13.
202 Dürrenmatt, Friedrich: Die Physiker. 1962. In: ders.: Werkausgabe in sieben- unddreissig Bänden. Bd. 7, Zürich 1998. S. 69.
203 Dürrenmatt, Friedrich: 21 Punkte zu den Physikern. 1962. In: ders.: Werkausgabe Bd. 7, Zürich 1998. S. 91.
204 Häsler, Alfred A.: Gespräch zum 1. August mit Friedrich Dürrenmatt. In: ex libris. Zürich 1966, H. 8, S. 9ff. Zit. nach: Dürrenmatt, Friedrich: Gespräche 1961–1990. Bd. 1. Zürich 1996. S. 263.
205 Dürrenmatt, Friedrich: Zur Dramaturgie der Schweiz. 1968/70. In: ders.: Werkausgabe Bd. 34, Zürich 1998, S. 67f.
206 Born, Hanspeter: Das Schwert des Damokles am Drahtseil. Friedrich Dürrenmatt über die Atombombe, Gorbatschow und das ewige Russland. In: *Die Weltwoche*, 26.2.1987.
207 Dürrenmatt, Friedrich: «Die Hoffnung, uns am eigenen Schopfe aus dem Untergang zu ziehen.» Laudatio auf Michail Gorbatschow. 1990. In: ders.: Werkausgabe Bd. 36, Zürich 1998, S. 206f.
208 Diggelmann, Walter Matthias: Das Verhör des Harry Wind. In: Klara Obermüller (Hrsg.): Werkausgabe. Bd. 3. Zürich 2002. S. 104f.
209 Meienberg, Niklaus: Denn alles Fleisch vergeht wie Gras. In: *Die Wochenzeitung (WOZ)*, März 1984.
210 Wilker, Gertrud: Flaschenpost. Frauenfeld 1977. S. 71.
211 Ebd. S. 57.
212 Berger Ziauddin, Silvia 2015a, S. 86.
213 Website von Alex Gfeller. Besucht am 17.1.2018. https://www.gfelleralex.ch/startseite/das-komitee/
214 Paul, Gerhard: «Mushroom Clouds». Entstehung, Struktur und Funktion einer Medienikone des 20. Jahrhunderts im interkulturellen Vergleich. In: ders. (Hrsg.): Visual History. Ein Studienbuch. Göttingen 2006. S. 254.
215 Erni, Hans: Ein Weg zum Nächsten. Pfäffikon 1976. S. 18; Giroud, Jean-Charles: Hans Erni. Plakate, 1927–2009. Genf 2011. S. 32.
216 Giroud, Jean-Charles a. a. O. S. 32; Matheson, John: Hans Erni. Das zeichnerische Werk und öffentliche Arbeiten. Zürich 1983. S. 64; Bühlmann, Karl: Zeitzeuge Hans Erni. Dokumente einer Biografie von 1909 bis 2009. Zürich 2009. S. 191.
217 Billeter, Fritz: HR Giger – seine Schönheit, sein Surrealismus. In: Beat Stutzer: HR Giger. Das Schaffen vor Alien. 1961–1976. Zürich 2007. S. 73.
218 Hug, Peter: Mit der Apartheidregierung gegen den Kommunismus. Die militärischen, rüstungsindustriellen und nuklearen Beziehungen der Schweiz zu Südafrika und die Apartheid-Debatte der Uno, 1948–1994. Schweizerischer Nationalfonds. Forschungsprogramm NFP 42+. 2013.
219 Hehli, Simon: Als die Winterthurer Firma Sulzer ein «Bombengeschäft» mit der Militärjunta abwickelte. *Neue Zürcher Zeitung*, 12.2.2018.
220 Arbeitsgemeinschaft gegen Atomexporte (Hrsg.): Sulzers Bombengeschäfte mit Argentinien. Schweizer Beihilfe zum Atomkrieg. Zürich u. Bern, Juli 1980.
221 Le Monde, 28.12.1979.
222 Popp, Maximilian: Skorpione in der Flasche. In: Die Bombe. *Spiegel Geschichte*, Nr. 4, 2015, S. 105ff.
223 Brandt, Hans: Die schützende Hand der CIA. In: *Der Bund*, 25.11.2011; Stäuble, Mario: Ghadafis Bombe und der Ingenieur aus dem Rheintal. In: *Der Bund*, 11.11.2014.
224 Zumstein, Hansjürg: Der Spion, der aus dem Rheintal kam. Wie ein Schweizer Mechaniker die Welt veränderte. Dokumentarfilm. Schweizer Fernsehen. 22.1.2009.
225 Lenzin, René: Die Schweizer Mechaniker und der Abdul Qadeer Khan. In: *Der Bund*, 25.9.2012.
226 Lenzin, René: Die vergebliche Suche nach den Millionen. In: *Der Bund*, 25.9.2012.
227 Gsteiger, Fredy: Das Comeback der Atomwaffen. Radio SRF. 16.2.2018.
228 Alle Atommächte investieren weiter. Radio SRF. 18.6.2018.
229 Holland, Steve: Trump will US-Atomarsenal ausbauen – «ganz oben im Rudel». *Reuters*, 23.2.2017.
230 Das war der Gipfel von Singapur. Schweizer Fernsehen und Radio SRF. 12.6.2018.
231 Gsteiger, Fredy: Der Geist ist aus der Flasche. Radio SRF. 22.10.2018.
232 Gsteiger, Fredy: Wie werden wir die «Waffen der Schande» wieder los? Radio SRF. 28.3.2018.
233 Gsteiger, Fredy: Die Atomkriegsuhr steht auf zwei vor zwölf. Radio SRF. 17.2.2018.
234 Burnand, Frédéric: Wieso die Schweiz den Atomwaffenverbots-Vertrag nicht unterzeichnet hat. Swissinfo, 14.3.2018.
235 Eidgenössisches Departement für auswärtige Angelegenheiten EDA (Hrsg.): Bericht der Arbeitsgruppe zur Analyse des UNO-Kernwaffenverbotsvertrags. 30.6.2018.
236 Ebd.
237 Häfliger, Markus: Die Schweiz lernt, die Bombe zu lieben. In: *Tages-Anzeiger*, 16.8.2018.
238 Sommaruga, Carlo, SP: Den Atomwaffenverbotsvertrag unterzeichnen und ratifizieren. Nationalrat, 15.12.2017.
239 Zaslawski, Valerie: Der Bundesrat unterzeichnet den Atomwaffenverbotsvertrag nicht. In: *Neue Zürcher Zeitung*, 15.8.2018.
240 Ebd.
241 Hobsbawm, Eric: Das Zeitalter der Extreme. Weltgeschichte des 20. Jahrhunderts. München 1995. S. 329.
242 Tanner, Jakob 2015, S. 293.
243 Ebd. S. 336.
244 Ebd. S. 355.
245 Bloch, Ernst: Das Prinzip Hoffnung. 3 Bde. 3. Aufl. Frankfurt a. M. 1990. S. 775.
246 Stöver, Bernd 2007, S. 200.
247 Rodin, M. B.; Hess, D. C.: Weather modification. Argonne National Laboratory. ANL-6444.
248 Betrachtungen zum Problem der Atombombe. In: *Neue Zürcher Zeitung*, 13.8.1945.
249 Trachsler, Fritz: Die Atom-Bombe als ethisches Problem. In: *Der Bund*, 18.8.1945.
250 Sulzer Werk-Mitteilungen, Februar 1946. Zit. nach: Wildi, Tobias 2003, S. 26.
251 Wildi, Tobias 2003, S. 27.
252 Scherrer, Paul: Atomenergie – Die physikalischen und technischen Grundlagen. In: *Neue Zürcher Zeitung*, 28.11.1945.
253 Ebd.
254 Fleury, Antoine: Europäische Organisation für Kernforschung (CERN). In: Historisches Lexikon der Schweiz. 24.2.2011. www.hls-dhs-dss.ch/textes/d/D26471.php?topdf=1
255 Wildi, Tobias 2003, S. 58.
256 Stöver, Bernd 2007, S. 199.
257 Public Papers of the Presidents of the United States. Dwight D. Eisenhower 1953. Washington 1960. S. 820.
258 Arndt, Melanie: Friedliches Atom Nr. 1. Sechzig Jahre sind vergangen seit der Inbetriebnahme des ersten industriellen Atomkraftwerkes Obninsk. Juni 2014. http://zeitgeschichte-online.de/kommentar/friedliches-atom-nr-1
259 Rutz, Michael; Heynen, Christian: «Das rote Atom». Stalins vergessene Wissenschaftsstadt Obninsk. Dokumentarfilm. Norddeutscher Rundfunk NDR. 2009.
260 Wildi, Tobias 2003, S. 60.
261 Die Rede Bundespräsident Petitpierres. In: *Neue Zürcher Zeitung*, 8.8.1955.
262 Pictet, Jean-Michel 1992, S. 53.
263 Mazzara, Alexander: Der atomare Traum. Explosive Pläne der Schweizer Industrie. Dokumentarfilm. Schweizer Fernsehen. 2003.
264 Pictet, Jean-Michel 1992, S. 55; Wildi, Tobias 2003, S. 69.
265 Wildi, Tobias 2003, S. 70.
266 Stöver, Bernd 2007, S. 203.
267 Wildi, Tobias 2003, S. 30.
268 Lüscher, Otto 1992, S. 117; Wildi, Tobias 2003, S. 44.
269 Wildi, Tobias 2003, S. 48.
270 Lüscher, Otto 1992, S. 120; Wildi, Tobias 2003, S. 65.
271 AKS, Nachlass Walter Boveri jun., 6007C. Statuten der Reaktor AG. 1.3.1955.

272 Vertrag zwischen der Schweizerischen Eidgenossenschaft und der Reaktor AG betreffend die Errichtung und den Betrieb eines Atomreaktors. 23.4.1955.
273 Ebd.
274 Wildi, Tobias 2003, S. 66.
275 Meier, Rudolf W.: Rudolf Sontheim: Pionier der schweizerischen Kernenergie. 2.10.2006. www.nuklearforum.ch/de/aktuell/e-bulletin/rudolf-sontheim-pionier-der-schweizerischen-kernenergie. Besucht am 17.2.2018.
276 Hug, Peter: Atomenergie. In: Historisches Lexikon der Schweiz. 20.4.2011. www.hls-dhs-dss.ch/textes/d/D17356.php; Hug, Peter 1998, S. 238.
277 Wildi, Tobias 2003, S. 74.
278 Ebd. S. 75.
279 Wildi, Tobias 2001, S. 423f.
280 Hug, Peter 1998, S. 233.
281 Buser, Marcos 1988, S. 26f.
282 Hochstrasser, Urs 1992, S. 62.
283 Aegerter, Irene: Urs Hochstrasser: Geburtshelfer der Atomenergie in der Schweiz. Vortrag am Symposium zum 90. Geburtstag von Prof. Dr. Urs Hochstrasser. 12.1.2016.
284 Botschaft des Bundesrates an die Bundesversammlung betreffend den Entwurf zu einem Bundesgesetz über die friedliche Verwendung der Atomenergie und den Strahlenschutz. 8.12.1958. Bundesblatt II/52 (1958), S. 1173.
285 Kupper, Patrick 2003, S. 89f.
286 Bundesblatt der Schweizerischen Eidgenossenschaft. I/1957. S. 1148.
287 Wildi, Tobias 2003, S. 30.
288 Hochstrasser, Urs 1992, S. 68; Gisler, Monika 2014, S. 98.
289 Boos, Susan 1999, S. 173.
290 Ebd. S. 173f.
291 Ebd. S. 174.
292 Gisler, Monika 2014, S. 100; Boos, Susan 1999, S. 174.
293 Kupper, Patrick 2003, S. 91; Gisler, Monika 2014, S. 102.
294 Botschaft des Bundesrates an die Bundesversammlung betreffend den Entwurf zu einem Bundesgesetz über die friedliche Verwendung der Atomenergie und den Strahlenschutz. 8.12.1958. Bundesblatt II/52 (1958), S. 1529.
295 Verordnung betreffend die Eidgenössische Kommission für die Sicherheit von Atomanlagen. 1960.
296 Naeglin, Roland: Diese Behörden sorgen für Sicherheit. In: *Neue Zürcher Zeitung,* 20.3.2009.
297 Pellaud, Bruno 1992a, S. 152.
298 Kupper, Patrick 2003a, S. 30.
299 Ganser, Daniele 2013, S. 104ff.
300 Pellaud, Bruno 1992a, S. 155.
301 Ebd. S. 157.
302 Lüscher, Otto 1992, S. 123f.; Wildi, Tobias 2003, S. 83ff.; Mazzara, Alexander a. a. O.
303 Ribaux, Paul 1992. S. 134ff.; Wildi, Tobias 2003, S. 95ff.
304 Mazzara, Alexander a. a. O.
305 Lüscher, Otto 1992, S. 122f.; Wildi, Tobias 2003, S. 103ff.
306 Alfred Schaefer an Bundesrat Hans Streuli. 31.7.1959. Archiv Sulzer. A4R2-4.
307 Lüscher, Otto 1992, S. 124ff., 137f.; Wildi, Tobias 2003, S. 109ff., 130ff.
308 Schweizerische Gesellschaft für Kernfachleute (Hrsg.): Geschichte der Kerntechnik in der Schweiz. Die ersten 30 Jahre 1939−1969. Oberbözberg 1992. S. 103.
309 Wildi, Tobias 2003, S. 133ff.
310 Ribaux, Paul 1992, S. 138f.; Wildi, Tobias 2003, S. 138ff.
311 Lüscher, Otto 1992, S. 126f.; Wildi, Tobias 2003, S. 140ff.
312 Ribaux, Paul 1992, S. 139f.
313 Hinweis von Roland Naegelin, 22.1.2019.
314 Brief von Jakob Annasohn an das EMD und an den Atomdelegierten Jakob Karl Burkhardt, 7.9.1959. BAR E 8210 (A), 1992/30, 26.
315 Mazzara, Alexander, a. a. O.
316 Ebd.
317 NGA Verwaltungsratsprotokoll vom 24.3.1966, S. 4.
318 NOK Verwaltungsratsprotokoll vom 10.1.1964, S. 12.
319 Dreier, Hans: Probleme der künftigen Stromversorgung. Zusammenfassung eines Vortrags. In: *BKW-Hauszeitung,* März 1965, S. 4.
320 Boos, Susan 1999, S. 46f.
321 Mazzara, Alexander a. a. O.
322 Ebd.
323 Streuli, Hans: Präsidialansprache an der Generalversammlung der NGA, 30.6.1965. S. 2f.
324 Mazzara, Alexander a. a. O.
325 Zit. nach Lüscher, Otto 1992, S. 131.
326 Mazzara, Alexander a. a. O.
327 Streuli, Hans: Präsidialansprache an der Generalversammlung der NGA, 26.6.1962, S. 7.
328 Mazzara, Alexander a. a. O.
329 Ebd.
330 Kommission für die sicherheitstechnische Untersuchung des Zwischenfalles im Versuchs-Atomkraftwerk Lucens (Hrsg.): Schlussbericht über den Zwischenfall im Versuchs-Atomkraftwerk Lucens. Würenlingen 1979. 8-4.
331 Wildi, Tobias 2003, S. 249.
332 Hinweis von Roland Naegelin, 22.1.2019.
333 Hinweis von Roland Naegelin, 22.1.2019.
334 Kommission für die sicherheitstechnische Untersuchung a. O. 3-3.
335 Kommission für die sicherheitstechnische Untersuchung a. O. 0-1, 0-2.
336 Mazzara, Alexander a. a. O.
337 Ebd.
338 Gerny, Daniel: Der vergessene Atomunfall von Lucens. In: Marc Tribelhorn (Hrsg.): Die Schweiz als Ereignis. 50 Episoden aus der jüngeren Geschichte. Zürich 2017. S. 123.
339 Ebd.
340 Mazzara, Alexander a. a. O.
341 Boos, Susan 1999, S. 13.
342 Mazzara, Alexander a. a. O.
343 Bundesamt für Gesundheit (BAG): Ehemalige Reaktorversuchsanlage Lucens: Tritiumwert in Entwässerungsanlage erhöht. Medienmitteilung, 4.4.2012.
344 Wildi, Tobias 2003, S. 255.
345 Naeglin, Roland 2007, S. 101.
346 Leuenberger, Moritz: Rede anlässlich der Gründungsfeier des Eidgenössischen Nuklearsicherheitsinspektorats (ENSI) im April 2009. https://www.ensi.ch/de/2012/06/07/serie-lucens-kritik-an-der-sicherheitsbehoerde. Besucht am 28.2.2018.
347 Büchi, Christophe: Eine Arche der Vergänglichkeit. Stillgelegtes Atomkraftwerk von Lucens. In: *Neue Zürcher Zeitung,* 16.3.2010.
348 Tanner, Jakob 1994, S. 41.
349 Zit. nach Stöver, Bernd 2007, S. 202.
350 Protokoll über die Verhandlungen des ausserordentlichen Parteitags der SP Schweiz vom 12./13.10.1957. Zit. nach Gül, Leyla: Einstieg in den Ausstieg. Ein Rückblick auf die Atomenergiepolitik der SP Schweiz von den 1950er Jahren bis Tschernobyl. In: *Rote Revue.* Zeitschrift für Politik, Wirtschaft und Kultur. 84, 2006, Heft 2, S. 7.
351 Ebd.
352 von Arx, Christian: Die Atomfrage spaltete einst die Solothurner SP im Kern. In: *Solothurner Zeitung,* 17.10.2015.
353 Mazzara, Alexander a. a. O.
354 Skenderovic, Damir 1994, S. 122.
355 Ebd. S. 128, 133, 141f.
356 Kupper, Patrick 2003a, S. 38.
357 Zit. nach Pellaud, Bruno 1992a, S. 159.
358 Atomkraftwerke und Gewässerschutz. Pressemitteilung des EDI und EVED. Bern, 7.3.1969.
359 Kupper, Patrick 2003a, S. 90.
360 Der «Kühlturmkrieg» bricht los. In: *Der Bund,* 10.8.1971.
361 Kupper, Patrick 2003a, S. 126.
362 Ebd. S. 128.
363 Ebd. S. 92.
364 Verwaltungsratsprotokoll der Motor-Columbus, 14.4.1969.
365 Verwaltungsratsprotokoll der Motor-Columbus, 18.3.1970.
366 Späti, Christina; Skenderovic, Damir 2012.
367 Münger, Felix 2014, S. 185.
368 Tanner, Jakob 1994, S. 402; Kupper, Patrick 2003a, S. 124f.
369 Gül, Leyla a. a. O. S. 9.
370 Seitz, Werner 2008, S. 15ff.; Rebeaud, Laurent: Die Grünen in der Schweiz. Bern 1987. S. 27ff.
371 Meadows, Dennis et al.: Die Grenzen des Wachstums. Bericht des Club of Rome zur Lage der Menschheit. Stuttgart 1972.
372 Kupper, Patrick 2004, S. 98ff.
373 Meadows, Dennis et al. a. a. O. S. 17.
374 Kupper, Patrick 2003a, S. 144, 208.
375 Göbel, Stefan: Die Ölpreiskrisen der 1970er Jahre. Auswirkungen auf die Wirtschaft von Industriestaaten am Beispiel der Bundesrepublik Deutschland, der Vereinigten Staaten, Japans, Grossbritanniens und Frankreichs. Berlin 2013. S. 597.
376 Tanner, Jakob 1994, S. 419f.
377 Orientierungsversammlung am 22.3.1966 in Kaiseraugst. Archiv der Motor-Columbus. DSP 1029. 30.3.1966.
378 Kupper, Patrick 2004, S. 95.
379 Füglister, Stefan: Das Nordwestschweizer Aktionskomitee gegen A-Werke (NWA). In: ders. (Hrsg.): Darum werden wir Kaiseraugst verhindern. Texte und Dokumente zum Widerstand gegen das geplante AKW. Zürich 1984. S. 69f.; Kupper, Patrick 2004, S. 120.
380 *Neue Zürcher Zeitung,* 16.6.1972.
381 Scholer, Peter: Die Gewaltfreie Aktion Kaiseraugst

(GAK). In: Stefan Füglister (Hrsg.): Darum werden wir Kaiseraugst verhindern. Texte und Dokumente zum Widerstand gegen das geplante AKW. Zürich 1984. S. 77.
382 Zit. nach Kupper, Patrick 2004, S. 146.
383 Scholer, Peter a. a. O. S. 77.
384 Ebd.
385 Kriesi, Hanspeter 1982, S. 28f.
386 Kupper, Patrick 2004, S. 146.
387 Münger, Felix 2014, S. 185.
388 Scholer, Peter a. a. O. S. 80.
389 Fischer, Ulrich 2013, S. 33.
390 Ebd. S. 34f.
391 Scholer, Peter a. a. O. S. 80.
392 Boos, Susan 1999, S. 139f.
393 Scholer, Peter a. a. O. S. 80.
394 Kupper, Patrick 2004, S. 148.
395 Fischer, Ulrich 2013, S. 60.
396 Ebd. S. 79.
397 Ebd. S. 78.
398 Münger, Felix 2014, S. 190.
399 Zit. nach Ebd. S. 193.
400 Zit. nach Ebd. S. 189f.
401 Fischer, Ulrich 2013, S. 76.
402 Münger, Felix 2014, S. 189f.; Scruzzi, Davide: Folgenreiches Woodstock der AKW-Gegner. In: *Neue Zürcher Zeitung*, 23.3.2015; Wehrli, Thomas: Wie Aktivisten in Kaiseraugst die Anti-AKW-Volksbewegung auslösten. In: *Aargauer Zeitung*, 7.4.2015.
403 Wehrli, Thomas: Wie Aktivisten in Kaiseraugst die Anti-AKW-Volksbewegung auslösten. In: *Aargauer Zeitung*, 7.4.2015.
404 Fischer, Ulrich 2013, S. 60.
405 Ebd. S. 30.
406 Hubacher, Helmut: Haarsträubende Fehlprognosen. In: *Schweizer Illustrierte*, 9.4.2015.
407 Kreis, Georg: Die friedliche «Schlacht» um Kaiseraugst. In: *TagesWoche*, 30.3.2015.
408 von Arx, Christian: Die Atomfrage spaltete einst die Solothurner SP im Kern. In: *Solothurner Zeitung*, 17.10.2015.
409 Gül, Leyla a. a. O. S. 9.
410 Ritschard, Willi; Bichsel, Peter: Probleme schweizerischer Politik. September 1974. Schweizerisches Literaturarchiv. Archiv Peter Bichsel. SLA-PB-C-3-2-c-1. Typoskript S. 25f.
411 Kupper, Patrick 2004, S. 153.
412 Häni, David 2018, S. 351.
413 Protokoll des Verwaltungsrats der Motor-Columbus, 21.9.1970. S. 20f. Archiv Motor-Columbus.
414 Protokoll des Verwaltungsrats der Motor-Columbus, 22.9.1971. S. 18f. Archiv Motor-Columbus.
415 Besprechung des Bundesrates mit Kernkraftwerkgegnern vom 4.7.1975. Vorbesprechung mit Kanton Aargau und Bauherrschaft. 1.7.1975. Zit. nach Kupper, Patrick 2004, S. 223.
416 Ebd.
417 Kupper, Patrick 2004, S. 101.
418 Jungk, Robert 1977, S. Xf.
419 Greffrath, Mathias: Zorn der Vernunft. Kämpfer, Skeptiker, Aufklärer: Erinnerungen an die Avantgardisten der Anti-Atom-Bewegung. In: *Die Zeit*, 19.5.2011.
420 Münger, Felix 2014, S. 194.
421 Kupper, Patrick 2004, S. 295; Schilling, Christoph: Der Mythos Kaiseraugst. In: *Beobachter*, 29.2.2008.
422 Boos, Susan 1999, S. 143.
423 Kupper, Patrick 2004, S. 183.
424 Ebd. S. 182.
425 Ebd. S. 184; ders. 2005, S. 60ff.
426 Rossel, Jean 1977.
427 Binswanger, Hans Christoph; Geissberger, Werner; Ginsburg, Theo (Hrsg.): Wege aus der Wohlstandsfalle. Strategien gegen Arbeitslosigkeit und Umweltkrise. Frankfurt a. M. 1978.
428 Zehnder, Christoph: «Wir wurden niedergewalzt»: So erlebte eine AKW-Gegnerin die Demonstration von 1977. In: *Oltner Tagblatt*, 28.7.2017.
429 Ebd.
430 *Neue Zürcher Zeitung*, 4.7.1977.
431 Kupper, Patrick 2003a, S. 148.
432 *Focus: das zeitkritische Magazin*. Nr. 97, Juni 1978, S. 9.
433 Ritter, Pascal: Das Ende von Kaiseraugst war der Anfang der Atomlobby. In: *Schweiz am Wochenende*, 28.3.2015.
434 Ebd.
435 Fischer, Ulrich 2013, S. 94.
436 Postulat Letsch: Gesamtenergiekonzeption, 5.10.1972. In: *Amtliches Bulletin der Bundesversammlung*. Nationalrat. 1972. S. 1800ff.
437 Sarasin, Philipp 1984, S. 30f.
438 Volksabstimmung vom 18.2.1979. Erläuterungen des Bundesrates.
439 van den Berg, Insa: Das amerikanische Tschernobyl. Reaktorunglück Harrisburg. In: *Der Spiegel*, 25.3.2009; Rubner, Jeanne: Chronik einer Kernschmelze. Atomunfall in Harrisburg 1979. In: *Süddeutsche Zeitung*, 30.3.2011.
440 Speicher, Christian: Three Mile Island und seine Folgen. In: *Neue Zürcher Zeitung*, 25.3.2009.
441 Kupper, Patrick 2003a, S. 243ff., 256f.
442 Schilling, Christoph a. a. O.
443 Kupper, Patrick 2003a, 162, 170, 239ff.
444 Kriesi, Hanspeter 1982, S. 48ff.
445 Volksabstimmung vom 23.9.1984. Erläuterungen des Bundesrates.
446 Fischer, Ulrich 2013, S. 44.
447 Ebd. S. 100.
448 Ebd. S. 107.
449 Zit. nach Brandenberger, Kurt 2015, S. 22.
450 Ebd. S. 25.
451 Ebd. S. 27.
452 Buomberger, Thomas 2017, 87ff.; Tribelhorn, Marc: Terror-Rezepte für jedermann. In: *Neue Zürcher Zeitung*, 26.7.2013.
453 Brandenberger, Kurt 2015, S. 11.
454 Ebd. S. 11f.
455 Ebd. S. 17f.
456 Ebd. S. 86.
457 Ebd. S. 87.
458 Gut, Philipp: Der radikale Herr Strehle. In: *Die Weltwoche*, 15.2.2013.
459 Fischer, Ulrich 2013, S. 101.
460 Scholer, Peter a. a. O. S. 82.
461 Die Gewaltfreie Aktion gegen das AKW-Kaiseraugst (GAGAK). Gespräch mit Hanspeter Gysin. In: Füglister, Stefan (Hrsg) 1984, S. 87.
462 Kupper, Patrick 2003a, S. 293f.
463 Fischer, Ulrich 2013, S. 87.
464 Haemmerli, Fred: Wenn die Bürgerwehr marschiert. In: *Die Zeit*, 12.10.1984.
465 Frisch, Max: Homo faber. 2006, S. 107.
466 Max Frisch-Archiv ETH Zürich.
467 Dürrenmatt, Friedrich: Turmbau. Stoffe IV–IX. In: Werkausgabe Bd. 29, Zürich 1998, S. 111.
468 Nakott, Jürgen; Zick, Michael: «Aus der Wissenschaft muss sich ein neuer Humanismus entwickeln.» In: *Bild der Wissenschaft*. Stuttgart 1988, H. 12, S. 8f. Zit. nach: Dürrenmatt, Friedrich: Gespräche 1961–1990. Bd. 1. Zürich 1996. S. 262.
469 Ebd.
470 Dürrenmatt, Friedrich: Vallon de l'Ermitage. 1980/83. In: Werkausgabe Bd. 36, Zürich 1998, S. 55.
471 Archiv Peter Bichsel. Schweizerisches Literaturarchiv. Atominitiative 2. 1979. SLA-PB-C-3-2-c-2.
472 Ebd.
473 Hauzenberger, Martin: Franz Hohler. Der realistische Fantast. Zürich 2015. S. 183.
474 Odermatt, Marcel; Marti, Simon: «Wir wurden nicht ernst genommen.» Franz Hohler über seinen Kampf gegen AKW. In: *Blick*, 20.5.2017.
475 Münger, Felix 2014, S. 181ff.
476 Barkhoff, Jürgen: «Wie muss ein Satz aussehen, der Mut machen soll?» Zum Zusammenhang von Ökoengagement, Naturerfahrung und literarischer Form im Werk von Walter Vogt und Otto F. Walter. In: Goodbody, Axel (Hrsg.): Literatur und Ökologie. Amsterdam 1998. S. 182.
477 Walter, Otto F.: Erste Gösgener Rede, 1977. In: ders.: Gegenwort. Aufsätze, Reden, Begegnungen. Zürich 1988. S. 58ff.
478 Barkhoff, Jürgen 1998, S. 191.
479 Walter, Otto F.: Wie wird Beton zu Gras. Fast eine Liebesgeschichte. Hamburg 1979. S. 105.
480 Blatter, Silvio: Kein schöner Land. Frankfurt a. M. 1983. S. 398.
481 Reis, James H.: Silvio Blatters Romantrilogie Tage im Freiamt. Der Öko-Roman zwischen Heinrich Böll und Adalbert Stifter. In: Goodbody, Axel (Hrsg.) a. a. O. S. 172.
482 Blatter, Silvio: Das sanfte Gesetz. Frankfurt a. M. 1988. S. 171.
483 Ebd. S. 319.
484 Ebel, Martin: Es gibt auch die geistige Kernschmelze. Literatur, ganz schnell: Der Westschweizer Autor Daniel de Roulet hat ein Büchlein zur Reaktorkatastrophe in Japan geschrieben. In: *Tages-Anzeiger*, 12.5.2011.
485 Ebd.
486 Barilier, Étienne: Que savons-nous du monde? Carouge-Genève 2012.
487 Ebd.
488 Ebd.
489 Muschg, Adolf: Heimkehr nach Fukushima. München 2018. S. 110.
490 Ebd. S. 111.
491 Ebd. S. 109.
492 Bei Bedarf wieder voll da. Roland Meyer, Atomenergiegegner der ersten Stund tritt zurück. Ein Rückblick auf vergangene Kämpfe un ein Ausblick darauf, was kommt. In: *Die Wochenzeitung (WOZ)*, 6.10.2005.
493 Joswig, Gareth: «So was hatte ich noch nie gesehe Insektenforscherin über

Tschernobyl. In: *Die Tageszeitung* (taz), 24.4.2016.
494 Ebd.
495 Ebd.
496 Schilling, Christoph: Mit Wanzen gegen AKWs. In: *Der Beobachter*, 28.9.2009.
497 Joswig, Gareth: «So was hatte ich noch nie gesehen.» In: *Die Tageszeitung* (taz), 24.4.2016.
498 Caprez, Cathrin: Mit dem Pinsel gegen AKWs. In: *Die Wochenzeitung* (WOZ), 29.10.2015.
499 Jenny, Johannes: Untersuchungen zu Missbildungserscheinungen an Wanzen (Heteroptera): Erscheinungsformen, Häufigkeit und Bezug zu Schweizer Kernkraftanlagen. Eidgenössische Technische Hochschule Zürich, 23.12.1993; Schilling, Christoph: Mit Wanzen gegen AKWs. In: *Der Beobachter*, 28.9.2009.
500 Körblein, Alfred; Hesse-Honegger, Cornelia: Morphological Abnormalities in True Bugs (Heteroptera) near Swiss Nuclear Power Stations. In: *Chemistry & Biodiversity*, 24.5.2018.
501 Boos, Susan 1999, S. 199.
502 Walter, Martin: Einkalkuliertes Menschenopfer. In: Atomstrom und Strahlenrisiko. PSR News 98/1. Bd. 1. S. 4.
503 Johnson, Thomas: Tschernobyl. Alles über die grösste Atomkatastrophe der Welt. Dokumentarfilm. Discovery Chanal. 2007.
504 Ebd.
505 Ebd.
506 Boos, Susan: Niemand soll glauben, in der Schweiz wärs anders gelaufen. In: *Die Wochenzeitung* (WOZ), 21.4.2011.
507 Johnson, Thomas 2007.
508 Alexijewitsch, Swetlana 2015, S. 45.
509 Boos, Susan 1996, S. 14.
510 Alexijewitsch, Swetlana 2015, S. 44f.
511 Thomas Johnson 2007.
512 Ebd.
513 Boos, Susan 1996, S. 233.
514 Ebd. S. 194.
515 Ebd. S. 231.
516 Fernex, Michel: Tschernobyl wütet im Erbgut. In: Atomstrom und Strahlenrisiko. PSR News 98/1. Bd. 1. S. 20.
517 Watanabe, Kenichi: Unsere schöne nukleare Welt. Dokumentarfilm. Arte France u. KAMI Productions. 2012.
518 Stehli Pfister, Helen: Tschernobyl und die Schweiz: Eine Katastrophe und ihre Folgen. Dokumentation. 2005.
519 Huber, Otto et al. 1995. S. 48.
520 Stehli Pfister, Helen 2005.
521 Ebd.
522 Ebd.
523 Ebd.
524 Huber, Otto et al. 1995, S. 59.
525 Ebd. S. 59ff.
526 Stehli Pfister, Helen 2005.
527 Ebd.
528 Scruzzi, Davide: Dogmatiker des Fortschritts. In: *Neue Zürcher Zeitung*, 22.12.2015.
529 Naegelin, Roland 2007, S. 288f.
530 Stehli Pfister, Helen 2005.
531 Ebd.
532 Fischer, Ulrich 2013, S. 88.
533 Naegelin, Roland 2007, S. 289.
534 Ebd.
535 Münger, Felix: Vor 30 Jahren: Der Alptraum von Tschernobyl. Radio SRF 1. Doppelpunkt. 26.4.2016.
536 Naegelin, Roland 2007, S. 293.
537 *Bündner Zeitung*, 2.5.1986.
538 Stellungnahme des Bundesrates vom 9.10.1986.
539 Ebd.
540 Kupper, Patrick 2003a, S. 272.
541 Kreis, Georg: Die Brandkatastrophe von Schweizerhalle. Die Folgen in Basel. In: ders. u. von Wartburg, Beat (Hrsg.): Chemie und Pharma in Basel. Bd. 2. Basel 2016. S. 205ff.
542 Fischer, Ulrich 2013, S. 268.
543 Münger, Felix 2016.
544 Fischer, Ulrich 2013, S. 270.
545 Ebd. S. 281.
546 Stehli Pfister, Helen 2005.
547 Fischer, Ulrich 2013, S. 282.
548 Kupper, Patrick 2003a, S. 285.
549 Fischer, Ulrich 2013, S. 10.
550 Ebd.
551 Somm, Markus: Christoph Blocher. Der konservative Revolutionär. Herisau 2009. S. 259.
552 Fischer, Ulrich 2013, S. 286.
553 Stehli Pfister, Helen 2005.
554 Fischer, Ulrich 2013, S. 328.
555 Somm, Markus a. a. O. S. 260.
556 Kupper, Patrick 2003a, S. 277.
557 Fischer, Ulrich 2013, S. 329.
558 Ebd. S. 326.
559 Ebd. S. 327.
560 Kupper, Patrick 2003a, S. 286f.
561 Eidgenössische Volksinitiative «Stopp dem Atomkraftwerkbau (Moratorium)» vom 23.9.1990.
562 Volksabstimmung vom 23.9.1990. Erläuterungen des Bundesrates. S. 12.
563 Eidgenössische Volksinitiative «für den Ausstieg aus der Atomenergie» vom 23.9.1990.
564 Ebd.
565 Volksabstimmung vom 23.9.1990. Erläuterungen des Bundesrates. S. 6.
566 Ebd.
567 Ebd.
568 Ebd.
569 Volksabstimmung vom 23.9.1990. Erläuterungen des Bundesrates. S. 15.
570 Boos, Susan 1999, S. 71.
571 *SonntagsZeitung*, 2.6.1996.
572 Ebd.
573 *Neue Zürcher Zeitung*, 16.12.1996. Zit. nach Boos, Susan 1999, S. 78.
574 *Tages-Anzeiger*, 20.2.1998. Zit. nach Boos, Susan 1999, S. 82.
575 Boos, Susan 1999, S. 83.
576 Eidgenössische Volksinitiative «Strom ohne Atom – Für eine Energiewende und schrittweise Stilllegung der Atomkraftwerke (Strom ohne Atom)» vom 18.5.2003.
577 Ebd.
578 Volksabstimmung vom 18.5.2003. Erläuterungen des Bundesrates. S. 49.
579 Eidgenössische Volksinitiative «MoratoriumPlus – Für die Verlängerung des Atomkraftwerk-Baustopps und die Begrenzung des Atomrisikos (MoratoriumPlus)» vom 18.5.2003.
580 Ebd.
581 Volksabstimmung vom 23.9.1990. Erläuterungen des Bundesrates. S. 51.
582 Stehli Pfister, Helen 2005.
583 Angeli, Thomas: Der Tag, an dem die Wolke kam. In: *Beobachter*, 27.3.2006.
584 Eidgenössisches Departement für Umwelt, Verkehr, Energie und Kommunikation (UVEK), Medienmitteilung «Bundesrat beschliesst neue Energiepolitik», 21.2.2007.
585 Guéret, Eric; Noualhat, Laure: Terror: Atomkraftwerke im Visier. Dokumentarfilm. Arte France. 2015.
586 Bushs riskanter Flirt mit der Atombombe. In: *Der Spiegel*, 10.3.2002. Boos, Susan: Atombomben für Beznau. In: *Die Wochenzeitung* (WOZ), 29.6.2006.
587 Schweizer Fernsehen. Rundschau. 12.9.2001.
588 Greenpeace-Notfallübung beim AKW Beznau zeigt: Terroristen hätten leichtes Spiel. Greenpeace Schweiz. 5.9.2002.
589 Rechsteiner, Rudolf, SP: Raketenschutz für Atomkraftwerke. Denkfehler im Generalstab. Nationalrat. 13.12.2002.
590 *Schaffhauser Nachrichten*, 15.1.2003.
591 *Bieler Tagblatt*, 29. und 30.1.2003.
592 Hauptabteilung für die Sicherheit der Kernanlagen (HSK) (Hrsg.): Stellungnahme der HSK zur Sicherheit der schweizerischen Kernkraftwerke bei einem vorsätzlichen Flugzeugabsturz. Würenlingen. März 2003. S. 34.
593 Hauptabteilung für die Sicherheit der Kernanlagen (HSK) a. a. O. S. 31.
594 Schweizerische Energie-Stiftung (SES) u. Greenpeace Schweiz (Hrsg.): Risiko Altreaktoren Schweiz. Eine Studie von Dipl.-Ing. Dieter Majer. Zürich. Februar 2014. S. 27.
595 Häne, Stefan: Die verschwiegene Gefahr. In: *Tages-Anzeiger*, 30.11.2015.
596 Häne, Stefan: Experte sieht Flugzeuge als grosses Sicherheitsrisiko für die AKW. In: *Tages-Anzeiger*, 27.3.2014.
597 Jans, Beat: Schutz nuklearer Anlagen vor Terroranschlägen. Nationalrat. Motion 15.4210. 18.12.2015.
598 Diese IT-Gefahren bedrohen unsere Atomkraftwerke. Watson. 23.7.2017.
599 Aschwanden, Erich: Die Schweiz wappnet sich gegen Terroranschlag mit einer schmutzigen Bombe. In: *Neue Zürcher Zeitung*, 27.7.2017.
600 Coulmas, Florian; Stalpers, Judith 2011, S. 56f.
601 Mueller, Michael; Müller, Peter F.; Philipp, Abresch: Fukushima. Die Wahrheit hinter dem Super-GAU. Dokumentarfilm. Norddeutscher Rundfunk NDR. 2012.
602 Pfistner, Christoph: Fukushima – Unfallablauf und wesentliche Ursachen. In: *sicher ist sicher*. Fachzeitschrift für Sicherheitstechnik, Gesundheitsschutz und menschengerechte Arbeitsgestaltung. 9–11/2013. S. 503.
603 Eidgenössisches Nuklearsicherheitsinspektorat (ENSI) (Hrsg.): Vertiefende Analyse des Unfalls in Fukushima am 11.3.2011 unter besonderer Berücksichtigung der menschlichen und organisatorischen Faktoren. Brugg, 2011. S. 24.
604 Eidgenössisches Nuklearsicherheitsinspektorat (ENSI) (Hrsg.): Radiologische Auswirkungen aus den kerntechnischen Unfällen in Fukushima vom 11.3.2011. Brugg, 2011. S. 18.

605 Boos, Susan 2012, S. 43, 52, 78.
606 Ebd. 222f.; Coulmas, Florian; Stalpers, Judith 2011, S. 137.
607 Coulmas, Florian; Stalpers, Judith 2011, S. 150f.
608 Boos, Susan 2012, S. 87f.
609 United Nations Scientific Committee on the Effects of Atomic Radiation (UNSCEAR) (Hrsg.): Levels and effects of radiation exposure due to the nuclear accident after the 2011 great east-Japan earthquake and tsunami. United Nations. New York 2013.
610 Brandner, Judith: Verstrahlt – und das ganz ohne Folgen? In: *Die Wochenzeitung* (WOZ), 3.10.2013.
611 World Health Organisation (WHO) (Hrsg.): Health risk assessment from the nuclear accident after the 2011 Great East Japan Earthquake and Tsunami. United Nations. Geneva 2013.
612 Deutsche Sektion Internationale Ärzte für die Verhütung des Atomkrieges /Ärzte in sozialer Verantwortung (IPPNW) (Hrsg.): 30 Jahre Leben mit Tschernobyl. 5 Jahre Leben mit Fukushima. Gesundheitliche Folgen der Atomkatastrophen von Tschernobyl und Fukushima. Berlin, 2016. S. 67.
613 Coulmas, Florian; Stalpers, Judith 2011, S. 75f.
614 Ebd. S. 58.
615 Boos, Susan 2012, S. 214.
616 Ebd. S. 15.
617 Ebd. S. 226ff.; Capodici, Vincenzo: Dekontaminierung als Sisyphusarbeit. In: *Tages-Anzeiger*, 11.8.2013.
618 Boos, Susan 2012, S. 208.
619 Ebd. S. 234; Coulmas, Florian; Stalpers, Judith 2011, S. 82.
620 Ebd. S. 171.
621 Pfistner, Christoph a. a. O. S. 561.
622 The National Diet of Japan (Hrsg.): The official report of The Fukushima Nuclear Accident Independent Investigation Commission. July 5, 2012.
623 Boos, Susan 2012, S. 102f.
624 Eidgenössisches Nuklearsicherheitsinspektorat (ENSI): Lessons Learned und Prüfpunkte aus den kerntechnischen Unfällen in Fukushima. Brugg, 2011. S. 27.
625 Brief von Johannis Nöggerath, Präsident Schweizerische Gesellschaft für Kernfachleute (SGK), an Bundesrätin Doris Leuthard, Vorsteherin Eidgenössisches Departement für Umwelt, Verkehr, Energie und Kommunikation (UVEK), 23.5.2011.
626 Eidgenössisches Nuklearsicherheitsinspektorat (ENSI) a. a. O. S. 28.
627 Coulmas, Florian; Stalpers, Judith 2011, S. 157.
628 Ebd. S. 89.
629 Boos, Susan 2012, S. 123.
630 Japans Premier fordert neue Atomkraftwerke. In: *Tages-Anzeiger*, 31.12.2012.
631 Nationale Alarmzentrale (NAZ): Jahresbericht 2011. S. 8.
632 Bundesamt für Gesundheit (BAG): Auswirkungen auf die Bevölkerung in der Schweiz. In: Eidgenössisches Nuklearsicherheitsinspektorat (ENSI): Radiologische Auswirkungen aus den kerntechnischen Unfällen in Fukushima vom 11.3.2011 Brugg, 2011. S. 65.
633 Bundesamt für Energie (BFE): Überprüfung der Notfallschutzmassnahmen in der Schweiz. Bericht der interdepartementalen Arbeitsgruppe IDA NOMEX. Bern, 22.6.2012.
634 Bundesamt für Energie (BFE) a. a. O. S. 15.
635 Eidgenössisches Nuklearsicherheitsinspektorat (ENSI): Externes Lager für Notfälle steht bereit. Brugg, 1.6.2011.
636 Bundesamt für Bevölkerungsschutz (BABS): Notfallschutzkonzept bei einem KKW-Unfall in der Schweiz. Bern, 23.6.2015.
637 Bundesamt für Gesundheit (BAG): Neuverteilung von Jodtabletten startet am 27.10.2014. Bern, 15.10.2014.
638 Scruzzi, Davide: Jod und Evakuierungspläne für die Atomkatastrophe. Neue grossräumige Pläne für AKW-Unfälle. In: *Neue Zürcher Zeitung*, 23.1.2014.
639 Bundesgericht (Hrsg.): Kosten für Jodtabletten-Versorgung: Beschwerde der Kernkraftwerkbetreiber gutgeheissen. Medienmitteilung, 5.11.2018.
640 Boos, Susan 2012, S. 148.
641 Ebd. S. 132.
642 Meier-Dallach, Hans-Peter; Nef, Rolf: Grosskatastrophe im Kleinstaat. 1990. S. 16.
643 Boos, Susan 2012, S. 136.
644 Ebd. S. 136f.
645 Ebd. S. 137.
646 Scholl, Willi: «Fukushima hat gezeigt, dass wir grossräumiger evakuieren müssen.» Radio SRF 1. Tagesgespräch. 5.2.2014.
647 Füglister, Stefan 2013, S. 13.
648 Axhausen, Kay W.; Dobler, Christoph; Kowald, Matthias et al.: Grossräumige Evakuierung. Agentenbasierte Analyse. Schlussbericht an das BABS. ETH. Zürich 2012.
649 Bundesamt für Bevölkerungsschutz (BABS): Grossräumige Evakuierung bei einem KKW-Unfall. Bern, 1.6.2016.
650 Thönen, Simon: Kompromiss bei der AKW-Notfallplanung. In: *Der Bund*, 5.7.2014.
651 Ebd.
652 Ebd.
653 Ebd.
654 Boos, Susan 2012, S. 159.
655 Bundesamt für Bevölkerungsschutz (BABS): BABS lanciert Informationskanäle Alertswiss. Bern, 3.2.2015.
656 Boos, Susan 2012, S. 147.
657 Ebd. S. 137.
658 Ebd. S. 169.
659 Mennig, Daniel; Loriol, François: Wer sind die Schweizer Liquidatoren? Schweizer Fernsehen. Einstein, 24.3.2011.
660 Boos, Susan 2012, S. 170.
661 Ustohalova, Veronika; Küppers, Christian; Claus, Manuel: Untersuchung möglicher Folgen eines schweren Unfalls in einem schweizerischen Kernkraftwerk auf die Trinkwasserversorgung. Darmstadt 2014.
662 Jans, Beat: Katastrophenhilfe im Falle schwerer AKW-Unfälle. Nationalrat. Interpellation 12.3959. 28.9.2012.
663 Eidgenössisches Nuklearsicherheitsinspektorat (ENSI): Schlussbericht Aktionsplan Fukushima. 21.12.2016. S. 15ff.
664 Welter, Patrick: Die Kosten von Fukushima. In: *Neue Zürcher Zeitung*, 7.3.2016.
665 Lelieveld, Johannes; Kunkel, Daniel; Lawrence, Mark G.: Global risk of radioactive fallout after major nuclear reactor accidents. In: *Atmospheric Chemistry and Physics*, 12, 2012, S. 4245–4258.
666 Sornette, Didier; Sovacool, Benjamin; Wheatley, Spencer: Of disasters and dragon kings: a statistical analysis of nuclear power incidents & accidents. In: *Physics and Society*, 7.4.2015.
667 Huber, Daniel: Forscher untersuchen die Möglichkeit eines neuen Atom-GAUs – das Resultat ist nicht sehr beruhigend. In: *Watson*, 3.10.2016.
668 Hirschberg, Stefan; Spiekerman, Gerard; Dones, Roberto: Severe accidents in the energy sector. Paul Scherrer Institut. Würenlingen 1998. Baur, Alex: Die willkommene Katastrophe. In: *Die Weltwoche*, 16.3.2011.
669 Bodenbeschaffenheit unter Atomkraftwerken wird untersucht. In: *Solothurner Zeitung*, 27.3.2011.
670 Die EU gibt den Schweizer AKW gute Noten. In: *Tages-Anzeiger*, 26.4.2014.
671 Eidgenössisches Nuklearsicherheitsinspektorat (ENSI): EU-Stresstest: Hohes Sicherheitsniveau der Schweizer Kernkraftwerke bestätigt. 26.4.2012.
672 Eidgenössisches Nuklearsicherheitsinspektorat (ENSI): Medienmitteilung, 17.1.2013.
673 Nuklearforum Schweiz (Hrsg.): Fukushima – Analysen und Lehren. Februar 2012.
674 Ebd.
675 Aegerter, Irene: Lehren aus Fukushima. In: *Die Weltwoche*, Nr. 26/15.
676 Pellaud, Bruno 2013. (Franz. Originalausgabe: Nucléaire: relançons le débat. Il y a de l'avenir malgré Fukushima. Lausanne 2012.)
677 Majer, Dieter 2014.
678 Rensch, Christian: Wie sicher ist Beznau 1? Schweizer Fernsehen. Rundschau, 16.9.2015.
679 Wie gross sind die Schäden in Beznau 1? Schweizer Fernsehen. 10vor10, 16.10.2015.
680 Stadler, Helmut: Ein Nachbau soll Sicherheit des Reaktors beweisen. In: *Neue Zürcher Zeitung*, 13.9.2016.
681 Boos, Susan: «Ein Ende des Spuks ist nicht in Sicht.» In: *Die Wochenzeitung* (WOZ), 12.11.2015.
682 AKW Beznau: Materialfehler entstanden bei der Herstellung. Schweizer Radio und Fernsehen SRF. 13.9.2016.
683 Idzko, Hartmut: Risiko Atomkraft – Europas Pannenmeiler. Dokumentarfilm. Zweites Deutsches Fernsehen (ZDF). 24.4.2016
684 Pfister, Christian; Wetter, Oliver: Das Jahrtausendhochwasser von 1480 an Aare und Rhein. In: *Berner Zeitschrift für Geschichte*, 73, 2011, H. 4, S. 41–49.
685 von Bergen, Stefan: Welche Rekordfluten den AKW drohen. In: *Tages-Anzeiger*, 14.7.2011.
686 Eidgenössisches Nuk-

learsicherheitsinspektorat (ENSI): Probabilistische Erdbebengefährdungsanalyse für die KKW-Standorte in der Schweiz.
687 Aerni, Jürg; Joss, Jürg: Erdbeben in Mühleberg: Der Wohlensee-Staudamm bricht. Fokus Anti-Atom, 11.11.2011; Susan Boos: Der Pegasos-Skandal. AKW und Erdbeben. In: *Die Wochenzeitung* (WOZ), 12.7.2012.
688 Thönen, Simon: Erdbebenberechnung in Mühleberg am Limit. In: *Der Bund*, 31.1.2012.
689 Breu, Michael: «Basler Erdbeben» wäre für Mühleberg ein Problem. In: *Tages-Anzeiger*, 12.7.2012.
690 Majer, Dieter 2014, S. 34.
691 Bundesverwaltungsgericht: KKW Mühleberg: Betrieb bis Mitte 2013 befristet. Bern, 7.3.2012.
692 Bundesgericht: Aufhebung der Befristung der Betriebsbewilligung für das Kernkraftwerk Mühleberg. Urteil vom 28.3.2013. Aufsicht über das KKW Mühleberg. Urteil vom 11.4.2014.
693 Lerch, Fredi: Mühleberg: Abschalten statt aussitzen. In: *Journal B*, 16.9.2014.
694 Eidgenössisches Nuklearsicherheitsinspektorat (ENSI): Kernmantel Mühleberg: Das ENSI verlangt eine Langzeitlösung. 26.9.2011.
695 «Ich schätze diese Arbeiten auf drei bis vier Jahre.» Was bedeutet der Bundesverwaltungsgerichtsentscheid für Mühleberg? Und für die Atomaufsicht ENSI? Walter Wildi, Ex-Chef der früheren Aufsichtskommission, nimmt Stellung. *Tages-Anzeiger*, 8.3.2012.
696 Thönen, Simon: AKW-Betreiber setzen auf billige Lösungen. Das AKW Mühleberg soll bis 2019 laufen, ohne dass alle Sicherheitslücken behoben werden. In: *Tages-Anzeiger*, 1.11.2013.
697 Eidgenössisches Nuklearsicherheitsinspektorat (ENSI): Kernkraftwerk Mühleberg: ENSI fordert hohe Sicherheit bis zum letzten Betriebstag. 21.11.2013.
698 Eidgenössisches Nuklearsicherheitsinspektorat (ENSI): ENSI genehmigt Massnahmen für Mühleberg-Restlaufzeit mit Auflagen. 27.1.2015.
699 van Singer, Christian: Was gedenkt der Bundesrat zu tun, um die Glaubwürdigkeit des Ensi wiederherzustellen? Dringliche Anfrage. Nationalrat. 10.9.2012.
700 Boos, Susan: Der Ausstieg wird verschoben. In: *Die Wochenzeitung* (WOZ), 9.6.2011.
701 Füglister, Stefan 2013, S. 25.
702 Trotz Atomausstieg wird weiter geforscht. Schweizer Fernsehen. 10vor10. 8.12.2014.
703 Schöchli, Hansueli: Hat die Kernkraft in der Schweiz eine Zukunft? In: *Neue Zürcher Zeitung*, 7.5.2017.
704 Kasser, Florian: Kernkraftwerke der neuen Generation. Greenpeace Schweiz. Zürich 24.8.2011. Schweizerische Energie-Stiftung (SES): Faktenblatt – Neue Atom-Reaktoren. Juli 2015.
705 Eidgenössisches Departement für Umwelt, Verkehr, Energie und Kommunikation (UVEK): Bundesrat beschliesst im Rahmen der neuen Energiestrategie schrittweisen Ausstieg aus der Kernenergie. 25.5.2011.
706 Teuscher, Franziska: Aus der Atomenergie aussteigen. Nationalrat. Grüne Fraktion. Motion 11.3257. 18.3.2011; Grunder, Hans: Keine neuen Rahmenbewilligungen für den Bau von Atomkraftwerken. Nationalrat. Fraktion BD. Motion 11.3426. 14.4.2011; Schmid, Roberto: Schrittweiser Ausstieg aus der Atomenergie. Nationalrat. CVP-Fraktion. Motion 11.3436. 14.4.2011.
707 Capodici, Vincenzo: Die FDP hat den Mut für den Atomausstieg bereits verloren. In: *Tages-Anzeiger*, 25.5.2011.
708 Fischer, Simon; Cavelty, Gieri; Levrat: «Nur wir sind seriöse AKW-Gegner». In: *Aargauer Zeitung*, 25.3.2011.
709 Häfliger, Markus: Der Fukushima-Effekt. In: *Neue Zürcher Zeitung*, 27.3.2011.
710 Ebd.
711 Baur, Alex: Leben kehrt zurück nach Fukushima. In: *Die Weltwoche*, 13.3.2013.
712 Somm, Markus: Die Widersprüche der Schweizer Energiepolitik. In: *Basler Zeitung BaZ*, 5.10.2013.
713 Bonfadelli, Heinz; Kristiansen, Silje: Meinungen zu Atomenergie und den darin involvierten Akteuren. Ergebnisse einer Studie im Auftrag des Eidgenössischen Nuklearsicherheitsinspektorats. Bulletin. Fachzeitschrift und Verbandsinformationen von Electrosuisse und VSE. 4/2013. S. 12–15.
714 Kohler, Franziska: Der Fukushima-Effekt ist verpufft. In: *Tages-Anzeiger*, 24.2.2013.
715 Swissnuclear: Bevölkerung hält Schweizer Kernenergie für sicher, notwendig und günstig. Olten, 30.1.2013.
716 Füglister, Stefan 2013, S. 4.
717 Widmer, Benedikt: «Nicht ausgeschlossen, dass die Schweiz wieder ein AKW baut». Interview mit Polit-Geograf Michael Hermann. Schweizer Radio und Fernsehen SRF. 11.3.2014.
718 Scruzzi, Davide: Dogmatiker des Fortschritts. In: *Neue Zürcher Zeitung*, 22.12.2015.
719 Angeli, Thomas; Hostettler, Otto: So schaffen wirs ohne AKWs. In: *Der Beobachter*, 28.3.2011.
720 Jans, Beat, SP. Amtliches Bulletin. Nationalrat. Wintersession 2014. Fünfte Sitzung. 1.12.2014. S. 38.
721 Energiestrategie 2050: Überfällig oder übertrieben? Schweizer Fernsehen. Arena, 12.12.2014; Nordmann, Roger: Libérer la Suisse des énergies fossiles. Des projets concrets pour l'habitat, les transports et l'électricité. Lausanne 2010. (Deutsche Ausgabe: Atom- und erdölfrei in die Zukunft. Konkrete Projekte für die energiepolitische Wende. Zürich 2011).
722 Girod, Bastien, Grüne. Amtliches Bulletin. Nationalrat. Herbstsession 2016. Siebzehnte Sitzung. 30.9.2016. S. 631.
723 Angeli, Thomas; Hostettler, Otto a. a. O. 28.3.2011.
724 Comaty, Farid; Ulbig, Andreas; Andersson, Göran: Ist das geplante Stromsystem der Schweiz für die Umsetzung der Energiestrategie 2050 aus technischer Sicht geeignet? ETH Zürich, Power Systems Laboratory. Zürich 2014.
725 Rohrer, Jürg; Sperr, Nadja: Beschäftigungseffekte des geordneten Atomausstiegs in der Schweiz. ZHAW. Wädenswil 2014.
726 Pellaud, Bruno 2013, S. 192.
727 Bäumle, Martin, Grünliberale. Abstimmungsbüchlein zur Volksinitiative «Energie- statt Mehrwertsteuer».
728 Eidgenössisches Departement für Umwelt, Verkehr, Energie und Kommunikation (UVEK): Faktenblatt «Abstimmung Energiegesetz – Überblick». 21.3.2017. S. 3.
729 Borner, Silvio; Schips, Bernd: Energiestrategie 2050: Eine institutionelle und ökonomische Analyse. Basel: IWSB – Institut für Wirtschaftsstudien Basel AG, 2014.
730 Energiewende vor dem Aus? Schweizer Fernsehen. Arena, 14.3.2015.
731 Rösti, Albert, SVP. Amtliches Bulletin. Nationalrat. Herbstsession 2016. Siebzehnte Sitzung. 30.9.2016. S. 630.
732 Schweizerische Volkspartei (SVP): Überparteiliches Komitee ergreift Referendum gegen das Energiegesetz. 7.10.2016.
733 Rösti, Albert, SVP. Amtliches Bulletin. Nationalrat. Wintersessions 2014. Fünfte Sitzung. 1.12.2014. S. 7.
734 Brunner, Toni, SVP. Amtliches Bulletin. Nationalrat. Wintersessions 2014. Fünfte Sitzung. 1.12.2014. S. 19.
735 Knecht, Hansjörg, SVP. Amtliches Bulletin. Nationalrat. Wintersessions 2014. Zehnte Sitzung. 9.12.2014. S. 17.
736 Cassidy, Alan: Das mühselige Ja des Freisinns zur Energiewende. In: *Tages-Anzeiger*, 4.3.2017.
737 Ebd.
738 Ebd.
739 Baur, Alex: Salto rückwärts. In: *Die Weltwoche*, 28.5.2017.
740 Axpo Holding AG, Alpiq Holding AG und BKW AG: Rückzug der Rahmenbewilligungsgesuche. 12.10.2016.
741 Stimmvolk heisst Energiegesetz mit 58 Prozent gut. Schweizer Radio und Fernsehen SRF. 21.5.2017.
742 Hug, Peter 1987, S. 75.
743 Buser; Marcos 1988, S. 25f.
744 Weg mit dem Atommüll – bloss wohin? In: *Neue Zürcher Zeitung*, 14.10.2012.
745 Ebd.
746 Philberth, Bernhard: Beseitigung radioaktiver Abfallsubstanzen. München. 1956. Atomkern-Energie 4 (3), S. 116ff.
747 Buser, Marcos 1988, S. 32.
748 Wolman, Abel; Gorman, Arthur E.: Manutention et élimination des déchet radioactifs. In: Nations-Unies. Actes de la conférence internationale sur l'utilisation de l'énergie atomique à des fins pacifiques, tenue à Genève du 8 au 20 août 1955. Volumes IX, S. 16.
749 Martin, Charles-Noël: Atom – Zukunft der Welt? Frankfurt a. M. 1957. S. 97.
750 Claus, Walter D.: Considérations fondamentales sur l'élimination d'importantes quantités et déchets radioactifs dans le sol et la mer.

751 Huber, Konrad: Die universale Ordnung der friedlichen Verwendung der Atomenergie. Europa-Archiv. 12. Jahrgang. 20.8.1957. S. 10102.
752 *Neue Zürcher Zeitung*, 13.12.1958.
753 Hadermann, Jörg; Issler, Hans; Zurkinden, Auguste 2014, S. 13.
754 Buser, Marcos 1988, S. 46.
755 BBl, II/1957, S. 1142.
756 Botschaft des Bundesrates vom 26.4.1957 zur Ergänzung der Bundesverfassung durch einen Artikel betreffend Atomenergie und Strahlenschutz. S. 16.
757 Amtliches Bulletin, Nationalrat, 18.9.1957, S. 646.
758 Amtliches Bulletin, Nationalrat, 23.9.1959, S. 613.
759 Ebd. S. 613.
760 Buser, Marcos 1988, S. 38.
761 Kupper, Patrick 2003, S. 91.
762 Hadermann, Jörg; Issler, Hans; Zurkinden, Auguste 2014, S. 14.
763 Favez, Jean-Claude; Mysyrowicz, Ladislas: Le nucléaire en Suisse. Jalons pour une histoire difficile. Lausanne: L'Age d'Homme, 1987. S. 157.
764 Hadermann, Jörg; Issler, Hans; Zurkinden, Auguste 2014, S. 16f.
765 Botschaft des Bundesrates an die Bundesversammlung über die Bewilligung eines Objektkredits für die Erstellung eines Lagerhauses zur Einlagerung schwachradioaktiver Abfälle in Lossy/Passabé, 21.2.1968.Bundesblatt 1968, Band 1, S. 444.
766 Ebd. S. 441f.
767 *Die Tat*, 19.3.1968.
768 Nagra-Statuten vom 4.12.1972. S. 1.
769 Hadermann, Jörg; Issler, Hans; Zurkinden, Auguste 2014, S. 37.
770 Ebd. S. 19.
771 Glueckauf, Eugen: Le problème à longue échéance de l'élimination des déchets radioactifs. In: Nations-Unies. Actes de la conférence internationale sur l'utilisation de l'energie atomique à des fins pacifiques, tenue à Genève du 8 au 20 août 1955. Volume IX, S. 6ff.
772 Fair, D. R.; McLean A. S.: Décharge des déchets radioactifs dans la mer: Troisième partie: Evaluation expérimentale d'effluents radioactifs. In: Nations-Unies. Actes de la conférence internationale sur l'utilisation de l'energie atomique à des fins pacifiques, tenue à Genève du 8 au 20 août 1955. Volume IX, S. 815.
773 International Atomic Energy Agency (IAEA): Inventory radioactive waste disposals at sea. Wien. August 1999.
774 Reichmuth, Alex: Kontrollierte Versenkung. In: *Die Weltwoche*, 17.7.2013.
775 Hadermann, Jörg; Issler, Hans; Zurkinden, Auguste 2014, S. 52f.
776 Maeder, Herbert: Atommüllversenkung im Atlantik. Nationalrat. 18.3.1991.
777 Boos, Susan 1999, S. 309.
778 Ladwig, Manfred; Reutter, Thomas: Versenkt und Vergessen – Atommüll vor Europas Küsten. Dokumentarfilm. Südwestrundfunk (SWR). 2013.
779 Duttweiler, Dölf: Wie Schweizer Atommüll im Atlantik verschwand. Schweizer Fernsehen. Rundschau. 12.6.2013.
780 Ebd.
781 Ebd.
782 Reichmuth, Alex a. a. O. 17.7.2013.
783 Duttweiler, Dölf a. a. O. 12.6.2013.
784 Ebd.
785 Ebd.
786 Hochstrasser, Urs: Die Atomenergie und die schweizerische Wirtschaft. Vortrag vom 14.9.1963, gehalten an der Delegiertenversammlung der Schweizerischen Handels- und Industrievereins in Zürich.
787 Boos, Susan 2012, S. 113.
788 Schneider, Mycle: Bankrotterklärung der Plutoniumwirtschaft. In: *Atomstrom und Strahlenrisiko*, PSR News 98/1. Bd. 1. S. 32ff.
789 Seiler, Hansjörg: Das Recht der nuklearen Entsorgung in der Schweiz. Bern 1986. S. 21.
790 Rometsch, Rudolf: Wohin mit den radioaktiven Abfällen aus der Gewinnung von Atomkern-Energie? VSE-Tagung «Elektrizität und Umwelt», Interlaken 14./15.6.1973.
791 Buser, Marcos 1988, S. 106f.
792 Rechsteiner, Rudolf, SP: Atommüllexporte nach Russland und Wiederaufarbeitung im Ausland. Nationalrat, 21.6.2001.
793 Hagen, Edgar: Die Reise zum sichersten Ort der Erde. Dokumentarfilm. Zürich: Mira Film, 2015.
794 Hadermann, Jörg; Issler, Hans; Zurkinden, Auguste 2014, S. 115ff.
795 Boos, Susan: Ein netter Hort für strahlenden Müll. In: *Die Wochenzeitung* (WOZ), 30.6.2011.
796 Ebd.
797 Hadermann, Jörg; Issler, Hans; Zurkinden, Auguste 2014, S. 18, 74.
798 *SonntagsBlick*, 31.5.1998.
799 Teuscher, Franziska, Grüne: Atomare Wiederaufbereitung. Folgen für Mensch und Umwelt. Nationalrat. 20.3.1997. Aeppli Wartmann, Regine, SP: Radioaktive Verseuchung der Meere durch Wiederaufbereitungsanlagen. Nationalrat. 18.12.1998.
800 Stump, Doris, SP: Konsequenzen aus dem Atomtransportskandal. Nationalrat. 22.6.1998.
801 Moratorium für die Ausfuhr abgebrannter Brennelemente zur Wiederaufarbeitung. Verlängerung. Amtliches Bulletin. Ständerat 15.3.2016. Nationalrat. 13.6.2016. Ständerat. 14.6.2016.
802 Hadermann, Jörg; Issler, Hans; Zurkinden, Auguste 2014, S. 39f.
803 Buser, Marcos 1988, S. 52f.
804 Koordinationsausschuss des Eidg. Amtes für Energiewirtschaft für radioaktive Abfälle (KARA), Jahresbericht 1976, S. 9.
805 Schweizerische Vereinigung für Atomenergie (SVA), Bulletin 7, Anfang April 1976, S. 1.
806 *Basler Arbeiter-Zeitung*, August 1977.
807 Eidgenössisches Institut für Reaktorforschung (EIR): Leitbild zu einem schweizerischen Entsorgungskonzept. Dezember 1977. S. 31.
808 Ebd. S. 28.
809 Verband Schweizerischer Elektrizitätswerke (VSE), Gruppe der Kernkraftwerkbetreiber und -projektanten (GKBP), Konferenz der Überlandwerke (UeW) u. Nagra: Die nukleare Entsorgung in der Schweiz. 9.2.1978.
810 Kommission des Nationalrates, Revision des Atomgesetzes, Protokolle X und XI., Sitzungen vom 30./31.1. und 9./10.2. 1978. S. 482.
811 Verband Schweizerischer Elektrizitätswerke (VSE) a. a. O. 9.2.1978, S. 23.
812 Buclin, Jean-Paul: Les déchets radioactifs. In: Schweizerische Vereinigung für Atomenergie (SVA): Centrales nucléaires, source d'énergie propre. November 1972. S. 35.
813 Bernische Kraftwerke AG (BKW): Entstehung, Behandlung und Lagerung radioaktiver Abfälle. 1978. S. 8.
814 Achermann, Pius: Die Endlagerung radioaktiver Abfälle – Anforderungen an die Ewigkeit? BBC-Hauszeitung. 1/1978. S. 12.
815 Beschluss des Bundesrates vom 15.2.1978 in Bezug auf das Bewilligungsverfahren für das Kernkraftwerk Gösgen und die Entsorgung der Schweizerischen Kernkraftwerke.
816 Eidgenössisches Volkswirtschaftsdepartement (EVED): Verfügung vom 29.9.1978 zum Gesuch um die Bewilligung für die Inbetriebnahme und den Betrieb vom 12.11.1976 für das Leichtwasserkernkraftwerk Gösgen-Däniken AG. S. 57.
817 Bundesbeschluss zum Atomgesetz vom 6.10.1978 (SR 732,01), Artikel 3.
818 Hadermann, Jörg; Issler, Hans; Zurkinden, Auguste 2014, S. 28.
819 Ritschard, Willi: Brief an die Autorengruppe des SES-Reports 6. Geologische Aspekte der Endlagerung radioaktiver Abfälle in der Schweiz. In: SES-Report 12. Wege aus der Entsorgungsfalle. S. 235.
820 Buser, Marcos 1988, S. 77.
821 *Solothurner AZ*, 19.1.1980.
822 *Smog*, 2.2.1981.
823 Buser, Marcos 1988, S. 84.
824 Braunschweig, Hansjörg, SP: Konflikt Nagra/Gemeinde Ollon/VD. Nationalrat. 11.12.1989.
825 Hagen, Edgar: Die Reise zum sichersten Ort der Erde. Dokumentarfilm. Zürich: Mira Film, 2015.
826 *Nagra-Informiert*, Nr. 4.8.1981. S. 3f.
827 Herrn Kohns Entsorgungssorgen. In: *Schweizer Illustrierte*, 21.1.1984.
828 *Die Weltwoche*, 5.6.1984.
829 Amtliches Bulletin. Ständerat. 17.9.1984. Antwort auf das Postulat der Schaffhauser SP-Nationalrätin Esther Bührer zum Entsorgungsprogramm. S. 426.
830 *Tages-Anzeiger*, 10.4.1984.
831 Ebd.
832 *Neue Zürcher Zeitung*, 25.3.1987.
833 Arbeitsgruppe für die nukleare Entsorgung (AGNEB): Bericht zum Projekt Gewähr 1985. Juni 1987. S. 53.
834 Hadermann, Jörg; Issler, Hans; Zurkinden, Auguste 2014, S. 94.
835 Ebd.

836 Hagen, Edgar a. a. O.
837 Ebd.
838 Hadermann, Jörg; Issler, Hans; Zurkinden, Auguste 2014, S. 80, 134.
839 Boos, Susan 1999, S. 328.
840 *Tages-Anzeiger,* 15.12.1994.
841 Engelberger, Edi, FDP: Schlussbericht der Nagra zum Endlager Wellenberg. Nationalrat. 3.6.1996.
842 Ebd.
843 Marty Kälin, Barbara, SP: Wellenberg. Ablehnung. Nationalrat 3.10.2002.
844 Hagen, Edgar a. a. O.
845 Teuscher, Franziska, Grüne: Atommüllentsorgung neu überdenken. Nationalrat. 19.3.2003.
846 Ebd.
847 Hagen, Edgar a. a. O.
848 Boos, Susan: Der Berg tut nie, was man von ihm erwartet. In: *Die Wochenzeitung* (WOZ), 11.3.2010.
849 Hagen, Edgar a. a. O.
850 Keller, Peter, SVP: Staatspolitisch fragwürdiges Vorgehen bei der Standortfrage eines Atommüll-Tiefenlagers. Nationalrat. 7.3.2012.
851 Keller, Peter, SVP: Kein Tiefenlager Wellenberg. Nationalrat. 16.3.2012.
852 Boos, Susan: Das wird noch schön brodeln. In: *Die Wochenzeitung* (WOZ), 5.2.2015.
853 Peter Steiners Kampf gegen ein Atom-Endlager. Radio SRF 1. Regionaljournal Zentralschweiz. 1.2.2015.
854 Standort-Kanton soll bei Atommüll-Endlager mitreden können. Schweizer Radio und Fernsehen SRF. 21.1.2013.
855 Vincenz, Curdin: Leuthard punktet in der Höhle des Endlager-Löwen. Schweizer Radio und Fernsehen SRF. 25.9.2013.
856 Arnold, Martin; Fitze, Urs: Die strahlende Wahrheit. Vom Wesen der Atomkraft. Zürich 2015.
857 *Neue Zürcher Zeitung,* 13.2.1984.
858 Franz, Uli: Atommüll für China. In: *Die Zeit,* 4.10.1985.
859 Hagen, Edgar a. a. O.
860 Ebd.
861 Thür, Hanspeter, Grüne: Wiederaufarbeitung abgebrannter Kernbrennstoffe. Nationalrat. 20.3.1997.
862 Balser, Markus; Ritzer, Uwe: Krasnojarsk statt Gorleben. In: *Süddeutsche Zeitung,* 27.2.2013.
863 *SonntagsZeitung,* 10.6.2001.
864 Rechsteiner, Rudolf, SP: Atommüllexporte nach Russland und Wiederaufarbeitung im Ausland. Nationalrat. 21.6.2001.
865 Leutenegger Oberholzer, Susanne, SP: Schmuggel von spaltbarem Material und Gefahr durch terroristische Gruppen. Nationalrat. 4.10.2001.
866 Ebd.
867 Guéret, Eric: Albtraum Atommüll. Dokumentarfilm. Arte France. 2009.
868 Zuger Regierung entzieht sich der Vereinnahmung. In: *Neue Zürcher Zeitung,* 13.10.2002.
869 Bruppacher, Balz: Schwyz übergibt Bankdaten eines russischen Lobbyisten. In: *Luzerner Zeitung,* 5.3.2017.
870 Einwanderung kontrollieren – radioaktive Abfälle exportieren. In: *Neue Zürcher Zeitung,* 26.8.2011.
871 Reimann, Maximilian, SVP: Entsorgung radioaktiver Abfälle sowohl in der Schweiz als auch im Ausland. 5.3.2015.
872 Weg mit dem Atommüll – bloss wohin? In: *Neue Zürcher Zeitung,* 14.10.2012.
873 Arnold, Martin; Fitze, Urs a. a. O.
874 Hagen, Edgar a. a. O.
875 Ebd.
876 Spaemann, Robert: Nach uns die Kernschmelze. Hybris im atomaren Zeitalter. Stuttgart 2011.
877 Scruzzi, Davide: Wohin mit dem Atommüll? In: *Neue Zürcher Zeitung,* 25.9.2013.
878 Stadler, Helmut: Rütteln am Tor zur Ewigkeit. In: *Neue Zürcher Zeitung,* 2.1.2017.
879 Arnold, Martin; Fitze, Urs a. a. O. S. 243.
880 Jans, Beat, SP: Eignung von Opalinuston für die Tiefenlagerung von hochgefährlichen radioaktiven Abfällen. Nationalrat. 6.12.2012.
881 Boos, Susan: Freie Bahn für AKW. In: *Die Wochenzeitung* (WOZ), 15.9.2005.
882 Ebd.
883 Weg mit dem Atommüll – bloss wohin? In: *Neue Zürcher Zeitung,* 14.10.2012.
884 Buser, Marcos: Literaturstudie zum Stand der Markierung von geologischen Tiefenlagern. Bundesamt für Energie (BFE). 2010.
885 Nuklearexperte wirft Atombehörden Filz vor. In: *Tages-Anzeiger,* 25.6.2012.
886 Boos, Susan: «Es geht darum, mich unglaubwürdig zu machen.» In: *Die Wochenzeitung* (WOZ), 27.9.2012.
887 Maise, Felix: Unabhängige Atomexperten unerwünscht. In: *Tages-Anzeiger,* 7.7.2012.
888 Ebd.
889 Ebd.
890 Ebd.
891 Nagra: Stellungnahme und Präzisierungen zum Bericht der SonntagsZeitung vom 7.10.2012. Wettingen, 7.10.2012.
892 Brotschi, Markus: Empörung im Zürcher Weinland über Geheimpapier der NAGRA. In: *Tages-Anzeiger,* 8.10.2012.
893 Ebd.
894 Ebd.
895 Ebd.
896 Fehr, Hans-Jürg; Chopard-Acklin, Max, SP: Die NAGRA unter demokratische Kontrolle bringen. Nationalrat. 20.3.2013.
897 Standortwahlverfahren: Nagra schlägt Gebiete Zürich Nordost und Jura Ost vor. Wettingen, 30.1.2015.
898 Fritschi, Markus: «Politischem Druck geben wir nicht nach». Radio SRF 1. Tagesgespräch. 30.1.2015.
899 Die schwierige Suche nach dem Endlager für Atommüll. Radio SRF 2 Kultur. Kontext. 18.3.2015.
900 Speicher, Christian: Rückbau von Kernkraftwerken: Die wichtigsten Fakten zum Thema. In: *Neue Zürcher Zeitung,* 30.7.2016.
901 Stadler, Helmut: Wie man ein Atomkraftwerk entkernt. In: *Neue Zürcher Zeitung,* 30.7.2016.
902 Thönen, Simon: AKW-Abriss braucht Jahrzehnte. In: *Der Bund,* 12.6.2015.
903 Der Abbruch eines Kernkraftwerks ist ein komplexes Projekt. Radio SRF 2 Kultur. Kontext. 18.3.2015.
904 Boos, Susan: Ein AKW, sauber verpackt in tausend Gebinden. In: *Die Wochenzeitung* (WOZ), 30.6.2011.
905 Knüsel, Pius: Von heiss zu kalt. Auskernen von Reaktoren. TEC21. 18.10.2015.
906 Balmer, Dominik: Der älteste Atomreaktor der Schweiz schaltet ab. In: *Berner Zeitung,* 24.7.2013.
907 BKW Energie AG: Stilllegungsprojekt. Stilllegung des Kernkraftwerks Mühleberg. Bern. 18.12.2015.
908 Heim, Matthias: Beim AKW-Rückbau sind Überraschungen garantiert. Schweizer Radio und Fernsehen SRF. 30.8.2016.
909 Eidgenössische Finanzkontrolle (EFK): Stilllegungs- und Entsorgungsfonds: Schwächen bei der Governance und finanzielle Risiken für den Bund. Medienmitteilung. 26.11.2014.
910 Ebd.
911 Valda, Andreas: AKW-Betreiber versus Bundesrat. In: *Tages-Anzeiger,* 9.10.2015.
912 Stadler, Helmut: Das Ende des Atom-Zeitalters wird teuer. In: *Neue Zürcher Zeitung,* 15.12.2016.
913 Stadler, Helmut: Das Atomzeitalter endet teurer. In: *Neue Zürcher Zeitung,* 21.12.2017.
914 Stilllegung der AKW kostet über eine Milliarde Franken mehr. In: *Neue Zürcher Zeitung,* 12.4.2018.
915 Feusi, Dominik: Alpiq will «too big to fail» werden. In: *Basler Zeitung,* 7.3.2016.
916 Ebd.
917 von Burg, Christian: AKW-Auffanggesellschaft: Gewinne privat, Verluste öffentlich. Schweizer Radio und Fernsehen SRF. 7.3.2016.
918 Schneider, Mycle: Bau und Weiterbetrieb von unwirtschaftlichen AKW in der Welt – warum bloss? In: *Energie & Umwelt.* Magazin der Schweizerischen Energie-Stiftung SES, 4/2018. S. 10f.
919 Schneider, Steven 2017, S. 207.
920 Fusionsforschung: Der Traum von sauberer Sonnenenergie. Schweizer Radio und Fernsehen SRF. Einstein. 19.3.2015; Kernfusion – der ewige Traum. Radio SRF 2 Kultur. Kontext. 24.2.2016.

Abkürzungsverzeichnis

AAA	Arbeitsausschuss für Atomfragen
AGF	Arbeitsgruppe für militärische Flugzeugbeschaffung
AGNEB	Arbeitsgruppe für die nukleare Entsorgung
ASK	Abteilung für die Sicherheit der Kernanlagen
BABS	Bundesamt für Bevölkerungsschutz
BAG	Bundesamt für Gesundheit
BBC	Brown, Boveri & Cie.
BDP	Bürgerlich-Demokratische Partei
BFE	Bundesamt für Energie
BKW	Bernische Kraftwerke AG
CERN	Conseil européen pour la recherche nucléaire
CIEN	Communauté d'intérêts pour l'étude de la production et de l'utilisation industrielle de l'énergie nucléaire
CVP	Christlichdemokratische Volkspartei
EDA	Eidgenössisches Departement des Äussern
EDI	Eidgenössisches Departement des Innern
EFK	Eidgenössische Finanzkontrolle
EGA	Eidgenössisches Gesundheitsamt
EGES	Expertengruppe Energieszenarien
EIR	Eidgenössisches Institut für Reaktorforschung
EKRA	Expertengruppe Entsorgungskonzepte für radioaktive Abfälle
EMD	Eidgenössisches Militärdepartement
ENSI	Eidgenössisches Nuklearsicherheitsinspektorat
Enusa	Energie nucléaire S. A.
EOS	Energie de l'Ouest Suisse
EPD	Eidgenössisches Politisches Departement
EU	Europäische Union
EVED	Eidgenössisches Verkehrs- und Energiewirtschaftsdepartement
FDP	Freisinnig-Demokratische Partei
GAK	Gewaltfreie Aktion Kaiseraugst
GEK	Gesamtenergiekommission
GNW	Genossenschaft für nukleare Entsorgung Wellenberg
HSK	Hauptabteilung für die Sicherheit der Kernanlagen
IAEO	Internationale Atomenergie-Organisation
ICRP	International Commission on Radiological Protection
IDANOMEX	Interdepartementale Arbeitsgruppe zur Überprüfung der Notfallschutzmassnahmen bei Extremereignissen
IPPNW	International Physicians for the Prevention of Nuclear War
KARA	Koordinationsausschuss für radioaktive Abfälle
KIT	Karlsruher Institut für Technologie
KNS	Kommission für Nukleare Sicherheit
KSA	Kommission für die Sicherheit von Atomanlagen
KTA	Kriegstechnische Abteilung
KUeR	Eidgenössische Kommission zur Überwachung der Radioaktivität
LdU	Landesring der Unabhängigen
LVK	Landesverteidigungskommission
MNA	Komitee für die Mitsprache des Nidwaldner Volkes bei Atomanlagen
Nagra	Nationale Genossenschaft für die Lagerung radioaktiver Abfälle
NAK	Nordwestschweizerisches Aktionskomitee gegen das Atomkraftwerk Kaiseraugst
NAZ	Nationale Alarmzentrale
NDF	Nuclear Disarmament Forum
NEA	Nuclear Energy Agency
NGA	Nationale Gesellschaft zur Förderung der industriellen Atomtechnik
NISA	Nuclear and Industrial Safety Agency
NOK	Nordostschweizerische Kraftwerke AG
NWA	Nordwestschweizer Aktionskomitee gegen Atomkraftwerke
POCH	Progressive Organisationen der Schweiz
PSI	Paul Scherrer Institut
PUK	Parlamentarische Untersuchungskommission
RFO	Regionales Führungsorgan
RML	Revolutionäre Marxistische Liga
SAD	Schweizerischer Aufklärungsdienst
SBgaA	Schweizerische Bewegung gegen atomare Aufrüstung
SBN	Schweizerischer Bund für Naturschutz
SES	Schweizerische Energie-Stiftung
SIK	Schweizerische Informationsstelle für Kernenergie
SKA	Studienkommission für Atomenergie
SP	Sozialdemokratischen Partei
SSF	Studienkommission für strategische Fragen
SVA	Schweizerische Vereinigung für Atomenergie
SVP	Schweizerische Volkspartei
Tepco	Tokyo Electric Power Company
TÜV	Technischer Überwachungsverein Energie Consult
UNSCEAR	United Nations Scientific Committee on the Effects of Atomic Radiation
UVEK	Eidgenössisches Departement für Umwelt, Verkehr, Energie und Kommunikation
VBS	Eidgenössisches Departement für Verteidigung, Bevölkerungsschutz und Sport
VSE	Verband Schweizerischer Elektrizitätswerke
WHO	Weltgesundheitsorganisation
WWF	World Wildlife Fund
Zwilag	Zwischenlager Würenlingen AG

Bibliografie

Alexijewitsch, Swetlana: *Tschernobyl. Eine Chronik der Zukunft.* München 2015.

Amherd, Leander: Die Friedensbewegung in der Schweiz (1945 bis 1980). Universität Bern, Lizenziatsarbeit, 1984.

Amrhein, Jens: Von der nuklearen Abschreckung zur Dissuasionsstrategie. Das militärische Denken des Militärpublizisten und Strategieexperten Gustav Däniker 1960–1975. Universität Zürich, Lizenziatsarbeit, 2007.

Arnold, Martin; Fitze, Urs: Die strahlende Wahrheit. Vom Wesen der Atomkraft. Zürich 2015.

Auer, Peter: Von Dahlem nach Hiroshima. Die Geschichte der Atombombe. Berlin 1995.

Auf der Maur, Jost: Die Schweiz unter Tag. Eine Entdeckungsreise. Basel 2017.

Baumann, René; Ulrich, Albert: Zur Frage der Atombewaffnung der Schweizer Armee in den fünfziger und sechziger Jahren. ETH Zürich. Zürich 1997.

Berger Ziauddin, Silvia: Überlebensinsel und Bordell. Zur Ambivalenz des Bunkers im atomaren Zeitalter. In: Marti, Sibylle; Eugster, David (Hrsg.): Das Imaginäre des Kalten Krieges. Essen 2015a.

Berger Ziauddin, Silvia: Vom Tasten, Hören, Riechen und Sehen unter Grund. «Sensory Politics» im Angesicht der nuklearen Apokalypse. In: *Traverse* 2/2015, S. 131–141.

Boos, Susan: Fukushima lässt grüssen. Zürich 2012.

Boos, Susan: Strahlende Schweiz. Handbuch zur Atomwirtschaft. Zürich 1999.

Boos, Susan: Beherrschtes Entsetzen. Das Leben in der Ukraine zehn Jahre nach Tschernobyl. Zürich 1996.

Brandenberger, Kurt: Marco Camenisch. Lebenslänglich im Widerstand. Basel 2015.

Braun, Peter: Karl Schmid und die Frage einer schweizerischen Atombewaffnung. In: Meier, Bruno (Hrsg.): Das Unbehagen im Kleinstaat Schweiz. Der Germanist und politische Denker Karl Schmid (1907–1974). Zürich 2007. S. 129–147.

Braun, Peter: Von der Reduitstrategie zur Abwehr. Die militärische Landesverteidigung der Schweiz im Kalten Krieg 1945–1966. Baden 2006.

Buomberger, Thomas: Die Schweiz im Kalten Krieg 1945–1989. Baden 2017.

Buser, Marcos: Mythos «Gewähr». Geschichte der Endlagerung radioaktiver Abfälle in der Schweiz. Schweizerische Energie-Stiftung. Zürich 1988.

Coulmas, Florian; Stalpers, Judith: Fukushima. Vom Erdbeben zur atomaren Katastrophe. München 2011.

Coulmas, Florian: Hiroshima. Geschichte und Nachgeschichte. München 2010.

Dawidoff, Nicholas: The Catcher Was a Spy. The Mysterious Life of Moe Berg. New York 1995.

Epple-Gass, Rudolf: Zur Friedensbewegung in den 50er Jahren. In: Blanc, Jean-Daniel; Luchsinger, Christine (Hrsg.): Achtung: die 50er Jahre! Annäherungen an eine widersprüchliche Zeit. Zürich 1994. S. 147–156.

Epple-Gass, Rudolf: Friedensbewegung und direkte Demokratie in der Schweiz. Frankfurt a. M. 1988.

Eugster, David: Wühler und Werber. Imaginierte Subversion im Kalten Krieg der Schweiz. In: Marti, Sibylle u. ders. (Hrsg.): Das Imaginäre des Kalten Krieges. Essen 2015. S. 137–161.

Falkenstein, Rainer von: Die Schweiz und die Atomwaffe. In: ders.: Vom Giftgas zur Atombombe. Die Schweiz und die Massenvernichtungswaffen von den Anfängen bis heute. Baden 1997. S. 231–297.

Favez, Jean-Claude; Mysyrowicz, Ladislas: Le nucléaire en Suisse. Jalons pour une histoire difficile. Lausanne 1987.

Fischer, Ulrich: Brennpunkt Kaiseraugst. Das verhinderte Kernkraftwerk. Bern 2013.

Flüeler, Thomas: Radioaktive Abfälle in der Schweiz. Muster der Entscheidungsfindung in komplexen soziotechnischen Systemen. ETH Zürich. Zürich 2002.

Flury-Dasen, Eric: Die Schweiz und Schweden vor den Herausforderungen des Kalten Krieges 1945–1970. Neutralitätspolitik, militärische Kooperation, Osthandel und Korea-Mission. In: *Schweizerische Zeitschrift für Geschichte* 54, 2004, H. 2.

Füglister, Stefan: Zwei Jahre nach Fukushima: Viele Erkenntnisse – aber wenig Taten in der Schweiz. Greenpeace Schweiz. 2013.

Füglister, Stefan: Darum werden wir Kaiseraugst verhindern. Texte und Dokumente zum Widerstand gegen das geplante AKW. Zürich 1984.

Fuhrer, Hans Rudolf; Wild, Matthias: Alle roten Pfeile kamen aus dem Osten – zu Recht? Das Bild und die Bedrohung der Schweiz im Lichte östlicher Archive. Baden 2010.

Ganser, Daniele: Europa im Erdölrausch. Die Folgen einer gefährlichen Abhängigkeit. Zürich 2013.

Gisler, Monika: Unternehmerisches Risiko? Schweizer Atompolitik der 1950er-Jahre. In: *Traverse* 2014/3, S. 94–104.

Greiner, Bernd: Die Kuba-Krise. Die Welt an der Schwelle zum Atomkrieg. München 2010.

Gül, Leyla: «Soziale Sicherheit ohne gesicherte Umweltqualität ist wie eine Pflanze ohne Erde». Die Atomenergiepolitik der Sozialdemokratischen Parteien Aargau und Baselland zwischen 1969 und 1986. Universität Bern, Lizenziatsarbeit, 2002.

Hadermann, Jörg; Issler, Hans; Zurkinden, Auguste: Die nukleare Entsorgung in der Schweiz 1945–2006. Zürich 2014.

Häni, David: «Kaiseraugst besetzt!» Die Bewegung gegen das Atomkraftwerk. Muttenz 2018.

Heierli, Werner: Überleben im Ernstfall. Physiologische Minimalanforderungen im Schutzraum. Verhalten der Zivilbevölkerung im Kriege. Solothurn 1982.

Heiniger, Markus: Die schweizerische Antiatombewegung 1958–1963. Kritik der politischen Kultur. Universität Zürich, Lizenziatsarbeit, 1980.

Hesse-Honegger, Cornelia: Die Macht der schwachen Strahlung. Was uns die Atomindustrie verschweigt. Solothurn 2016.

Hochstrasser, Urs: Politik und Gesetzgebung. In: Schweizerische Gesellschaft für Kernfachleute (Hrsg.): Geschichte der Kerntechnik in der Schweiz. Die ersten 30 Jahre 1939–1969. Oberbözberg 1992. S. 59–70.

Huber, Otto; Jeschki, Wolfgang; Pretre, Serge et al.: Auswirkungen der Reaktorkatastrophe von Tschernobyl in der Schweiz und Schutz der Bevölkerung vor Radioaktivität. In: *Bulletin der Naturforschenden Gesellschaft Freiburg* 84, 1995. Heft 1–2.

Hug, Peter: Atomtechnologieentwicklung in der Schweiz zwischen militärischen Interessen und privatwirtschaftlicher Skepsis. In: Heint, Bettina; Nievergelt, Bernhard (Hrsg.): Wissenschafts- und Technikforschung in der Schweiz. Zürich 1998. S. 225–242.

Hug, Peter: Elektrizitätswirtschaft und Atomkraft. Das vergebliche Werben der Schweizer Reaktorbauer um die Gunst der Elektrizitätswirtschaft 1945–1964. In: David Gugerli (Hrsg.): Allmächtige Zauberin unserer Zeit. Zur Geschichte der elektrischen Energie in der Schweiz. Zürich 1994. S. 167–183.

Hug, Peter: Geschichte der Atomtechnologie. Entwicklung in der Schweiz. Universität Bern, Lizenziatsarbeit, 1987.

Imhof, Kurt: Das Böse. Zur Weltordnung des Kalten Krieges in der Schweiz. In: Albrecht, Jürg; Kohler, Georg; Maurer, Bruno (Hrsg.): Expansion der Moderne. Wirtschaftswunder, Kalter Krieg, Avantgarde, Populärkultur. Zürich 2010. S. 81–104.

Jaeggi, Peter (Hrsg.): Tschernobyl für immer. Von den Atombombenversuchen im Pazifik bis zum Super-Gau in Fukushima. Ein nukleares Lesebuch. Basel 2011.

Jungk, Robert: Der Atomstaat. Vom Fortschritt in die Unmenschlichkeit. Zürich 1977.

Jungk, Robert: Heller als tausend Sonnen. Das Schicksal der Atomforscher. Zürich 1956.

Kollert, Roland: Die Politik der latenten Proliferation. Militärische Nutzung «friedlicher» Kerntechnik in Westeuropa. Wiesbaden 1994.

Köppel, Sarah: Die Schweiz und die «rote» Atombombe. Die imaginäre nukleare Gefahr des Sowjetkommunismus in der Schweiz zwischen 1945 und 1963. Universität Bern. Bern 2015.

Kreis, Georg: Kaiseraugst. In: ders.: Schweizer Erinnerungsorte. Aus dem Speicher der Swissness. Zürich 2010.

Kreuzer, Konradin: Radioaktive Abfälle. Hokus Pokus Verschwindibus. Eine Dokumentation über die Problematik der Endlagerung radioaktiver Abfälle in der Schweiz. Basel 1976.

Kriesi, Hanspeter: AKW-Gegner in der Schweiz. Eine Fallstudie zum Aufbau des Widerstandes gegen das geplante AKW in Graben. Diessenhofen 1982.

Kupper, Patrick: Energieregime in der Schweiz seit 1800. Bundesamt für Energie BFE. Bern 2016.

Kupper, Patrick: Expertise und Risiko, Vertrauen und Macht. Gesellschaftliche Ursachen und Folgen erodierender Autorität von Kernenergie-Experten in den 1970er-Jahren. In: *Schweizerische Zeitschrift für Geschichte* 55, 2005.

Kupper, Patrick: «Weltuntergangs-Vision aus dem Computer». Zur Geschichte der Studie «Die Grenzen des Wachstums» von 1972. In: Uekötter, Frank; Hohensee, Jens (Hrsg.): Wird Kassandra heiser? Die Geschichte falscher Ökoalarme. Wiesbaden 2004.

Kupper, Patrick: Sonderfall Atomenergie. Die Atompolitik 1945–1970. In: *Schweizerische Zeitschrift für Geschichte* 53, 2003, S. 87–93.

Kupper, Patrick: Atomenergie und gespaltene Gesellschaft. Die Geschichte des gescheiterten Projektes Kernkraftwerk Kaiseraugst. Zürich 2003a.

Lanthemann, Christoph: Das utopische Atomzeitalter (1954–1959). Die Entstehung des schweizerischen Atomgesetzes von 1959 unter besonderer Berücksichtigung des Schweizerischen Handels- und Industrie-Vereins. Universität Zürich, Lizenziatsarbeit, 1999.

Loderer, Benedikt: Im Armeereformhaus. Das Sturmgewehr 57 als Fundament der Armee. In: Buomberger, Thomas; Pfrunder, Peter (Hrsg.): Schöner leben, mehr haben. Die 50er Jahre in der Schweiz im Geiste des Konsums. Zürich 2012.

Lüscher, Otto: Die Schweizer Reaktorlinie. In: Schweizerische Gesellschaft für Kernfachleute (Hrsg.): Geschichte der Kerntechnik in der Schweiz. Die ersten 30 Jahre 1939–1969. Oberbözberg 1992. S. 115–131.

Majer, Dieter: Risiko Altreaktoren Schweiz. Zürich: Schweizerische Energie-Stiftung SES u. Greenpeace Schweiz. 2014.

Marti, Sibylle: Einstieg in die Hochvolttherapie. Militärische und zivile Strahlenanwendungen und der Kalte Krieg, 1945–1965. In: Ingold, Niklaus, dies. u. Studer, Dominic: Strahlenmedizin. Krebstherapie, Forschung und Politik in der Schweiz, 1920–1990. Zürich 2017. S. 71–114.

Marti, Sibylle: Nuklearer Winter – emotionale Kälte. Rüstungswettlauf, Psychologie und Kalter Krieg in den Achtzigerjahren. In: Berger, Silvia; Eugster, David; Wirth, Christa (Hrsg.): Der kalte Krieg. Kältegrade eines globalen Konflikts. Zürich 2017a. S. 157–174.

Marti, Sibylle: Den modernen Krieg simulieren. Imaginationen und Praxis totaler Landesverteidigung in der Schweiz. In: Eugster, David u. dies. (Hrsg.): Das Imaginäre des Kalten Krieges. Beiträge zu einer Kulturgeschichte des Ost-West-Konfliktes in Europa. Essen 2015. S. 243–268.

Marti, Sibylle: Wissenschaft im Kalten Krieg: Hedi Fritz-Niggli und die Strahlenbiologie. In: Kupper, Patrick; Schär, Bernhard C. (Hrsg.): Die Naturforschenden. Auf der Suche nach Wissen über die Schweiz und die Welt, 1800–2015. Baden 2015a. S. 227–243.

Marti, Sibylle: Hamstern für den Ernstfall. Konsum, Kalter Krieg und geistige Landesverteidigung in der Schweiz, 1950–1969. In: Bernhard, Patrick; Nehring, Holger (Hrsg.): Den Kalten Krieg denken. Beiträge zur sozialen Ideengeschichte seit 1945. Essen 2014. S. 207–234.

Meier, Esther: Ikonografie der Radioaktivität. Die Entwicklung der visuellen Repräsentation von Tschernobyl in der Schweizer Presse zwischen 1986 und 2006. Universität Bern, Masterarbeit, 2017.

Meier, Martin; Meier, Yves: Zivilschutz. Ein Grundpfeiler der Schweizer Landesverteidigung im Diskurs. In: *Schweizerische Zeitschrift für Geschichte* 60 (2010), Heft 2, S. 212–236.

Meili, Matthias: Die grosse Technologiedebatte. Kernenergie in der Schweiz. 50 Jahre Nuklearforum Schweiz. Festschrift zum Jubiläum. Nuklearforum Schweiz. Bern 2008.

Metzler, Dominique Benjamin: Die Option einer Nuklearbewaffnung für die Schweizer Armee 1945–1969. Rüstung und Kriegswirtschaft, 1997. In: *Studien und Quellen* 23 (1997), S. 121–169.

Michel, Nicolas: La prolifération nucléaire. Le régime international de non-proliferation des armes nucléaires et la Suisse. Fribourg 1990.

Müller, Felix; Tanner, Jakob: «… im hoffnungsvollen Licht einer besseren Zukunft». Zur Geschichte der Fortschrittsidee in der schweizerischen Arbeiterbewegung. In: Sozialdemokratische Partei der Schweiz (Hrsg.): Solidarität, Widerspruch, Bewegung. 100 Jahre Sozialdemokratische Partei der Schweiz. Zürich 1988. S. 326–367.

Münger, Felix: «Mir hän dr Atomdrägg, die dr Gwünn.» Aernschd Born (1975). In: ders.: Reden, die Geschichte schrieben. Stimmen zur Schweiz im 20. Jahrhundert. Baden 2014. S. 181–204.

Naegelin, Roland: Geschichte der Sicherheitsaufsicht über die schweizerischen Kernanlagen 1960–2003. Villigen: Hauptabteilung für die Sicherheit der Kernanlagen HSK, 2007.

Neval, Daniel Alexander: Mit Atombomben bis nach Moskau. Gegenseitige Wahrnehmung der Schweiz und des Ostblocks im Kalten Krieg. Zürich 2003.

Pellaud, Bruno: Kernenergie Schweiz. Fakten, Hintergründe, Verwirrungen und Politik. Zürich 2013.

Pellaud, Bruno: Die Anfänge in der Schweiz. In: Schweizerische Gesellschaft für Kernfachleute (Hrsg.): Geschichte der Kerntechnik in der Schweiz. Die ersten 30 Jahre 1939–1969. Oberbözberg 1992. S. 29–45.

Pellaud, Bruno: Strom aus Wasser- und Kernkraft. In: Schweizerische Gesellschaft für Kernfachleute (Hrsg.): Geschichte der Kerntechnik in der Schweiz. Die ersten 30 Jahre 1939–1969. Oberbözberg 1992a. S. 151–161.

Pictet, Jean-Michel: Die Genfer Konferenz 1955. In: Schweizerische Gesellschaft für Kernfachleute (Hrsg.): Geschichte der Kerntechnik in der Schweiz. Die ersten 30 Jahre 1939–1969. Oberbözberg 1992. S. 47–58.

Ramel, Dominic: Die Angst vor einem Atomkrieg. Profile und Kontexte der Wahrnehmung der zweiten Berlinkrise (1958–1963) und des Berliner Mauerbaus vom August 1961 in der öffentlichen politischen Kommunikation der Deutschschweiz. Universität Basel, Lizenziatsarbeit, 2002.

Rhodes, Richard: Die Atombombe oder Die Geschichte des 8. Schöpfungstages. Nördlingen 1988.

Ribaux, Paul: Das Versuchsatomkraftwerk Lucens. In: Schweizerische Gesellschaft für Kernfachleute (Hrsg.): Geschichte der Kerntechnik in der Schweiz. Die ersten 30 Jahre 1939–1969. Oberbözberg 1992. S. 133–149.

Richner, Andreas: Panzer, Mirages und die nukleare Option. Die Rolle des Vereins zur Förderung des Wehrwillens und der Wehrwissenschaft in der militärpolitischen Meinungsbildung der Schweiz 1956–1966. Universität Bern, Lizenziatsarbeit, 1996.

Rossel, Jean: Atompoker. Kernindustrie in kritischem Licht. Bern 1978.

Sarasin, Philipp: Die kommerzielle Nutzung der Atomenergie in der Schweiz. Ein historischer Abriss vom Ende des Zweiten Weltkrieges bis zur Besetzung in Kaiseraugst am 1. April 1975. In: Füglister, Stefan (Hrsg.): Darum werden wir Kaiseraugst verhindern. Texte und Dokumente zum Widerstand gegen das geplante AKW. Zürich 1984.

Schirach, Richard von: Die Nacht der Physiker. Heisenberg, Hahn, Weizsäcker und die deutsche Bombe. Hamburg 2014.

Schneider, Steven: Elektrisiert. Geschichte einer Schweiz unter Strom. Baden 2017.

Schürmann, Roman: Der Mirage-Skandal, 1958–1964. In: ders.: Helvetische Jäger. Dramen und Skandale am Militärhimmel. Zürich 2009. S. 125–153.

Seitz, Werner: «Melonengrüne» und «Gurkengrüne». Die Geschichte der Grünen in der Schweiz. In: Baer, Matthias u. ders. (Hrsg.): Die Grünen in der Schweiz. Ihre Politik, ihre Geschichte, ihre Basis. Zürich 2008. S. 15–38.

Skenderovic, Damir: Die Umweltschutzbewegung im Spannungsfeld der 50er Jahre. In: Blanc, Jean-Daniel; Luchsinger Christine (Hrsg.): Achtung: die 50er Jahre! Annäherungen an eine widersprüchliche Zeit. Zürich 1994, S. 119–146.

Späti, Christina; Skenderovic, Damir: Die 1968er-Jahre in der Schweiz. Aufbruch in Politik und Kultur. Baden 2012.

Stöckli, Alfred; Müller, Roland: Fritz Zwicky, Astrophysiker. Genie mit Ecken und Kanten. Zürich 2008.

Stöver, Bernd: Der Kalte Krieg. Geschichte eines radikalen Zeitalters. 1947–1991. München 2007.

Stüssi-Lauterburg, Jürg: Historischer Abriss zur Frage einer Schweizer Nuklearbewaffnung. Eidgenössische Militärbibliothek. Bern 1995.

Tanner, Jakob: «Nein zur Bombe – Ja zur Demokratie». Zürich als Brennpunkt der Friedens- und Antiatombewegung der 1960er Jahre. In: Hebeisen, Erika; Hürlimann, Gisela; Schmid, Regula (Hrsg.): Reformen jenseits der Revolte. Zürich in den langen Sechzigern. Zürich 2018. S. 83–93.

Tanner, Jakob: Geschichte der Schweiz im 20. Jahrhundert. München 2015.

Tanner, Jakob: Militär und Gesellschaft in der Schweiz nach 1945. In: Ute Frevert (Hrsg.): Militär und Gesellschaft im 19. und 20. Jahrhundert. Stuttgart 1997. S. 314–341.

Tanner, Jakob: Die Schweiz in den 1950er Jahren. Prozesse, Brüche, Widersprüche, Ungleichzeitigkeiten. In: Blanc, Jean-Daniel; Luchsinger, Christine (Hrsg.): Achtung: die 50er Jahre! Annäherungen an eine widersprüchliche Zeit. Zürich 1994, S. 19–50.

Tanner, Jakob: Totale Verteidigung im bedrohten Kleinstaat. Vom Luftschutz der Zwischenkriegszeit bis zur Zivilschutz-Konzeption 1971. In: Albrecht, Peter et al. (Hrsg.): Schutzraum Schweiz. Mit dem Zivilschutz zur Notstandsgesellschaft. Bern 1988. S. 59–109.

Tanner, Jakob: Teure Armee – billige Feindbilder. Von der militärischen Verteidigung gegen Feinde zu einer kooperativen Friedenspolitik mit Partnern. In: Frauen für den Frieden, Region Basel (Hrsg.): Nicht nur Waffen bedrohen den Frieden. Ansätze zu einer neuen Schweizerischen Innen-, Aussen- und Sicherheitspolitik. Basel 1987. S. 79–107.

…hönen, Simon: Ökonomisches Wachstum und politische Krise der schweizerischen Elektrizitätswirtschaft 1945–1975. In: Gugerli, David (Hrsg.): Allmächtige Zauberin unserer Zeit. Zur Geschichte der elektrischen Energie in der Schweiz. Zürich 1994. S. 41–55.

Tribelhorn, Marc: Rudolf Farner. Der Verführer. In: *NZZ Geschichte,* Nr. 3, Oktober 2015.

Walker, Mark: Die Uranmaschine. Mythos und Wirklichkeit der deutschen Atombombe. Berlin 1990.

Walter, Martin; Boos, Susan; Küppers, Christian et al.: Atomstrom und Strahlenrisiko. 3 Bde. Zürich: PSR/IPPNW Schweiz, 1998–2000.

Westad, Odd Arne: Der Kalte Krieg und seine Welt. In: *NZZ Geschichte,* Nr. 14. Februar 2018. S. 34–55.

Wildi, Tobias: Der Traum vom eigenen Reaktor. Die schweizerische Atomtechnologieentwicklung 1945–1969. Zürich 2003.

Wildi, Tobias: Die Trümmer von Lucens. Eine gescheiterte Innovation im nationalen Kontext. In: Gilomen Hans-Jörg; Jaun, Rudolf; Müller, Margrit et al. (Hrsg.): Innovationen. Voraussetzungen und Folgen – Antriebskräfte und Widerstände. Zürich 2001.

Winkler, Theodor: Kernenergie und Aussenpolitik. Die internationalen Bemühungen um eine Nichtverbreitung von Kernwaffen und die friedliche Nutzung der Kernenergie in der Schweiz. Berlin 1981.

Wollenmann, Reto: Zwischen Atomwaffe und Atomsperrvertrag. Die Schweiz auf dem Weg von der nuklearen Option zum Nonproliferationsvertrag (1958–1969). Forschungsstelle für Sicherheitspolitik der ETH Zürich. Zürich 2004.

Wyss, Oliver: Sozialismus ohne Wachstum und Technologie? Die Linke in der Schweiz und die Umweltfrage, 1968–1990. Universität Bern, Dissertation, 2014.

Abbildungsverzeichnis

Umschlagbild: Schweizerisches Sozialarchiv, Zürich. F_5107-Na-01-025-017.
Seite 334: US Army, Hiroshima Peace Memorial Museum.
Seite 335: Hans Erni Museum, Luzern. Copyright by Doris Erni & Familie.
Seite 336: ETH-Bibliothek, Zürich. ETH Com_X-S129-001.
Seite 337: 218.1956 © 2019. Digital image, The Museum of Modern Art, New York/ Scala, Florence.
Seite 338: Keystone 15965810.
Seite 339: ETH-Bibliothek, Zürich. ETH Com_M07-0107−0004.
Seite 340: ETH-Bibliothek, Zürich. ETH Com_M05-0153−0004.
Seite 341: Schweizerisches Sozialarchiv, Zürich. F_Fc-0011-05.
Seite 342: Keystone 170510110.
Seite 343: Centre Dürrenmatt Neuchâtel, Schweizerische Nationalbibliothek.
Seite 344: Gilles Rotzetter. Courtesy of the artist.
Seite 345: Keystone 1584027.
Seite 346: Centre Dürrenmatt Neuchâtel, Schweizerische Nationalbibliothek.
Seite 347: ETH-Bibliothek, Zürich. René Gilsi, *Nebelspalter*.
Seite 348: ETH-Bibliothek, Hochschularchiv, ARK-NGA-Vr 6.2. Prospekt: «Versuchs-Atomkraftwerk Lucens», [1965].
Seite 349: Keystone 198311188.
Seite 350: Axpo.
Seite 351: Schweizerisches Sozialarchiv, Zürich. F_Pc-0204.
Seite 352: Keystone 2219971.
Seite 353: Dokumentationsstelle Atomfreie Schweiz, Basel. Fotografie Lüthy/Ledergerber.
Seite 354: Schweizerisches Sozialarchiv, Zürich. F_Fd-0005-43.
Seite 355: Schweizerisches Sozialarchiv, Zürich. F_Pc-0202.
Seite 356: Schweizerisches Sozialarchiv, Zürich. F_Pc-0214
Seite 357: Schweizerisches Sozialarchiv, Zürich. F_Ka-0001-114
Seite 358: Keystone 17825620.
Seite 359: IAEA Imagebank, USFCRFC.
Seite 360: Keystone 272229179.
Seite 361: ETH-Bibliothek, Zürich. Efeu, *Nebelspalter*.
Seite 362: ETH-Bibliothek, Zürich. René Gilsi, *Nebelspalter*.
Seite 363: Schweizerisches Sozialarchiv, Zürich. F_Ka-0001-698.
Seite 364: Cornelia Hesse-Honegger. Copyright by Pro Litteris.
Seite 365: Zwilag Würenlingen.
Seite 366: Schweizerisches Sozialarchiv, Zürich. F_Pb-0004-057.
Seite 367: Schweizerisches Sozialarchiv, Zürich. F_Pb-0004-040.
Seite 368: Komitee gegen den Atomausstieg.

Personenregister

Abe, Shinzo 239
Achermann, Hans 308
Adenauer, Konrad 52
Aebersold, Michael 320
Aegerter, Irene 251
Aerni, Jürg 256
Alder, Fritz 120
Alexandrow, Anatoli Petrowitsch 108
Alexijewitsch, Swetlana 195
al-Gaddafi, Muammar 95
Anders, Günther 51, 52
Anderson, Rudolf 60
Anker, Albert 182
Annasohn, Jakob 31, 46, 48, 62, 63, 64, 65, 125
Archipow, Wassili Alexandrowitsch 59
Auf der Maur, Jost 69
Bächtold, Jakob 143
Bainbridge, Kenneth 19
Baldinger, Friedrich 144, 148
Bänninger, Wilhelm 131
Barilier, Étienne 180
Barth, Karl 54, 55
Baruch, Bernard 76
Bauer, Bruno 122, 123, 124
Bauer Lagier, Monique 212
Bäumle, Martin 269
Baur, Alex 261
Bay, Herbert 308
Beck, Ulrich 197
Becquerel, Henri 17
Beglinger, Nick 271
Berg, Moe 19
Berger Ziauddin, Silvia 11, 70, 90
Beria, Lawrenti 36
Bertschmann, Fritz 149
Beyeler, Ernst 183
Bhutto, Zulfikar Ali 94
Bichsel, Peter 142, 174
Bieri, Ernst 57
Bill, Max 55, 173
Binswanger, Hans Christoph 160
Blatter, Silvio 178
Blix, Hans 195, 198
Bloch, Ernst 104
Blocher, Christoph 95, 208, 209, 210, 211, 310
Bloetzer, Othmar 63
Bohr, Niels 18
Bonnard, Daniel 123
Bonvin, Roger 133, 148, 159, 163
Boos, Susan 11, 193, 236, 243, 245
Bormann, Martin 30
Borner, Silvio 269
Born, Ernst («Aernschd») 176, 178
Born, Max 52, 54
Bossart, Paul 314
Boulouchos, Konstantinos 267
Boveri jun., Walter 33, 110, 113, 114, 115, 124
Brandenberger, Kurt 170
Brauchli, Pierre 182
Brélaz, Daniel 146
Bringolf, Walther 53, 64
Britten, Benjamin 54
Bruegel d. Ä., Pieter 182
Brunner, Dominik 221
Brunner, P. 46
Brunner, Toni 270
Buchbinder, Heinrich 53, 155

Büchi, Christophe 135
Buclin, Jean-Paul 132, 133, 134, 294
Buomberger, Thomas 11, 40, 73
Burckhardt, Jakob Karl 30, 31, 119, 124, 126
Burger, Mario 224
Buri, Samuel 183
Burkhalter, Didier 260
Burkhardt, Peter 30
Buser, Marcos 11, 286, 297, 300, 303, 315, 317
Bush, George W. 221, 313
Bykow, Andrei 309, 310
Cahn, Miriam 91
Calmy-Rey, Micheline 260
Camenisch, Marco 170, 171
Carter, Jimmy 289
Castro, Fidel 59, 60
Castro Madero, Carlos 93
Casty, Nora 148, 159
Casty, Richard 148
Celio, Nello 77
Chaudet, Paul 45, 47, 48, 62, 63, 64, 65, 345
Chevallier, Samuel 50, 51
Choisy, Eric 124
Chopard-Acklin, Max 318
Chruschtschow, Nikita 58, 59, 60
Claus, Walter D. 281
Courvoisier, Peter 165
Cron, Raymond 325
Curie, Marie 17
Curie, Pierre 17
Däniker jun., Gustav 44, 77, 78, 79, 88, 162
de Gaulle, Charles 52
de Klerk, Frederik Willem 93
de Montmollin, Louis 22, 28, 34, 46
de Roulet, Daniel 179, 180
de Torrenté, Henry 111
De Wolf Smyth, Henry 24
Diggelmann, Walter Matthias 87, 88
Dones, Roberto 249
Dreier, Hans 128
Dulles, Allan W. 18, 24
Dulles, John Foster 91
Dürrenmatt, Friedrich 55, 84, 85, 86, 173, 183
Eatherly, Claude 52
Ebel, Martin 180
Edano, Yukio 231
Egeler, Ernst 149
Egli, Alphons 203
Einstein, Albert 18, 51, 82
Eisenhower, Dwight D. 107, 110, 112, 142, 238
Epple, Ruedi 150
Erb, Samuel 305
Erni, Hans 90
Ernst, Alfred 45, 64, 65
Ernst, Thomas 319
Etter, Philipp 47
Euler, Alexander 171, 212
Fairlie, Ian 196
Farner, Rudolf 44, 56, 57, 64, 78, 87, 88, 162
Fasnacht, Jean-Jacques 303, 318
Fassbind, Franz 81
Fehr, Hans-Jürg 183
Fehr, Jaqueline 261
Fermi, Enrico 18
Fetz, Anita 211
Fiala, Doris 271
Fihn, Beatrice 97, 98

Fischer, Ulrich 151, 152, 153, 154, 155, 167, 168, 172, 202, 207, 209, 210, 300
Flüeler, Thomas 317
Frick, Hans 22, 34, 44, 56
Frisch, Max 55, 82, 83, 87, 172, 173
Frisch, Otto 17
Fritschi, Markus 319
Fritz-Niggli, Hedi 35
Fritzsche, Andreas F. 133
Fuchs, Christian 246
Fuchs, Klaus 36
Füglister, Stefan 11, 244, 258, 262
Furgler, Kurt 64, 155
Furrer, Käthi 305
Gagarin, Juri 41
Gasche, Urs 257
Gasteyger, Curt 221
Gentes, Sascha 324
Gerlach Stückelberg, Ernst Carl 22
Germann, Hannes 318
Gertsch, Franz 183
Gfeller, Alex 89, 90
Giger, Hans Rudolf («HR») 91, 183
Gilding, Paul 307
Ginsburg, Theo 160
Giovanoli, Fritz 53, 54, 141, 142, 281
Girardet, Alexandre 29
Girod, Bastien 267
Glauser, Heini 254
Glueckauf, Eugen 284
Gnägi, Rudolf 155
Goebbels, Joseph 28
Gorbatschow, Michail 87, 97, 191, 192, 193, 194, 195, 196, 310
Gorman, Arthur E. 280
Grau, Jürg 318
Gromyko, Andrej 48
Grossenbacher, Peter 31
Groves, Leslie R. 18, 24
Gugler, Adolf 208
Guisan, Henri 50, 56, 66
Gundersen, Arnold 230
Gygli, Paul 78
Gysin, Hanspeter 172
Hagen, Edgar 313
Hahn, Otto 17, 52
Häni, David 157
Harder, Franz Josef 208
Harms, Rebecca 196
Häsler, Alfred A. 85
Heierli, Werner 70, 71, 72
Heimlicher, Erich 163
Heisenberg, Werner 18, 19, 23, 52, 279
Heitzmann, Peter 314
Hermann, Michael 263
Hesse-Honegger, Cornelia 183, 184, 185
Hirohito 21
Hirschberg, Stefan 249
Hitler, Adolf 18, 30
Hochstrasser, Urs 32, 49, 79, 119, 120, 126, 130, 131, 133, 288
Hodler, Ferdinand 182
Hohler, Franz 174, 175, 176
Hoop, Franz 308, 309
Hubacher, Helmut 155, 156, 202, 205, 209, 213
Huber, Otto 22, 24
Huber, Paul 112, 113, 118

Hug, Peter 11, 116
Humbel, Beda 297
Humbert-Droz, Jules 51
Huxley, Julian 54
Ingold, Maja 258
Issler, Hans 283
Jablokow, Alexei 196
Jäckli, Heinrich 292
Jaeger, Franz 160, 211, 212, 294
Jaeggi, Peter 11
Jans, Beat 222, 267
Jauslin, Werner 149
Jelzin, Boris 196
Jenny, Johannes 184
Jeschki, Wolfgang 221
Jong-un, Kim 98
Joss, Jürg 256
Jungk, Robert 54, 158, 159
Kägi, Markus 318
Kahn, Herman 67
Kai-schek, Chiang 29
Kammler, Hans 19
Kan, Naoto 239
Karrer, Heinz 272
Kästner, Erich 54
Keller, Gottfried 85
Keller, Peter 304
Kennedy, John F. 41, 58, 59, 60
Kern, Patrick 321
Khan, Abdul Qadeer 94, 95
Kiener, Eduard 31, 257, 294, 298, 306
Kinder, David 172
Knecht, Hansjörg 270
Kobe, Willi 51, 53, 55
Kobelt, Karl 22, 23, 25, 26, 27, 28, 29
Koch, Ursula 160, 201
Körblein, Alfred 185
Kohn, Michael 145, 148, 157, 163, 168, 169, 201, 220, 263, 297
Koller, Arnold 80
Krause, Petra 167
Krethlow, Alexander 25, 244, 245
Kreuzer, Konradin 74, 75
Kröger, Wolfgang 259
Kuhn, Kim 243, 246
Kuhn, Werner 33, 114, 117
Künzli, Arnold 55
Kupper, Patrick 11, 145, 156, 207
Kurtschatow, Igor 36, 37, 38
Ladwig, Manfred 286
Lalive d'Epinay, Jacques 113
Lang, Louis 155
Langmuir, Irving 24
Ledergerber, Elmar 160, 211, 213
Legassow, Waleri 195
Lelievald, Jos 248
LeMay, Curtis 58
Leonardi, Giovanni, 272
Letsch, Hans 163
Leuenberger, Moritz 135, 215, 216, 220, 316, 330
Leupin, Herbert 183
Leuthard, Doris 250, 259, 260, 262, 265, 269, 272, 273, 305
Levrat, Christian 261
Lindt, August R. 59
Lohse, Richard Paul 183
Longchamp, Claude 273
Lorenz, Peter 167
Lown, Bernard 75
Luginbühl, Bernhard 184
Lüscher, Otto 126, 130
MacArthur, Douglas 21, 37
Maeder, Herbert 285

Personenregister

Majer, Dieter 222, 252
Matter, Mani 88, 89
Mauch, Ursula 213
Marti, Sibylle 11, 35
Martin, Charles-Noël 280
Maurer, Ueli 246, 260
McCarthy, Joseph 39
McCombie, Charles 289, 299, 302, 303, 306, 307, 313
Meadows, Dennis 147
Meienberg, Niklaus 88
Meier-Dallach, Hans-Peter 243
Meitner, Lise 17
Mikojan, Anastas 48
Montagu-Pollock, William H. 47
Molotow, Wjatscheslaw M. 108
Morgan, Karl Z. 195
Moser, René 170, 171
Münger, Felix 11
Murphy jr., Edward A. 61
Muschg, Adolf 181, 182
Musy, Pierre 59
Naegelin, Roland 134, 165, 201, 202, 203, 306
Nef, Rolf 243
Niklaus, Peter 149
Noda, Yoshihiko 235
Nordmann, Roger 267
Noser, Ruedi 271
Nyffeler, François 285, 286
Obama, Barack 96, 313
Ogi, Adolf 285, 297, 300
Oppenheimer, J. Robert 18, 19, 40, 179, 180
Orwell, George 159
Pauli, Wolfgang 23, 119
Pellaud, Bruno 251, 268
Petitpierre, Max 48, 49, 109, 111, 117, 281
Perren, Christine 74
Perrin, Francis 30
Petrow, Stanislaw 61, 62
Pfister, Christian 255
Pflugbeil, Sebastian 287
Philberth, Bernhard 279
Picot, Albert 106
Pinkus, Theo 169
Polak, André 112
Polak, Jean 112
Power, Thomas 58
Pose, Heinz 107
Pozzi, Angelo 208
Prasser, Horst-Michael 253, 258
Preiswerk, Peter 22
Prêtre, Serge 291
Primault, Etienne 44, 46, 62, 64, 65
Putin, Wladimir 96, 310
Reagan, Ronald 86, 97
Réard, Louis 43
Reber, Dominique 325
Rechsteiner, Paul 80
Rechsteiner, Rudolf 266, 308
Reimann, Maximilian 311
Reutter, Thomas 286
Ritschard, Willi 54, 155, 156, 162, 163, 165, 171, 174, 209, 293, 295
Rohrbach, Kurt 325
Rohrer, Jürg 267
Rometsch, Rudolf 114, 171, 180, 287, 288, 295
Röntgen, Wilhelm 17
Roosevelt, Franklin D. 18, 51
Rossel, Jean 55, 160
Rösti, Albert 269, 270
Rotzetter, Gilles 91

Rotzinger, Hans 148
Rougemont, Denis de 81
Rüegg, Walter 286
Rühl, Monika 270
Rusk, Dean 59, 60
Russell, Bertrand 51, 54
Rutherford, Ernest 17
Ružička, Leopold 55
Sacharow, Andrei 38, 180
Sagan, Carl 75
Sager, Heinz 316
Salvioni, Sergio 212
Schaefer, Alfred 124
Scherrer, Paul 18, 21, 23, 24, 25, 26, 27, 29, 30, 34, 92, 105, 106, 110, 113, 115, 117, 118, 279
Schilling, Diebold 255
Schinz, Hans Rudolf 34
Schips, Bernd 269
Schlumpf, Leon 198, 199, 200, 205, 298
Schlup, Bernard 182
Schmid, Hans-Luzius 206
Schmid, Karl 78, 79
Schmid, Paul 49
Schmid, Samuel 95, 222
Schmidt, Helmut 312
Schneider, Hans 149
Schneider-Ammann, Johann 260
Schnyder, Felix 48
Scholer, Peter 150, 151, 152, 154, 171
Schönenberger, Jakob 208
Schumacher, Hugo 182
Schwarz, Erwin 149
Schwarz, Urs 79
Schweitzer, Albert 53
Senn, Hans 79
Sigg, Hans 127
Siegrist, Theodor 57
Simmen, Felix 151
Somm, Markus 261
Sommaruga, Carlo 98
Sommaruga, Simonetta 260
Sommavilla, Antonio 75
Sontheim, Rudolf 32, 34, 115, 127, 134, 142
Sornette, Didier 249
Sovacool, Benjamin 249
Spaemann, Robert 313
Speidel, Markus 215
Spiekerman, Gerard 249
Spühler, Willy 77, 79, 119, 122, 127, 143
Stadelhofer, Emil 60
Stadler, Helmut 314
Stalin, Josef 36, 37, 107
Stampfli, Walther 25
Steinegger, Franz 206, 297
Steiner, A. 73
Steiner, Peter 305
Stoll, Peter 294
Strasser, Verena 318
Strassmann, Fritz 17
Strauss, Franz-Josef 52, 53
Streuli, Hans 124, 125, 127, 130, 131
Stucky, Georg 208
Suits, Chauncey Guy 24
Sulzer, Georg 130
Sumner, David 196
Szilárd, Leó 18
Tank, Franz 121
Tanner, Jakob 11, 141
Teller, Edward 38, 86, 87
Teuscher, Franziska 246, 260, 302

Thoma, Suzanne 322
Thury, Marc 314
Thut, Max 283
Tinguely, Jean 183
Tinner, Friedrich 94, 95
Tinner, Marco 94, 95
Tinner, Urs 94, 95
Tobler, Max 222
Tomic, Bojan 250
Traupel, Walter 113
Treier, Anton 203
Tribelhorn, Marc 44
Truman, Harry S. 37
Trump, Donald 97
Trümpy, Rudolf 297
Tschasow, Jewgeni 75
Tschudi, Hans-Peter 54
Tutu, Desmond 310
Uchtenhagen, Lilian 213
Uhlmann, Ernst 42, 44, 56
Umbricht, Victor 124
Urech, Willy 162
van Singer, Christian 257
Villiger, Kaspar 206, 210
Vischer, Daniel 261
Vögeli, Käthi 161
Vogelsanger, Peter 55
Vogt, Walter 177
von Braun, Wernher 21
von Dach, Hans 169
von Matt, Peter 70
von Muralt, Alexander 34
von Stockar, Sabine 321, 324
von Wattenwyl, René 22, 27, 30
von Weizsäcker, Carl Friedrich 18, 53
Vosseler, Martin 75
Wagner, Gerhart 55
Wahlen, Friedrich Traugott 26
Walter, Martin 185
Walter, Otto F. 177, 178
Wang, Ju 313
Wanner, Hans 250, 257
Wasserfallen, Christian 326
Waterkeyn, André 112
Weder, Hansjürg 149
Weiss, Wolfgang 234
Wells, H. G. 17
Wetter, Oliver 255
Wheatley, Spencer 249
Widmer-Schlumpf, Eveline 260
Wildi, Tobias 11, 132
Wildi, Walter 317
Wilker, Gertrud 89
Wille, Ulrich 43
Willi, Annette 98
Winkler, Walter 49
Wolman, Abel 280
Wüstenhagen, Rolf 267
Wyss, Hans 172
Zehnder, Alfred 47
Zipfel, Otto 22, 25, 118, 119
Züblin, Georg 44, 56, 92
Zünti, Werner 24
Zuppinger, Adolf 34, 35
Zurkinden, Auguste 301
Zwicky, Fritz 21, 24, 27

Autor

Michael Fischer, geboren 1981, studierte an den Universitäten Bern und Luzern Philosophie, Geschichte und Ethnologie. Er schrieb als Kulturjournalist für den *Tages-Anzeiger,* die NZZ *am Sonntag* und die *Süddeutsche Zeitung.* Heute ist er wissenschaftlicher Mitarbeiter am Centre Dürrenmatt Neuchâtel.

Dank

Zahlreiche Menschen haben zur Entstehung dieses Buchs beigetragen. Ihnen möchte ich hier meinen Dank aussprechen. Dem Verlag Hier und Jetzt danke ich für das Interesse, das Engagement, die angenehme Zusammenarbeit sowie für zahlreiche wertvolle Anregungen, Hinweise und Vorschläge. Ganz besonders danke ich Denise Schmid, Bruno Meier und Madlaina Bundi, die dieses Buch begleitet und sich dafür eingesetzt haben. Rachel Camina danke ich für das sorgfältige Lektorat und Simone Farner für die ausgezeichnete Gestaltung des Buchs. Von zahlreichen Gesprächspartnerinnen und -partnern habe ich wichtige inhaltliche Anregungen erhalten, ihnen möchte ich hier ebenfalls danken: Thomas Angeli, Susan Boos, Paul Bossart, Thomas Buomberger, Marcos Buser, Nils Epprecht, Jean-Jacques Fasnacht, Stefan Füglister, Fredy Gsteiger, Stefan Häne, Cornelia Hesse-Honegger, Peter Hug, Peter Jaeggi, Rudolf Jaun, Hans Ulrich Jost, Claudio Knüsli, Georg Kreis, Patrick Kupper, Matthias Meili, Felix Münger, Horst-Michael Prasser, Stephan Robinson, Philipp Sarasin, Peter Scholer, Peter Steiner, Sabine von Stockar, Jakob Tanner, Simon Thönen, Marc Tribelhorn und Martin Walter. Für die Durchsicht des Manuskripts, für die technische Beratung, kritische Einwände und Verbesserungsvorschläge danke ich Urs Hochstrasser, Jürg Joss, André Masson und Roland Naegelin. Zu guter Letzt danke ich meiner Lebenspartnerin Eva, meinen Eltern Karl und Theres und meiner Schwester Judith für ihre grosse Unterstützung.

Der Verlag Hier und Jetzt wird vom Bundesamt für Kultur mit einem Strukturbeitrag für die Jahre 2016–2020 unterstützt.

Mit weiteren Beiträgen haben das Buchprojekt unterstützt:

prohelvetia

ERNST GÖHNER STIFTUNG

SWISSLOS Kanton Aargau

BASEL LANDSCHAFT

SWISSLOS-Fonds Basel-Stadt

VOkultur Lotteriefonds Kanton Solothurn

SWISSLOS

Dieses Buch ist nach den aktuellen Rechtschreibregeln verfasst. Quellenzitate werden jedoch in originaler Schreibweise wiedergegeben. Hinzufügungen sind in [eckigen Klammern] eingeschlossen, Auslassungen mit […] gekennzeichnet.

Umschlagbild: Kühlturm des AKW Leibstadt, 1984. Fotografie von Gertrud Vogler.

Lektorat: Rachel Camina, Hier und Jetzt
Gestaltung und Satz: Simone Farner, Naima Schalcher, Zürich
Bildbearbeitung: Benjamin Roffler, Hier und Jetzt
Druck und Bindung: CPI books GmbH, Ulm

© 2019 Hier und Jetzt, Verlag für Kultur und Geschichte GmbH, Baden, Schweiz
www.hierundjetzt.ch
ISBN Druckausgabe 978-3-03919-472-8
ISBN E-Book 978-3-03919-952-5